智能制造领域高素质技术技能型人才培养方案精品教材
高职高专院校机械设计制造类专业“十四五”系列教材

机械制造基础

（含金属切削机床与刀具）

JIXIE ZHIZAO JICHU

主　编 ◎ 张绪祥
副主编 ◎ 欧阳德祥　申世起　李玉荣
主　审 ◎ 王　军

華中科技大學出版社
http://www.hustp.com
中国 · 武汉

内容简介

本书除绪论外共分10章，以机械制造方法和加工装备为主线，融入机床、刀具和金属切削原理，包括金属材料的热加工方法（铸造、锻造和焊接）、塑料的成型方法、车削加工方法、铣削和刨插削加工方法、钻削加工方法、镗削加工方法、拉削加工方法、磨削加工方法、齿形加工方法、快速成型方法、精密加工方法、特种加工方法、表面处理方法等。本书强调学以致用、理论联系实际，注重学生机械制造技术应用能力与工程素养两个方面的培养，旨在提高学生解决生产一线实际问题的能力。

本书可作为高等职业院校、高等专科院校、成人高校、民办高校及本科院校举办的二级职业技术学院机械制造与自动化专业、模具设计与制造专业、数控加工技术专业、机电一体化专业和其他近机械类专业的教材，也可作为机械、机电类技术人员的参考书或机械制造企业人员的培训教材。

图书在版编目(CIP)数据

机械制造基础：含金属切削机床与刀具/张绪祥主编．—武汉：华中科技大学出版社，2021.7

ISBN 978-7-5680-7339-4

Ⅰ．①机…　Ⅱ．①张…　Ⅲ．①机械制造－高等职业教育－教材　Ⅳ．①TH

中国版本图书馆CIP数据核字(2021)第132485号

机械制造基础(含金属切削机床与刀具)　　张绪祥　主编

Jixie Zhizao Jichu(Han Jinshu Qiexiao Jichuang yu Daoju)

策划编辑：张　毅
责任编辑：刘　静
封面设计：孢　子
责任监印：朱　玢

出版发行：华中科技大学出版社（中国·武汉）　　电话：(027)81321913
　　　　　武汉市东湖新技术开发区华工科技园　　邮编：430223

录　　排：华中科技大学惠友文印中心
印　　刷：武汉开心印印刷有限公司
开　　本：787mm×1092mm　1/16
印　　张：18.25
字　　数：487千字
版　　次：2021年7月第1版第1次印刷
定　　价：52.00元

前言 QIANYAN

本书根据教育部制定的《高等专业学校职业教学标准》，结合现代工业对应用型人才提出的新要求和教学改革研究成果，针对高职高专学生的特点编写而成，充分体现出"理论够用，能力为本，重在应用"的高职高专教育特点，能较好地体现面向21世纪高职高专的教材特色。

高职机械制造技术系列课程包括"机械制造技术""机械制造工艺与夹具""模具制造工艺""现代制造技术""数控加工技术"。其中"机械制造技术"是新教学计划中整合度较大的一门新课，它是由原机械专业的5门专业课，即"金属工艺学""金属切削原理与刀具""金属切削机床""机械制造工艺学""机床夹具设计"，按照新专业培养要求重新整合而成的。随着技术的进步，原有的课程体系、内容和名称受到挑战。本书是在我国振兴制造业、大力发展职业教育的背景下，根据机械制造技术课程实践性强、综合性强、灵活性大的特点，结合企业对高技能人才的要求编写而成的。本书在编写过程中追求内容的渐进性和知识的连续性，同时注重点和面的有机结合，使教材做到好讲、好学、实用。

本书除绪论外共分10章，以机械制造方法和加工装备为主线，融入机床、刀具和金属切削原理，包括金属材料的热加工方法(铸造、锻造和焊接)、塑料的成型方法、车削加工方法、铣削和刨插削加工方法、钻削加工方法、镗削加工方法、拉削加工方法、磨削加工方法、齿形加工方法、快速成型方法、精密加工方法、特种加工方法、表面处理方法等。本书可作为高等职业院校、高等专科院校、成人高校、民办高校及本科院校举办的二级职业技术学院机械制造与自动化专业、模具设计与制造专业、数控加工技术专业、机电一体化专业和其他近机械类专业的教材，也可作为机械、机电类技术人员的参考书或机械制造企业人员的培训教材。

本书由武汉职业技术学院张绪祥任主编，武汉职业技术学院欧阳德祥、西安航空职业技术学院申世起、武威职业学院李玉荣任副主编，其中：张绪祥编写绪论、第2章～第8章、附录A，欧阳德祥编写第9章，申世起编写第10章，李玉荣编写第1章。武汉华电工程装备有限公司张小方对本书提出了很多建设性的意见，全书由武汉职业技术学院王军主审。

本书在编写过程中得到了有关领导和同行们的大力帮助和支持，在此一并表示感谢。

由于编者水平有限，书中难免存在很多缺点和不妥之处，敬请读者不吝赐教。

编　者

2021年4月

目录 MULU

绪论

一、制造、制造业、制造系统与制造技术

所谓制造，是一种将有关资源（如物料、能量、资金、人力资源、信息等）按照社会的需求转变为新的、有更高应用价值的资源的行为和过程。随着社会的进步和制造活动的发展，制造的内涵不断地深化和扩展，因此制造是一个不断发展进化的概念。机械制造是各种机械、机床、仪器、仪表制造过程的总称。制造业是进行制造活动，为人们提供使用或利用的工业品或生活消费品的行业。人类的生产工具、消费产品、科研设备、武器装备等，没有哪一样能离开制造业，没有哪一样的进步能离开制造业的进步，这些产品都是由制造业提供的，可以说制造业是国民经济的装备部，是国民经济产业的核心，是工业的"心脏"，是国民经济和综合国力的支柱产业。

制造过程是制造业的基本行为，是将制造资源转变为有形财富或产品的过程。制造过程涉及国民经济的大量行业，如机械、电子、轻工、化工、食品、军工、航天等。因此，制造业对国民经济有较显著的带动作用。

制造系统是制造业的基本组成实体。制造系统是由制造过程及其所涉及的硬件、软件和制造信息等组成的一个具有特定功能的有机整体，其中的硬件包括人员、生产设备、材料、能源和各种辅助装置，软件包括制造理论和制造技术，而制造技术又包括制造工艺和制造方法等。

广义而言，制造技术是按照人们所需目的，运用主观掌握的知识和技能，操纵可以利用的客观物质工具和采用有效的方法，使原材料转化为物质产品的过程所施行的手段的总和，是生产力的主要体现。制造技术与投资和熟练劳动力一起将创造新的企业、新的市场和新的就业。制造技术是制造业的支柱，而制造业又是工业的基石，因此，可以说制造技术是一个国家经济持续增长的根本动力。机械制造技术就是完成机械制造活动所施行的一切手段的总和。

二、机械制造业在国民经济中的地位

机械制造业是制造业最主要的组成部分，它的主要任务就是完成机械产品的决策、设计、制造、装配、销售、售后服务及后续处理等，其中包括对半成品零件的加工技术、加工工艺的研究和工艺装备的设计制造。机械制造业担负着为国民经济建设提供生产装备的重任，为国民经济各行业提供各种生产手段，它的带动性强，波及面广，产业技术水平的高低直接决定着国民经济其他产业竞争力的强弱，以及今后运行的质量和效益。机械制造业也是国防安全的重要基础，为国防提供所需武器装备。世界军事强国，无一不是装备制造业的强国。另外，机械制造业还是高科技产业的重要基础。作为基础的高科技可以认为有五大领域，即信息科技、先进制造科技、材料科技、生命科技和集成科技。机械制造业为高科技的发展提供各种研究和生产设备。世界高科技强国，无一不是装备制造业的强国。世界机械制造业占工业的比重，从 1980 年以来，已上升至超过 1/3。机械制造业的发展不仅影响和制约着国民经济与各行业的发展，而且还直接影响和制约着国防工业和高科技的发展，进而影响到国家的安全和综合国力，人们对此应有足够清醒的认识。

然而,第二次世界大战后,美国出现了“制造业是夕阳产业”的观点,忽视了对制造业的重视和投入,以致工业生产下滑,出口锐减,工业品进口陡增,第二、第三产业的比例严重失调,经济空前滑坡,物质生产基础遭到严重削弱。近几年,美国、日本、德国等工业发达国家都把先进制造技术列为工业、科技的重点发展技术。美国政府历来认为,生产制造是工业界的事,政府不必介入。但经过多年反思,美国政府已经意识到,政府不能不介入工业技术的发展。自20世纪80年代中期,美国制订了一系列民用技术开发计划并切实加以实施。由于给予了重视,近年来美国的机械制造业有所振兴,汽车、机床、微电子工业又获得了较大的发展。可见,机械制造业是国民经济赖以发展的基础,是国家经济实力和科技水平的综合体现,是每一个大国任何时候都不能掉以轻心的关键行业。

三、我国机械制造业的发展现状

改革开放四十多年以来,我国的机械制造业已经具有了相当雄厚的实力,为国民经济、国防和高科技提供了有力的支持。我国的机械制造业为汽车、火车、飞机、农业机械、火箭、宇宙飞船、电站、造船、计算机、家用电器、电子及通信设备等行业提供了生产装备。机械制造业是我国实现经济腾飞、提升高科技与国防实力的重要基础。从机床生产能力可看出一个国家的机械制造业水平。我国能自主设计、生产各种普通机床、小型仪表机床、重型机床,以及各种精密的、高度自动化的、高效率的和数字控制的机床,产品品种较齐全,大部分达到20世纪90年代国际水平,部分达到国际先进水平。

中国制造业有了显著的发展,无论制造业总量还是制造业技术水平都有很大的提高。机械制造业在产品研发、技术装备和加工能力等方面都取得了很大的进步,但具有独立自主知识产权的品牌产品不多。通过对我国机械制造业现状的分析和研究,业内人士普遍认为,中国的机械制造比欧美发达国家落后了将近30年。面对21世纪世界经济一体化的挑战,机械制造业存在的主要问题有以下几个方面。

1. 合资带来的忧愁

改革开放以来,我国大量引进技术和技术装备,使机械制造业有了长足的发展,但也给人们带来了许多担忧。20世纪90年代以来,大型跨国公司纷纷杀入国内机械工业市场,主要集中在汽车、电工电器、文化办公设备、仪器仪表、通用机械和工程机械等领域,这几个行业约占机械工业外商直接投资金额的80%。外国投资者的经营策略是:基本前提是在对华投资的活动中必须保持其控制权。当前跨国企业特别热衷于并购我国高成长性行业中的优势企业。目前我国的高成长性行业包括工程机械行业、油嘴油泵行业、轴承行业等。

2. 存在着许多技术“黑洞”

除了面临“外敌”之外,中国的机械制造业自身也存在着诸多问题。业内人士认为,我国机械业存在一个巨大的技术“黑洞”,最突出的表现是对外技术依存度高。近几年来,中国每年用于固定资产的上万亿元设备投资中,60%以上是引进的。作为窗口的国家高新技术产业开发区,也有57%的技术源自国外。整个工业制造设备的骨干几乎都是外国产品,这暴露了我国工业化的虚弱性。机械制造业是一个国家的脊椎和脊柱,中国今后如果不把腰杆锻炼硬了、挺直了,那么整个经济和国防都是虚弱的。

3. 机械制造业落后近30年

有人在网上发起“中国的机械制造业落后欧美发达国家多少年”的讨论,很多人认为“至少有 30 年的差距”。这种差距尤其表现在发动机上。发动机作为机械的“心脏”，怎么评价它在机械中的重要性都不过分。

为何市场没有换来必要的技术？专家认为，并不是拿来了车型就等于转让了技术，一些关键的地方还需要学习，还需要有人点拨。但是相当多的企业只关注合资、引进等形式上的东西。仿制而不消化吸收使机械工业误入歧途。除了消化不到位之外，技术壁垒也是中国引进技术的巨大障碍。目前知识产权已经成为包括美国在内的发达国家保持与发展中国家之间差距的一种武器。“欧美发达国家在小心翼翼地保持着与中国技术水平几十年的差距。”

4. 国家扶持的支点偏离

业内人士普遍认为，技术“黑洞”的形成与国家的重视程度、投入密切相关。国家在过去的几十年中虽然比较重视发展机械行业，但是在政策、资金等方面仍然出现了一定的偏差。

四、机械制造技术的发展过程和趋势

1. 发展过程

机械制造有着悠久的历史，我国秦朝的铜车马已有带锥度的铜轴和铜轴承，说明在公元前 210 年以前就可能有了磨削加工。从 1775 年英国 J. Wilkinson 为了加工瓦特蒸汽机的气缸研制成功镗床开始，到 1860 年，车、铣、刨、插、齿轮加工等机床相继出现。1898 年，人们发明了高速钢，使切削速度提高了 2～4 倍。1927 年德国首先研制出硬质合金刀具，切削速度比高速钢刀具提高了 2～5 倍。为了适应硬质合金刀具高速切削的需求，金属切削机床的结构发生了较明显的改进，从带传动改为齿轮传动，机床的速度、功率和刚度也随之提高。至今，仍然广泛使用着各种各样的采用齿轮传动的金属切削机床，但这些金属切削机床在结构、传动方式等方面，尤其是在控制方面有了极大的改进。

加工精度可以反映机械制造技术的发展状况。1910 年时的加工精度大致是 10 μm（一般加工），1930 年提高到 1 μm（精密加工），1950 年提高到 0.1 μm（超精密加工），1970 年提高到 0.01 μm，而目前已提高到 0.001 μm（纳米加工）。

20 世纪 80 年代末期，美国为提高制造业的竞争力和促进国家的经济增长，首先提出了先进制造技术（advanced manufacturing technology，AMT）的概念，并得到欧洲各国、日本以及其他一些新兴工业化国家的响应。在先进制造技术提出的初期，主要发展集中在与计算机和信息技术直接相关的技术领域方面，该领域成为世界各国制造工业的研究热点，取得了迅猛的发展和应用。这方面的主要成就如下。

(1) 计算机辅助设计（computer aided design，CAD）技术：可完成产品设计、材料选择、制造要求分析、优化产品性能，以及通用零部件、工艺装备和机械设备的设计与仿真等工作。

(2) 计算机辅助制造（computer aided manufacturing，CAM）技术：以计算机数控（computer numeric control，CNC）机床、加工中心（machining center，MC）、柔性制造系统（flexible manufacturing system，FMS）为基础，借助计算机辅助工艺设计（computer aided process planing，CAPP）、成组技术（group technology，GT）和自动编程工具（automatically programmed tool，APT）而形成，可实现零件加工的柔性自动化。

(3) 计算机集成制造系统（computer integrated manufacturing system，CIMS）：把工厂生产的全部活动，包括市场信息、产品开发、生产准备、组织管理以及产品的制造、装配、检验和产品的销售等，都用计算机系统有机地集成为一个整体。

在实践过程中，人们逐渐认识到制造技术各方面必须协调发展。如果仅仅局限于系统技术和软件设计,忽视对制造工艺等主体技术的研究,脱离实际地强调无人化生产,必将导致制造技术各领域发展的严重失衡,以致不能充分发挥效益。1994年,美国联邦科学、工程和技术协调委员会(FCCSET)下属的工业和技术委员会先进制造技术工作组,系统说明了先进制造技术的技术群内容:第一,主体技术群,包括面向制造的设计技术群(包括产品设计、工艺过程设计和工厂设计等)和制造工艺技术群(主要涉及产品制造与装配工艺过程及其工艺装备);第二,支撑技术群(主要包括理论、标准、信息、机床、工具、检测、传感与控制等各方面的技术);第三,制造基础设施(是指为管理上述技术群的开发并激励推广应用而采取的各种方案与机制,它的要素主要是工人、工程技术人员和管理人员的培训与教育)。

近几十年来,随着科学技术的发展和社会与环境因素的改变,世界制造业进入巨大变革时期。这一变革的主要特点如下。

(1) 先进技术的出现正急剧地改变着现代机械制造业的产业结构和生产过程。

(2) 传统的、相对稳定的市场已经变成了动态的、多变的市场,产品周期缩短,更新快,品种增多,批量缩小。目前市场对产品的需求不仅是价廉物美,而且还要交货期短,售后服务好,乃至还要求具有深刻的文化内涵和良好的环境适应性。

(3) 传统的管理模式、劳动方式、组织结构和决策准则都在经历着新的变革。

(4) 包括资本与信息在内的生产能力在世界范围内迅速提高和扩散,形成了全球性的激烈竞争格局,市场经济化的潮流正在将越来越多的国家带进世界经济一体化之中。随着生产力的国际性扩散,产业间和产业内的国际分工已成为一股不可抗拒的发展潮流。

2. 发展趋势

21世纪是知识经济来临的世纪。所谓知识经济,是一种以知识而不是以物质资源作为其主要支柱的经济。知识经济的发展在极大程度上依赖于知识的创造、传输和利用。近几十年来,美国蓝领工人的人数占劳动人口的比例下降幅度很大,即产生了劳动力从工业向信息业和服务业的转移。世界各发达国家都在加速发展教育,尤其是高等教育和职业教育。在这样的大趋势下,可以预见,机械制造业需要加以调整和改造。

机械制造业的主要发展趋势如下。

1) 现代机械制造业的信息化趋势

物质、能量和信息是构成制造系统的三大要素。前两者在历史上曾经占据主导地位,受到重视、研究、开发和利用。随着知识经济的到来,信息这一要素正在迅速上升成为制造系统的主导因素,并对制造业产生实质性的影响。现代产品是在其制造过程中所投入的知识和信息的物化与集成,这些知识和信息被物化在产品中,影响着产品的生产成本。产品信息的质(内容)规范产品的使用价值,而产品信息的量量度产品的交换价值。另外,信息技术的水平对于制造业的组织结构和运行模式有着决定性的影响。机械制造业从手工模式,发展到泰勒模式,直到现代模式,而制约与促进这一发展的基本因素是信息技术的水平。适应知识经济条件下的信息技术水平的制造业的组织结构和运行模式一定会在探索中形成。

2) 现代机械制造业的服务化趋势

今天的制造业正在演变为某种意义上的服务业。工业经济时代大批量生产条件下的"以产品为中心"正在转变为"以顾客为中心"。"顾客化大生产"(mass customized manufacturing)模式正在确立。在这种模式下,借助于分布式、网络化的制造系统,以大批量生产条件生产各个顾客不同需求的产品,既可以满足顾客的个性化要求,又能实现高效率和高效益生产,实现高质量、低价格目标。今天,制造业所考虑和所操作的不止产品的设计与生产,而是包括市场调查、产品开发或改进、生产制造、销售、售后服务，直到产品的报废、解体与回收的全过程，虑及产品的整个生命周期，体现了制造业全方位地为顾客服务、为社会服务的宗旨。

3）现代机械制造业的高技术化趋势

促进机械制造业发展的有信息技术、自动化技术、管理科学、计算机科学、系统科学、经济学、物理学、数学、生物学等，机械制造业发展的方向主要如下。

（1）切削加工技术的研究。

切削加工是机械制造的基础方法，切削加工约占机械加工总量的95%。目前的水平是：陶瓷轴承主轴的转速已达15 000～50 000 r/min，采用直流电动机的数控进给速度可达每分钟数十米，高速磨削的切削速度可达100～150 m/s。要研究新的刀具材料，提高刀具的可靠性和切削效率，研制柔性自动化用的刀具系统和刀具在线监测系统等，还要进行切(磨)削机理的研究。

（2）精密、超精密加工技术和纳米加工技术的研究。

精密、超精密加工技术在高科技领域和现代武器制造中占有非常重要的地位。目前的情况是：日本大阪大学和美国LLL实验室合作研究超精密切削时，成功地实现了1 nm切削厚度的稳定切削；中小型超精密机床的发展已经比较成熟和稳定，美、英等国还研制出了几台有代表性的大型超精密机床，可完成超精密车削、磨削和坐标测量等工作，机床的分辨力可达0.7 nm，代表了现代机床的最高水平。这方面的研究工作主要有微细加工技术、电子束加工技术、纳米表面的加工技术（原子搬迁、去除和重组）、纳米级表面形貌和表层物理力学性能检测、纳米级微传感器和控制电路、纳米材料以及超微型机械等。

（3）先进制造技术的研究。

先进制造技术是机械制造最重要的发展方向之一。目前，计算机辅助设计/计算机辅助制造(CAD/CAM)技术、柔性自动化制造技术，包括数控机床、加工中心、柔性制造单元(FMC)、柔性制造系统(FMS)等，在各发达国家已经得到生产应用，而计算机集成制造系统(CIMS)正处于研究和试用阶段。最近，人们还提出了有关生产组织管理的指导性的“精益生产(lean production)”模式以及敏捷制造(agile manufacturing)技术。后者是基于Internet网络技术而实施的基层单位计算机管理和自动化、计算机仿真和制造过程的虚拟技术，以及异地设计、异地制造和异地装配等。先进制造技术的研究已经取得显著成效，今后必将在原有基础上迅速发展和推广应用。

五、本课程的性质、研究内容、特点与学习目的

机械制造技术基础课程是机械类专业的一门主干专业基础课，以机械制造方法和加工装备为主线，融入机床、刀具和金属切削原理，包括金属材料的热加工方法（铸造、锻造和焊接）、塑料的成型方法、车削加工方法、铣削和刨插削加工方法、钻削加工方法、镗削加工方法、拉削加工方法、磨削加工方法、齿轮加工方法、快速成型方法、精密加工方法、特种加工方法、表面处理方法等。本书强调学以致用、理论联系实际，注重学生机械制造技术应用能力与工程素养两个方面的培养，旨在提高学生解决生产一线实际问题的能力。

涉及面广、实践性强、综合性强、灵活性大是本课程的最大特点。学习本课程时，要重视实践性教学环节，如金工实习、生产实习是学习本课程的实践基础，不容忽视。本课程的综合实验和课程设计是重要的实践性教学环节，不仅可以帮助牢固掌握知识，培养综合应用知识的能力，而且有利于将知识转化为技术应用能力。生产中的实际问题，往往千差万别，生产的产品不同、

批量不同、现场生产条件不同,制造方法也不一样。

通过对本课程的学习,要求学生对机械制造有一个总体的了解和把握,初步掌握金属切削过程的基本规律和机械加工工艺的基本知识,能选择机械加工方法、机床、刀具、夹具及切削加工参数,初步具备制订机械加工工艺规程的能力;掌握机械加工精度和表面质量的基本理论和基本知识,初步具备分析和解决现场工艺问题的能力。学习本课程时,关键在于掌握本课程的基本理论和基本知识并灵活运用,处理好质量、成本和生产效益这三者的辩证关系,以求在保证质量的前提下取得最好的经济效益。

第1章 机械制造概述

减速机结构示意图如图1-1所示。减速机是企业的产品，必须生产出来才能销售，才能为企业创造利润。从图中我们可以看出减速机由许多零部件组成，这些零部件必须经过机械加工和装配才能制造出来。在制造过程中企业有很多问题需要我们去了解。

图1-1 减速机结构示意图

1.1 机械制造过程

一、企业生产过程中的基本概念

1. 生产系统

一种符合市场需求且有竞争力的产品的出现，都要经过市场调查研究、产品的功能定位、产品的结构设计、产品的生产制造、产品的销售服务到产品的信息反馈、产品的功能改进这一个复杂的过程。这个过程包含了一个企业的全部活动。这些活动形成了一个具有输入、输出的封闭系统，即生产系统。

在生产系统中，企业与市场之间的交互过程由系统的决策级（Ⅰ级）来完成，企业内部不同功能环节之间的交互过程由系统的经营管理级（Ⅱ级）来完成，而最基础的工作由生产工艺和制造等部分所构成的制造级（Ⅲ级）来完成。制造级是把产品设计的技术信息转化为实际产品的核心环节,它对市场定位的实现具有至关重要的影响。

2. 生产过程

根据设计信息将原材料和半成品转化为产品的全部过程称为生产过程。

生产过程包括原材料的运输保管和准备、生产的准备、毛坯的制造、零件的制造、部件和产品的装配、质量检验、表面处理和包装等工作。

应该指出,上述的"原材料"和"产品"的概念是相对的,一个工厂的"原材料"可能是另一个工厂的"产品",而另一个工厂的"产品"又可能是其他工厂的"原材料"。因为在现代制造业中,通常是组织专业化生产的,如汽车制造,汽车上的轮胎、仪表、电气元件、标准件及其他许多零部件都是由其他专业厂生产的,汽车制造厂只生产一些关键零部件和配套件,并最后组装成完整的产品——汽车。产品按专业化组织生产,使工厂的生产过程变得较为简单,有利于提高产品质量,提高劳动生产率和降低成本,是现代机械工业的发展趋势。

3. 机械制造工艺过程

在生产过程中,毛坯的制造成形(如铸造、锻压、焊接等)、零件的机械加工、零件的热处理、零件的表面处理、部件和产品的装配等是直接改变毛坯形状、尺寸、相对位置和性能的过程,称为机械制造工艺过程,简称工艺过程。

工艺过程是生产过程的主要组成部分,主要包括机械加工工艺过程和机械装配工艺过程。

(1) 机械加工工艺过程:采用合理有序安排的各种加工方法逐步改变毛坯的形状、尺寸和表面质量,使毛坯成为合格零件的过程。

(2) 机械装配工艺过程:采用按一定顺序安排的各种装配工艺方法,把组成产品的全部零部件按设计要求正确地结合在一起形成产品的过程。

本课程主要研究零件的加工方法、产品的装配方法,以及由这些方法合理组合而形成的机械加工工艺和产品的装配工艺。

4. 机械制造工艺规程

对于同一零件或产品,加工工艺过程或装配工艺过程可以是多种多样的,但对于确定的条件,可以有一个最为合理的工艺过程。在企业生产中,把合理的工艺过程以文件的形式规定下来,作为指导生产过程的依据,这一文件称为机械制造工艺规程,简称工艺规程。根据工艺内容的不同,工艺规程可分为机械加工工艺规程、机械装配工艺规程等多种形式。

二、机械制造工艺过程的组成

1. 概述

机器是由零件、组件、部件等组成的,因而一台机器的机械制造工艺过程包括从零部件的加工到整机装配的全过程。

首先,组成机器的每一个零件要经过相应的机械加工工艺过程由毛坯转变成为合格零件。在这一过程中,要根据零件的设计信息,制订每一个零件的机械加工工艺规程,根据机械加工工艺规程的安排,在相应的机械加工工艺系统中完成不同的加工内容。机械加工工艺系统由机床、刀具、夹具和被加工零件(工件)构成。加工的零件不同,工艺内容不同,相应的机械加工工艺系统也不相同。机械加工工艺系统的特性及工艺过程参数的选择对零件的加工质量起决定性的作用。

其次,要根据机器的结构和技术要求,把某些零件装配成部件。部件是由若干组件、合件和零件在一个基准上装配而成的。部件在整台机器中能完成一定的、完整的功能。把零件和组件、合件装配成部件的过程，称为部装。部装的过程是依据部件装配工艺，应用相应的装配工具和技术完成的。部件装配的质量直接影响整机的性能和质量。

最后，在一个基准部件上，把各个部件、零件装配成一台完整的机器。把零件和部件装配成最终产品的过程称为总装。在产品总装后，还要经过检验、试车、喷漆、包装等一系列辅助过程才能成为合格的产品。

2. 工艺过程的组成

一个零件的加工工艺往往是比较复杂的，根据它的技术要求和结构特点，在不同的生产条件下，常常采用不同的加工方法和设备，通过一系列的加工，才能使毛坯变成零件。我们在分析研究这一工艺过程时，为了便于描述，需要对工艺过程的组成单元给予科学的定义。

机械加工工艺过程由一个或若干个按顺序排列的工序组成，而工序又可分为安装、工位、工步和走刀。

1）工序

工序是指一个或一组工人，在一台机床或一个工作地，对一个或同时对几个工件所连续完成的那部分工艺过程。区分工序的主要依据是工作地是否变动和加工是否连续。如图 1-2 所示的阶梯轴，当加工数量较少时，可按表 1-1 划分工序；当加工数目较大时，可按表 1-2 划分工序。

从表 1-1 和表 1-2 中可以看出，当工作地变动时，即构成另一工序。同时，在同一工序内所完成的工作必须是连续的，若不连续，也即构成另一工序。下面着重解释“连续”的概念。所谓“连续”，有按批“连续”和按件“连续”之分。在表 1-1 与表 1-2 中，整批零件先在磨床上粗磨外圆后，再送高频淬火机高频淬火，最后到磨床上精磨外圆，即使是在同一台磨床上，工作地没有变动，但由于对这一批工件来说粗磨外圆和精磨外圆不是连续进行的，所以粗磨外圆和精磨外圆应为两道独立的工序。除此以外，还有一个按件“不连续”问题。如表 1-2 中的工序 2 和工序 3，先将一批工件的一端全部车好，然后掉头在同一车床上车这批工件的另一端，虽然工作地没有变动，但对每一个工件来说，两端的加工已不连续，严格按着工序的定义也可以认为是两道不同的工序。不过，在这种情况下，究竟是先将工件的两端全部车好再车另一工件，还是先将这批工件一端全部车好后再分别车这批工件的另一端，对生产率和产品质量均无影响，完全可以由操作者自行决定，在工序的划分上也可以把它当作一道工序。综上所述，我们知道，如果工件在同一工作地前后加工，按批不是连续进行的，肯定是两道不同的工序；如果按批是连续的而按件不连续，究竟算一道工序还是算两道工序，要视具体情况而定。

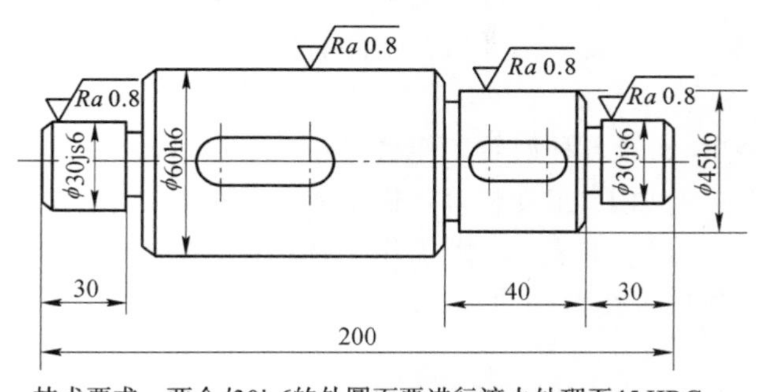

技术要求：两个ϕ30js6的外圆面要进行淬火处理至45 HRC。

图 1-2　阶梯轴简图

表 1-1　阶梯轴机械加工工艺过程(单件小批量生产时)

工　序　号	工 序 内 容	设　　备
1	车端面、钻顶尖孔	车床
2	车外圆,留余量;车槽、倒角至尺寸	车床
3	铣键槽至尺寸,去毛刺	铣床
4	粗磨外圆	磨床
5	热处理	高频淬火机
6	精磨外圆	磨床

表 1-2　阶梯轴机械加工工艺过程(大批大量生产时)

工　序　号	工 序 内 容	设　　备
1	两边同时铣端面、钻顶尖孔	铣端面钻顶尖孔专用机床
2	车一端外圆,留余量;车槽、倒角至尺寸	车床
3	车另一端外圆,留余量;车槽、倒角至尺寸	车床
4	铣键槽至尺寸	铣床
5	去毛刺	钳工台
6	粗磨外圆	磨床
7	热处理	高频淬火机
8	精磨外圆	磨床

工序是组成机械加工工艺过程的基本单元,也是制订生产计划和进行成本核算的基本单元。

2）安装

每一道工序内都包含许多加工内容,有些加工内容需要工件处于不同的位置下才能完成,这就需要改变工件的位置。在采用传统设备加工时,往往需要对工件进行多次装夹,每次装夹下所完成的工序内容称为一次安装。在采用数控设备加工时,通过工作台的转位可以改变工件的位置,使所需的安装次数大大减少。如表 1-1 所示的工序 1 要进行两次装夹:先夹工件一端,车端面、钻顶尖孔,称为安装 1;再掉头车另一端面,钻顶尖孔,称为安装 2。

工件在加工中,应尽量减少装夹次数。这不仅对保证零件的几何精度和位置精度是极为有利的,而且可以减少装夹误差和装夹工件所花费的时间。

3）工位

在工件的一次安装中,通过各种回转工作台或移动工作台、回转夹具或移动夹具,使工件先后处于几个不同的位置进行加工,工件相对于机床或刀具每占据一个加工位置所完成的那部分机械加工工艺过程,称为工位。如表 1-2 中工序 1 铣端面、钻顶尖孔,就有两个工位,工件装夹后,先在工位Ⅰ铣端面,然后工作台移动到工位Ⅱ钻顶尖孔,如图 1-3 所示。

4）工步

在同一工位上,可能要加工几个不同的表面,也可能用几把不同的刀具进行加工,还有可能用几种不同的切削用量分几次进行加工。为了描述这个过程,工位又可细分为工步。工步是指在加工表面、加工工具和切削用量(不包括背吃刀量)都不变的情况下,所完成的那一部分工序

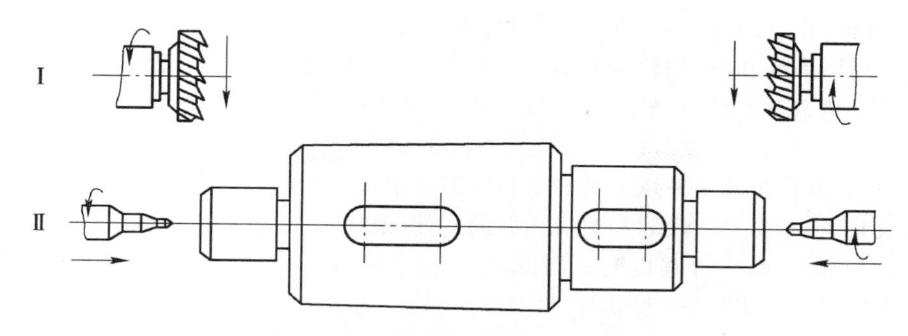

图 1-3 两边同时铣端面、钻顶尖孔

内容。一般情况下，上述三个要素任意改变一个，就认为是不同的工步了。但下述两种情况可以作为例外。一种情况是：那些连续进行的若干个相同的工步，可看作一个工步。如图 1-4 所示的零件，连续钻四个 $\phi5$ mm 的孔，可看作一个工步，以简化工艺文件。另一种情况是：有时为了提高生产率，用几把不同的刀具同时加工几个不同的表面，如图 1-5 所示，也可以看作一个工步，该工步称为复合工步。

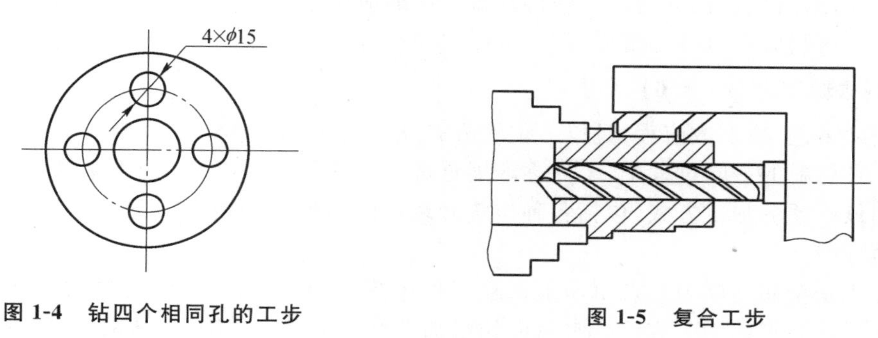

图 1-4 钻四个相同孔的工步

图 1-5 复合工步

5）走刀

在一个工步内，刀具在加工表面上切削一次所完成的工步内容，称为一次走刀。

三、零件(毛坯)成形方法

在机械制造的生产过程中，零件(毛坯)的成形要采用各种不同的制造工艺方法。这些方法利用不同的机理，使被加工对象(原材料、毛坯、半成品等)发生变化(指尺寸、几何形状、性质、状态等的变化)。按照加工过程中质量 m 的变化 Δm，可以将零件(毛坯)的制造工艺方法分为材料成形工艺、材料去除工艺和材料累积工艺三种类型。

1. 材料成形工艺($\Delta m=0$)

材料成形工艺(或贯通流程)是指加工时材料的形状、尺寸、性能等发生变化，而质量未发生变化，属于质量不变工艺。材料成形工艺常用来制造毛坯，也可以用来制造形状复杂但精度要求不太高的零件。材料成形工艺的生产效率较高。常用的材料成形工艺有铸造、锻压、粉末冶金等。

1）铸造

铸造是将液态金属浇注到与零件的形状尺寸相适应的铸造型腔中，冷却凝固后获得毛坯或零件的工艺方法。基本工艺过程为制模、造型、熔炼、浇注、清理等。由于铸造时受各种因素的影响，铸件可能存在组织不均匀、缩孔、热应力、变形等缺陷，使铸件的精度、表面质量、力学性能不高。尽管如此,由于适应性强、生产成本低,铸造仍得到十分广泛的应用。形状复杂,尤其有复杂内腔的零件(毛坯)常采用铸造方法。常用的铸造方法有砂型铸造、金属型铸造、熔模铸造、压力铸造、离心铸造等。其中,砂型铸造应用最广。

2）锻压

锻造与板料冲压统称为锻压。锻造是利用锻造设备对加热后的金属施加外力,使之发生塑性变形,形成具有一定形状、尺寸和组织性能的零件(毛坯)。经过锻造的毛坯,内部组织致密均匀,金属流线分布合理,零件强度高。因此,锻造常用于制造综合力学性能要求高的零件(毛坯)。锻造方法有自由锻造、模型锻造、胎膜锻造、轧制和挤压等。

板料冲压是在压力机上利用冲模将板料冲压成各种形状和尺寸的制品。板料冲压由于一般在常温下进行,故又称为冷冲压。冲压加工有极高的生产率和较高的加工精度,加工形式有冲裁、弯曲、拉深、成形等。板料冲压在电气产品、轻工产品、汽车制造中有十分广泛的应用。

3）粉末冶金

粉末冶金是以金属粉末或金属粉末与非金属粉末的混合物为原料,经模具压制、烧结等工序,制成金属制品或金属材料的工艺方法。粉末冶金制品的材料利用率能达到95%,降低了生产成本,因此粉末冶金在机械制造中获得日益广泛的应用。粉末冶金生产的工艺流程包括粉末制备、混配料、压制成形、烧结、整形等。

2. 材料去除工艺($\Delta m<0$)

材料去除工艺(或发散流程)是以一定的方式从工件上切除多余的材料,得到所需形状、尺寸的零件。在材料的去除过程中,工件逐渐逼近理想零件的形状与尺寸。材料去除工艺是机械制造中应用最广泛的加工方式,包括各种传统和现代的切削加工、磨削加工和特种加工。

1）切削加工

切削加工是金属切削刀具在机床上切除工件上多余的金属,从而使工件的形状、尺寸和表面质量达到设计要求的工艺方法。常见的切削加工有车削、铣削、刨削、钻削、拉削、镗削等。

2）磨削加工

磨削加工是利用高速旋转的砂轮在磨床上磨去工件上多余的金属,从而达到较高的加工精度和表面质量的工艺方法。磨削既可加工非淬硬表面,也可加工淬硬表面。常见的磨削加工方式有内外圆磨削、平面磨削、成形磨削等。

3）特种加工

特种加工是利用电能、热能、化学能、光能、声能等对工件进行材料去除的加工方法。特种加工不是主要依靠机械能,而是主要用其他能量去除金属材料。特种加工的工具硬度可以低于被加工工件材料的硬度,加工过程中工具和工件中不存在显著的机械切削力。常用的特种加工方法有电火花加工、电解加工、激光加工、超声波加工、水喷射加工、电子束加工、离子束加工等。

3. 材料累积工艺($\Delta m>0$)

材料累积工艺(或收敛流程)是指利用一定的方式使零件的质量不断增加的工艺方法,包括传统的连接方法、电铸电镀加工和先进的快速成型技术。

1）连接与装配

传统的累加方式有连接与装配:可以通过不拆卸的连接方法,如焊接、黏结、铆接和过盈配合等,使物料结合成一个整体,形成零件或部件;也可以通过各种装配方法,如螺纹连接、销连接等,将若干零件装配连接成组件、部件或产品。

2）电铸电镀加工

电铸加工、表面局部涂镀加工和电镀加工都是利用电镀液中的金属正离子在电场的作用下，逐渐镀覆沉积到阴极上去，形成一定厚度的金属层，达到复制成形、修复磨损零件和表面装饰防锈的目的。

3）快速成型

近几年才发展起来的快速成型技术，是材料累积工艺的新发展。快速成型技术是将零件以微元叠加方式逐渐累积生成，将零件的三维实体模型数据经计算机分层切片处理，得到各层截面轮廓；按照这些轮廓，激光束有选择地切割一层层的纸（LOM 叠层法），或固化一层层的液态树脂（SL 光固化法），或烧结一层层的粉末材料（SLS 烧结法），或喷射源有选择地喷射一层层的黏结剂或热熔材料（FDM 熔融沉积法），形成一层层薄层，并逐步叠加成三维实体。快速成型技术可以直接、快速、精确地将设计思想物化为具有一定功能的原型或直接制造零件，从而可以对产品设计进行快速评价、修改及功能试验，有效地缩短了产品的研发周期，是近年来制造技术领域的一次重大突破。

1.2 机械制造企业生产组织

机械产品的制造过程是一个复杂的过程，需要经过一系列的机械加工工艺和机械装配工艺才能完成。机械制造工艺过程的要求是优质、高效、低耗，以取得良好的经济效益。不同的产品机械制造工艺各不相同，即使是同一种产品，在不同的生产条件下机械制造工艺过程也不相同。

一种产品的机械制造工艺过程的确定不仅取决于产品自身的结构、功能特征、精度要求的高低以及企业的设备技术条件和水平，还取决于市场对产品的种类和产量的要求。

机械制造工艺过程的不同决定了生产系统的构成也不相同，从而有了不同的生产过程，这些差别的综合反映就是企业的生产类型不同。

一、生产纲领

生产纲领是在计划期内应当生产产品的产量和进度计划。计划期为一年的生产纲领称为年生产纲领。它是企业根据市场要求和自身的生产能力决定的。

零件的年生产纲领要计入备件和废品数量，计算式为

$$N = Qn(1 + \alpha + \beta)$$

式中：N——零件的年产量；

Q——产品的年产量；

n——每台产品中该零件的数量；

α——该零件的备件率；

β——该零件的废品率。

年生产纲领是设计制订机械制造工艺规程的重要依据。企业一般根据生产纲领并考虑资金周转速度、零件加工成本、装配销售储备量等因素，确定产品一次投入生产的数量和每年投入生产的批数。但从市场的角度看，产品的生产批量首先取决于市场对该产品的容量、企业在市场上占有的份额以及该产品在市场上的销售情况和使用周期。

二、生产类型

生产纲领对工厂的生产过程和生产组织起决定性作用，包括决定各工作地的专业化程度、

加工方法、加工工艺、设备和工装等。例如,机床的生产与汽车的生产就有着不同的工艺特点和专业化程度。同一种产品,生产纲领不同也会有完全不同的生产过程和生产专业化程度,即可有着完全不同的生产类型。

同一产品(或零件)每批投入生产的数量称为批量。批量可根据零件的年产量及一年中的生产批数计算确定,生产批数需根据市场需要、零件的特征、流动资金的周转及仓库的容量等具体情况确定。

根据批量的大小和被加工零件的工艺特征,生产可分为小批生产、中批生产和大批生产。表 1-3 所示是生产类型的划分。从工艺角度看,单件生产与小批生产相近,大批生产与大量生产相近,因此在生产实际中一般按单件小批量生产、中批生产、大批大量生产来划分生产类型,并归纳工艺特征,如表 1-4 所示。

表 1-3　生产类型的划分

生产类型	零件年生产纲领/(件/年)		
	重型机械	中型机械	轻型机械
单件生产	≤5	≤20	≤100
小批生产	>5~100	>20~200	>100~500
中批生产	>100~300	>200~500	>500~5 000
大批生产	>300~1 000	>500~5 000	>5 000~50 000
大量生产	>1 000	>5 000	>50 000

表 1-4　各种生产类型的工艺特征

项目	生产类型		
	单件小批量生产	中批生产	大批大量生产
	工艺特征		
加工对象	经常变换	周期性变换	固定不变
毛坯及加工余量	手工造型铸造、自由锻造;加工余量大	部分用金属模铸造或模锻;加工余量中等	广泛用金属模机器造型铸造、压铸、精铸;加工余量小
机床设备及布置形式	通用机床,按类别和规格大小,采用机群式布置	通用机床和专用机床相结合,按零件分类布置,流水线与机群式相结合	广泛采用专用机床,按流水线或自动线布置
夹具	通用夹具、组合夹具和必要的专用夹具	广泛采用专用夹具、可调夹具	广泛采用高效专用夹具
刀具和量具	通用刀量具	按产量和精度,通用刀量具和专用刀量具相结合	广泛采用高效专用刀量具
工件的装夹方法	划线找正装夹,必要时用夹具装夹	部分划线找正装夹,多用夹具装夹	广泛采用专用夹具装夹
装配方法	多用修配法	少量修配法,多用互换装配法	采用互换装配法
生产率	低	一般	高

续表

项目	生产类型		
	单件小批量生产	中批生产	大批大量生产
	工艺特征		
成本	高	一般	低
操作工人技术要求	高	一般	低

1. 单件小批量生产

产品品种很多，同一产品的产量很少，而且很少重复生产，各加工地的加工对象经常改变。例如，重型机械制造、专用设备制造和新产品试制等，多属于单件小批量生产。

2. 中批生产

一年中分批轮流制造几种产品，工作地的加工对象周期性地重复。例如，机床、机车、纺织机械等产品的制造，多属于中批生产。

3. 大批大量生产

产品的产量很大，大多数工作地长期重复地进行某一工件某一工序的生产。例如，汽车、拖拉机、轴承和自行车等产品的制造，多属于大批大量生产。

由表1-4可知，同一产品的生产，由于生产类型的不同，工艺方法完全不一样。一般来说，生产同一个产品，大批大量生产比单件小批量生产和中批生产的生产率高，成本低，产品质量稳定、可靠。根据国内外统计表明：目前机械制造中，单件小批量生产占多数。随着科学技术的发展，产品更新周期越来越短，产品的品种规格会不断增加，多品种、小批量生产在今后还会有增长的趋势。

是否有可能对单件小批量产品按大批大量方式来组织生产呢？答案是肯定的。办法是使产品结构尽量标准化、系列化。另外，采用成组加工技术，也可将企业的多品种、小批量的生产类型转化为批量较大的生产类型。近年来，柔性制造系统的出现，为单件小批量生产提供了高效的设备，是机械制造工艺的一个重要发展方向。

三、企业组织产品生产的模式

针对不同产品选用生产模式及制造技术的准则是质量、成本、生产率，三者通常被称为评价机电产品制造过程的三准则。由表1-4可知，大批大量生产生产率较高、生产成本较低，显示出巨大的优越性。与中小批量相比，大批量生产有明显的经济效益，这就是所谓的批量法则。然而随着技术的飞速发展及人们消费水平的提高，消费的个性化特点日益突出，制造业的竞争日趋激烈，使大批量生产类型逐渐被多品种、小批量生产类型取代。据统计，近年来在国外制造业中，产品的70%～75%已按多品种、小批量的生产方式组织生产。对于生产模式这一问题，学术界有很多不同的看法，但主流观点认为可分为以下几种。

1. 生产全部零部件，组装机器

这种模式投资大，效率低，管理困难，经济效益差。究其原因，这种全能的工厂模式不符合批量法则。为扩大生产批量，应改进产品设计，加强产品及零部件系列化、标准化、通用化工作，并积极开展和大力推进工业生产的专业化协作（即第二种模式的生产），包括产品专业化、零部件专业化、工艺专业化和辅助生产专业化等多种形式的生产协作。此外,采用成组技术,按零件结构、材料、工艺的相似性,组织同类型零件的集中生产,实施成组工艺,将小批量生产类型转化为批量较大的生产类型,是提高多品种、中小批量生产经济效益的有效途径。近年来,柔性制造系统的出现,为单件小批量生产提供了高效的先进设备,是机械制造的一个重要发展方向。

2. 生产一部分关键零部件,进行整机装配,其余零部件由其他企业提供

许多产品复杂的大企业多采用这种模式,如汽车制造业。实现这一生产模式的关键在于应自己掌握核心技术和工艺,或自己生产高附加值的零部件。例如,汽车生产厂家只控制底盘、车身和发动机的设计和制造及整车装配,而汽车零配件的生产由众多的中小企业承担。

3. 完全不负责生产零部件,只负责设计和销售

这种模式具有占地少、固定设备投入少、转产容易等优点,较适合用于市场变化快的产品生产。许多高新技术开发区"产品设计、销售在内,产品加工、装配在外"的企业采用这一种生产模式。国外敏捷制造中的动态联盟,实质即是在互联网信息技术的支持下,在全球范围内实现这一生产模式。这种生产模式更显示出知识在现代制造业的突出作用和地位,实际上是制造业由资金密集型向知识密集型过渡的模式。

思考题与习题

1-1　什么是生产过程?

1-2　什么是工序、安装、工位、工步和走刀?

1-3　什么是机械制造工艺规程?如何理解?

1-4　什么是机械制造工艺过程?机械制造工艺过程主要包括哪些内容?

1-5　什么是生产纲领?如何确定企业的生产纲领?

1-6　什么是生产类型?如何划分生产类型?各生产类型都有什么工艺特点?

1-7　企业组织产品的生产有几种模式?各有什么特点?

1-8　按照加工过程中质量 m 的变化,制造工艺方法可分为几种类型?说明各类型的应用范围和工艺特点。

第 2 章

金属切削机床与刀具

金属切削机床与刀具是机械制造工艺过程中最重要的工艺装备。掌握各类(种)机床的结构特点、传动原理、成形运动,熟悉各类(种)刀具的性能和使用特点,是制订机械制造工艺规程的基础和前提。

2.1 机械零件表面的成形过程

虽然各种机械产品的用途和零件的结构差别很大,但机械零件的制造工艺有共同之处,即都是构成机械零件的各种表面的成形过程。机械零件表面的切削加工成形过程是通过刀具与被加工零件的相对运动完成的。这一过程要在由金属切削机床、刀具、夹具、工件构成的机械加工工艺系统中完成。机床是加工机械零件的工作机,刀具对机械零件进行切削加工,夹具用来固定工件使之占有正确的位置。

一、机械零件表面及其成形方法

机械零件的表面通常是几种基本形状表面——平面、圆柱面、圆锥面,以及各种成形面或几种基本形状表面的组合。

机械零件的基本形状表面都可以看成一条线(母线)沿着另一条线(导线)运动的轨迹。如图 2-1 所示,平面是由一条直线 1(母线)沿着另一条直线 2(导线)运动而成的;圆柱面和圆锥面是由一条直线 1(母线)沿着一个圆 2(导线)运动而成的;普通螺纹的螺旋面是由"∧"形线 1(母线)沿螺旋线 2(导线)运动而成的;直齿圆柱齿轮的渐开线齿廓是由渐开线 1(母线)沿直线 2(导线)运动而成的等。这些表面称为线性表面。形成表面的母线和导线统称为发生线。

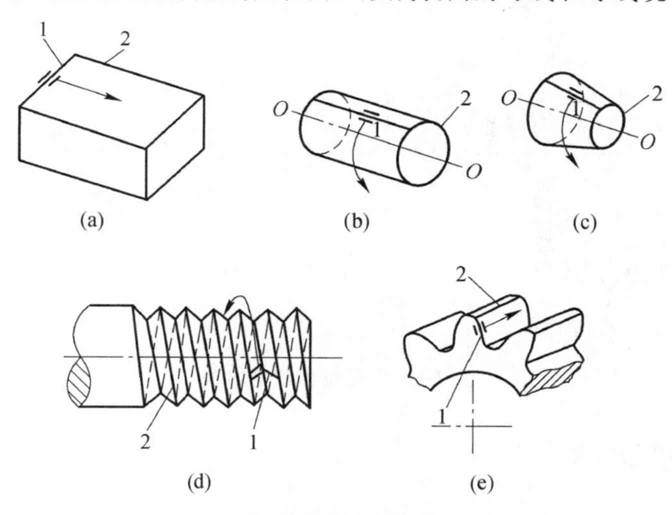

图 2-1　机械零件表面的成形

由图 2-1 可以看出，有些表面的母线和导线可以互换，如平面、圆柱面、直齿圆柱齿轮的渐开线齿廓等，称为可逆表面；而另一些表面的母线和导线不可互换，如圆锥面、螺旋面等，称为不可逆表面。

发生线是形成工件表面的几何要素，是在金属切削机床转动时，由刀具的切削刃和工件彼此间协调的相对运动而得到的。由于所使用刀具的切削刃形状和采取的加工方法不同，形成发生线的方法有以下四种。

1. 轨迹法

母线和导线都是由刀具的切削刃端点(刀尖)相对于工件的运动轨迹。如图 2-2(a)所示，刀尖的运动轨迹和工件的回转运动结合，形成了得到回转成形面所需的母线和导线。

2. 成形法

刀具切削刃的形状就是被加工表面的母线，导线是由刀具的切削刃相对于工件的运动形成的。如图 2-2(b)所示，刨刀切削刃的形状就是被加工表面的母线，刨刀的直线运动形成导线。

3. 展成法

在对齿形表面进行加工时，利用刀具和工件作展成运动形成发生线。如图 2-2(c)所示，刀具切削刃各瞬时位置的包络线是齿形表面的母线，导线由刀具沿齿长方向的运动形成。

4. 相切法

它是利用刀具切削刃的旋转运动和刀具与工件的相对运动形成发生线的方法。如图 2-2(d)所示，刀具的切削刃与工件相切形成母线，刀具和工件的相对运动形成导线。

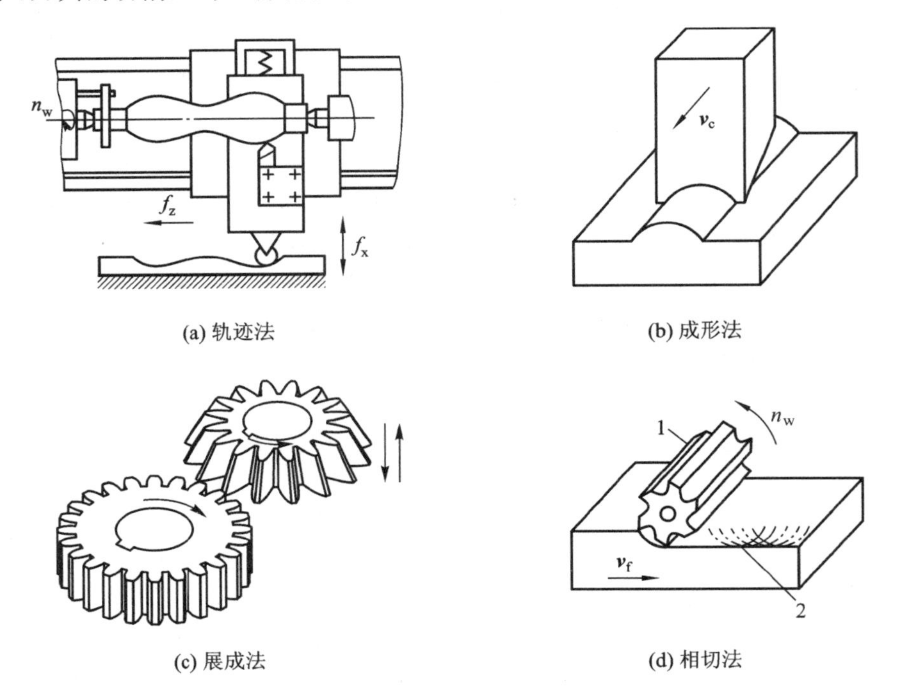

图 2-2　形成发生线的方法

二、表面成形运动

从几何的角度来分析，为保证得到工件表面形状所需的运动，称为成形运动。表面成形运动按表面形状和成形方法的不同，可分为以下两种类型。

1. 简单成形运动

一个独立的成形运动是由单独的旋转运动或直线运动构成的，这个成形运动称为简单成形运动。如图 2-3(a)所示，用尖头车刀车削外圆柱面时，工件的旋转运动 B_1 和刀具的直线运动 A_2 就是两个简单成形运动；如图 2-3(b)所示，用砂轮磨削外圆柱面时，砂轮的旋转运动 B_1、工件的旋转运动 B_2 以及工件的直线运动 A_3，也都是简单运动运动。

2. 复合成形运动

一个独立的成形运动是由两个或两个以上的旋转运动或(和)直线运动，按照某种确定的运动关系组合而成的，这个成形运动称为复合成形运动。如图 2-3(c)所示，车削螺纹时形成螺旋形发生线所需的工件的等速转动 B_{11} 和刀具的等速直线移动 A_{12} 不能彼此独立，它们之间必须保持严格的运动关系，即工件每转一转时，刀具直线移动的距离应等于螺纹的导程，可见成形运动是 B_{11} 和 A_{12} 两个单元运动的组合；如图 2-3(d)所示，用轨迹法车削回转成形面时，尖头车刀的曲线运动轨迹是由两个有严格传动比关系的直线运动 A_{21} 和 A_{22} 来实现的，A_{21} 和 A_{22} 组成一个复合成形运动。

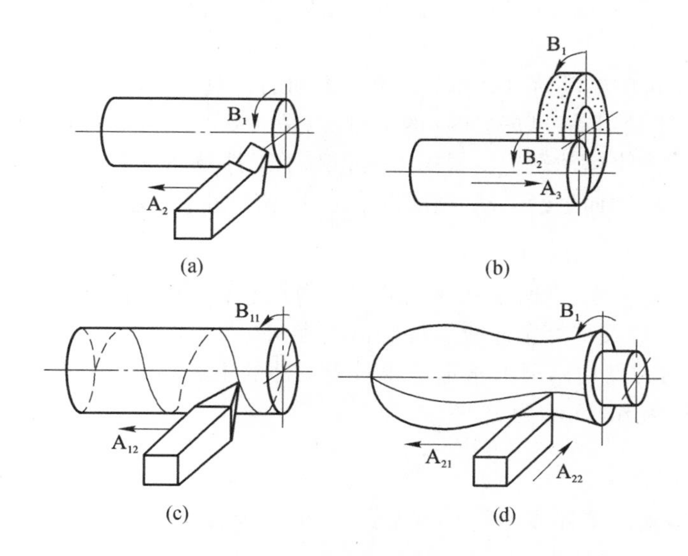

图 2-3 成形运动的组成

三、切削运动和切削要素

由上述可知，为了获得所需的工件表面形状，必须形成一定形状的发生线(母线和导线)。除成形法外，发生线的形成都是靠刀具和工件作相对运动实现的。这种由金属切削机床提供的刀具和工件之间的相对运动称为切削运动。按在切削中所起的作用不同，切削运动可分为主运动和进给运动。

1. 切削过程中的工件表面

如图 2-4 所示，切削时，工件上形成了三个不断变化的表面。

(1) 已加工表面：经切削形成的新表面。它随着切削运动的进行而逐渐扩大。

(2) 待加工表面：即将被切除的表面。它随着切削运动的进行而逐渐缩小，直至全部切除。

(3) 过渡表面：正在切削着的表面。

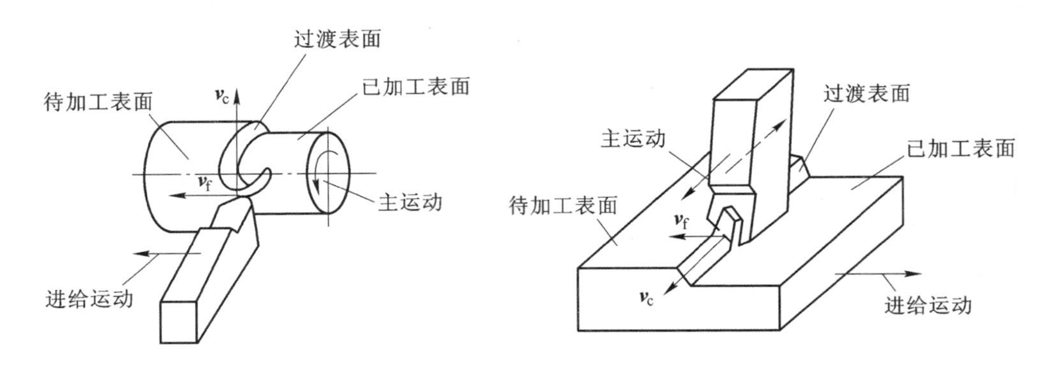

图 2-4　刀具与工件间的相对运动

2．切削运动

(1) 主运动：由机床提供的刀具和工件之间主要的相对运动，是进行切削最基本、最主要的运动。通常它的速度最高，消耗机床的动力最多。一般机床的主运动只有一个，主运动可以由工件完成，也可以由刀具完成。例如，车削时的主运动是工件的旋转运动，铣削和钻削时的主运动是刀具的旋转运动。

(2) 进给运动：由机床提供的刀具和工件之间附加的相对运动，配合主运动，使切削工作能连续进行或反复进行。进给运动可以是连续的，也可以是间歇的。通常它的速度较低，消耗机床的动力较少，可由一个或多个运动组成。根据刀具相对于工件被加工表面运动方向的不同，进给运动可分为纵向进给运动、横向进给运动、圆周进给运动、径向进给运动和切向进给运动等。

3．切削用量

切削用量是指切削速度、进给量和背吃刀量三者的总称。它是调整机床、计算切削力、计算切削功率、计算时间定额及核算工序成本等必需的参量。

(1) 切削速度 $\boldsymbol{v}_c$：刀具切削刃上选定点相对于工件的主运动的线速度。当主运动为旋转运动时，切削速度(单位为 m/min)为

$$v_c = \frac{\pi d n}{1\,000}$$

式中：d——完成主运动的工件或刀具的最大直径(单位为 mm)；

n——主运动速度(单位为 r/min)。

(2) 进给量 f：当主运动旋转 1 周时，刀具或工件沿进给方向上的位移量。进给量 f 的大小反映着进给速度 $\boldsymbol{v}_f$(单位为 mm/min)的大小，二者之间的关系为

$$v_f = fn$$

(3) 背吃刀量 a_p：车削时是指工件上待加工表面与已加工表面间的垂直距离。

$$a_p = \frac{d_w - d_m}{2}$$

式中：d_w——工件待加工表面的直径(单位为 mm)；

d_m——工件已加工表面的直径(单位为 mm)。

(4) 合成速度 $\boldsymbol{v}_e$：在主运动和进给运动同时进行的情况下，刀具切削刃上任一点的实际切削速度。

$$\boldsymbol{v}_e = \boldsymbol{v}_c + \boldsymbol{v}_f$$

4．切削层和切削层参数

切削层是在切削过程中，主运动在一个切削循环内，刀具从工件上所切除的工件材料层。

切削层的金属被刀具切削后直接转变为切屑。以车削加工为例，如图 2-5 所示，当 $\lambda_s=0$、$\kappa_r'=0$ 时，工件转一周，车刀沿工件轴向移动一个进给量 f（单位为 mm/r）。这时，车刀切削刃从加工位置Ⅱ移至相邻位置Ⅰ，Ⅰ、Ⅱ之间由车刀切削刃切下的一层金属层称为切削层。通过刀具切削刃上的选定点并垂直于该点主运动方向的平面称为切削层尺寸平面（即基面）。在切削层尺寸平面内度量的切削层的尺寸称为切削层参数。

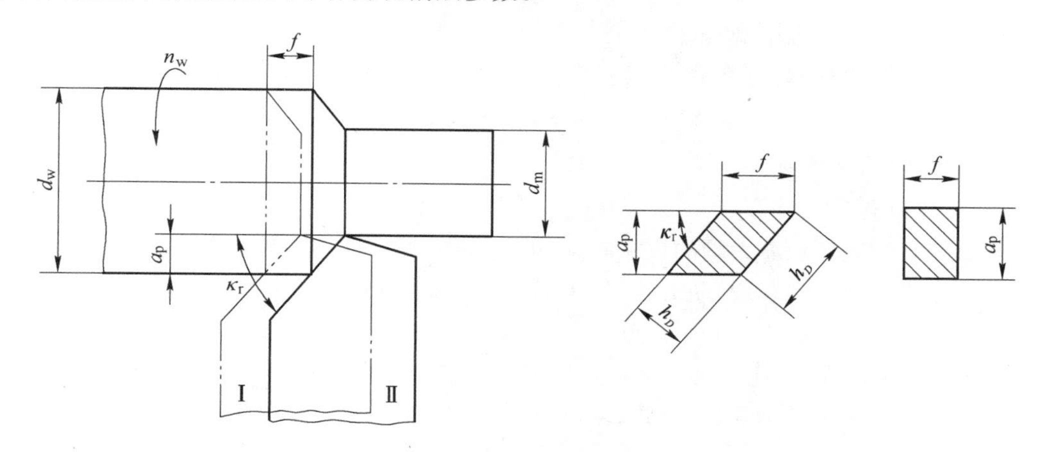

图 2-5 切削层参数

(1) 切削层公称厚度 h_D（简称切削厚度）：通过刀具切削刃上的选定点，在切削层尺寸平面内测量的垂直于切削平面的切削层尺寸（单位为 mm）。

$$h_D=f\sin\kappa_r$$

由此可见，f 或 κ_r 增大，则 h_D 变大；当 $\kappa_r=90°$ 时，$h_D=f$。

(2) 切削层公称宽度 b_D（简称切削宽度）：通过刀具切削刃上的选定点，在切削层尺寸平面内测量的平行于切削平面的切削层尺寸（单位为 mm）。

$$b_D=\frac{a_p}{\sin\kappa_r}$$

由此可见，a_p 减小或 κ_r 增大，则 b_D 变小；当 $\kappa_r=90°$ 时，$b_D=a_p$。

(3) 切削层公称截面面积 A_D（简称切削面积）：通过刀具切削刃上的选定点，在切削层尺寸平面内测量的切削层的横截面面积（单位为 mm^2）。

$$A_D=h_Db_D=\frac{f\sin\kappa_r\cdot a_p}{\sin\kappa_r}=fa_p$$

由此可见，当 $\kappa_r=90°$ 时，切削层为一矩形截面。

切削层参数是研究切削过程的重要参数，切削过程中的各种物理现象也主要发生在切削层内。掌握切削层的基本概念和物理实质，对切削过程的研究具有重要意义。

2.2 金属切削机床

一、机床概述

1. 机床的作用和特点

金属切削机床是用切削加工的方法将金属毛坯加工成机器零件的工艺装备。它提供刀具和工件之间的相对运动,提供加工过程中所需的动力,经济地完成一定的机械加工工艺过程。在机床上可以加工简单的表面,如平面、圆柱面、圆锥面等,也可以加工由复杂的数学方程式描述的表面,或者用图示给定的表面。在机床上可以加工各种金属、非金属材料的工件。

机床的质量和性能直接影响机械产品的加工质量和经济加工的适应范围,而且它总是随着机械工业水平的提高和科学技术的进步而发展。例如,新型刀具的出现、电气技术和液压技术等的发展以及计算机的应用,使机床的生产率、加工精度、自动化程度不断提高,品种不断增多。机床不仅要满足性能要求,还要考虑艺术性、宜人性、工业环境的美化,使人机关系达到最佳状态。

2. 机床的构成及布局

1) 机床的构成

现代金属切削机床依靠大量的机械装置、电气装置、电子装置、液压装置、气动装置来实现运动和循环。机床由传动装置、动力装置、执行机构、辅助机构和控制系统组合在一起,形成统一的工艺综合体。它包括以下几个部分。

(1) 支承及定位部分:连接机床上各部件并使刀具与工件保持正确的相对位置。床身、底座、立柱、横梁等都属于支承部件;导轨、工作台、刀具和夹具的定位元件属于定位部分,保证工件几何形状的实现。

(2) 运动部分:为加工过程提供所需的切削运动和进给运动,包括主运动传动系统、进给运动传动系统以及液压进给传动系统等,以保证工艺参数所需切削速度、进给量的实现。例如,车床主轴箱内主运动传动系统带动主轴实现主运动,进给箱内进给运动传动系统将运动传给溜板箱,带动刀架运动。

(3) 动力部分:加工过程和辅助过程的动力源,如带动机械部分运动的电动机和为液压系统、润滑系统工作提供能源的液压泵等。

(4) 控制部分:用来启动和停止机床的工作,完成为实现给定的工艺过程所需的刀具和工件的运动,包括机床的各种操纵机构、电气电路、调整机构、检测装置等。

2) 机床的布局

机床布局是指合理安排机床组成部件的位置以及相对于工件的位置。从便于维护,工作安全,机床零部件调整、更换和修理迅速而方便,易于排屑和观察加工过程等几个方面考虑,机床有以下几种布局形式。

(1) 刀具布置在工件的前面或后面:如车床、外圆磨床等,床身是水平布置的。

(2) 刀具布置在工件的侧面:如滚齿机、卧式镗床、刨齿机和卧式拉床等,所有主要部件都沿转向布局,宜制成框架结构。

(3) 刀具布置在工件的上方:如卧式铣床、立式铣床、平面磨床、钻床、插床、插齿机等,采用立式布局形式,便于观察工件和加工过程。

(4) 刀具相对于工件扇形布置:有几把刀具从不同的方向同时加工一个工件,如立式车床、龙门刨床、龙门铣床等。此类机床都是刚性框架,在框架上安装刀具(刀架和铣头等)。

3. 机床的分类

机床的品种和规格繁多,为了便于区别、使用和管理,需要对机床进行分类和编制型号。

机床主要按加工性质和使用的刀具进行分类。根据国家标准《金属切削机床　型号编制方法》(GB/T 15375—2008),目前将机床共分为 11 类:车床、钻床、镗床、磨床、齿轮加工机床、螺纹加工机床、铣床、刨插床、拉床、锯床及其他机床。每一类机床又按工艺范围、布局形式和结构等分为若干组，每一组机床又分为若干个系。

在上述基本分类方法的基础上，还可根据机床的其他特征进一步区分。

同类型机床按通用性程度分为通用机床（或称万能机床）、专门化机床和专用机床三类。通用机床是可以加工多种工件、完成多种多样工序的加工范围广的机床，如卧式车床、万能外圆磨床、摇臂钻床等，用于单件小批量生产或修配生产中。专门化机床是用于加工形状相似而尺寸不同的工件的特定工序的机床，如凸轮轴车床、轧辊车床等。专用机床是用于加工特定工序的机床，如加工车床导轨的专用磨床、加工主轴箱的专用镗床以及各种组合机床等。

机床还可以按自动化程度分为手动机床、机动机床、半自动机床和自动机床。

机床还可以按质量和尺寸分为仪表机床、中型机床、大型机床（质量达 10 t）、重型机床（质量在 30 t 以上）和超重型机床（质量在 100 t 以上）。

当然，随着机床的不断发展，机床分类方法也在不断发展。

4. 机床型号的编制

机床型号是机床产品的代号，用以简明地表示机床的类型、主要技术参数、性能和结构特点等。《金属切削机床　型号编制方法》（GB/T 15375—2008）规定：机床的型号由汉语拼音字母和阿拉伯数字按一定规律排列组成，适用于各类通用机床和专用机床（组合机床除外）。

通用机床的型号构成如图 2-6 所示。

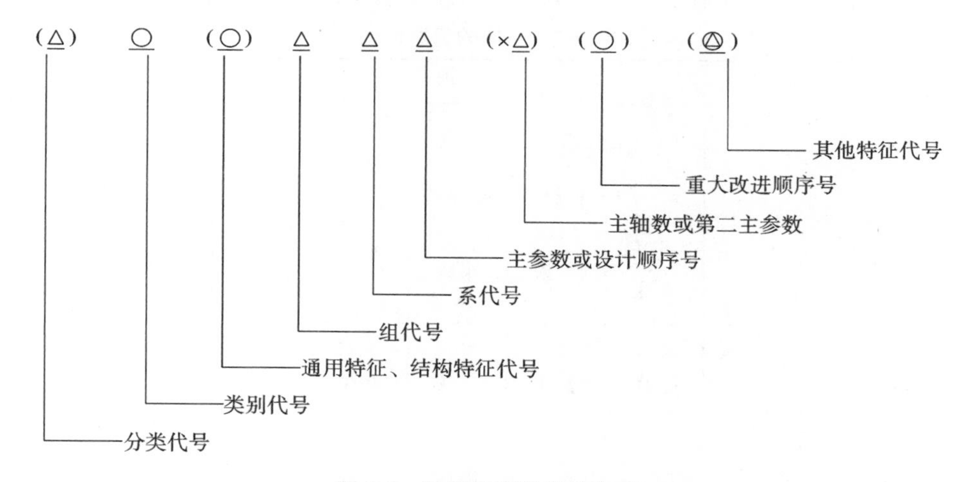

图 2-6　通用机床的型号构成

在图 2-6 中，△表示数字；○表示大写汉语拼音字母；◬表示大写汉语拼音字母，或阿拉伯数字，或两者兼有之；有“（　）”的代号或数字，无内容时不表示，有内容时不带括号。

1）机床的类代号

机床的类代号用大写汉语拼音表示。例如，“车床”的汉语拼音是“chechuang”，所以用“C”表示，读作“车”。当需要时，每一类可分为若干个分类，分类的表示方法是在类代号前用阿拉伯数字表示，但当分类是“1”时不予表示。例如，磨床分为 M、2M、2M 三个分类。机床的类代号如表 2-1 所示。

表 2-1　机床的类代号

类别	车床	钻床	镗床	磨床			齿轮加工机床	螺纹加工机床	铣床	刨插床	拉床	锯床	其他机床
代号	C	Z	T	M	2M	3M	Y	S	X	B	L	G	Q
读音	车	钻	镗	磨	磨	磨	牙	丝	铣	刨	拉	割	其

2）机床的特性代号

机床的特性代号表示机床具有的特殊性能，包括通用特性代号和结构特性代号。

(1) 通用特性代号：当某类型机床除有普通型外，还有某种通用特性时，应在类代号后用字母表示。表2-2所示为机床的通用特性代号。

表2-2 机床的通用特性代号

通用特性	高精度	精密	自动	半自动	数控	加工中心(自动换刀)	仿形	轻型	加重型	柔性加工单元	数显	高速
代号	G	M	Z	B	K	H	F	Q	C	R	X	S
读音	高	密	自	半	控	换	仿	轻	重	柔	显	速

(2) 结构特性代号：无统一规定，也用字母表示，在不同机床中含义不相同，用于区别主参数相同而结构不同的机床。

3）机床组别和系别代号

机床的组别和系别代号用两位数字表示，前位表示组别，后位表示系列。每类机床分为十个组，每个组又分十个系，分别用0～9表示。表2-3所示为机床的组别代号。

表2-3 机床的组别代号

类别		组别									
		0	1	2	3	4	5	6	7	8	9
车床C		仪表小型车床	单轴自动车床	多轴自动、半自动车床	回转、转塔车床	曲轴及凸轮轴车床	立式车床	落地及卧式车床	仿形及多刀车床	轮、轴、辊、锭及铲齿车床	其他车床
钻床Z			坐标镗钻床	深孔钻床	摇臂钻床	台式钻床	立式钻床	卧式钻床	铣钻床	中心孔钻床	其他钻床
镗床T				深孔镗床		坐标镗床	立式镗床	卧式铣镗床	精镗床	汽车拖拉机修理用镗床	其他镗床
磨床	M	仪表磨床	外圆磨床	内圆磨床	砂轮机	坐标磨床	导轨磨床	刀具刃磨床	平面及端面磨床	曲轴、凸轮轴、花键轴及轧辊磨床	工具磨床
	2M		超精机	内圆珩磨机	外圆及其他珩磨机	抛光机	砂带抛光及磨削机床	刀具刃磨床及研磨机床	可转位刀片磨削机床	研磨机	其他磨床

续表

类别	组别									
	0	1	2	3	4	5	6	7	8	9
磨床 3M		球轴承套圈沟磨床	滚子轴承套圈滚道磨床	轴承套圈超精机		叶片磨削机床	滚子加工机床	钢球加工机床	气门、活塞及活塞环磨削机床	汽车、拖拉机修磨机床
齿轮加工机床 Y	仪表齿轮加工机		锥齿轮加工机	滚齿及铣齿机	剃齿及珩齿机	插齿机	花键轴铣床	齿轮磨齿机	其他齿轮加工机	齿轮倒角及检查机
螺纹加工机床 S				套丝机	攻丝机		螺纹铣床	螺纹磨床	螺纹车床	
铣床 X	仪表铣床	悬臂及滑枕铣床	龙门铣床	平面铣床	仿形铣床	立式升降台铣床	卧式升降台铣床	床身铣床	工具铣床	其他铣床
刨插床 B		悬臂刨床	龙门刨床			插床	牛头刨床		边缘及模具刨床	其他刨床
拉床 L			侧拉床	卧式外拉床	连续拉床	立式内拉床	卧式内拉床	立式外拉床	键槽、轴瓦及螺纹拉床	其他拉床
锯床 G			砂轮片锯床		卧式带锯机	立式带锯机	圆锯床	弓锯床	锉锯床	
其他机床 Q	其他仪表机床	管子加工机床	木螺钉加工机		刻线机	切断机	多功能机床			

4）机床的主参数

机床的主参数、第二主参数都是用数字表示的。主参数表示机床的规格大小，是机床最主要的技术参数，反映机床的加工能力，影响机床的其他参数和结构大小，通常以最大加工尺寸或机床工作台尺寸作为主参数。某些机床当无法用主参数表示时，采用设计顺序号表示。第二主参数的作用是更完善地表示机床的工作能力和加工范围。主参数、第二主参数均用折算系数表示。主要机床的主参数和折算系数如表 2-4 所示。

表 2-4 主要机床的主参数和折算系数

机床	主参数名称	折算系数
卧式车床	床身上最大回转直径	1/10
立式车床	最大车削直径	1/100
摇臂钻床	最大钻孔直径	1/1

续表

机　　床	主参数名称	折算系数
卧式镗床	镗轴直径	1/10
坐标镗床	工作台台面宽度	1/10
外圆磨床	最大磨削直径	1/10
内圆磨床	最大磨削孔径	1/10
矩形平面磨床	工作台台面宽度	1/10
齿轮加工机床	最大工件直径	1/10
龙门铣床	工作台台面宽度	1/100
升降台铣床	工作台台面宽度	1/10
龙门刨床	最大刨削宽度	1/100
插床及牛头刨床	最大插削及刨削长度	1/10
拉床	额定拉力	1/10

5）机床的重大改进顺序号

机床的重大改进顺序号用于表示机床性能和结构上的重大改进，以与原型区别，按 A,B,C,…的字母顺序选用。

6）机床的其他特性代号

机床的其他特性代号用于反映机床的特性，如数控机床控制系统的不同、同一型号机床的变形等，用字母阿拉伯数字或二者相结合来表示。

5. 机床精度的概念

机床本身的精度直接影响到零件的加工精度。因此，机床的精度必须满足加工的要求。

(1) 机床的精度包括几何精度、传动精度和位置精度。

几何精度包括床身导轨的直线度、工作台台面的平面度、主轴的旋转精度、刀架和工作台等移动的直线度、刀架移动方向与主轴轴线的平行度等。这些都决定着刀具和工件之间相对运动轨迹的准确性，从而也就决定了被加工零件表面的形状精度以及表面之间的相对位置精度。传动精度是指机床内联系传动链两端件之间运动关系的准确性，它决定着复合运动轨迹的精度，从而直接影响了被加工表面的形状精度(如螺纹的螺距误差)。位置精度是机床运动部件，如工作台、刀架和主轴箱等，从某一起始位置运动到预期的另一位置时所到达的实际位置的准确程度，这对于自动机床、坐标镗床等来说有很高要求。

(2) 机床的精度有静态精度和动态精度之分。

静态精度是在无切削载荷以及机床不运动或运动速度很低的情况下检测的。静态精度检验的内容包括精度检验项目、检验方法和允许的误差范围。动态精度是机床在载荷、温升、振动等作用下的精度。动态精度除了与静态精度密切有关外，在很大程度取决于机床的刚度、抗振性和热稳定性等。

二、机床传动原理

为了实现加工过程中所需的各种运动，机床必须具备以下三个基本部分。

(1) 执行件：执行机床运动的部件，如主轴、刀架、工作台等，任务就是装夹刀具和工件，直接带动它们完成一定形式的运动并保持准确的运动轨迹。

(2) 运动源:为执行件提供运动和动力的装置,如交流异步电动机、伺服电动机、步进电动机等。

(3) 传动装置:传递运动和动力的装置。通过它可以把运动源的运动和动力传给执行件,使之获得一定速度和方向的运动;也可以把两个执行件联系起来,使二者保持某种确定的运动关系。机床的传动装置有机械、液压、电气、气压等多种形式,本书主要讲述机械传动装置,它应用带、齿轮、齿条、丝杠螺母副、滚珠丝杠等传动实现运动联系。

使运动源和执行件以及两个有关的执行件保持运动联系的一系列按顺序排列的传动件,称为传动链。联系运动源和执行件的传动链,称为外联系传动链;联系两个执行件的传动链,称为内联系传动链。通常传动链中包含两类传动机构:一类是定比传动机构,它的传动比和传动方向固定不变,如定比齿轮副、蜗轮蜗杆副、丝杠螺母副、滚珠丝杠副等;另一类是换置机构,可根据加工要求变换传动比和传动方向,如滑移齿轮变速机构、挂轮变换机构、离合器换向机构等。

为了便于研究机床传动系统的联系,常用一些简明的符号把传动原理和传动路线表示出来,这就是传动原理图。传动原理图示例如图2-7所示,其中点划线代表传动链中所有的定比传动机构,棱形块代表所有的换置机构。

图2-7(a)所示为铣平面,成形运动由简单的旋转运动和直线运动构成,为简单成形运动。它有两条外联系传动链:传动链"1—2—u_v—3—4"将运动源(电动机)和执行件(主轴)联系起来,可使铣刀获得一定转速和转向的旋转运动 B_1;传动链"5—6—u_f—7—8"将运动源(电动机)和执行件(工作台)联系起来,可使工件获得一定进给速度和方向的直线运动 A_1。根据加工要求,需要改变铣刀的转速、转向及工件的进给速度、方向时,可通过换置机构 u_v 和 u_f 来实现。

图2-7(b)所示为车圆柱螺纹,成形运动由工件的旋转运动和车刀的直线运动按照一定的运动关系(即工件每转1周,车刀准确地移动工件螺纹的一个导程的距离)复合而成,是复合成形运动。它有两条传动链:外联系传动链"1—2—u_v—3—4"将运动源和主轴联系起来;内联系传动链"4—5—u_x—6—7"将主轴和刀架联系起来,使工件和车刀保持严格的运动关系。当需要改变工件的转速及螺纹的导程时,可通过换置机构 u_v 和 u_x 来实现。

图2-7(c)所示为车圆锥螺纹,成形运动是由三个单元运动组成的复合成形运动:工件的旋转运动 B_{11},车刀的纵向直线运动 A_{12} 和横向直线运动 A_{13}。这三个单元运动之间必须保持的严格运动关系是:工件转1周的同时,车刀纵向移动一个螺纹导程 P 的距离,横向移动 $P\tan\alpha$ 的距离(α 为圆锥螺纹的斜角)。为保证上述运动关系,在主轴与刀架纵向溜板之间需用传动链"4—5—u_x—6—7"联系,在刀架的纵向溜板和横向溜板之间需用传动链"7—8—u_y—9"联系,这两条传动链显然是内联系传动链。传动链中的 u_x 用于适应加工不同导程螺纹的需要,u_y 用于适应加工不同锥度螺纹的需要。外联系传动链"1—2—u_v—3—4"使主轴和刀架获得一定速度和方向的运动。

从上述分析可知:内联系传动链的两端件具有严格的传动比要求,不能用传动比不确定或瞬时传动比变化的传动机构(如带传动机构、链传动机构和摩擦传动机构等);在调整换置机构时,换置机构的传动比必须有足够的精度。外联系传动链无上述要求。

利用传动原理图,可分析机床有哪些传动链及其传动联系情况,一方面由工件的运动参数要求,正确地计算换置机构的传动比,对机床进行运动调整;另一方面可根据已知的机床运动路线的传动比,计算加工过程的运动参数。

三、机床的传动系统

机床的传动系统由实现成形运动和辅助运动的各传动链组成,通常由传动系统图体现。传

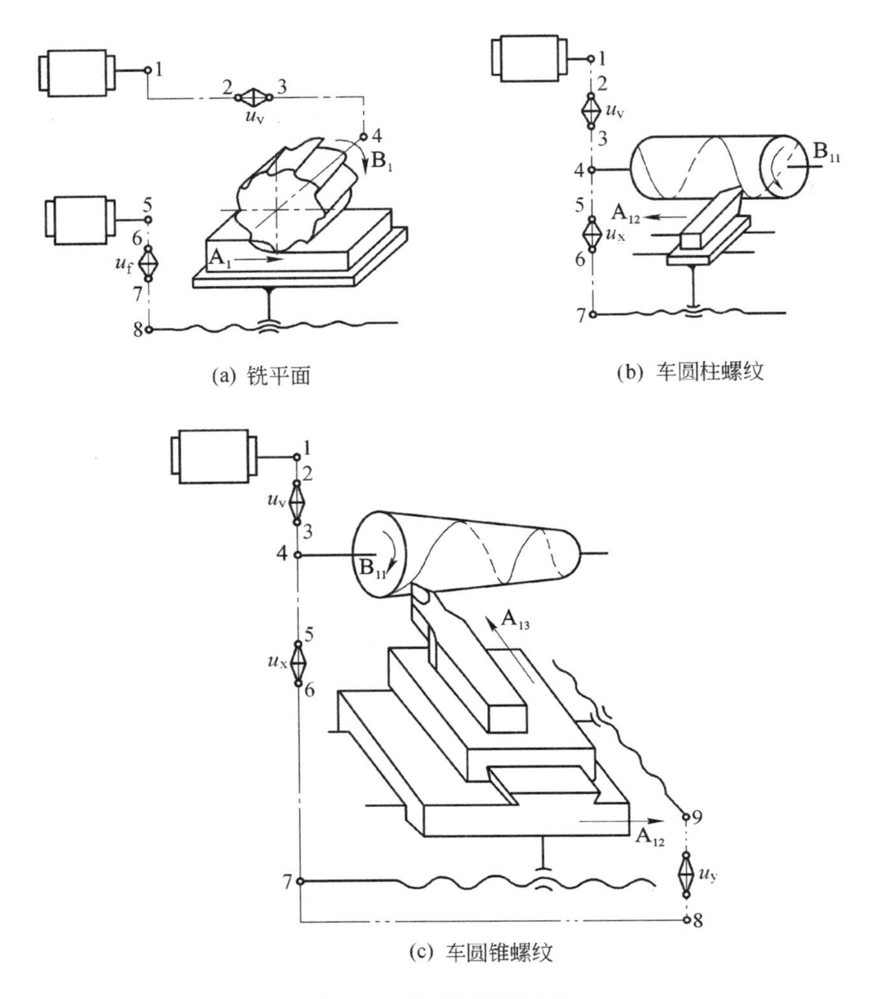

图 2-7　传动原理图示例

动系统图是表示机床全部运动关系的示意图。传动系统图中各传动元件用简单的规定符号表示(符号见国家标准《机械制图　机构运动简图用图形符号》(GB/T 4460—2013)),并标注齿轮和蜗轮的齿数、蜗杆的头数、丝杠的导程、带轮的直径、电动机的功率和转速等。传动系统图中各传动元件按照运动传递的先后顺序,以展开图形式画在能反映主要部件相互位置的机床外形轮廓中。图 2-8 所示为 XA6132 型万能升降台铣床的外形图,图 2-9 所示为 XA6132 型万能升降台铣床的传动系统图。

从传动系统图中,我们可分析各传动链和进行机床运动计算。图 2-9 所示的传动链如下。

1. 主运动传动链

主运动传动链的两端是电动机(运动源)和主轴Ⅴ(执行件),它的传动路线为:电动机的运动经弹性联轴器传给轴Ⅰ,然后经轴Ⅰ—轴Ⅱ之间的定比齿轮副$\frac{26}{54}$以及轴Ⅱ—轴Ⅲ、轴Ⅲ—轴Ⅳ和轴Ⅳ—轴Ⅴ之间的三个滑移齿轮变速机构,使轴Ⅴ转动,并获得 $3\times3\times2=18$ 级不同的转速。主轴旋转运动的开停以及转向的改变分别由电动机的开停和正反转实现。轴Ⅰ右端有多片式制动器 M_1,用以主轴停车时进行制动,使主轴迅速而平稳地停止转动。主运动传动链的传动路线表达式如下:

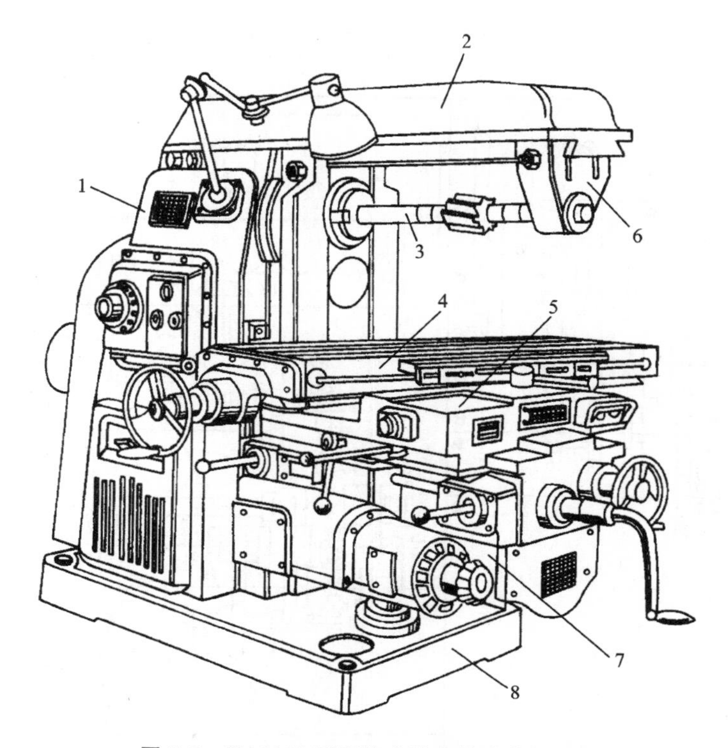

图 2-8　XA6132 型万能升降台铣床的外形图

1—床身；2—悬梁；3—铣刀轴；4—工作台；5—床鞍；6—悬梁支架；7—升降台；8—底座

$$\text{电动机}(7.5\ \text{kW}\ 1\ 450\ \text{r/min})—\text{轴}\,\text{I}—\frac{26}{54}—\text{轴}\,\text{II}—\begin{bmatrix}\frac{16}{39}\\\frac{19}{36}\\\frac{22}{33}\end{bmatrix}$$

$$—\text{轴}\,\text{III}—\begin{bmatrix}\frac{18}{47}\\\frac{28}{37}\\\frac{39}{26}\end{bmatrix}—\text{轴}\,\text{IV}—\begin{bmatrix}\frac{19}{71}\\\frac{82}{38}\end{bmatrix}—\text{轴}\,\text{V}(\text{主轴})$$

2. 进给运动传动链

进给运动传动链有三条：纵向进给运动传动链、横向进给运动传动链和垂直进给运动传动链。三条进给运动传动链的一端都是进给电动机（运动源），另一端（执行件）分别是工作台、床鞍和升降台。

运动由进给电动机经定比齿轮副$\frac{26}{44}$和$\frac{24}{64}$传至轴Ⅶ，然后经轴Ⅶ—轴Ⅷ、轴Ⅷ—轴Ⅸ之间的滑移齿轮变速机构传至轴Ⅸ；运动由轴Ⅸ经过两条不同的线路传至轴Ⅹ，当轴Ⅸ上可滑移齿轮副空套齿轮 Z_{40} 处于右端位置（图示位置）与离合器 M_2 接合时，运动由轴经齿轮副$\frac{40}{40}$和电磁离合器 M_3 传至轴Ⅹ，当空套齿轮 Z_{40} 处于左端与空套在轴Ⅷ上的齿轮 Z_{18} 啮合时，轴Ⅸ的运动经

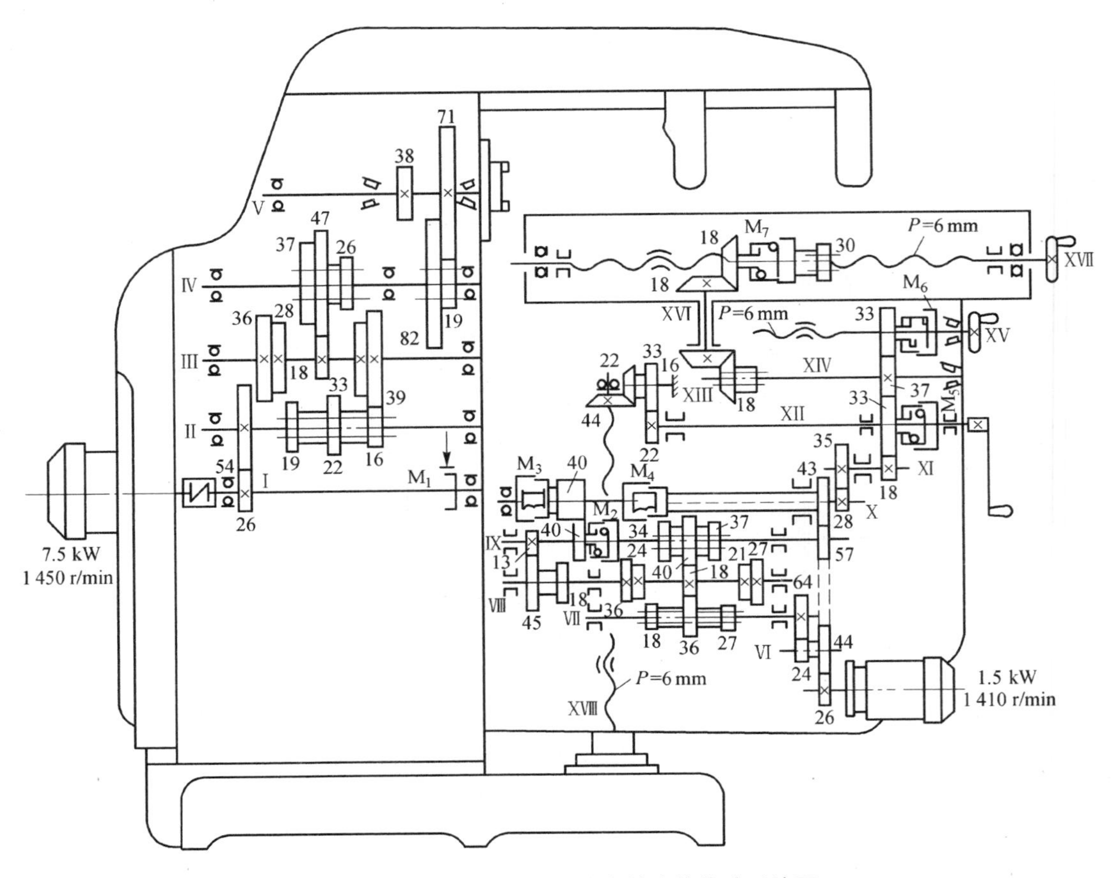

图 2-9　XA6132 型万能升降台铣床的传动系统图

齿轮副$\frac{13}{45}$—$\frac{18}{40}$—$\frac{40}{40}$和 M_3 传至轴Ⅹ。轴Ⅹ的运动由定比齿轮副$\frac{28}{35}$和齿轮 Z_{18} 传至轴Ⅺ上的空套齿轮 Z_{33}，然后由这个齿轮将运动分别传给纵向进给丝杠、横向进给丝杠和垂直进给丝杠，使工作台实现纵向、横向、垂直三个方向上的直线进给运动。

三个方向上的直线进给运动的开停分别由三个离合器 M_7、M_6 和 M_5 控制。利用轴Ⅶ—轴Ⅷ、轴Ⅷ—轴Ⅸ之间的滑移齿轮变速机构和轴Ⅸ—轴Ⅷ—轴Ⅹ之间的变速机构可使工作台变换 3×3×2=18 级不同的进给速度，转向的改变由电动机的正反转实现。进给运动传动链的传动路线表达式如下：

$$\text{电动机}(1.5\ \text{kW}\ 1\,410\ \text{r/min})-\frac{26}{44}-\text{轴Ⅵ}-\frac{24}{64}-\text{轴Ⅶ}-\begin{bmatrix}\frac{18}{36}\\ \frac{27}{27}\\ \frac{36}{18}\end{bmatrix}$$

$$-\text{轴Ⅷ}-\begin{bmatrix}\frac{18}{40}\\ \frac{21}{37}\\ \frac{24}{34}\end{bmatrix}-\text{轴Ⅸ}-\begin{bmatrix}M_2-\frac{40}{40}\\ \frac{13}{45}-\text{轴Ⅷ}-\frac{18}{40}-\frac{40}{40}\end{bmatrix}-M_3-\text{轴Ⅹ}-\frac{28}{35}-\text{轴Ⅺ}-\frac{18}{33}$$

$$
—轴Ⅻ—\left[\begin{array}{l}
\dfrac{33}{37}—轴ⅩⅣ—\left[\begin{array}{l}
\dfrac{18}{16}—轴ⅩⅥ—\dfrac{18}{18}—M_7—轴Ⅶ(纵向进给丝杠)—工作台\\
\dfrac{37}{33}—M_6—轴ⅩⅤ(横向进给丝杠)—床鞍
\end{array}\right]\\
M_5—轴Ⅻ—\dfrac{22}{33}—轴ⅩⅢ—\dfrac{22}{44}—轴ⅩⅧ(垂直进给丝杠)—升降台
\end{array}\right]
$$

3. 快速空行程传动链

这是辅助运动传动链，两端件与进给传动链相同。由图 2-9 可以看出，接合电磁离合器 M_4 而脱开 M_3，进给电动机的运动便由定比齿轮副$\frac{26}{44}$—$\frac{44}{57}$—$\frac{57}{43}$和 M_4 传给轴Ⅹ，以后再沿着与进给运动相同的传动路线传给工作台、床鞍和升降台。由于这一路线的传动比大于进给路线的传动比，因而获得快速运动。快速运动方向的变换同样由电动机改变旋转方向来实现。快速进给传动链的传动路线表达式如下：

$$
电动机(1.5\ kW\ 1\ 410\ r/min)—\frac{26}{44}—轴Ⅳ—\frac{44}{57}—轴Ⅸ—\frac{57}{43}—M_4—轴Ⅹ—\frac{28}{35}—轴Ⅺ—\frac{18}{33}
$$

$$
—轴Ⅻ—\left[\begin{array}{l}
\dfrac{33}{37}—轴ⅩⅣ—\left[\begin{array}{l}
\dfrac{18}{16}—轴ⅩⅥ—\dfrac{18}{18}—M_7—轴Ⅶ(纵向进给丝杠)—工作台\\
\dfrac{37}{33}—M_6—轴ⅩⅤ(横向进给丝杠)—床鞍
\end{array}\right]\\
M_5—轴Ⅻ—\dfrac{22}{33}—轴ⅩⅢ—\dfrac{22}{44}—轴ⅩⅧ(垂直进给丝杠)—升降台
\end{array}\right]
$$

四、机床的运动计算

机床的运动计算通常有以下两种情况。

(1) 根据传动系统图提供的有关数据，确定某执行件的运动速度或位移量。

例 2-1 根据图 2-9 所示的传动系统，计算工作台纵向进给速度。

解 ①确定传动链的两端件：进给电动机，工作台。

②根据两端件的运动关系，确定它们的计算位移：电动机，1410 r/min—工作台，纵向移动速度 $u_{f纵向}$(单位为 mm/min)。

③根据计算位移以及传动路线中各传动副的传动比，列运动平衡式：

$$
u_{f纵向}=1\ 410\times\frac{26}{44}\times\frac{24}{64}\cdot u_{Ⅶ-Ⅷ}\cdot u_{Ⅷ-Ⅸ}\cdot u_{Ⅸ-Ⅹ}\cdot\frac{28}{35}\times\frac{18}{33}\times\frac{33}{37}\times\frac{18}{16}\times\frac{18}{18}\times6
$$

式中：$u_{Ⅶ-Ⅷ}$、$u_{Ⅷ-Ⅸ}$、$u_{Ⅸ-Ⅹ}$——轴Ⅶ—轴Ⅷ、轴Ⅷ—轴Ⅸ、轴Ⅸ—轴Ⅹ之间齿轮变速机构的传动比。

④计算进给速度：将 $u_{Ⅶ-Ⅷ}$、$u_{Ⅷ-Ⅸ}$、$u_{Ⅸ-Ⅹ}$ 代入运动平衡式，便可计算出工作台的各级纵向进给速度。工作台最大、最小纵向进给速度分别为

$$
u_{f纵向max}=1\ 410\times\frac{26}{44}\times\frac{24}{64}\times\frac{36}{18}\times\frac{24}{34}\times\frac{40}{40}\times\frac{28}{35}\times\frac{18}{33}\times\frac{33}{37}\times\frac{18}{16}\times\frac{18}{18}\times6=1\ 158.8\ mm/min
$$

$$
u_{f纵向min}=1\ 410\times\frac{26}{44}\times\frac{24}{64}\times\frac{18}{36}\times\frac{18}{40}\times\frac{13}{45}\times\frac{18}{40}\times\frac{40}{40}\times\frac{28}{35}\times\frac{18}{33}\times\frac{33}{37}\times\frac{18}{16}\times\frac{18}{18}\times6=24\ mm/min
$$

当然，我们还可以计算另外的 16 种速度。

同学们可自己计算一下工作台的快速空程纵向速度。

(2) 根据执行件所需的运动速度、位移量，或者有关执行件之间所需保持的运动关系确定

相应传动链中换置机构(通常是挂轮变速机构)的传动比,以便进行必要的调整。

例 2-2 根据图 2-10 所示的螺纹机构传动链,确定挂轮变速机构的转换公式。

解 ①确定传动链两端件:主轴,刀架。

②计算位移:主轴转 1 周—刀架移动 L(L 是工件螺纹的导程,单位为 mm)。

③列运动平衡式:

$$1\times\frac{60}{60}\times\frac{30}{45}\times\frac{a}{b}\times\frac{c}{d}\times P=L$$

式中,$P=12$ mm,为传动螺母的导程。

④整理换置公式,确定配换齿轮齿数。

将工件螺纹的导程 L(假设 $L=9$ mm)代入运动平衡式,得出换置公式:

$$u_x=\frac{a}{b}\times\frac{c}{d}=\frac{9}{8}$$

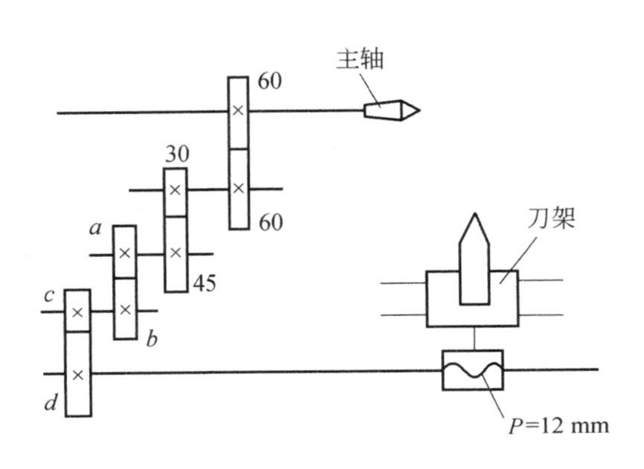

图 2-10 螺纹机构传动链

确定配换齿轮的齿数 a、b、c、d 有两种方法。

(a) 若传动比 u_x 是有理数且分解因子不大,可用因式分解法。此例 $u_x=\frac{a}{b}\times\frac{c}{d}=\frac{3\times3}{2\times4}=\frac{45}{30}\times\frac{60}{80}$,即 $a=45$、$b=30$、$c=60$、$d=80$(为了保证齿轮的齿顶不至于碰到轴,必须满足条件:$c+15<a+b$,$b+15<c+d$。配换齿轮一般在 20~120 范围内以 5 为间隔选择不同的齿数)。

(b) 若 u_x 是无理数,可查有关资料取近似值(误差必须在允许的范围内)。

五、数控机床概述

1. 数控机床的定义

数控机床是指采用数字形式信息控制的机床。国际信息处理联合会第五技术委员会对数控机床做了如下定义:数控机床是一个装有数控系统的机床,该系统能逻辑地处理具有使用号码或其他符号编码指令规定的程序。数控机床是近代发展起来的、具有广阔发展空间的新型自动化机床,是高度机电一体化的产品,是体现现代机床制造水平的重要标志。

数控机床解决了形状复杂、高精度、生产批量不大且生产周期长及更换频繁的多品种、小批量产品的制造问题,是一种灵活的、高效能的自动化机床,是构成柔性制造系统、计算机集成制造系统的基础单元。常见的数控机床有数控车床、数控钻床、数控镗床、数控铣床、数控磨床、数控加工中心等。

数控机床工作时，首先要将被加工零件图纸上的几何信息和工艺信息数字化，按规定的代码和格式编成加工程序，然后把加工程序输入机床数控装置，数控系统对程序进行译码、运算后向机床的各个坐标的伺服装置和辅助控制装置发出指令，驱动机床运动部件，并控制所需要的辅助动作，完成零件的加工。

2. 数控机床的组成及分类

数控机床的基本组成包括加工程序、输入装置、数控系统、伺服电动机、辅助控制装置、检测反馈装置和机床本体，如图 2-11 所示。

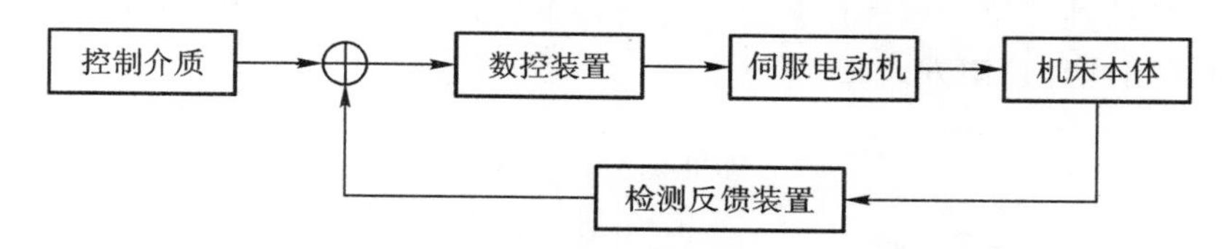

图 2-11 数控机床的基本组成

机床的数字控制是由数控系统完成的，数控系统包括数控装置、可编程控制器和检测反馈装置。数控装置是用于机床数字控制的特殊用途的计算机，其微处理器已开始采用简明指令集运算芯片作为主 CPU，有些采用大规模和超大规模集成电路，配备多种遥控接口和智能接口，使数控功能根据用户要求进行任意组合和扩展，可实现几台数控机床之间的数据通信，并可以对几台数控机床进行控制。可编程控制器用于开关量控制，如主轴开停、刀具更换和冷却液开关等信号。检测反馈装置将位移的实际值检测出来，反馈给数控装置。它的检测精度决定了数控机床的加工精度。检测反馈装置普遍应用高分辨率的脉冲编码器。伺服驱动系统是以机床移动部件的位置和转速作为控制量的自动控制系统。它能快速响应数控装置发出的指令。现在普遍采用的数字驱动系统是交流数字伺服系统。程序编制是实现数控加工的主要环节，已由脱机编程发展到在线编程，并可同时进行机械加工过程中特殊工艺信息和几何信息的程序编制。新型数控机床的本体刚性强、热变形小、精度高，在外部造型、传动系统及刀具系统等方面有很大的改进，采用机电一体化的总体布局，机床主机和伺服系统实现了很好的机电匹配。

与普通机床相比，数控机床的机械结构，尤其是传动系统的结构大为简化，机床的功能扩展，机床的自身精度、加工精度和加工效率显著提高。

数控机床一般按以下几种方法分类。

1）按工艺用途分

（1）普通数控机床：在加工工艺过程中的一个工序上实现数字控制的自动化机床，自动化程度还不够完善，工艺可能性和通用机床相似，刀具更换、零件装夹仍需人工完成。

（2）数控加工中心机床：带有刀库和自动换刀装置的数控机床，又称多工序数控机床，简称加工中心。在一次装夹后，数控加工中心机床可进行多种工序加工，有效避免由于多次安装造成的定位误差，并提高加工生产率。

2）按运动轨迹分

（1）点位控制数控机床：这类机床的数控装置只能控制行程终点的坐标值，在移动过程中不能进行切削加工。

（2）点位直线控制数控机床：这类机床不仅要求具有准确的定位功能，还要求当机床的位移部件移动时，可沿平行于坐标轴的直线及与坐标轴成 45°的斜线进行加工。

（3）轮廓控制数控机床：这类机床的控制装置不仅能准确定位，而且还能够控制加工过程中每点的速度和位置，以得到形状复杂的零件轮廓。

3) 按伺服系统的控制方式分

(1) 开环控制数控机床:如图 2-12(a)所示,机床没有检测反馈装置,机床加工精度不高,且加工精度主要取决于伺服系统的性能。

(2) 闭环控制数控机床:如图 2-12(b)所示,闭环控制数控机床中增加了检测反馈装置,在加工过程中随时检测机床位移部件的位置,以达到很高的加工精度。

(3) 半闭环控制数控机床:如图 2-12(c)所示,半闭环控制数控机床对工作台实际不进行检查测量,而是测量伺服电动机的转角,推算工作台实际位移量,用此值与指令值比较,用差值来实现控制,以达到精确定位。这种控制方式工作台不包括在控制回路内,由此调整方便,目前大多数数控检查采用这种控制方式。

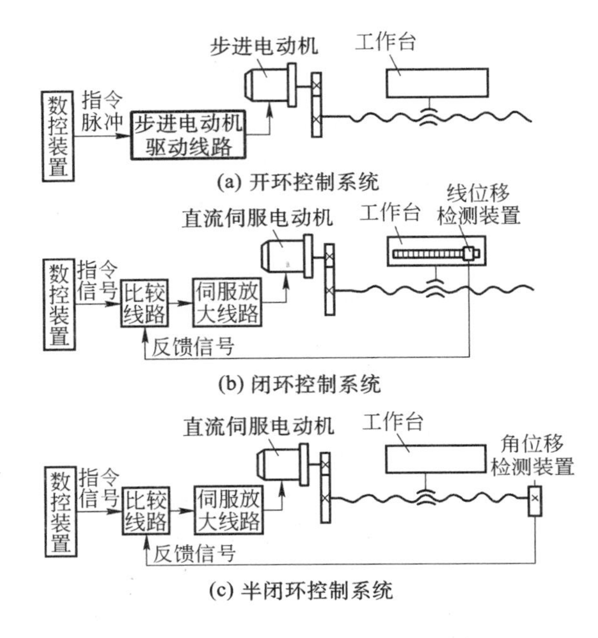

图 2-12 开环、闭环和半闭环控制系统原理

4) 其他类型数控机床

(1) 金属塑性成形类数控机床:如数控折弯机、数控弯管机、数控回转头压力机等。

(2) 特种加工数控机床:如数控线(电极)切削机床、数控电火花加工机床、数控激光切割机床、数控火焰切割机床、数控三坐标测量机等。

此外,还有具有多坐标联动功能、显示功能、通信功能等功能的数控机床。

3. 数控机床的传动特点

图 2-13、图 2-14 所示分别为 JCS-018A 型立式加工中心的外形图和传动系统图。

数控机床具有以下传动特点。

(1) 传动系统的各个运动部分一般均由各自独立的伺服电动机独立驱动。每一运动的传动链实现了最短的传动路线,为提高传动精度提供了有利条件。

(2) 回转运动由伺服电动机实现无级调速,直线运动由滚珠丝杠来实现。

(3) 机床中所有内联系传动链的传动都由数控系统完成。

4. 数控机床的加工特点

数控机床具有以下加工特点。

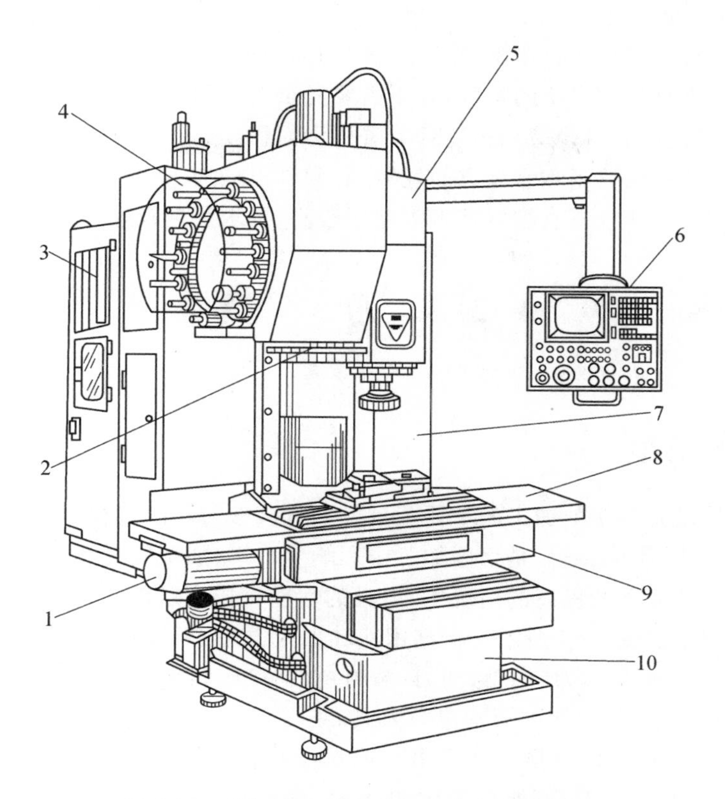

图 2-13 JCS-018A 型立式加工中心的外形图

1—伺服电动机；2—换刀机械手；3—数控柜；4—刀库；5—主轴箱；6—操作面板；7—驱动电源柜；8—工作台；9—滑座；10—床身

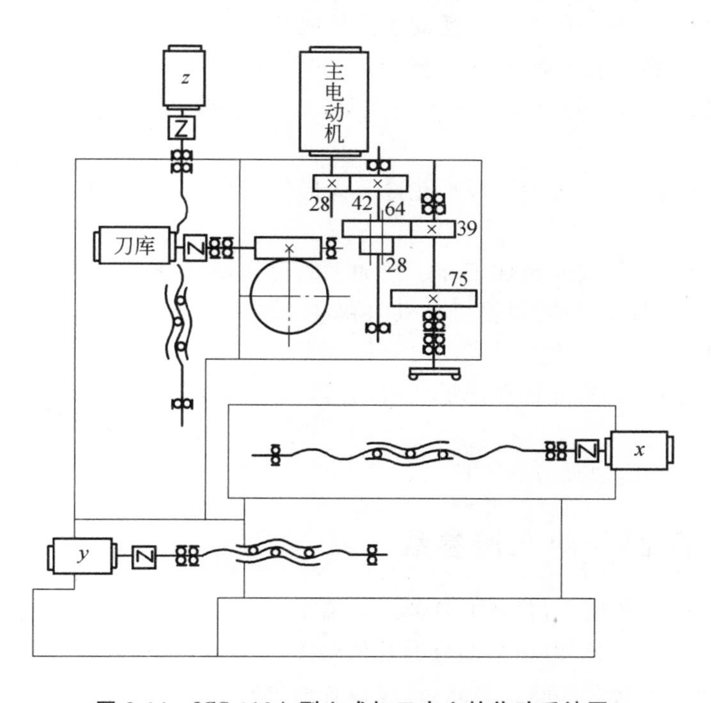

图 2-14 JCS-018A 型立式加工中心的传动系统图

(1) 数控机床能提高生产率3～5倍,使用数控加工中心机床可提高生产率5～10倍。

(2) 数控机床可以获得比机床本身精度还高的加工精度。

(3) 可以加工具有复杂形状的零件,且不需要复杂的专用夹具。

(4) 可实现一机多用,减轻劳动强度且节省厂房面积。

(5) 有利于向计算机控制和管理方面发展,有利于机械加工综合自动化的发展。

(6) 数控机床的初期投资及维修技术等费用较高,要求管理及操作人员的素质也较高。

2.3 刀　具

一、刀具的类型

金属切削刀具是完成切削加工的重要工具。它直接参与切削过程,从工件上切除多余的金属层。刀具变化灵活,作用显著,是切削加工中影响生产率、加工质量和成本最活跃的因素。在数控机床自身技术性能不断提高的情况下,刀具的性能直接决定机床性能的发挥。

常见的刀具类型如图2-15所示。根据用途和加工方法不同,刀具有以下几大类。

(1) 切刀类刀具:包括车刀、刨刀、插刀、镗刀、自动机床和半自动机床用的切刀以及一些专用切刀,一般多为只有一条主切削刃的单刃刀具。

(2) 孔加工刀具:在实体材料上加工出孔或对原有孔扩大孔径(包括提高原有孔的精度和减小表面粗糙度值)的一种刀具,如麻花钻、扩孔钻、锪孔钻、深孔钻、铰刀、镗刀等。

(3) 拉刀类刀具:在工件上拉削出各种内、外几何表面的刀具,生产率高,用于大批量生产,刀具成本高。

(4) 铣刀类刀具:一种应用非常广泛的在圆柱或端面具有多齿、多刃的刀具,可以用来加工平面、沟槽、螺旋表面和成形表面等。

(5) 螺纹刀具:加工内、外螺纹表面用的刀具,常用的有丝锥、板牙、螺纹切头、螺纹液压工具以及螺纹车刀等。

(6) 齿轮刀具:用于加工齿轮、链轮、花键等齿形的刀具,如齿轮滚刀、插齿刀、剃齿刀、花键滚刀等。

(7) 磨具类刀具:用于表面精加工和超精加工的刀具,如砂轮、砂带、抛光轮等。

(8) 组合刀具、自动线刀具:根据组合机床和自动线特殊要求设计的专用刀具,可以同时或依次加工若干个表面。

(9) 数控机床刀具:刀具配置根据零件的工艺要求而定,有预调装置、快速换刀装置和尺寸补偿系统。

(10) 特种加工刀具:如水刀等。

二、刀具切削部分的几何参数

金属切削刀具的种类很多,各种刀具的结构有的相差很大,但它们的切削部分的几何形状都大致相同,都以普通外圆车刀切削部分的几何形态为基本形态,其他刀具的切削部分都是由外圆车刀的切削部分演变而来的。因此,这里以普通外圆车刀为例分析研究刀具的切削部分。

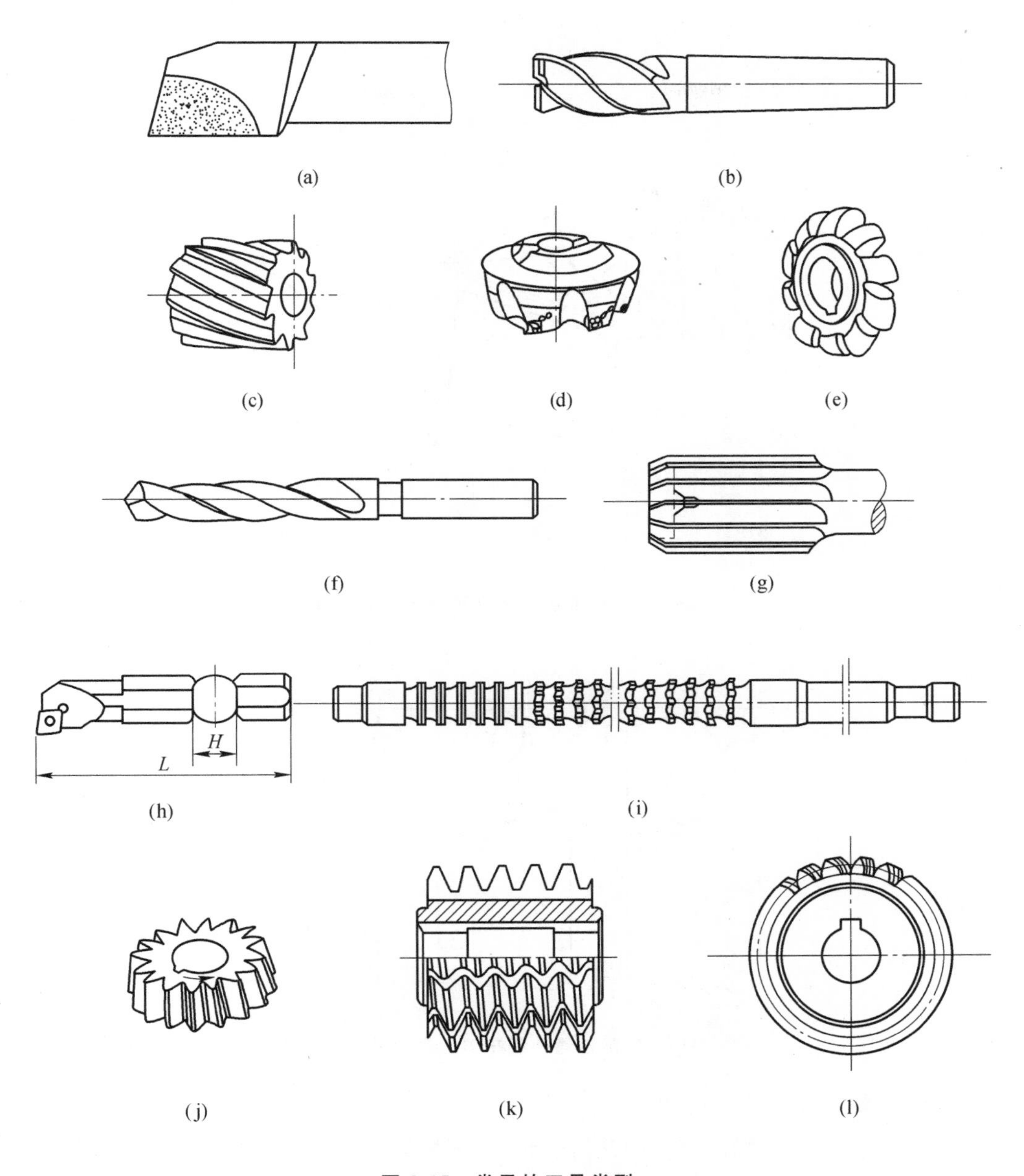

图 2-15　常见的刀具类型

1. 刀具切削部分的组成

如图 2-16 所示，普通外圆车刀的切削部分包括以下要素。

(1) 前面 A_γ：切削时直接作用于被切金属层且切屑沿其排出的刀面。

(2) 主后面 A_α：与过渡表面相对的刀面。

(3) 副后面 A'_α：与已加工表面相对的刀面。

(4) 主切削刃 S：担任主要切削任务，由前面与主后面相交的棱边形成。

(5) 副切削刃 S'：担任少量切削任务，由前面与副后面相交的棱边形成。

(6) 刀尖：主、副切削刃连接处的一部分切削刃，常指它们的实际交点。实际普通外圆车刀上常见的刀尖结构如图 2-17 所示。

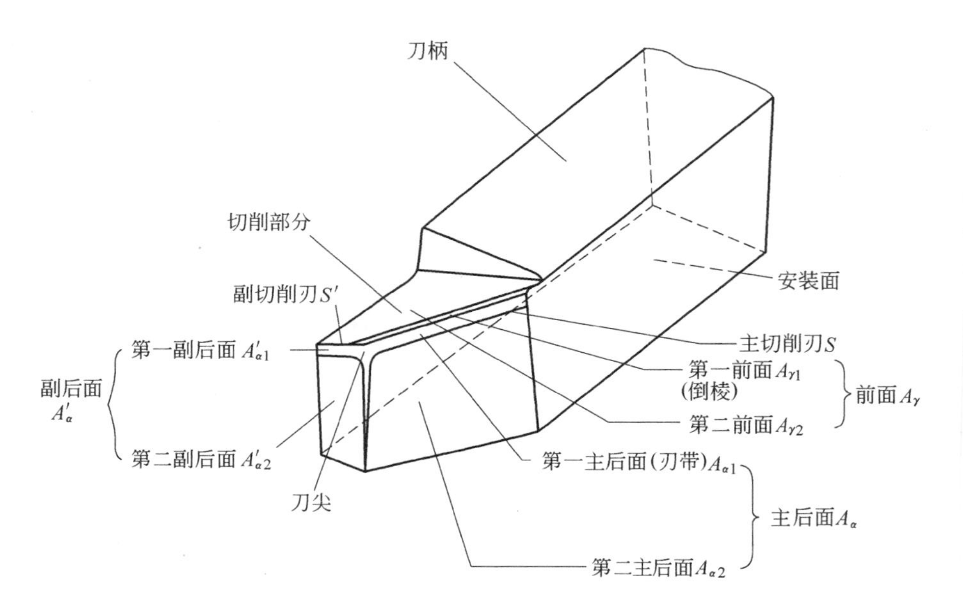

图 2-16　普通外圆车刀切削部分的组成要素

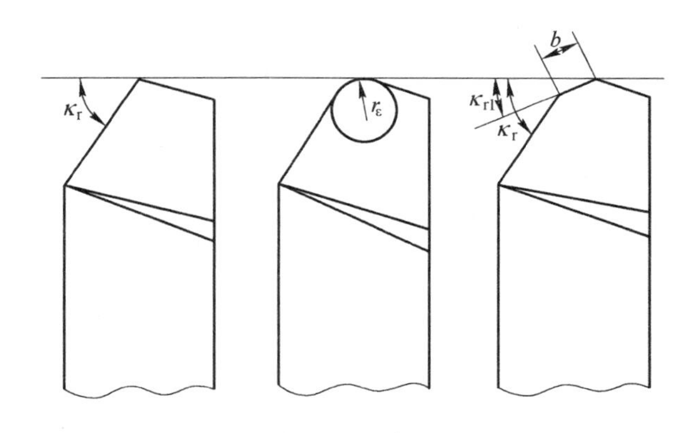

图 2-17　实际普通外圆车刀上常见的刀尖结构

2. 刀具角度

为了定量地表示刀具切削部分的几何形状,必须把刀具放在一个确定的参考系中,用一组确定的几何参数确切表达刀具表面和切削刃在空间的位置,这一组几何参数称为刀具角度。

度量刀具角度的参考系分两类:一类是刀具的静止参考系(也称标注角度参考系),是用于定义设计、制造、刃磨和测量时刀具几何参数的参考系,它不受刀具工作条件的影响,即只考虑主运动和进给运动的方向,不考虑进给运动的大小,刀具的安装定位基准与主运动方向平行或垂直;另一类是刀具的工作参考系,即规定刀具在切削加工时几何参数的参考系,它与刀具的安装情况、切削运动的大小和方向等因素有关。

1) 刀具的标注角度和参考系

刀具的参考系由坐标平面和测量平面组成。最基本的坐标平面有两个,如图 2-18 所示。

基面 P_r:通过切削刃上的选定点,垂直于该点切削主运动方向的平面。就一般情况而言,切削刃上的基面在空间的方位是不同的,因此在描述基面时,必须在切削刃上确定一个选定点。

切削平面 P_s:通过切削刃上的选定点,与切削刃相切并垂直于基面的平面。它包含切削主运动的方向，切入工件上的过渡平面。

仅有以上两个坐标平面还不能确切定义刀具角度，还得给出第三个平面，以构成刀具几何参数参考系。由于第三个参考平面的方位不同，因而就构成了不同的标注角度参考系。

(1) 正交平面参考系及标注角度。

正交平面参考系是由三个相互垂直的平面，即基面 P_r、切削平面 P_s、正交平面 P_o 组成的一个空间直角坐标系，如图 2-18(a)所示。所谓正交平面 P_o，是指通过切削刃上的选定点同时垂直于基面 P_r 和切削平面 P_s 的平面。

要确定外圆车刀的切削部分在正交平面参考系中的结构，需要 6 个基本角度，如图 2-19 所示。

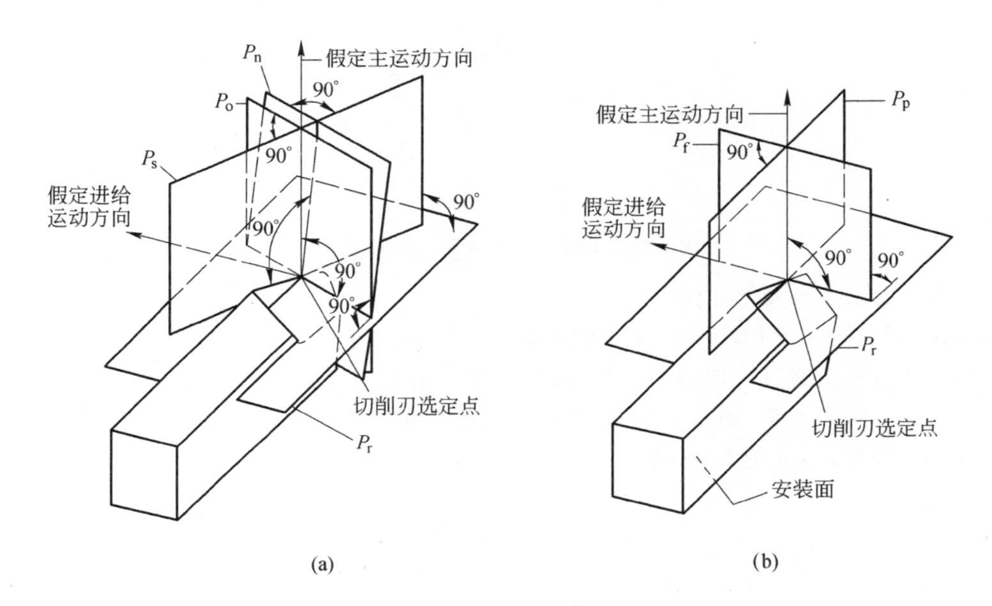

图 2-18 标注角度参考系

在正交平面内定义的角度有前角 γ_o 和后角 α_o。

①前角 γ_o：前面与基面之间的夹角。

②后角 α_o：主后面与切削平面之间的夹角。

在基面内定义的角度有主偏角 κ_r 和副偏角 κ_r'。

③主偏角 κ_r：主切削刃在基面的投影与进给方向的夹角。

④副偏角 κ_r'：副切削刃在基面的投影与进给方向的夹角。

在切削平面内定义的角度是刀倾角 λ_s。

⑤刃倾角 λ_s：主切削刃与基面之间的夹角。

在副正交平面(过副切削刃上的选定点同时垂直于副基面和副切削平面的平面)内定义的角度是副后角 α_o'。

⑥副后角 α_o'：副后面与副切削平面之间的夹角。

其他常用的刀具派生角度有楔角 β_o 和刀尖角 ε_r。

楔角 β_o：前面与后面之间的夹角，$\beta_o = 90° - \gamma_o - \alpha_o$。

刀尖角 ε_r：主、副切削刃在基面上投影的夹角，$\varepsilon_r = 180° - \kappa_r - \kappa_r'$。

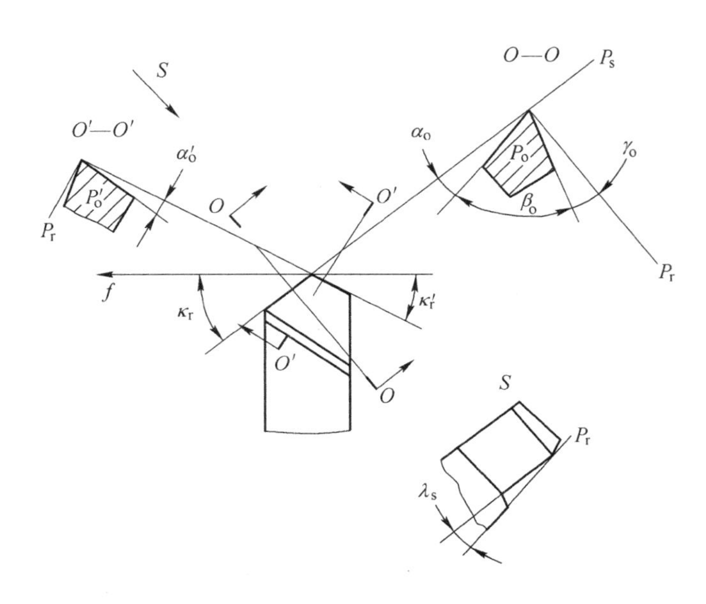

图 2-19　正交平面参考系内的标注角度

(2) 法平面参考系及标注角度。

当刃倾角较大时,常用法平面 P_n 内前角 γ_n、后角 α_n 分别代替正交平面前角 γ_o、后角 α_o。所谓法平面 P_n,是指通过主切削刃上的选定点,垂直于主切削刃在该点的切线的平面。由 P_n、P_r、P_s 组成法平面参考系,如图 2-18(a)所示。在法平面参考系中,除 γ_n、α_n 外,其余标注角度与正交平面参考系相同,如图 2-20 所示。

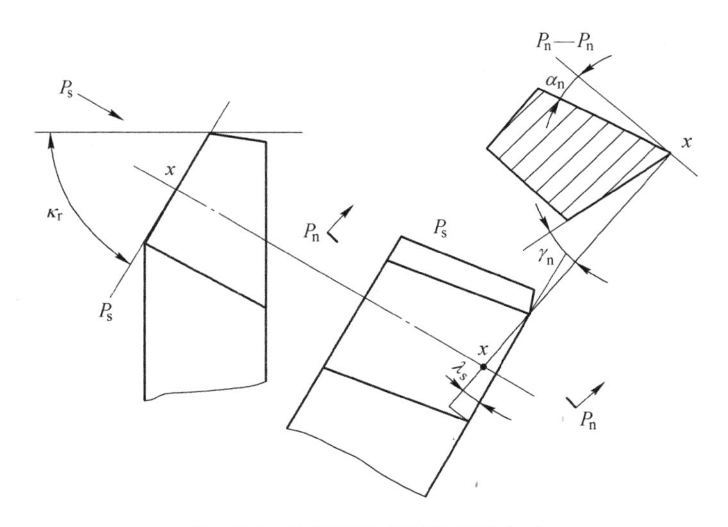

图 2-20　法平面参考系的标注角度

γ_n、α_n 可由下列公式进行换算:

$$\tan\gamma_n = \tan\gamma_o \cos\lambda_s, \quad \tan\alpha_n = \tan\alpha_o \cos\lambda_s$$

(3) 背平面和假定工作平面参考系及标注角度。

制造和刃磨刀具时,常需要知道刀具在背平面和假定工作平面的角度。假定工作平面 P_f 是通过切削刃上的选定点,垂直于基面 P_r 且平行于进给运动方向的平面;背平面 P_p 是通过切削刃上的选定点,垂直于基面 P_r 和假定工作平面的平面。由 P_f、P_r、P_p 组成背平面和假定工作平面参考系，如图 2-18(b)所示。在背平面和假定工作平面参考系中，标注角度 κ_r、κ_r'、λ_s 与正交平面参考系相同，背前角 γ_p、背后角 α_p、侧前角 γ_f、侧后角 α_f 可由下列公式进行换算：

$$\tan\gamma_p=\tan\gamma_o\cos\kappa_r+\tan\lambda_s\sin\kappa_r,\quad \tan\gamma_f=\tan\gamma_o\sin\kappa_r+\tan\lambda_s\cos\kappa_r$$

$$\cot\alpha_p=\cot\gamma_o\cos\kappa_r+\tan\lambda_s\sin\kappa_r,\quad \tan\alpha_f=\cot\gamma_o\sin\kappa_r-\tan\lambda_s\cos\kappa_r$$

2）刀具的工作角度和工作参考系

在实际工作中，由于假定的工作条件发生了变化，标注角度参考系中的各个坐标平面和测量平面的位置也发生了变化。因此，刀具在切削加工时的工作角度要在工作参考系中进行测量。

工作参考系也分为正交平面工作参考系、法平面工作参考系以及背平面和假定工作平面工作参考系等。工作参考系中各坐标平面的定义与标注角度参考系一样，只要用合成切削速度 $\boldsymbol{v}_e$ 方向的取代主运动 $\boldsymbol{v}_c$ 的方向即可。刀具工作参考系的坐标平面是工作基面 P_{re}、工作切削平面 P_{se}、工作正交平面 P_{oe}、工作法平面 P_{ne}、工作平面 P_{fe}、工作背平面 P_{pe} 等，如图 2-21 所示。

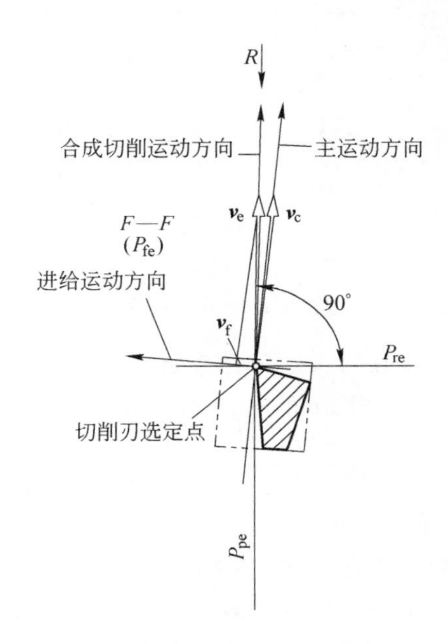

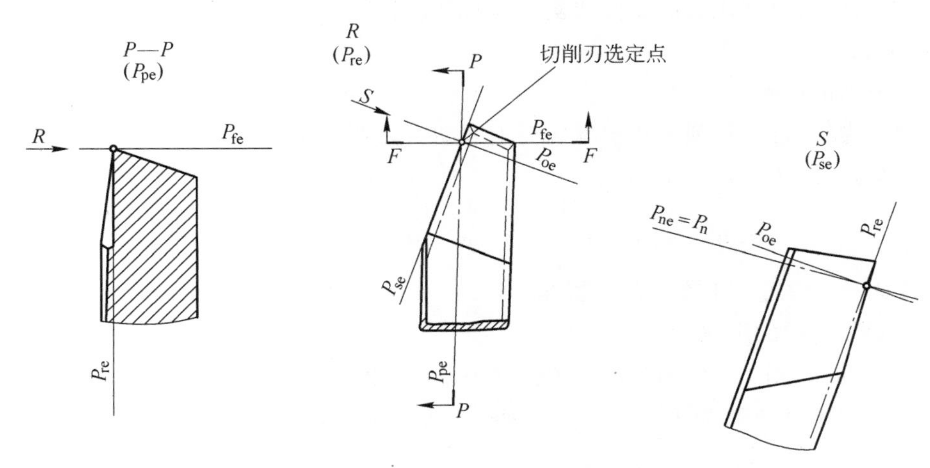

图 2-21 刀具的工作参考系

相应的工作角度分别用κ_{re}、κ'_{re}、λ_{se}、γ_{oe}、α_{oe}表示，它们是在切削过程中真正起作用的角度。

(1) 进给运动对工作角度的影响。

①横向进给的影响。

以横向进给切断工件为例，刀具相对于工件的运动轨迹为阿基米德螺线，合成切削运动的方向与主运动方向的夹角为μ，如图 2-22(a)所示。

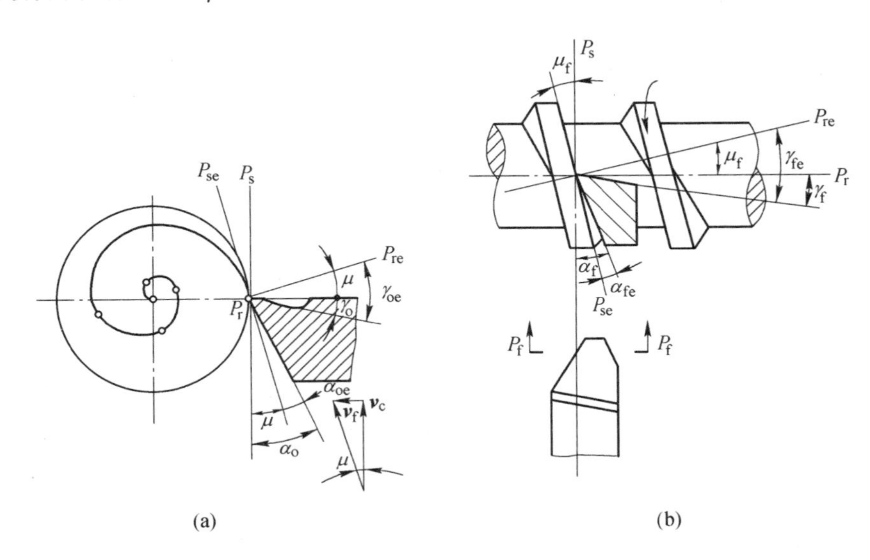

图 2-22 进给运动对刀具角度的影响

图中P_r、P_s为标注角度参考平面，γ_o、α_o为标注角度。当考虑进给运动时，参考平面变为P_{re}、P_{se}，此时的前角、后角分别称为工作前角γ_{oe}、工作后角α_{oe}。

$$\gamma_{oe}=\gamma_o+\mu,\quad \alpha_{oe}=\alpha_o-\mu,\quad \tan\mu=\frac{v_f}{v_c}=\frac{fn}{\pi dn}=\frac{f}{\pi d}$$

式中：f——刀具的横向进给量，单位为 mm/r；

d——切削刃上选定点处的工件直径，单位为 mm。

由上式可以看出，随着切削的进行，切削刃越靠近中心，μ值越大，α_{oe}越小，有时甚至为负值，使刀具的后面与工件表面的摩擦加剧，影响正常切削。我们在实习时，切断工件经常出现打刀，就是这个原因。

②纵向进给的影响。

以车螺纹为例，合成切削运动的方向与主运动方向的夹角为μ_f，如图 2-22(b)所示，刀具左侧刃工作的前角、后角分别为γ_{fe}、α_{fe}。

$$\gamma_{fe}=\gamma_f+\mu_f,\quad \alpha_{fe}=\alpha_f-\mu_f,\quad \tan\mu_f=\frac{v_f}{v_c}=\frac{fn}{\pi dn}=\frac{f}{\pi d}$$

(2) 刀具安装位置对工作角度的影响。

①刀尖安装高低的影响。

如图 2-23 所示，当$\lambda_s=0$，刀尖高于工件的中心线车削外圆时，工作基面P_{re}和基面P_r分别与工作切削平面P_{se}和切削平面P_s有夹角θ_p，这时在背平面P_p内工作的前角、后角分别为γ_{oe}、α_{oe}。

$$\gamma_{oe}=\gamma_o+\theta_p,\quad \alpha_{oe}=\alpha_o-\theta_p,\quad \sin\theta_p=\sin\theta=\frac{2h}{d_w}$$

如果刀尖低于工件中心，则上述工作角度的变化正好相反。我们可以自己分析一下。

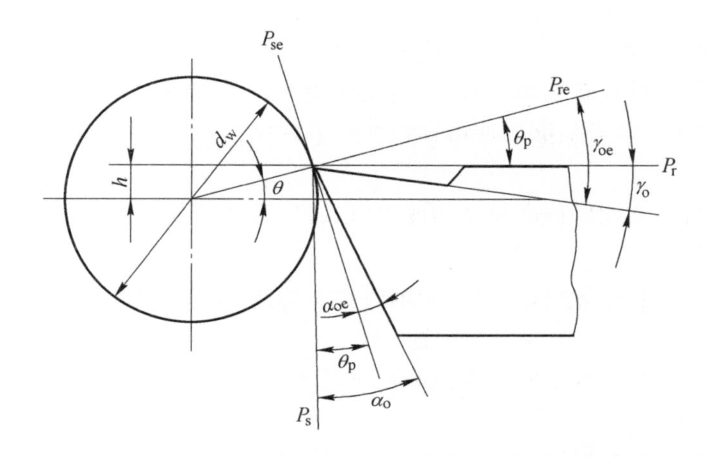

图 2-23　刀尖安装高对工作角度的影响

②刀具安装倾斜的影响。

如图 2-24 所示，当刀杆中心线与进给方向不垂直时，在基面内的主偏角、副偏角的变化如下。

$$\kappa_{re}=\kappa_r+G,\quad \kappa_{re}'=\kappa_r'-G$$

式中：G——刀具轴线的倾斜角度。

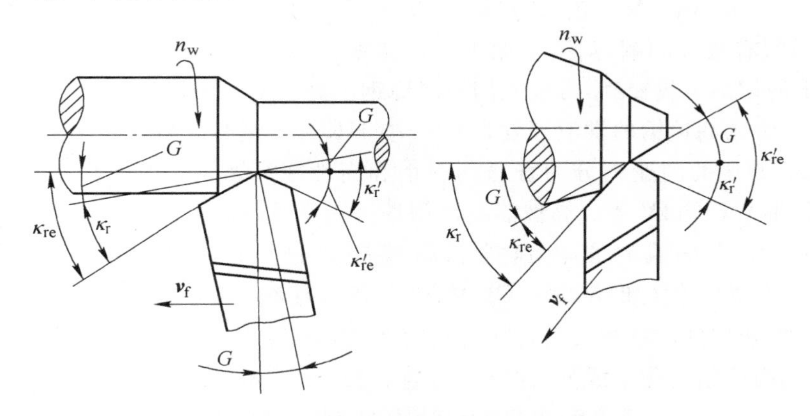

图 2-24　刀具安装倾斜对工作角度的影响

三、刀具材料

刀具材料是指刀具切削部分的材料。在切削加工中，刀具的切削部分直接完成切除余量和形成已加工表面的任务。刀具材料是工艺系统中影响加工效益和加工质量的重要因素。采用合理的刀具材料可大大提高切削加工生产率，降低刀具的消耗，保证加工质量。

1. 刀具材料应具备的性能

1）硬度和耐磨性

刀具材料的硬度必须高于被加工材料的硬度，硬度是刀具材料应具备的最基本的特征。刀具材料的常温硬度要在 60 HRC 以上。切削过程中为了抵抗刀具不断受到的切屑和工件摩擦引起的磨损，刀具材料必须具有高的耐磨粒磨损的性能。

2）强度和韧性

切削工件时，刀具要承受很大的切削抗力。为了不产生塑性变形，刀具必须有足够的强度。在切削不均匀的加工余量或断续加工时，刀具受到很大的冲击载荷，脆性大的刀具材料易产生崩刃和打刀，因此要求刀具有足够的冲击韧性和疲劳强度。

3）耐热性

耐热性是指在高温下能保持高硬度的能力，以适应高速切削的要求。

4）导热性

刀具材料应具有良好的导热性，以便切削时产生的热量能迅速散发。

5）抗黏结性

应防止工件和刀具材料分子间在高温高压下互相吸附产生黏结。

6）化学稳定性

化学热稳定性是指在高温下，刀具材料不易与周围介质发生化学反应。

7）良好的工艺性和经济性

刀具的材料应便于制造，即切削性能、热处理性能、焊接性能等要好。经济性是指刀具材料应结合本国资源，降低成本。

2. 几种常见的刀具材料

1）高速钢

高速钢是含有 W(钨)、Mo(钼)、Cr(铬)、V(钒)合金元素的合金工具钢。高速钢强度、韧性和工艺性均较好，有较高的耐热性，高温下切削速度比碳素工具钢高 1～3 倍。高速钢又称风钢，但由于磨出的切削刃较锋利，常被人们写成锋钢。高速钢由于热处理后可以磨光发亮，所以又常称为白钢。常用高速钢的常温硬度为 62～70 HRC，耐热温度为 540～620 ℃，切削速度为 30～50 m/min。常用的高速钢分为普通高速钢和高性能高速钢。普通高速钢常用的牌号有 W6Mo5Cr4V2 和 W18Cr4V 等。高性能高速钢是指在普通高速钢中增加碳或钒、钴、铝等金属元素的新钢种。常用的高性能高速钢有高碳高速钢(如 9W18Cr4V)、高钒高速钢(如 W12Cr4V4Mo)、钴高速钢(如 W2Mo9Cr4VCo8)、铝高速钢(如 W6Mo5Cr4V2Al)。高速钢只适用于制造中、低速切削的各种刀具，如钻头、铰刀、丝锥、铣刀、齿轮刀具、精加工车刀、拉刀、成形刀具等。常用高速钢的化学成分、性能和用途如表 2-5 所示。

表 2-5 常用高速钢的化学成分、性能和用途

类别		牌号	化学成分/(%)						硬度	高温硬度	主要用途
			C	W	Mo	Cr	V	其他			
普通高速钢		W18Cr4V	0.70～0.80	1.75～1.95	≤0.3	3.80～4.40	1.00～1.40		62～66	48.5	用途广泛，如制造齿轮刀具、钻头、铰刀、铣刀、拉刀等
普通高速钢		W6Mo5Cr4V2	0.80～0.90	5.50～6.75	4.50～5.50	3.80～4.40	1.75～2.20		62～66	47～48	制造要求热塑性好和受较大冲击负荷的刀具
高性能高速钢	高碳	9W18Cr4V	0.90～1.00	17.5～19.0	≤0.3	3.80～4.40	1.00～1.40		67～68	51	制造对韧性要求不高，但对耐磨性要求较高的刀具

续表

类别		牌号	化学成分/(%)						硬度	高温硬度	主要用途
			C	W	Mo	Cr	V	其他			
高性能高速钢	高钒	W12Cr4V4Mo	1.2～1.40	11.5～13.0	0.90～1.20	3.80～4.40	3.80～4.40		63～66	51	制造形状简单，但要求耐磨的刀具
	超硬	W6Mo5Cr4V2Al	1.05～1.20	5.50～6.75	4.50～5.55	3.80～4.40	1.75～2.20	Al 0.80～1.20	68～69	55	制造复杂刀具和难加工材料的刀具
		W2Mo9Cr4VCo8	1.05～1.15	1.15～1.85	9.00～10.0	3.50～4.25	0.95～1.35	Co 7.75～8.75	66～70	55	制造复杂刀具和难加工材料的刀具，价格极贵

注：高温硬度是指在600 ℃下的硬度，硬度和高温硬度均是洛氏硬度(HRC)。

2）硬质合金

硬质合金是由高硬度难熔的金属化合物（WC、TiC、TaC、NbC等）微米数量级的粉末与金属黏结剂(Co、Mo、Ni等)烧结而成的粉末冶金制品。它的高温碳化物含量比高速钢高得多，因此，它的硬度，特别是高温硬度，耐磨性、耐热性都高于高速钢，焊接性好。硬质合金的常温硬度为89～93 HRA，耐热温度为890～1000 ℃，切削速度为160～400 m/min。

硬质合金刀具是高速切削的主要刀具，但硬质合金较脆，抗弯强度低(仅为高速钢的1/3)，韧性也较低(仅为高速钢的十分之一至几十分之一)。目前硬质合金大量应用在刚性好，刃形简单的高速切削刀具上，如外圆车刀等。随着技术的进步，复杂刀具也在逐步扩大其应用。

常用硬质合金的类型、牌号、化学成分、性能和使用情况如表2-6所示。

表2-6 常用硬质合金的类型、牌号、化学成分、性能和使用情况

类型	牌号	化学成分/(%)				力学性能			使用性能			使用范围	
		C	TiC	Co	其他	硬度		抗弯强度	耐磨	耐冲击	耐热	材料	加工性质
						HRA	HRC						
钨钴类	YG3	97		3		97	78	1.08	↑	↓	↑	铸铁、有色金属	连续加工时精加工、半精加工
	YG6X	94		6		97	78	1.37				铸铁、有色金属	精加工、半精加工
	YG6	94		6		89.5	75	1.42				铸铁、有色金属	连续切削粗加工、间断切削半精加工
	YG8	92		8		89	74	1.47				铸铁、有色金属	间断切削粗加工

续表

类型	牌号	化学成分/(%)				力学性能			使用性能			使用范围	
		C	TiC	Co	其他	硬度		抗弯强度	耐磨	耐冲击	耐热	材料	加工性质
						HRA	HRC						
钨钴钛类	YT5	85	5	10		89.5	75	1.37	↓	↑	↓	钢	粗加工
	YT14	78	14	8		90.5	77	1.25				钢	间断切削半精加工
	YT15	79	15	6		91	78	1.13				钢	连续切削粗加工、间断切削半精加工
	YT30	66	30	4		92.5	81	0.88				钢	连续切削精加工
添加稀有金属碳化物类	YA6	92		6		92	80	1.37	较好			有色金属、合金钢	半精加工
	YW1	84	6	6		92	80	1.28		较好	较好	难加工钢材	精加工、半精加工
	YW2	82	6	8		91	78	1.47		好		难加工钢材	精加工、半精加工
镍钼钛类	YN10	15	62		TaC 1 Ni 12 Mo 10	92.5	81	1.08	好		好	钢	连续切削精加工

注:表中符号的意义如下:Y——硬质合金;G——钴,它后面的数字表示含钴量;X——细晶粒合金;T——钛,它后面的数字表示 TiC 的含量;A——含 TaC(NbC)的钨钽类硬质合金;W——通用合金;N——用镍作黏结剂的硬质合金。

3) 涂层刀具材料

在韧性较好的刀具基体上,涂覆一层耐磨性好的难熔金属化合物,既能提高刀具材料的耐磨性,又不降低其韧性。常用的涂层材料有 TiC、TiN 或 Al_2O_3 及其复合材料等,涂层厚度随刀具材料不同而异。

(1) TiC 涂层:硬度高,耐磨性好,抗氧化性好,切削时能产生氧化钛膜,减少摩擦及刀具磨损。

(2) NC 涂层:在高温时能产生氧化膜,与铁基材料的摩擦因数小,抗黏结性能好,并能有效降低切削温度。

(3) TiC-TiN 复合涂层:第一层涂 TiC,与刀具基体之间的黏结性好,不易脱落;第二层涂 TiN,减少表面层与工件间的摩擦。

(4) TiC-Al_2O_3 复合涂层:第一层涂 TiC,与刀具基体之间的黏结性好,不易脱落;第二层涂 Al_2O_3,可使刀具表面有良好的化学稳定性和抗氧化性。

目前,单涂层刀具已经很少应用,刀具大多采用复合涂层或三复合涂层。

3. 其他刀具材料

1) 陶瓷

常用的陶瓷是以 Al_2O_3 或 Si_3N_4 为基体成分在高温下烧结而成的。陶瓷的常温硬度为

89～93 HRA，耐热温度为 1 000～1 400 ℃，切削速度为 320～800 m/min。

陶瓷的化学稳定性很好，耐磨性比硬质合金高十几倍，抗黏结能力强，最大的缺点是脆性大、强度低、导热性差。陶瓷刀具一般用于高硬度材料（如冷硬铸铁、淬硬钢等）的精加工。

2）金刚石

金刚石有天然和人造两类，除少数超精密加工和特殊用途外，工业上大都使用人造金刚石作为刀具和磨具材料。人造金刚石是石墨在高温（1 200～2 500 ℃）、高压（5～10 个大气压）和相应的辅助条件下转化而成的。它的显微硬度可达 10 000 HV，耐热温度较低，在 700～800 ℃时易脱碳，失去硬度。它的耐磨性极好，与金属的摩擦因数很小。它具有很高的导热性，刃磨非常锋利，粗糙度很小，可在纳米级（1 nm＝0.001 μm）稳定切削。金刚石刀具主要用于加工各种有色金属（如铝合金、铜合金、镁合金等）、各种非金属材料（如石墨、橡胶、塑料、玻璃等），以及加工钛合金、金、银、铂、陶瓷和水泥制品等。另外，它还广泛用于磨具磨料。

3）立方氮化硼（CBN）

立方氮化硼是一种人造材料，用它制造的刀片有整体聚晶和复合两种。它的硬度仅次于人造金刚石，为 8 000～9 000 HV，耐热温度可达 1 400 ℃，化学稳定性好。但它的焊接性能差，抗弯强度略低于硬质合金。

立方氮化硼刀具一般用于高硬度、难加工材料的精加工。另外，立方氮化硼可作为磨料，用于制作砂轮和研磨剂。

思考题与习题

2-1　什么是简单成形运动？什么是复合成形运动？二者的本质区别是什么？

2-2　什么是工件表面的发生线？它的作用是什么？

2-3　何谓主运动？何谓进给运动？各有何特点和作用？

2-4　何谓外联系传动链？何谓内联系传动链？二者的本质区别是什么？

2-5　如题图 2-1 所示，要求：(1)写出传动路线表达式；(2)分析主轴的转速级数；(3)计算主轴的最高、最低转速（M_1 为齿轮式离合器）。如题图 2-1(b)所示，要求计算：(4)轴 A 的转速；(5)轴 A 转 1 周时，轴 B 转过的转数；(6)轴 B 转 1 周时，螺母 C 移动的距离。

2-6　解释下列机床型号的含义：X6132、CG6125B、Z3040、MG1432、Y3150E、T6112、XK5040、CK6132。

2-7　简述数控机床的特点、分类和组成，说明开环、闭环、半闭环伺服系统的区别和适用场合。

2-8　常用高速钢刀具材料有哪几种？适用的范围是什么？硬质合金的种类很多，它们各有何特点？试述陶瓷、金刚石、立方氮化硼刀具材料的优缺点及适用的场合。

2-9　在刀具正交平面参考系中，各参考平面 P_r、P_s、P_o 及刀具角度 γ_o、α_o、κ_r、κ_r'、λ_s 是如何定义的？确定前面 A_γ 和主后面 A_α 的角度是什么？

2-10　已知刀具角度 $\gamma_o=30°$、$\alpha_o=10°$、$\kappa_r=45°$、$\kappa_r'=15°$、$\lambda_s=-60°$，请绘出刀具的切削部分。

2-11　分别画出题图 2-2 所示 90°右偏车刀车端面时由外向中心走刀和由中心向外走刀两种情况车刀的前角、后角、主偏角和副偏角，并注出规定的角度符号。

2-12　标出题图 2-3 中刀具的标注角度 γ_o、α_o、κ_r、κ_r'。

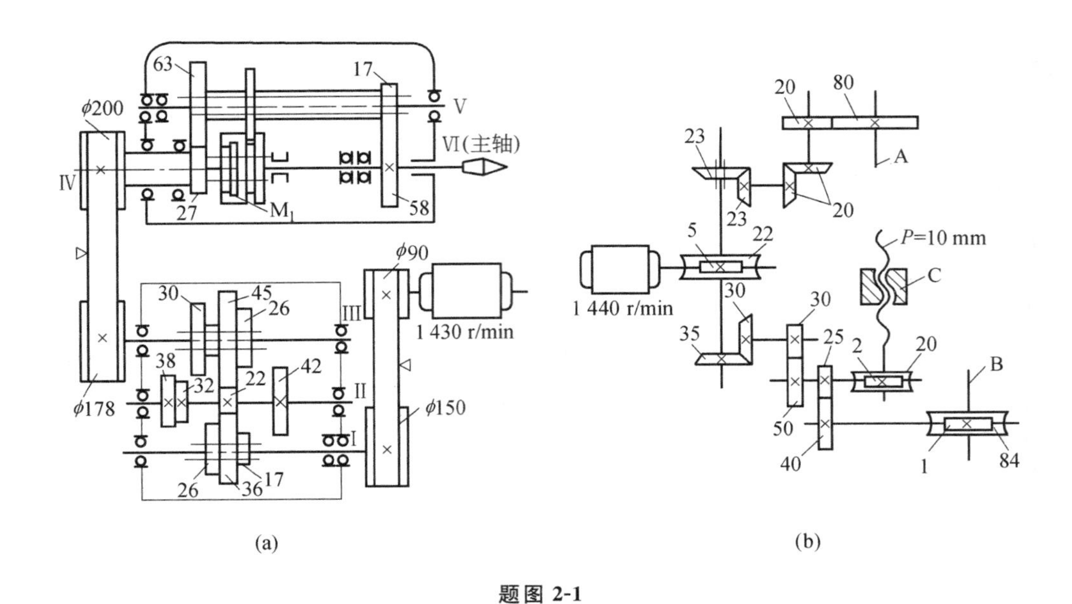

(a)　　　　(b)

题图 2-1

2-13　标出题图 2-4 中刀具的工作前角和工作后角，并说明刀具的工作角度与标注角度相比是增大还是减小。

2-14　外圆车削直径为 150 mm，长度为 400 mm 的 45 钢棒料，在机床 CA6140 上若选用的切削用量为 $a_p=4$ mm，$f=0.5$ mm/r，$n=240$ r/min。试问：(1)切削速度 v_c 为多少？切削时间 t_m 为多少？(2)若使用主偏角 $\kappa_r=60°$，切削层参数切削层公称厚度 h_D、切削层公称宽度 b_D、切削层公称截面面积 A_D 各为多少？

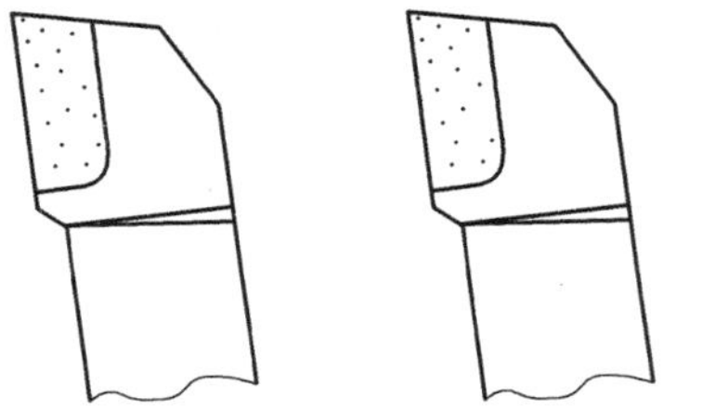

(a) 由外向中心走刀　　(b) 由中心向外走刀

题图 2-2

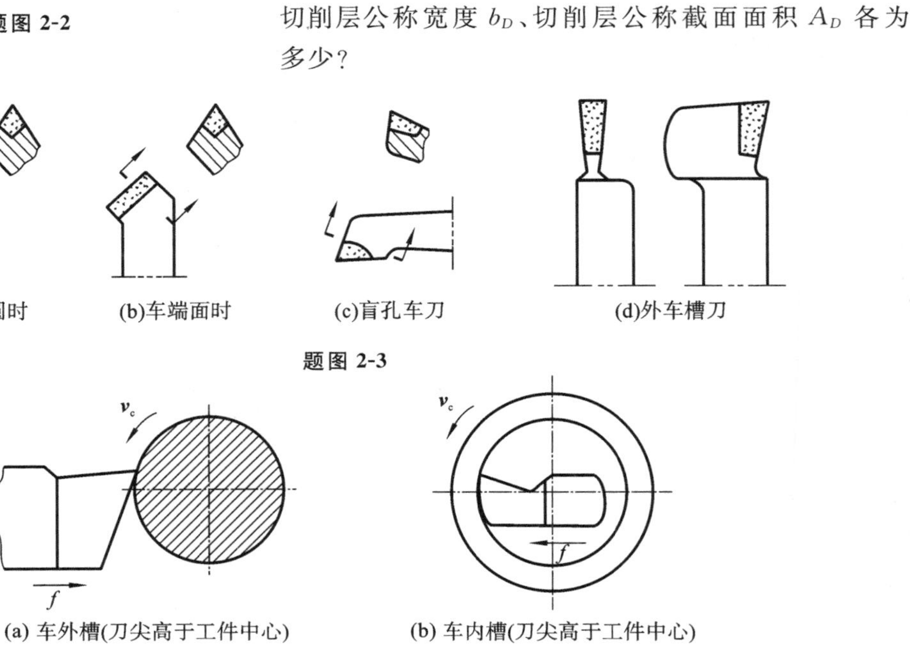

(a)车外圆时　(b)车端面时　(c)盲孔车刀　(d)外车槽刀

题图 2-3

(a) 车外槽(刀尖高于工件中心)　(b) 车内槽(刀尖高于工件中心)

题图 2-4

第3章 金属切削过程

金属切削过程是指在机床上通过刀具与工件的相对运动，利用刀具从工件上切下多余的金属层、形成切屑和已加工表面的过程。研究切削过程中的物理现象及其变化规律，对于合理使用与设计刀具、夹具和机床，保证加工质量、减少能量消耗、提高生产率和促进生产技术发展都有很重要的意义。

3.1 切削过程的基本规律

金属切削过程中的物理现象包括切屑变形、切削力、切削热、刀具磨损及加工表面质量等。其中切屑变形是最根本的，它直接对切削力、切削热、刀具磨损产生影响。本节主要研究这些物理现象的产生机理和影响因素。

一、切屑变形

1. 切屑的成形过程

如图 3-1(a)所示，金属(塑性)受压缩时，随着外力增加，金属先后产生了弹性变形、塑性变形，并使金属晶格产生滑移，而后断裂；如图 3-1(b)所示，金属切削相当于局部压缩金属的压块(刀具)，使切削层金属沿最大剪应力方向产生滑移。金属的三个变形区如图 3-1(c)所示。

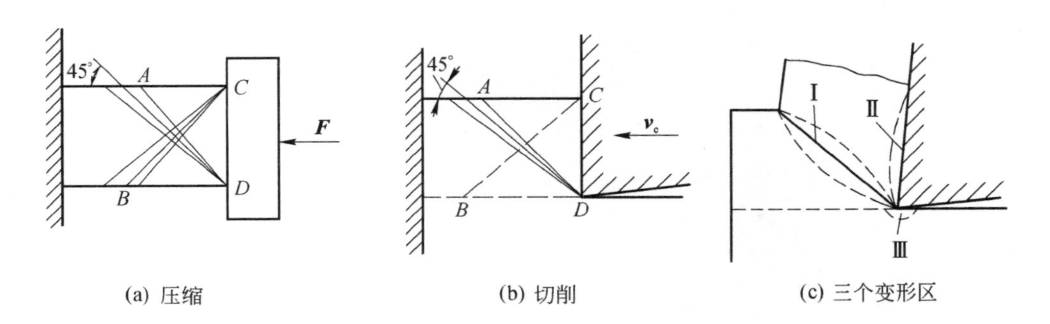

图 3-1 金属的压缩与切削和三个变形区

图 3-2 所示为被切金属层内任一点的剪切滑移示意图。在刀具与工件开始接触的最初瞬间，工件内部产生弹性变形。随着切削运动的继续，切削刃对工件材料的挤压作用加强，使工件材料内部的应力和应变逐渐增大。

2. 三个变形区

1) 第Ⅰ变形区

当材料内部的应力达到屈服极限时，被切削的金属层开始沿着剪应力最大的方向滑移，产

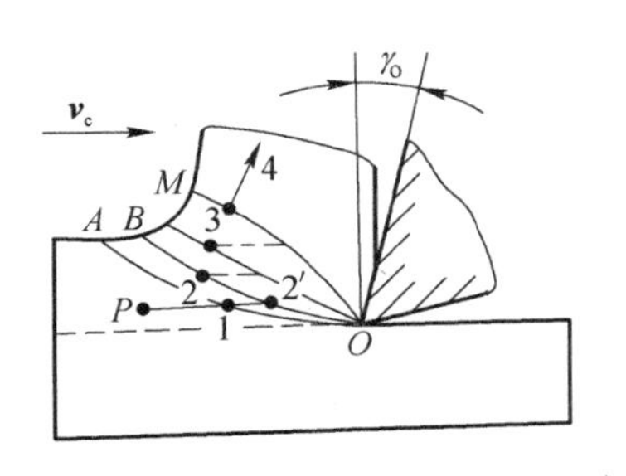

图 3-2　切屑的形成过程

生塑性变形。图 3-2 中的 OA 面就代表始滑移面。以图中 P 点为例，当移动到 1 的位置时，由于 OA 面上的剪应力达到材料的屈服强度，所以点 1 在向前移动的同时也沿着 OA 面移动，合成运动将使点 1 流动到点 2，$2'2$ 就是它的滑移量。之后同理继续滑移到了点 3、点 4 处。离开点 4 的位置以后，其流动方向与刀具前面平行而不再沿 OM 面滑移，故称 OM 面为终滑移面。始滑移面 OA 面与终滑移面 OM 面之间的变形区称为剪切滑移变形区，又称第Ⅰ变形区，如图 3-1(c)所示。第Ⅰ变形区宽度很窄，为 0.02～0.2 mm。通常就用平面 OM 面来表示第Ⅰ变形区，OM 面与切削速度方向的夹角称为剪切角 ϕ(见图 3-3(a))。切屑变形程度的度量通常用下述两个参数。

(1) 相对滑移 ε。

它用来衡量第Ⅰ变形区的滑移变形程度。

如图 3-3(a)所示，切削层中 $m'n'$ 线滑移至 $m''n''$ 线位置时的瞬时位移为 Δy，滑移量为 Δs，实际上 Δy 很小，故滑移在剪切面上进行。滑移量 Δs 越大，说明变形越严重。相对滑移表示为

$$\varepsilon=\frac{\Delta s}{\Delta y}=\frac{\overline{n'p}+\overline{pn''}}{\overline{MP}}=\cot\phi+\tan(\phi-\gamma_o)$$

由上式可见，增大前角 γ_o 和剪切角 ϕ，则相对滑移 ε 减小，即切屑变形减小。

(2) 变形系数 ξ。

它利用切屑外形尺寸的变化来衡量切屑变形程度。

切削层的金属经第Ⅰ变形区的剪切滑移变形后成为切屑，切屑层的外形尺寸与切削层的尺寸相比有了变化，如图 3-3(b)所示，它的长度缩短，即 $L_{Dh}<L_D$，厚度增加，即 $h_{Dh}>h_D$，宽度不变，这称为切屑收缩。通常用变形系数 ξ 来表示切屑变形的程度，即

$$\xi=\frac{h_{Dh}}{h_D}=\frac{L_D}{L_{Dh}}>1$$

式中：L_D、h_D——切削层的长度和厚度；

L_{Dh}、h_{Dh}——切屑层的长度和厚度。

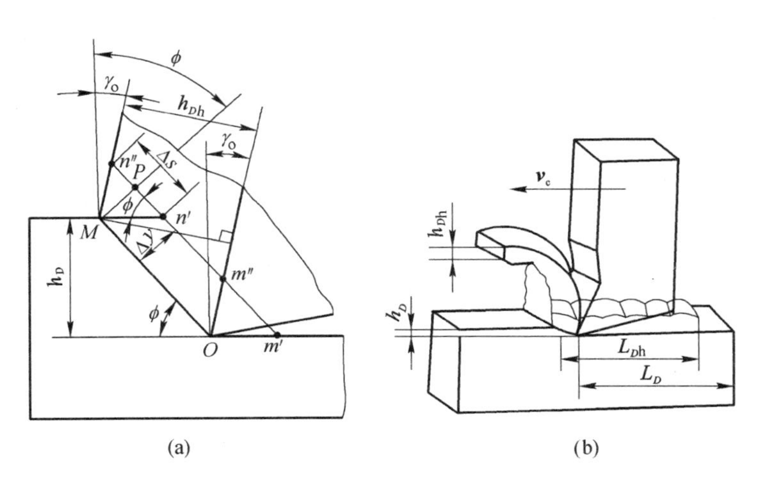

图 3-3　变形程度的度量方法

由图 3-3(a)还可推出剪切角 ϕ 与变形系数 ξ 之间的关系。

$$\xi=\frac{h_{Dh}}{h_D}=\frac{\overline{OM}\cos(\phi-\gamma_o)}{\overline{OM}\sin\phi}=\cot\phi\cos\gamma_o+\sin\gamma_o$$

由此可见，剪切角增大，前角增大，则变形系数 ξ 减小。

2）第Ⅱ变形区

切削层的金属经过第Ⅰ变形区后，切离工件基体形成切屑沿前面流出。切屑沿前面流出时，受到前面的挤压和摩擦。在前面摩擦阻力的作用下，靠近前面的切屑底层金属再次产生剪切变形，使切屑底层薄薄的一层金属流动滞缓，流动滞缓的一层金属称为滞流层。这一区域又称为第Ⅱ变形区，如图 3-1(c)所示。它的变形程度比切屑上层要大几倍至几十倍。刀具前面的摩擦与积屑瘤是这一变形区的主要特征。

（1）前面的摩擦。

切屑在流经刀具前面时，在高温高压的作用下产生剧烈的摩擦，这种摩擦与一般金属接触面间的摩擦不同。如图 3-4 所示，切屑接触区分为黏结区和滑动区两个部分。黏结区的摩擦为内摩擦，这部分的切向应力等于被切材料的剪切屈服点 τ_s。滑动区的摩擦为外摩擦，即滑动摩擦，这部分的切向应力随着远离切削刃由 τ_s 逐渐减小到零。切屑接触面上正应力分布为刃口处最大，远离刃口处变小，直至减小到零。可见，切向应力和正应力在切屑接触面上是不等的，所以前面上各点的摩擦是不同的，即前面上各点摩擦因数是变化的。由于一般材料的内摩擦因数都远远大于外摩擦因数，所以在研究前面摩擦时应以内摩擦为主。

（2）积屑瘤。

由于刀屑接触面的黏结摩擦及滞流作用，在切削塑性金属时，在前面上的温度、压力适宜的时候，切屑底层金属黏结在刃口附近的前面上，形成一个硬度很高的楔块，这个楔块称为积屑瘤，或称刀瘤，如图 3-5 所示。

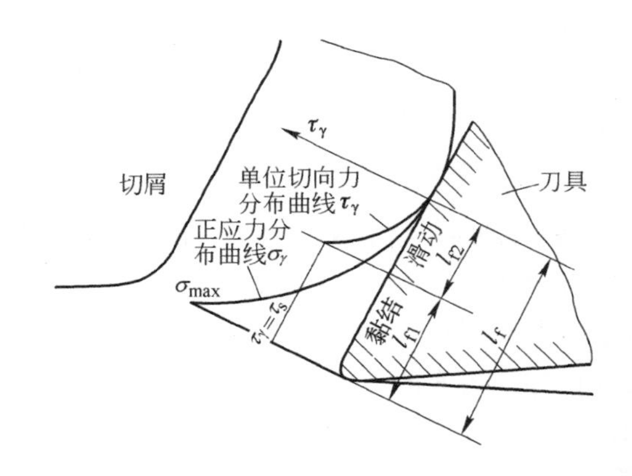

图 3-4　切屑与前面的摩擦特性

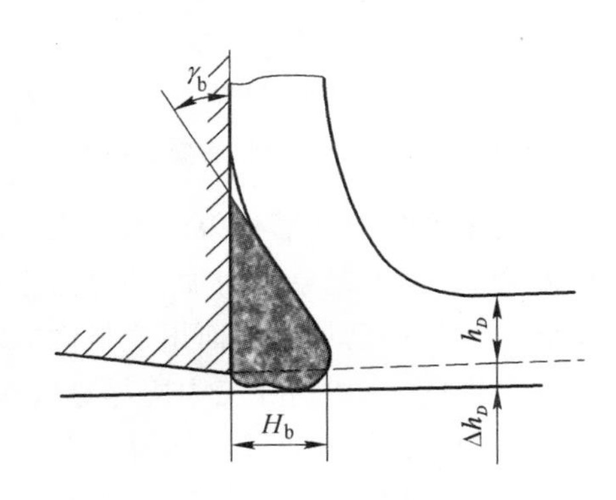

图 3-5　积屑瘤

积屑瘤在形成过程中是一层层增高的，到一定高度会脱落，即积屑瘤的形成过程是一个生成、长大、脱落的周期性过程。

积屑瘤的存在可代替切削刃进行切削，对切削刃有一定的保护作用，还可增大刀具实际前角，对粗加工的切削过程有利；但是积屑瘤的顶端从刀尖伸向工件内层，使实际背吃刀量和切削厚度发生变化，将影响工件的尺寸精度，由于积屑瘤的高度变化使已加工表面粗糙度的值变大，并易引起振动，所以在精加工应避免产生积屑瘤。

影响积屑瘤的主要因素有工件材料、切削速度、刀具前角及切削液等。塑性大的工件材料，刀屑之间的摩擦因数和接触长度大，生成积屑瘤的可能性就大。脆性金属材料一般不产生积屑瘤。切削速度对积屑瘤有很大的影响,切削速度很低(v_c<8 m/min)或很高(v_c>80 m/min)都很少产生积屑瘤,在中等切削速度范围内(加工普通钢 $v_c \approx 20$ m/min)最容易产生积屑瘤,此时,积屑瘤的高度也最大,如图 3-6 所示。切削速度主要是通过切削温度和摩擦系因影响积屑瘤。刀具前角增大可以减小切屑变形和作用在刀具前面上的正压力,从而可以抑制积屑瘤的生成或减小积屑瘤的高度,故精加工时一般都采取较大的前角。当前角 γ_o>35°时,一般不会产生积屑瘤。使用润滑性能好的切削液可减小摩擦,有效地抑制或减小积屑瘤。

3)第Ⅲ变形区

工件的已加工表面受到切削刃钝圆半径和刀具后面的挤压和摩擦,产生塑性变形。工件已加工表面与刀具后面的接触区域称为第Ⅲ变形区,如图 3-1(c)所示。

刀具的刃口实际上无法磨得绝对锋利,如图 3-7 所示,刃口圆弧半径 r_β>0 时,刃口对切削层既有切削作用,又有挤压作用,使刃前区的金属内部产生复杂的塑性变形。通常假设在切削层的 O 点上方作用着正压力和摩擦力的合力 $\boldsymbol{F}$,以 O 点为分界点,O 点以上金属晶体向上滑移形成切屑;O 点以下 Δh_D 厚度的金属层,晶体向下滑移,绕过刃口形成已加工表面。另外,近圆弧刃口处的后面上小棱面 CE 面与已加工表面接触产生摩擦;由已加工表面弹性变形引起的弹性恢复层 Δh 与后面上 E_D面部分接触产生挤压摩擦。上述的滑移变形和挤压摩擦变形构成了已加工表面上的第Ⅲ变形区,该变形区中变形层厚度达十分之几毫米。

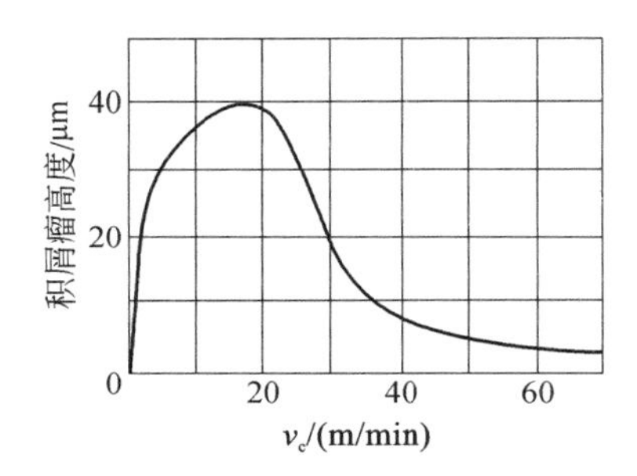

图 3-6　切削速度对积屑瘤的影响

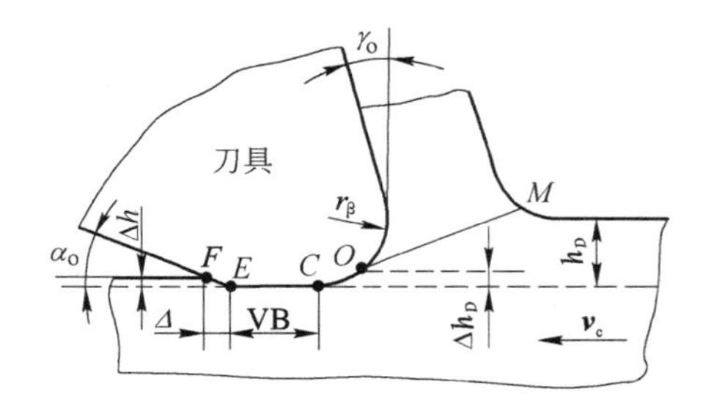

图 3-7　已加工表面变形

经切削产生的变形使得已加工表面层的金属晶格产生扭曲、挤紧和碎裂,造成已加工表面的硬度增高,这种现象称为加工硬化,亦称冷硬。加工硬化程度严重的材料使得切削变得困难,加工硬化还使得已加工表面出现显微裂纹和残余应力等,从而降低加工表面的质量和材料的疲劳强度。因此,在切削加工中应尽量设法减轻或避免已加工表面的加工硬化。

鳞刺是已加工表面上一种鳞片状毛刺,它对表面粗糙度有严重的影响。通常低速度对塑性金属进行车削加工、刨削加工、钻削加工、拉螺纹加工和齿轮加工,都可能出现鳞刺。采用减小切削厚度和使用润滑性能好的极压切削油或极压乳化液、高速切削、加热切削等措施,都可抑制鳞刺。

三个变形区各有特点,又相互影响、相互联系,对工件表面质量产生很大的影响。

3. 影响切屑变形的主要因素

影响切屑变形的因素主要有以下三个方面。

1)工件材料

工件材料的强度、硬度越高,刀屑之间的摩擦因数就越小,所以切屑变形就越小;另一方面,材料的性能通过对积屑瘤的影响而影响切屑变形,塑性大的材料在切削过程中易产生积屑瘤,从而增大了刀具的工作前角,减少了切屑变形。

2）刀具的角度

（1）前角的影响：刀具的前角越大，切削刃越锋利，刀具前面对切削层的挤压作用越小，切屑变形就越小。

（2）刀尖圆弧半径的影响：当刀尖圆弧半径增大时，切削刃上参加切削的曲线刃的长度增加，使平均切削厚度减小，变形增大；另外，圆弧切削刃上切屑流出方向的不同，且相互干涉，使切屑变形增大。

3）切削用量

（1）切削速度的影响。切削速度对切屑变形的影响如图3-8所示，在有积屑瘤生成的切削速度范围（$v_c \leqslant 40$ m/min）内，主要是通过积屑瘤形成实际前角的变化来影响切屑变形。在切削速度较低的范围（0～20 m/min）内，随着切削速度的提高，积屑瘤逐渐长大，使得刀具实际前角增大，所以切屑变形减小。当积屑瘤的高度达到最大值时，刀具的实际前角最大，变形系数最小。当切削速度继续提高时，积屑瘤高度逐渐减小，刀具实际前角也逐渐减小，变形系数相应增大。当积屑瘤消失时，刀具实际前角最小，此时切削温度较高，摩擦因数较大，变形系数达到最大值。在切削速度较高的范围（$v_c > 40$ m/min）内，变形系数随切削速度的增加而减小。这主要是因为随切削速度增加，切削温度升高，摩擦因数减小。

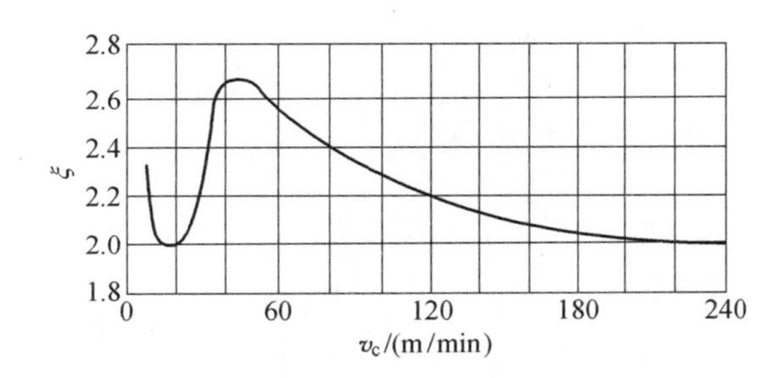

图3-8 切削速度对切屑变形的影响

（2）进给量的影响。进给量增加使切削厚度增加，但切屑底层（靠近前面）发生剧烈变形的金属层厚度增加不多，也就是说，变形较大的金属层在切屑总体积中所占的比例下降了，所以切屑的平均变形程度变小，变形系数变小。

二、切削力

1. 切削力的来源和分解

切削时，在刀具作用下，切削层与加工表面层发生了弹性变形和塑性变形，因此有变形抗力作用在刀具上，这个变形抗力称为切削力。刀具的前面与切屑、刀具的后面与工件的已加工表面之间还有相对运动，且摩擦力也作用在刀具上，如图3-9所示。作用在前面上的变形抗力 $\boldsymbol{F}_{n\gamma}$ 和摩擦力 $\boldsymbol{F}_{f\gamma}$ 的合力为 $\boldsymbol{F}_{\gamma}$；作用在后面上的变形抗力 $\boldsymbol{F}_{n\alpha}$ 和摩擦力 $\boldsymbol{F}_{f\alpha}$ 的合力为 $\boldsymbol{F}_{\alpha}$。$\boldsymbol{F}_{\gamma}$ 和 $\boldsymbol{F}_{\alpha}$ 的合力 $\boldsymbol{F}$ 就是总切削力。

为了便于测量、研究及计算，如图3-10所示，常把合力分解为三个相互垂直的分力 $\boldsymbol{F}_c$、$\boldsymbol{F}_p$ 和 $\boldsymbol{F}_f$。

（1）主切削力 $\boldsymbol{F}_c$：总切削力在主运动方向上的分力。它是设计和使用刀具、计算机床功率和设计主传动系统的主要依据，也是夹具设计及切削用量选择的依据。

（2）进给抗力 $\boldsymbol{F}_f$：总切削力在进给运动方向上的分力。它是验算机床进给系统零件强度的

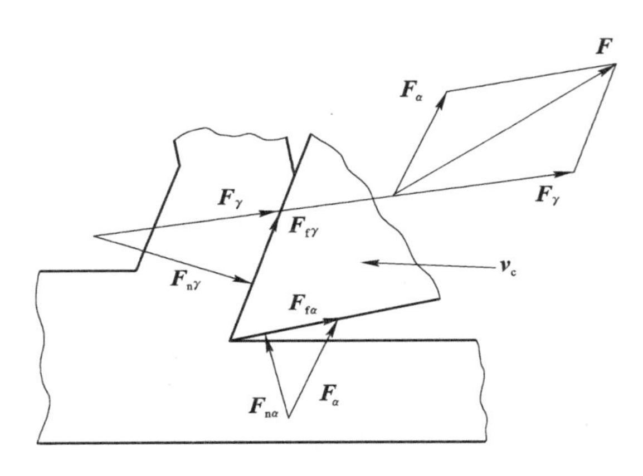

图 3-9　切削力的来源

依据。

(3) 吃刀抗力 $\boldsymbol{F}_p$：总切削力在垂直于进给运动方向和主运动方向的分力。它对工件的弯曲变形、工艺系统的振动和工件的表面质量有较大的影响。

由图 3-10 可以看出：

$$F=\sqrt{F_c^2+F_D^2}=\sqrt{F_c^2+F_p^2+F_f^2}$$

$$F_f=F_D\sin\kappa_r,\quad F_p=F_D\cos\kappa_r$$

式中：F_D——总切削力在切削层尺寸平面(基面)上的投影。

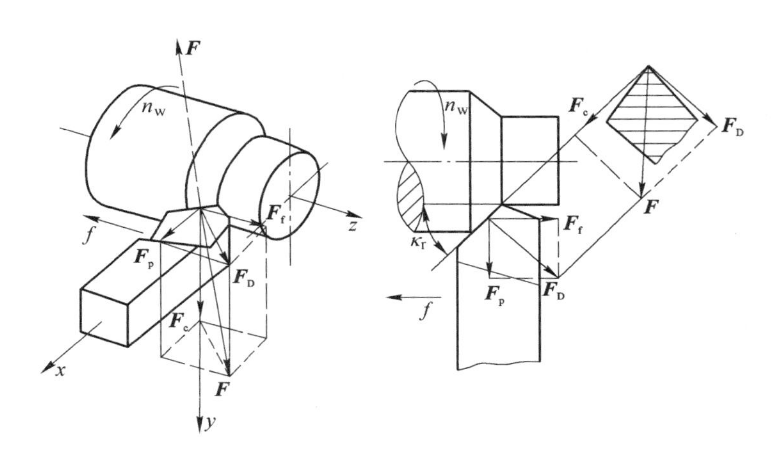

图 3-10　切削力的分解

根据实验，当 $\kappa_r=45°$，$\gamma_o=15°$时，F_c、F_p 和 F_f 有以下近似关系：

$$F_p=(0.4\sim0.5)F_c,\quad F_f=(0.3\sim0.4)F_c$$

于是

$$F=(1.12\sim1.19)F_c$$

由此可见，F 和 F_c 很接近，所以工程上常用 F_c 代替 F。

由于金属切削过程的复杂性，使切削力的理论计算存在很大的局限性，因此，工程上一般采用经验公式(指数公式)来计算主切削力 F_c，这里就不详细介绍了。

2. 工作功率 P_e

工作功率 P_e 是在切削过程中消耗的总功率。它包括切削功率 P_c 和进给功率 P_f 两个部分，前者为主运动消耗的功率，后者为进给运动消耗的功率。

由于进给功率只占工作功率的 2%～3%，故一般只计算切削功率 P_c（单位为 kW）：

$$P_e \approx P_c = \frac{F_c v_c \times 10^{-3}}{60}$$

式中，切削力 F_c 和切削速度 v_c 的单位分别为 N 和 m/min。

机床所需的电动机的功率 P_E（kW）为

$$P_E = \frac{P_c}{\eta}$$

式中：η——机床传动效率，一般为 0.75～0.85。

3. 影响切削力的主要因素

影响切削力的因素主要有以下三个方面。

1）工件材料

工件材料的硬度和强度越高，变形抗力越大，切削力就越大。切削力还与工件材料塑性的大小有关，当工件材料的强度、硬度相近时，工件材料的塑性和韧性越大，加工时切屑越不易折断，使刀屑之间的摩擦越大，切削力就越大。例如，不锈钢 1Cr18Ni9Ti 与 45 钢强度接近，但韧性比 45 钢高 4 倍，在切削条件相同的情况下，不锈钢 1Cr18Ni9Ti 的切削力要高 25%。对于脆性金属材料，由于塑性变形小，刀屑之间的摩擦小，切削力较小。例如，灰口铸铁 HT200 与热 45 轧钢硬度相近，但切削铸铁的切削力比 45 钢要低 40%。

2）切削用量

进给量 f 增大、背吃刀量 a_p 增大都会使切削面积 A_D 增大，从而使变形抗力、摩擦力增大，切削力也随之增大。但两者的影响程度不同，a_p 的影响较大，a_p 与 F_c 成正比增大；而 f 的影响较小，且 f 与 F_c 不成正比例增大。因此，在切削加工中，如果从切削力角度来考虑，加大进给量比加大背吃刀量更有利，这样可在切削力增加不大的基础上，较大地提高生产率。

切削速度对主切削力的影响如图 3-11 所示。

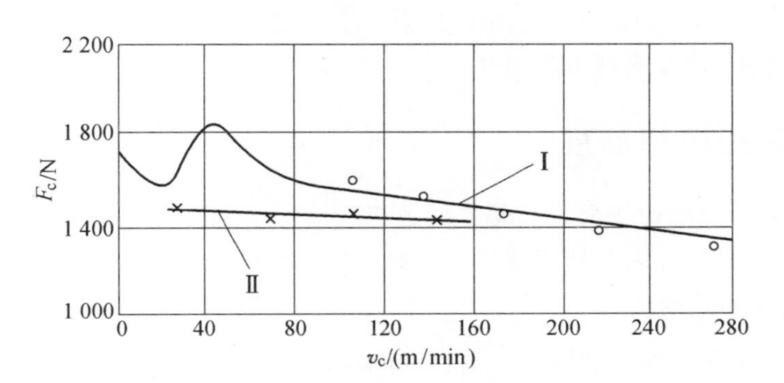

图 3-11 切削速度对主切削力的影响

Ⅰ—切削塑性金属材料；Ⅱ—切削脆性金属材料

在切削塑性金属材料（曲线Ⅰ）时，当 $v_c \leqslant 40$ m/min 时，由于积屑瘤的产生和消失，刀尖的实际前角增大或减小，引起主切削力的变化；当 $v_c > 40$ m/min 时，随着切削速度的增加，温度升高，刀屑之间的摩擦因数变小，使主切削力下降。

在切削脆性金属材料（曲线Ⅱ）时，形成崩碎切屑，刀屑之间的摩擦因数很小，因此，切削速度对主切削力的影响不大。

3）刀具角度

前角对切削力的影响如图 3-12 所示。前角对切削力的影响较大。当前角增大时，切屑排出的阻力减小,切屑变形减小,切削力也减小。

主偏角对切削力的影响如图 3-13 所示。在 30°～65°范围内,随着主偏角的增加,切削层厚度增加,切屑变形减小,使切削力减小。在 65°～90°范围内,随着主偏角的增加,刀尖的圆弧半径增大,挤压摩擦加剧,使切削力有所增加。主偏角在 65°左右时,主切削力最小。

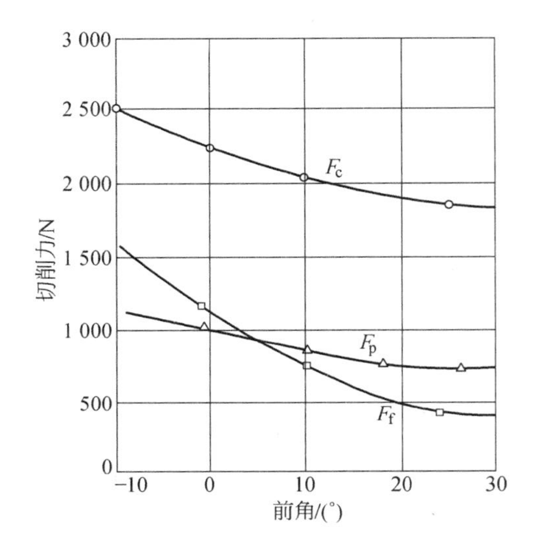

图 3-12　前角对切削力的影响

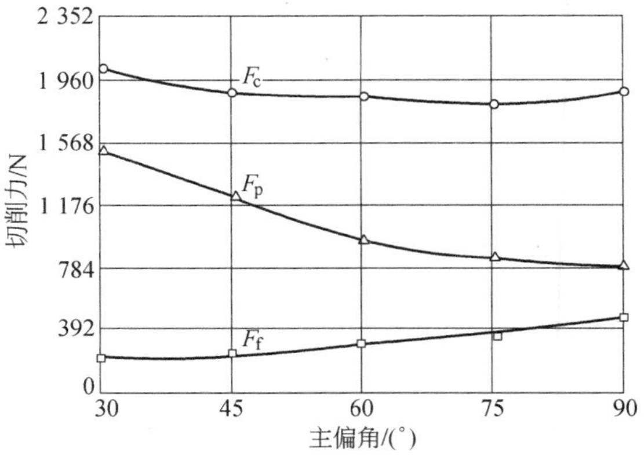

图 3-13　主偏角对切削力的影响

刃倾角对切削力的影响如图 3-14 所示。刃倾角的绝对值增大时,使主切削刃参与切削的长度增加,摩擦加剧,但刀尖在法向剖面的圆弧半径变小,切屑变形减小,总的来说刃倾角对主切削力的影响不大。

此外,刀尖圆弧半径、刀具材料以及切削液性能等对切削力也有一定的影响。

在同样的切削条件下陶瓷刀具的切削力最小,高速钢刀具的切削力最大。刀具的磨损会加剧后面与工件的摩擦,切削力增大得很快。

三、切削热和切削温度

切削热和由它所引起的切削区温度升高是切削过程中重要的物理现象。切削热和切削温度直接影响到刀具的磨损,限制切削速度的提高,并影响加工质量。

1. 切削热的来源与传导

切削过程中切削区的变形和摩擦所消耗的能量转化产生的热称为切削热,如图 3-15 所示。

切削热包括剪切变形区(第Ⅰ变形区)变形功形成的热 Q_p、切屑与刀具前面摩擦功形成的热 Q_γ、已加工表面与后面摩擦功形成的热 Q_α。产生总的切削热 Q,分别传入切屑中 Q_{Dh}、刀具中 Q_c、工件中 Q_w 和周边介质中 Q_f。切削塑性金属材料时,切削热主要由 Q_p 和 Q_γ 形成;切削脆性金属材料时,Q_α 占的比例较大。切削热形成与传散的关系为

$$Q_p + Q_\gamma + Q_\alpha = Q_{Dh} + Q_w + Q_c + Q_f$$

切削热传至各部分的比例,一般情况是切屑的热量最多,工件次之,刀具中热量最少。例如,车削不加切削液时,传热的比例为:切屑中 Q_{Dh} 为 50%～86%,工件中 Q_w 为 40%～10%,刀具中 Q_c 为 9%～3%,介质中 Q_f 为 1%。

切削速度对传热比例的影响很大。提高切削速度,可使切屑带走的热量增多,流入工件的

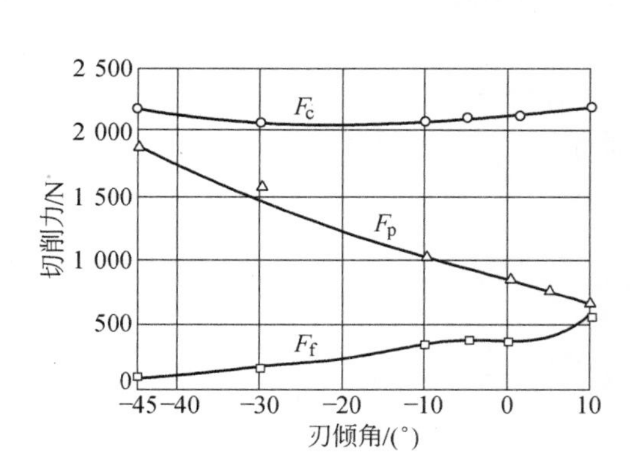

图 3-14 刃倾角对切削力的影响

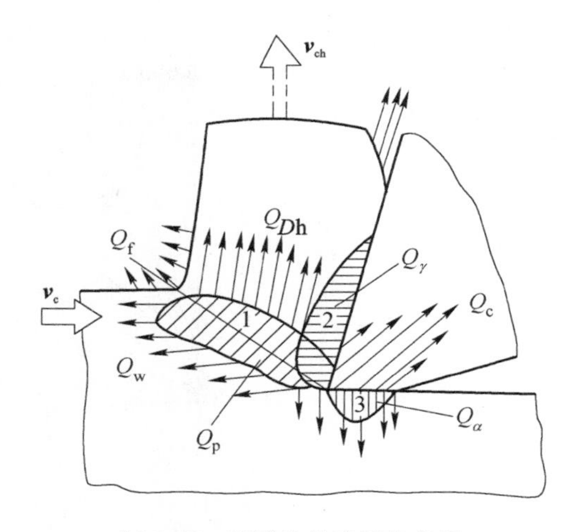

图 3-15 切削热的来源与传导

热量减少，而传入刀具的热量更少，如图 3-16 所示。因此，在高速切削时，虽然切削热很多，但刀具仍然能正常工作。

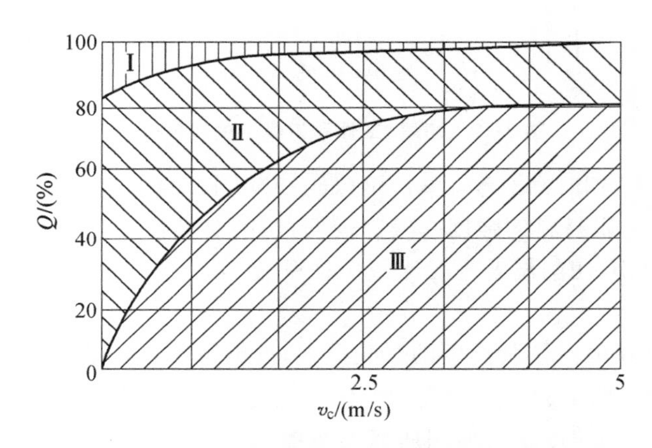

图 3-16 切削速度不同时切削热的分配

Ⅰ—刀具；Ⅱ—工件；Ⅲ—切屑

2. 切削温度

切削温度一般是指切屑、工件和刀具接触表面的平均温度。在正交平面内切屑、工件和刀具上各点的温度如图 3-17 所示。在靠近刀尖距切削刃一定距离的前面上的温度最高。此处是切屑与前面之间的压力中心。切削温度的高低取决于切削热产生的多少和传散的快慢。我们研究切削温度，就是要控制刀具上的最高温度，从而选择刀具材料，保证切削加工的顺利进行。切削温度可用经验公式进行计算，在此不做详细介绍。

3. 影响切削温度的因素

切削温度是由切削热引起的，所以切屑变形、切削力对切削温度有影响，且切削温度与切削热传散的快慢有关。具体来看，影响切削温度的主要因素有以下几个方面。

1）工件材料

工件材料是影响切削温度基本的因素。工件材料的强度和硬度越高，消耗的切削功也就越多，切削温度也就越高，而且硬度越高，切削温度最高点越移向刀刃，刀具磨损加剧。工件材料的导热系数越小，切削区的热量传出越少，切削温度就越高。例如：加工导热性能不好的合金钢

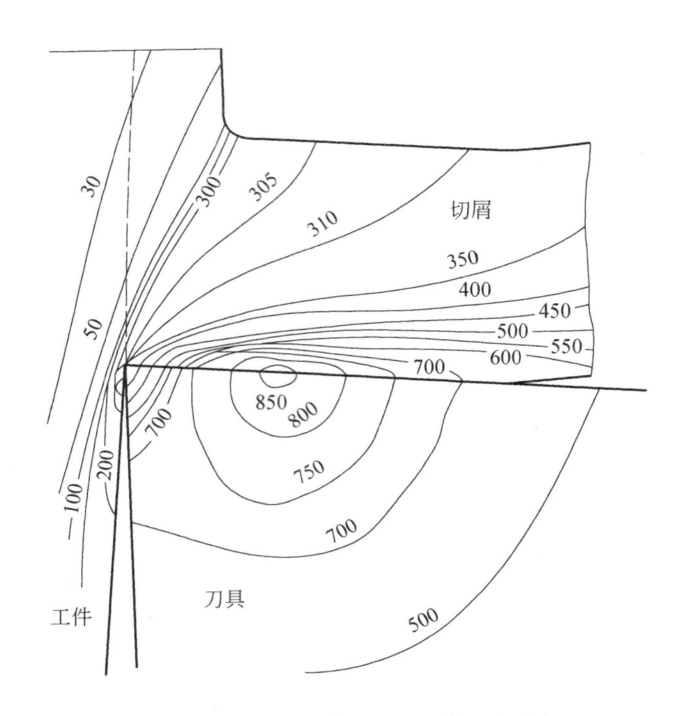

图 3-17　切屑、工件和刀具上的温度分布

时的切削温度比加工 45 钢时高 30%;不锈钢(1Cr18Ni9Ti)的强度和硬度与 45 钢相近,但切削温度要高 40%。脆性金属材料的强度一般都较低,切削时塑性变形很小,切屑呈崩碎状或脆性带状,与前面的摩擦也小,切削温度一般比塑性材料低。

2) 切削用量

切削用量中,切削速度对切削温度的影响最大,进给量次之,背吃刀量的影响最小。

切削速度增加,切削温度明显增高,但不成正比,切削速度增加 1 倍时,切削温度增高 30%～45%。原因是切削速度增大使切屑底层与前面摩擦加剧、热量增多,但因切削速度增加使变形系数减小,所以切屑底层与刀具前面热量增加的幅度降低。

进给量增加时,切削温度也增高,但影响较切削速度小,进给量增加 1 倍时,切削温度增高 15%～20%。原因是进给量增加,切屑的平均变形减小,切屑厚度增加,切屑带走的热量增多,切屑与刀具的压力中心后移。

背吃刀量对切削温度的影响是切削用量中最小的一个,背吃刀量增加 1 倍时,切削温度只增高 5%～8%。这是因为背吃刀量增加时,参加切削工作的切削刃也成正比地增加,大大改善了散热条件。

3) 刀具角度

刀具角度对切削温度的影响可按基本原则来分析,即凡是能减少切削过程产生热量的因素,都能降低切削温度;凡能改善刀具散热条件的因素,也可以降低切削温度。

(1) 前角 γ_o 的影响:如图 3-18 所示,当 $\gamma_o \leqslant 15°$ 时,随着前角的减小,切屑变形功增加,产生热量增加,使切削温度增高。当 $\gamma_o > 15°$ 时,随着前角的增大,从减少产生热量的角度分析,切削温度降低;但从散热的角度分析,前角过大,使散热条件变差,切削温度反而增高。

(2) 主偏角 κ_r 的影响:如图 3-19 所示,当 $\kappa_r = 0 \sim 75°$ 时,随着主偏角的增大,切削刃工作长度缩短,刀尖角减小,切削热相对集中在刀尖处,散热条件变差,使切削温度升高。当 $\kappa_r > 75°$

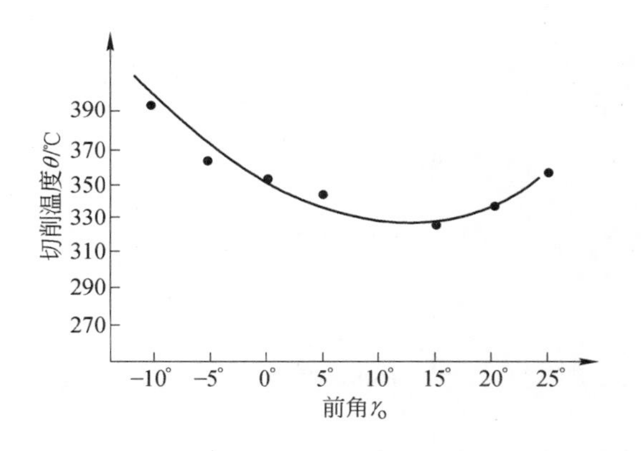

图 3-18 前角对切削温度的影响

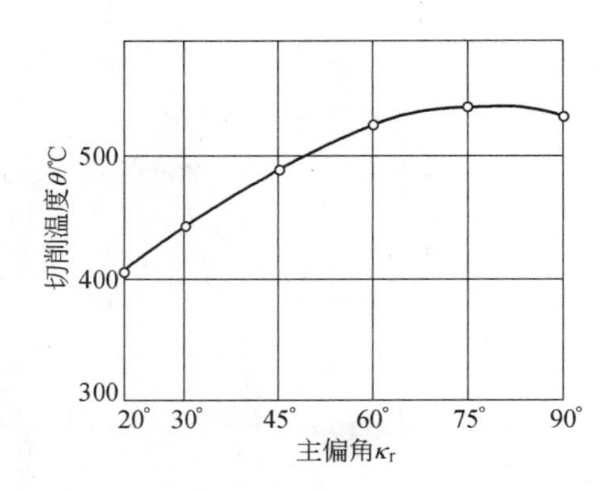

图 3-19 主偏角对切削温度的影响

时，切削散热条件得到了改善，使切削温度降低。

4）刀具磨损

刀具磨损后，刀具后面与工件已加工表面间的摩擦加大，切削刃变钝，使刃区前方对切屑的挤压作用增大，切屑变形增大，使切削温度急剧升高。

4. 切削热的限制和利用

切削热给金属切削加工带来一些不利的影响，因此减少和限制切削热的产生是必要的。但切削热有时也能加以利用。在加工淬火钢时，就是用负前角刀具在一定切削速度下进行切削，加强了切削刃的强度，同时产生大量的切削热，使切削层软化，易于切削。

经验说明，不同材料的刀具在切削各种材料时，都有一个最佳切削温度范围，此时刀具耐用度最高，工件材料的切削加工性能最好。

四、刀具磨损与刀具耐用度

1. 刀具磨损的形式

刀具的磨损分非正常磨损和正常磨损。非正常磨损是指在切削过程中突然或过早产生的损坏现象，如脆性破损（崩刀、破裂、剥落等）、卷刀等。正常磨损是指在刀具设计和使用合理、制造和刃磨质量符合要求的情况下，在切削过程中，刀具的前面、后面始终与切屑、工件接触，在接触区内发生着强烈的摩擦并伴随着很高的温度和压力，刀具的前面、后面逐步产生的磨损，如图 3-20 所示。

1）前面磨损

在切削速度较高、切屑厚度较大的情况下加工塑性金属时，或在刀具上出现积屑瘤的情况下，刀具后面上还没有出现明显的磨损痕迹，前面上却由于摩擦、高温和高压作用在近切削刃处磨出一道沟，这条沟称为月牙洼磨损，如图 3-20(a)所示。

2）后面磨损

在切削速度较低、切屑厚度较小的情况下切削塑性金属或脆性金属时，在前面上只有轻微磨损，还未形成月牙洼磨损时，却在后面上磨出了明显的痕迹，形成一个小棱面的磨损。后面磨损的典型形式如图 3-20(b)所示。

3）前面、后面同时磨损

在中等切削速度和进给量下切削塑性金属时，经常出现的是图 3-20(c)所示的前面、后面同

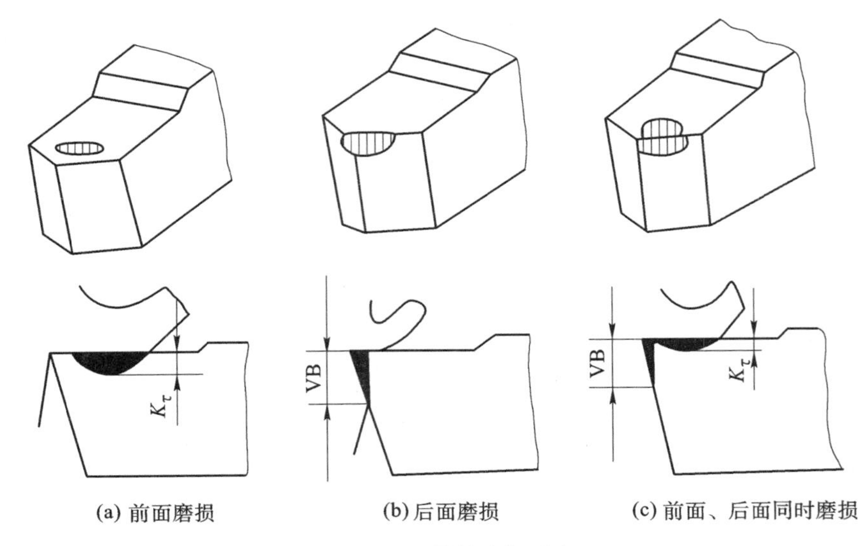

(a) 前面磨损　　(b) 后面磨损　　(c) 前面、后面同时磨损

图 3-20　刀具的磨损形式

时磨损。通常以后面磨损区中部的平均磨损量 VB 来表示前面、后面同时磨损的程度。

2. 刀具磨损的原因

刀具磨损是机械、热、化学三种作用的综合结果。刀具磨损的原因有以下几个方面。

1) 磨粒磨损

磨粒磨损是指切削过程中工件或切屑上的硬质点,如工件材料中的碳化物、剥落的积屑瘤碎片等在刀具表面上刻划出沟痕而造成的磨损,也称机械擦伤磨损。在任何切削速度下,磨粒磨损对高速钢的作用都很明显。

2) 黏结磨损

在高温高压的作用下,切屑与前面、工件表面与后面之间接触与摩擦,将会产生材料分子之间的吸附作用,而使两者黏结在一起。由于相对运动,黏结处将产生断裂,刀具材料的部分晶粒会被工件或切屑黏附带走,造成刀具的黏结磨损。在中等偏低的切削速度下,硬质合金刀具易发生黏结磨损。

3) 相变磨损

若刀具上最高温度超过刀具材料的相变温度,刀具表面材料的金相组织发生变化,硬度显著下降,从而使刀具迅速磨损。高速钢材料的相变温度为 550～600 ℃,易发生相变磨损。

4) 扩散磨损

在高温高压的作用下,在两个紧密接触的表面之间金属元素将扩散,使刀具的力学性能降低,再经摩擦后,刀具容易磨损。扩散磨损是一种化学性质的磨损。用硬质合金刀具切削时,硬质合金中的钨、钛、钴、碳等元素扩散到切屑和工件材料中去,容易产生扩散磨损。

5) 氧化磨损

在高温(700 ℃以上)下,空气中的氧与硬质合金中的钴和碳化钨发生氧化作用,产生组织疏松脆弱的氧化物,这些氧化物极易被切屑和工件带走,从而造成刀具磨损。

不同的刀具材料在不同的使用条件下造成磨损的主要原因是不同的。对于高速钢刀具来说,磨粒磨损和黏结磨损是使它产生正常磨损的主要原因,相变磨损是使它产生急剧磨损的主要原因。对于硬质合金刀具来说,在中、低速时,磨粒磨损和黏结磨损是使它产生正常磨损的主要原因;在高速切削时,刀具磨损主要由磨粒磨损、扩散磨损和氧化磨损所造成。扩散磨损是使硬质合金刀具产生急剧磨损的主要原因。

3. 刀具磨损过程和刀具磨钝标准

1）磨损过程

正常磨损情况下，刀具磨损量随切削时间增加而逐步扩大，后面磨损过程可分为三个阶段，如图 3-21 所示。

（1）初期磨损阶段（*AB* 段）。

在开始切削的短时间内，磨损较快。这是由于刀具表面粗糙不平或表层组织不耐磨引起的，它与刀具的刃磨质量有很大的关系。

（2）正常磨损阶段（*BC* 段）。

随着切削时间增长，磨损量以较均匀的速度加大。这是由于刀具表面磨平后，接触面增大，压强减小引起的。*BC* 线基本上呈直线，这是刀具工作的有效阶段。单位时间内的磨损量称为磨损强度，该磨损强度近似为常数，是比较刀具切削性能的重要指标之一。

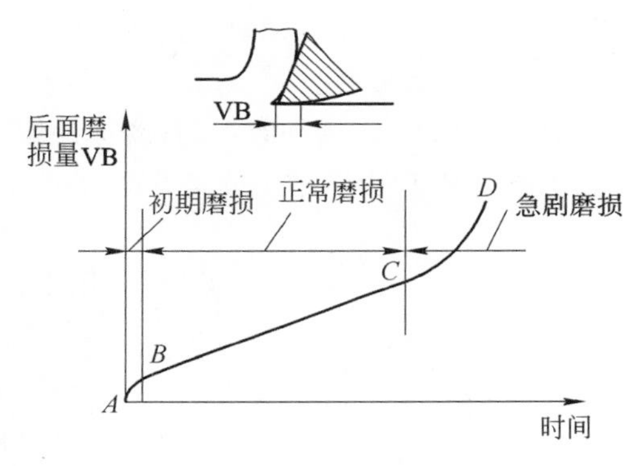

图 3-21 刀具磨损过程

（3）急剧磨损阶段（*CD* 段）。

磨损量达到一定数值后，磨损急剧加速，继而刀具损坏。这是由于切削时间延长，磨损严重，切削温度剧增，刀具强度、硬度降低所致。工作中要尽量避免出现急剧磨损。

2）磨钝标准

在使用刀具时，在刀具产生急剧磨损之前必须重磨刀刃或更换新刀刃，这时刀具的磨损量规定为磨损限度或磨钝标准。由于后面的磨损是常见的，且易于控制和测量，因此规定后面上均匀磨损区的平均磨损量 VB 作为刀具的磨钝标准。粗加工的磨钝标准是根据能使刀具切削时间与可磨或可用次数的乘积最大为原则确定的，称为经济磨钝标准；精加工的磨钝标准是在保证零件加工精度和表面粗糙度条件下制定的，因此磨损量较小，该标准称为工艺磨钝标准。表 3-1 为硬质合金车刀的磨钝标准。

表 3-1 硬质合金车刀的磨钝标准

加 工 条 件	磨钝标准 VB/mm
精车	0.1～0.3
合金钢粗车，粗车刚性较差的工件	0.4～0.5
粗车钢材	0.6～0.8
精车铸铁	0.8～1.2
钢及铸铁大件低速粗车	1.0～1.5

4. 刀具耐用度的定义

刀具耐用度 *T*（单位为 min）是指一把新刃磨的刀具从开始切削至达到磨钝标准为止所用的切削时间。这是确定换刀时间的重要依据。刀具耐用度有时也可用达到磨钝标准所加工零件的数量或切削路程表示。刀具耐用度是一个判断刀具磨损量是否已达到磨钝标准的间接控制量，比直接测量后面磨损量是否达到磨钝标准要简便。

刀具耐用度与刀具寿命有着不同的含义。刀具寿命表示一把新刀用到报废之前总的切削时间,其中包括多次刃磨。因此,刀具寿命等于刀具耐用度乘以重磨次数。

5. 影响刀具耐用度的因素

若磨钝标准相同,刀具耐用度大,则表示刀具磨损慢或切削温度低。因此,影响切削温度的因素也就是影响刀具耐用度的因素。

1)工件材料的影响

工件材料的强度、硬度越高,导热性越差,刀具磨损越快,刀具耐用度就会越低。

2)切削用量的影响

切削用量 v_c、f、a_p 增加时,刀具磨损加剧,刀具耐用度降低。其中影响最大的是切削速度 v_c,其次是进给量 f,影响最小的是背吃刀量 a_p。切削速度对刀具耐用度的影响如图 3-22 所示。

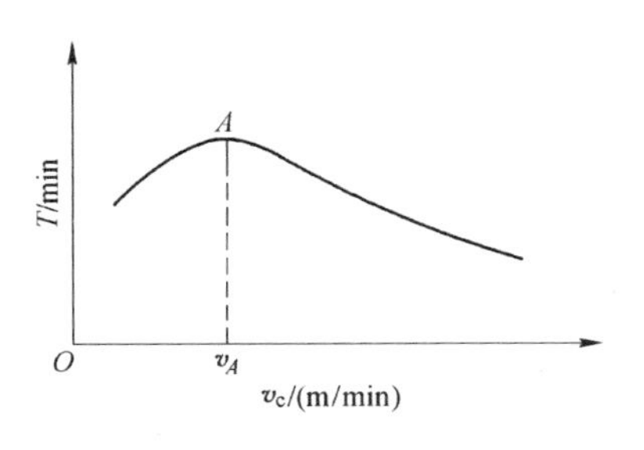

图 3-22 切削速度对刀具耐用度的影响

由图 3-22 可知,在一定的切削速度范围内,刀具耐用度较高,提高或降低切削速度都会使刀具耐用度下降。这是因为开始时切削速度增大,切削温度随之增高,使工件和刀具材料的硬度都降低,但是比较起来,工件材料硬度下降的幅度比刀具材料硬度下降的幅度大,因此刀具的磨粒磨损会随着温度的升高而下降。对于硬质合金而言,温度升高使其冲击韧性略有提高,这也是刀具耐用度提高的另一个原因。但当切削速度超过某一值时(此时刀具耐用度最高),切削速度进一步提高,切削温度迅速升高,刀具材料的硬度显著降低,磨粒磨损急剧增加,高速钢刀具将产生相变磨损,硬质合金刀具也将显著增加黏结磨损、扩散磨损和氧化磨损,致使刀具耐用度下降。由上述分析可知,每种刀具材料都有一个最佳切削速度范围。为了提高生产率,通常切削速度范围大多偏于图 3-22 所示曲线峰值的右方。在这个范围内,切削速度 v_c 和刀具耐用度 T 的关系可用下列实验公式表示:

$$v_c=\frac{A}{T^m}$$

式中:A——与切削条件有关的系数;

m——表示影响程度的指数,高速钢车刀 $m=0.115$,硬质合金车刀 $m=0.25$。

进给量 f 的增大和背吃刀量 a_p 的增大,都会使刀具耐用度下降。用硬质合金车刀车削中碳钢,可以得到刀具耐用度的实验公式如下:

$$T=\frac{C_T}{v_c^5 f^{2.25} \alpha_p^{0.75}}$$

式中:C_T——与实验条件有关的系数。

由上式可看出,切削速度对刀具耐用度的影响最大,进给量次之,背吃刀量的影响最小,这与切削用量对切削温度的影响规律是一致的。因为刀具的磨损受到切削温度的影响最大,所以,为了减少刀具磨损、提高刀具耐用度,应该选大的背吃刀量、较大的进给量和合适的切削速度。

3)刀具的影响

刀具材料的耐磨性、耐热性越好,刀具耐用度就越高。

前角增大,能减少切屑变形,减少切削力及功率的消耗,因而切削温度下降,刀具耐用度增加。但是如果前角过大,则楔角会过小,刃口强度和散热条件就不好,反而使刀具耐用度降低。刀尖圆弧半径增大和主偏角减小,都会使刀刃的工作长度增加,使散热条件得到改善,从而降低切削温度，同时刀尖部分强度提高，使刀具耐用度提高。但是刀尖圆弧半径增大或主偏角减小，将会使背向切削力增大，对于硬质合金等脆性刀具材料而言，容易产生因振动引起的崩刃而使刀具耐用度降低。

6. 刀具耐用度的合理数值

刀具耐用度也并不是越大越好。如果刀具耐用度选择得过大，势必要选择较小的切削用量，结果使加工零件的切削时间大为增加，反而降低生产率，使加工成本提高。如果刀具耐用度选择得过小，虽然可以采用较大的切削用量，但是因为刀具很快磨损而增加了刀具材料的消耗和换刀、磨刀、调刀等辅助时间，同样会使生产率降低和成本提高。因此，加工时要根据具体情况选择合适的刀具耐用度。

生产中一般根据最低加工成本的原则来确定刀具耐用度，而在紧急时可根据最高生产率的原则来确定刀具耐用度。刀具耐用度推荐的合理数值可在有关手册中查到，表3-2中所示数据可供参考。

表3-2 刀具耐用度

刀　具	刀具耐用度/min
高速钢车刀	30～90
硬质合金焊接车刀	60
高速钢钻头	80～120
硬质合金铣刀	120～180
齿轮刀具	200～300
组合机床、自动机床及自动线刀具	240～480

可转位车刀的推广和应用，使换刀时间和刀具成本大大降低，从而可降低刀具耐用度至15～30 min，这就可以大大提高切削用量，进一步提高生产率。

3.2 切削过程基本规律的应用

研究金属切削过程的目的是应用总结出的规律解决切削过程中的工艺问题，合理地确定切削过程中的工艺参数，以保证加工质量和生产率。

一、切屑的控制

切屑的控制就是要控制切屑的种类、流向、卷曲和折断。切屑的控制对切削过程的正常、顺利、安全进行具有重要意义。在有些情况下，切屑的控制是加工过程能否进行的决定性因素。在数控加工和自动化制造过程中，切屑的控制是工艺系统的重要组成部分。

1. 切屑的种类

被切削金属经过第Ⅰ变形区的剪切滑移后便变成切屑了。因滑移变形的程度不同，形成几种不同形状的切屑，如图3-23所示。

1）带状切屑

当切屑内剪应力小于材料的强度极限时，剪切滑移变形较小，切屑连绵不断，没有裂纹，靠

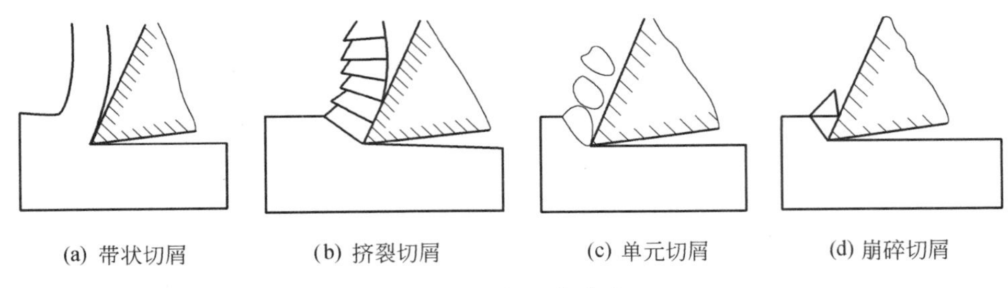

图 3-23　切屑的种类

近刀具前面的一面很光滑,另一面呈毛茸状。一般在加工塑性金属材料、切削厚度较小、切削速度较高、刀具前角较大时易得到这种切屑。形成带状切屑时,切削过程平稳,切削力振动很小,工件已加工表面粗糙度的值小,但要采取卷屑或断屑措施,以保障切削顺利进行。

2) 挤裂切屑

当切屑内剪应力在局部地方达到了材料的破裂强度极限时,靠近刀具前面切屑有裂纹,另一面呈锯齿状。一般在切削塑性金属材料、切削厚度较大、切削速度较低、刀具前角较小时易得到这种切屑。形成挤裂切屑时,由于切屑局部断裂,切削力振动较大,切削过程不够平稳,工件已加工表面粗糙度的值较大。

3) 单元切屑

当切屑内部剪应力超过了材料的破裂强度极限时,切屑将沿某一截面破裂,形成粒状切屑。一般在切削塑性金属材料、切削厚度很大、切削速度很低时易得到单元切屑。形成单元切屑时,切削力振动很大,切削力振动很大,切削过程极不平稳,工件已加工表面粗糙度的值很大。在生产中应避免出现此种切屑。

4) 崩碎切屑

在切削如铸铁等脆性金属材料时,由于材料的塑性很小且抗拉强度低,切削刃前方金属在塑性变形很小时就被挤裂或在拉应力状态下脆断,形成不规则的碎块状切屑。它与工件基体分离的表面很不规则,使已加工表面粗糙度的值很大,切削力变化很大,切削力振动大。

显然,切屑类型是由材料特性和变形程度决定的,加工相同的塑性材料,选择不同的切削用量和刀具角度可得到不同的切屑。也就是说,在一定条件下切屑的类型可以相互转化。我们在实际工作中可利用相互转化的原理,得到较为有利的切屑类型。

从加工过程的平稳、保证加工精度和加工表面质量角度考虑,带状切屑是较好的类型。在实际工作中带状切屑也有不同的形式,如图 3-24 所示。

从便于处理和运输的角度考虑,连绵不断的长条状切屑不便处理,且容易缠绕在工件或刀具上,影响切削过程的进行,甚至伤人。在数控机床上 C 状切屑是较好的形状,但高频折断会影响切削的平稳性。在精车时螺卷状切屑较好,这种屑形形成过程平稳,清理方便。在重型机床上用大切削深度、大进给量车削钢件时,常使切屑卷曲成发条状,在工件的加工表面上顶断,并靠自重坠落。在自动线上宝塔状切屑不会缠绕,清理也方便,是较好的屑形。在车削铸铁、脆黄铜等脆性金属材料时,切屑崩碎、飞溅,易伤人,并磨损机床的滑动面,应设法使切屑连成螺卷状。

2. 切屑的流向

切屑的流向对工件质量和加工安全有直接的影响。由于切削条件的不同,切屑流向的控制目的和方法不尽相同。以车削外圆为例,切屑的流向大致可分为三个基本方向:正交平面方向、已加工表面方向和切削平面方向。刃倾角对切屑的流向影响最大,如图 3-25 所示。

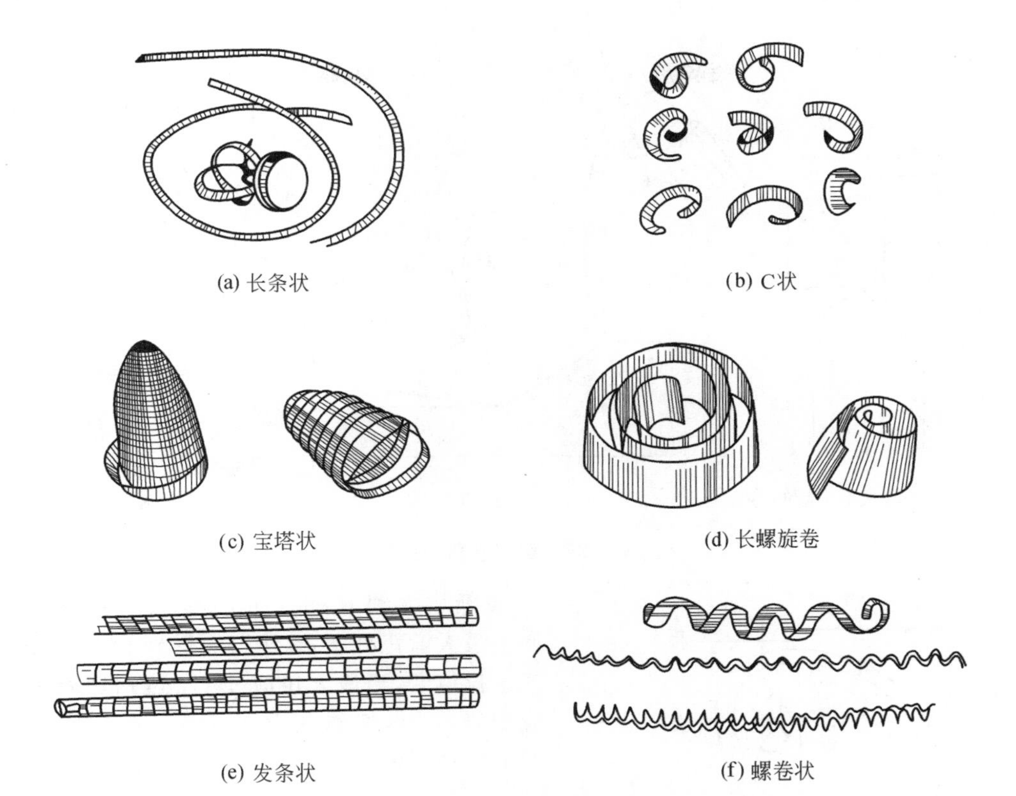

图 3-24 带状切屑的形状

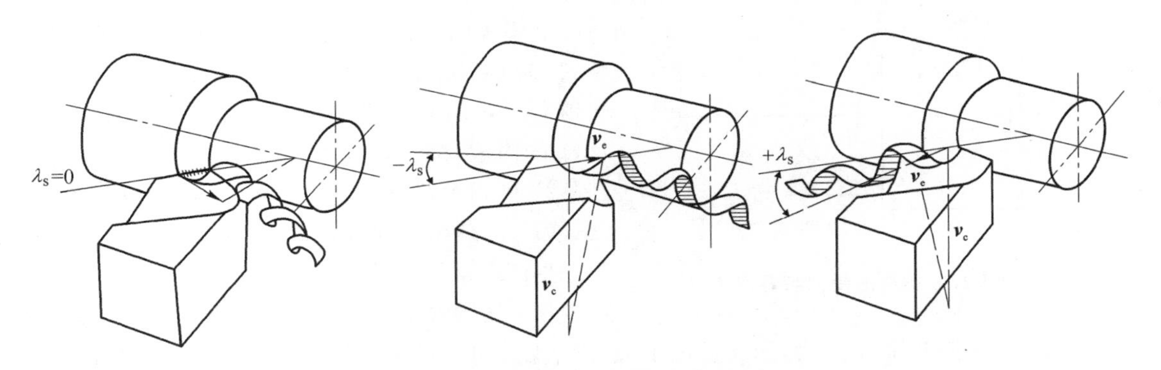

图 3-25 刃倾角对切屑流向的影响

3. 切屑的卷曲

切屑的卷曲是由于切屑内部变形或碰到断屑槽等障碍物造成的。如图 3-26 所示，切屑在经第Ⅰ变形区的剪切变形后经前面流出的过程中，进一步受到前面的挤压和摩擦，切屑内部继续产生变形，变形量随着离前面距离的减小而增大，这种伸长变形差使得切屑自然卷曲。同时采用断屑器能使切屑在流经断屑槽时受到外力而产生卷曲，如图 3-26(c)所示。

4. 切屑的折断

1）断屑的原因

切屑经第Ⅰ、Ⅱ变形区的严重变形后，硬度增加，塑性大大降低，性能变脆，从而为断屑创造了先决条件。由切屑经变形自然卷曲或经断屑槽等障碍物强制卷曲产生的拉应变超过切屑材料的极限应变值时，切屑即会折断。以图 3-27 为例：流出切屑的厚度为 h_{Dh}、切屑卷曲的半径由

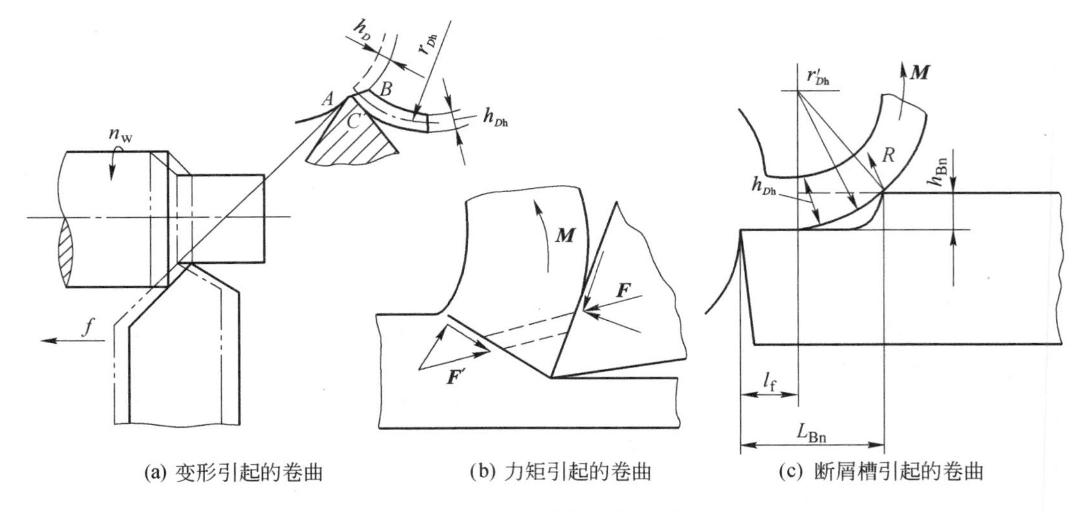

(a) 变形引起的卷曲　　(b) 力矩引起的卷曲　　(c) 断屑槽引起的卷曲

图 3-26　切屑卷曲的成因

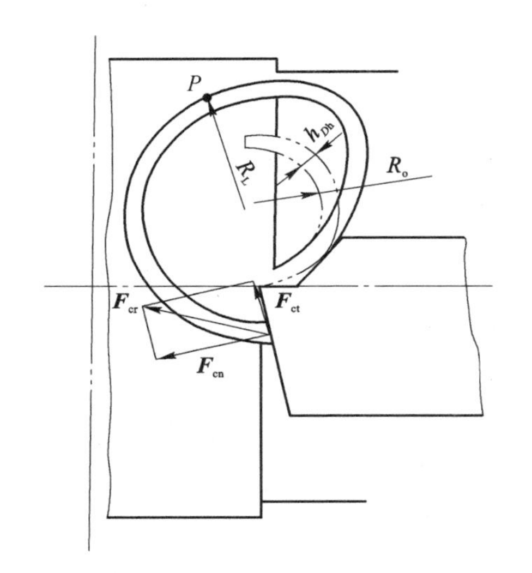

图 3-27　切屑的受力与弯曲

R_o 逐渐增大到 R_L 时，切屑端处碰到后面，切屑上产生最大弯矩处 P 的外表面受到合力 $\boldsymbol{F}_{cr}$ 的作用，产生拉应变，当最大拉应变 ε_{max} 达到切屑材料极限应变值 ε_b 时，切屑在 P 处折断。根据力学中弯曲变形梁产生的拉应变计算，可得切屑折断条件为

$$0.5h_{Dh}\left(\frac{1}{R_o}-\frac{1}{R_L}\right)\geqslant\varepsilon_b$$

上式表明，当切屑的厚度 h_{Dh} 越大，切屑卷曲半径 R_L 越小，切屑材料的极限应变值 ε_b 越小(即脆性越大)，切屑越容易折断。因此，凡影响 h_{Dh}、R_L 及 ε_b 的因素，都会影响断屑。

2) 断屑的措施

(1) 断屑槽的尺寸。

生产中常用的断屑槽如图 3-28 所示。其中：折线型和直线圆弧型适用于加工碳钢、合金钢、工具钢和不锈钢；全圆弧型前角 γ_n 大，因而适用于加工塑性大的材料和用于重型刀具。断屑槽尺寸 l_{Bn}(槽宽)、C_{Bn}(槽深)或 γ_{Bn}应根据切屑厚度 h_{Dh} 选择(h_{Dh} 大，则 l_{Bn} 取大值，以防产生堵屑现象)。断屑槽在前面上的位置有外斜式、平行式(适用粗加工)和内斜式(适于半精加工和精加工)。

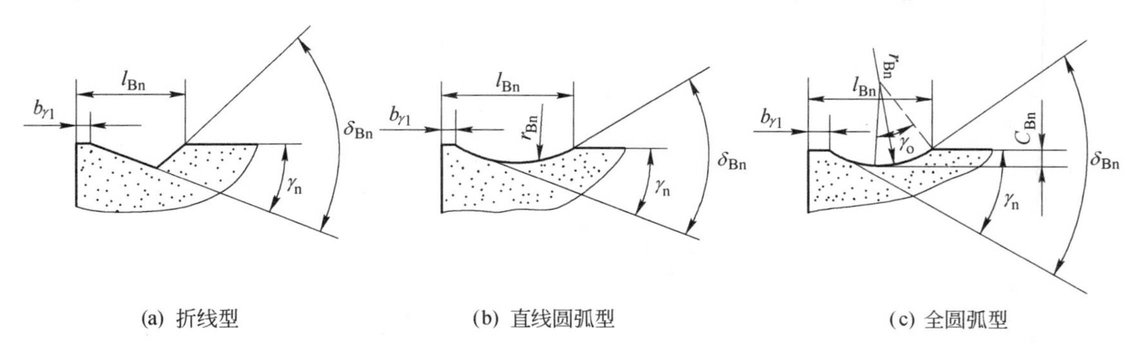

(a) 折线型　　(b) 直线圆弧型　　(c) 全圆弧型

图 3-28　断屑槽的型式

（2）刀具角度。

主偏角和刃倾角对断屑的影响最大。主偏角越大，切屑越厚，切屑卷曲时的弯曲应力越大，易于折断，一般来说主偏角在75°～90°范围内较好。还可改变刃倾角的正负值，控制切屑流向，达到断屑的目的。

（3）切削用量。

切削速度提高，易形成带状切屑，不易断屑；增大进给量，使切屑厚度增大，从而使切屑易折断；背吃刀量增大对断屑不利。一般来说 h_D/b_D（切削厚度/切削宽度）值较小时，断屑较困难；h_D/b_D 较大时，易于断屑。

在实际生产中，应综合考虑各方面的因素，根据加工材料及已选择的刀具角度和切削用量，选择合理的断屑槽结构和参数。

二、工件材料的切削加工性

材料的切削加工性是指某种材料进行切削加工的难易程度。研究材料切削加工性的目的是寻找改善材料切削加工性的途径。

1. 衡量切削加工性的指标

加工的难易程度是相对而言的。不同的加工要求，评判加工难易的结果是不同的。一种材料对于某种加工要求来说可能是难加工的，对于另一种加工要求来说可能是易加工的。这样，不同的加工要求就有不同的评定标准。

1）刀具耐用度指标

在相同的切削条件、一定的刀具耐用度 T 下，切削某种工件材料所允许的切削速度 v_{cT} 与切削加工性较好的正火状态45钢的 $(v_{cT})_J$ 之比，称为相对切削加工性 K_r，即

$$K_r=\frac{v_{cT}}{(v_{cT})_J}$$

一般取 $T=60$ min，对于难加工材料可取 $T=20$ min。

$K_r>1$ 的材料切削加工性较好；$K_r\leqslant 1$ 的材料切削加工性较差。常用材料的相对切削加工性分为八级，如表3-3所示。

表3-3 常用材料的相对切削加工性等级

切削加工性等级	名称及种类		K_r	代表性材料
1	很容易切削的材料	一般有色金属	>3	铜铅合金、铝铜合金、铝镁合金
2	易切削材料	易切削钢	>2.5～3.0	退火15Cr
3		较易切削钢	>1.6～2.5	正火30钢
4	普通材料	一般钢及铸铁	>1.0～1.6	45钢、灰铸铁
5		稍难切削材料	>0.65～1.0	调质2Cr13、85钢
6	难切削材料	较难切削材料	>0.5～0.65	调质45Cr、调质65Mn
7		难切削材料	>0.15～0.5	调质50Cr、1Cr18Ni9Ti、钛合金
8		很难切削材料	≤0.15	某些钛合金、铸造镍基高温铸铁

2）切削力、切削温度指标

在相同的切削条件下，凡是切削力大、切削温度高的材料都难加工，即切削加工性差；反之，切削加工性好。

3）加工表面质量指标

精加工时，常以此作为切削加工性指标。凡容易获得好的加工表面质量的材料，切削加工性较好，反之较差。例如，低碳钢的切削加工性不如中碳钢，纯铝的切削加工性不如硬铝合金。

4）断屑难易程度指标

凡切屑容易控制或容易断屑的材料，切削加工性较好，反之较差。在自动线和数控机床上常以此作为切削加工性指标。

2. 工件材料的物理力学性能对切削加工性的影响

(1) 硬度：工件材料的硬度越高，切削加工性越差。

(2) 强度：工件材料的强度越高，切削加工性越差。

(3) 塑性：在工件材料的硬度、强度大致相同时，塑性越大，切削加工性越差。

(4) 韧性：工件材料的韧性越大，切削加工性越差。

(5) 导热系数：工件材料的导热系数越大，切削加工性越好。

3. 改善材料切削加工性的途径

当工件材料的切削加工性满足不了加工要求时，往往需要通过各种途径，针对难加工因素采取措施，以达到改善切削加工性的目的。

(1) 采取适当的热处理。通过热处理可以改变材料的金相组织，改变材料的物理力学性能。例如：低碳钢采用正火处理或冷拔处理以降低塑性、提高表面加工质量；高碳钢采用退火处理以降低硬度、减少刀具的磨损；马氏体不锈钢通过调质处理以降低塑性；热轧状态的中碳钢通过正火处理使组织和硬度均匀，中碳钢有时也要退火；铸铁件一般在切削前都要进行退火，以降低表层硬度、消除应力。

(2) 调整工件材料的化学成分。在大批大量生产中，应通过调整工件材料的化学成分来改善切削加工性。例如，易切钢就是在钢中适当添加一些化学元素(S、Pb 等，以金属或非金属夹杂物状态分布、不与钢基体固溶)，从而使得切削力小、容易断屑，且刀具耐用度高、加工表面质量好。

此外，还应针对工件材料难加工的因素，采取其他相应的对策。例如，选择或研制最合适的刀具材料，选择最佳的刀具几何参数，选择合理的切削用量，选择合适的切削液等。

三、刀具几何参数的合理选择

刀具几何参数直接影响切削效率、刀具寿命、表面质量和加工成本。因此，必须重视刀具几何参数的选择，以充分发挥刀具的切削性能。

1. 前角的选择

前角是刀具上重要的几何参数之一，前角的大小决定着刀刃的锋利程度。前角增大，可使切屑变形减小，切削力、切削温度降低，还可抑制积屑瘤等现象的产生，提高表面加工质量。但是前角过大，使刀具楔角变小，刀头强度降低，散热条件变差，切削温度升高，刀具磨损加剧，刀具耐用度降低。

前角总的选择原则是：在保证刀具耐用度满足要求的条件下，尽量取较大值。具体选择时应根据以下几个方面考虑。

(1) 根据刀具切削部分的材料选：高速钢强度、韧性好，可选较大前角；硬质合金的强度、韧性较高速钢低，故前角较小；陶瓷刀具的前角应更小。

(2) 根据工件材料选：加工塑性金属材料前角较大，而加工脆性金属材料前角较小；材料的塑性越大，前角越大；材料的强度和硬度越高，前角越小，甚至取负值。

(3) 根据加工要求选:粗加工和断续切削选较小的前角,精加工时前角应大些。

2. 后角的选择

后角的主要作用是减小刀具后面与工件表面之间的摩擦,所以后角不能太小。后角也不能太大,后角过大虽然能使刃口锋利,但会使刃口强度降低,从而降低刀具耐用度。

后角总的选择原则是:在不产生较大摩擦的条件下,尽量取较小后角。具体选择时根据以下几个因素考虑。

(1) 根据加工要求选:粗加工时,切削用量较大,刃口需要有较好的强度,后角应选得小些;精加工时,切削用量较小,工件表面质量要求高,为了减小摩擦,使刃口锋利,后角应选得大些。

(2) 根据加工工件的材料选:加工塑性金属材料,后角适当选大值;加工脆性金属材料,后角应适当减小;加工高强度、高硬度钢时,应取较小后角。

3. 主、副偏角的选择

主偏角较小时,刀刃参加切削的长度长,刀尖角增大,提高了刀尖强度,改善了刀刃散热条件,对提高刀具耐用度有利。但是,主偏角较小时,吃刀抗力 F_p 大,容易使工件或刀杆(孔加工用)产生挠度变形而引起"让刀"现象,以及引起工艺系统振动,影响加工质量。因此,工艺系统刚性好时,常采用较小的主偏角;工艺系统刚性差时,要取较大的主偏角。主偏角影响切削厚度与切削宽度的比值,主偏角越大,切削厚度越大,切削宽度越小,越容易断屑。因此,当出现带状切屑时,可考虑增大主偏角。

副偏角的大小主要影响已加工表面粗糙度,为了降低工件表面粗糙度,通常取较小的副偏角。

4. 刃倾角的选择

刃倾角的主要作用是:控制切屑流出方向,增加刀刃的锋利程度;增加刀刃参加工作的长度,使切削过程平稳以及保护刀尖。

粗加工时宜选负刃倾角,以增加刀具的强度;断续切削时,负刃倾角有保护刀尖的作用,如图3-29所示,负刃倾角刀具是远离刀尖的切削刃先与工件接触,刀尖不受冲击,起到了保护刀尖的作用。当工件刚性较差时,不宜采用负刃倾角,因为负刃倾角将使吃刀抗力增加。精加工时宜选用正刃倾角,以避免切屑流向已加工表面,保证已加工表面不被切屑碰伤。大刃倾角刀具可使排屑平面的实际前角增大、刃口圆弧半径减小,使刀刃锋利。因此,在微量切削时,常常采用很大的刃倾角。例如,在精镗孔、精刨平面时,常采用 $\lambda_s=30°\sim75°$。

粗加工一般钢材、铸铁时,取 $\lambda_s=-5°\sim0°$;精车时,取 $\lambda_s=0°\sim+5°$;有冲击载荷时,取 $\lambda_s=-5°\sim-15°$。

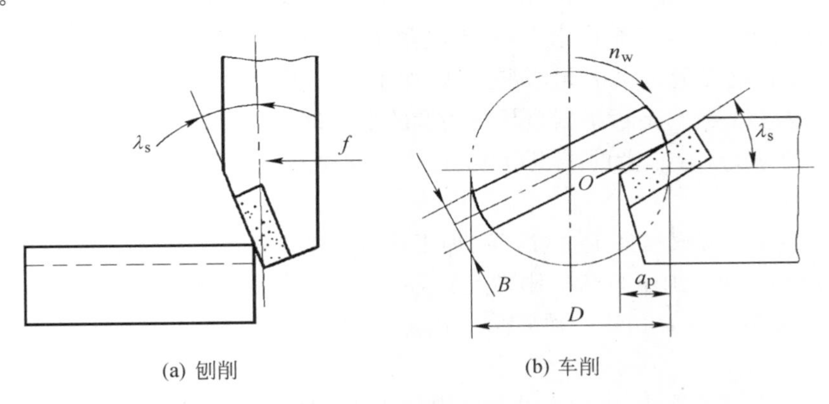

图3-29 间断切削时的刃倾角

四、切削用量的合理选择

正确地选择切削用量对提高生产率、保证加工质量有着很重要的作用。下面以图 3-30 为例来论述选择切削用量的一般原则。

工件材料:45 钢,(正火)$\sigma=0.893$ GPa。

加工要求:表面粗糙度为 $Ra=6.3\ \mu\text{m}$。

刀具材料:YT15。

刀杆尺寸:16 mm×25 mm。

刀具几何参数:$\gamma_o=15°$,$\alpha_o=\alpha_o'=6°$,$\kappa_r=75°$,$\kappa_r'=15°$,$\lambda_s=0°$,$r_\varepsilon=0.5$ mm。

机床:C620-1。

选择切削用量之前,首先要分析工件的加工条件。由图 3-30 可见,工件单边余量为 4 mm,工件精度和表面粗糙度有一定的要求,故要分为粗车、精车两道工序完成。

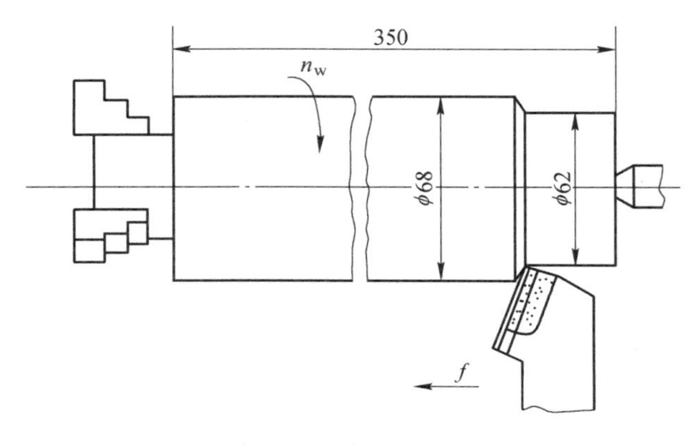

图 3-30 车削示意图

1. 粗加工切削用量的选择

粗加工选择切削用量的原则是:在保证刀具具有一定刀具耐用度的前提下,要尽可能增大在单位时间内的金属切除量。

车削时,单位时间内金属切除量(单位为 mm^3/s)为

$$Z_w=1\,000v_c f a_p$$

由上式可见,增大切削用量三要素中任何一个,都能提高金属切除率,从而达到提高生产率、降低成本的目的。但是三个因素中,对刀具耐用度影响最大的是切削速度 v_c,其次是进给量 f,影响最小的是背吃刀量 a_p。因此,在选择粗加工切削用量时,应优先采用大的背吃刀量 a_p,其次采用较大的进给量 f,最后根据刀具耐用度的限定选一个合理的切削速度 v_c。这样的选择可在 T 一定时使 v_c、f、a_p 三者的乘积最大,a_p 大还可减少走刀次数,达到减少切削时间、提高生产率的目的。

(1) 背吃刀量 a_p 应根据加工余量 Z 和加工系统的刚性确定。在保留精加工或半精加工的加工余量的前提下,如果加工系统的刚性允许,应尽量把余量一次切掉,只有加工余量 Z 太大时,才分两次或更多次走刀切除。通常第一次走刀取 $a_{p1}=(2/3\sim3/4)Z$;第二次走刀取 $a_{p2}=(1/3\sim1/4)Z$。

根据图 3-30 的加工条件,确定 $a_p=3$ mm,留下 1 mm 为精车余量。

(2) 粗车时的进给量主要根据工艺系统的刚性和强度来确定。当工艺系统刚性好时取较

大的进给量，反之应适当减小进给量。

根据图 3-30 的加工条件，从表 3-4 中选取 $f=0.6$ mm/r。

(3) 背吃刀量和进给量确定以后，可在保证刀具耐用度的前提下，确定合理的切削速度。

由刀具耐用度计算公式可计算切削速度(单位为 m/min)：

$$v_c=\frac{C_V}{T^m a_p^{x_V} f^{y_V}}K_V$$

式中：系数 C_V，指数 m、x_V、y_V，修正系数 K_V 可在切削手册中查出。

切削速度也常通过查表来确定，根据加工条件，从切削手册中选取 $v_c=100$ m/min。实际的切削速度是通过机床的转速实现的，计算式为

$$n_j=\frac{1\,000\times v_c}{\pi d_w}=\frac{1\,000\times 100}{3.14\times 68}\ \text{r/min}=468\ \text{r/min}$$

表 3-4 硬质合金车刀粗车外圆及端面的进给量

工件材料	车刀刀杆尺寸/(mm×mm)	工件直径/mm	背吃刀量 a_p/mm				
			≤3	>3～5	>5～8	>8～12	>12
			进给量 f/(mm/r)				
碳素结构钢、合金结构钢及耐热钢	16×25	20	0.3～0.4	—	—	—	—
		40	0.4～0.5	0.3～0.4	—	—	—
		60	0.5～0.7	0.4～0.6	0.3～0.5	—	—
		100	0.6～0.9	0.5～0.7	0.5～0.6	0.4～0.5	—
		400	0.8～1.2	0.7～1.0	0.6～0.8	0.5～0.6	—
	20×30	20	0.3～0.4	—	—	—	—
		40	0.4～0.5	0.3～0.4	—	—	—
		60	0.6～0.7	0.5～0.7	0.4～0.6	—	—
	25×25	100	0.8～1.0	0.7～0.9	0.5～0.7	0.4～0.7	—
		400	1.2～1.4	1.0～1.2	0.8～1.0	0.6～0.9	0.4～0.6
铸铁及铜合金	16×25	40	0.4～0.5	—	—	—	—
		60	0.6～0.8	0.5～0.8	0.4～0.6	—	—
		100	0.8～1.2	0.7～1.0	0.5～0.8	0.5～0.7	—
		400	1.0～1.4	1.0～1.2	0.8～1.0	0.6～0.8	—
	20×30	40	0.4～0.5	—	—	—	—
		60	0.6～0.9	0.5～0.8	0.4～0.7	—	—
	25×25	100	0.9～1.3	0.8～1.2	0.7～1.0	0.5～0.8	—
		400	1.2～1.8	1.2～1.6	1.0～1.3	0.9～1.1	0.7～0.9

注：(1) 加工断续表面及有冲击的工件时，表内进给量应乘系数 $k=0.75～0.85$；

(2) 在无外皮加工时，表内进给量应乘系数 $k=1.1$；

(3) 加工耐热钢时，进给量不大于 1 mm/r；

(4) 加工淬火钢时，进给量应减小。当硬度为 44～56 HRC 时，乘系数 0.8；当硬度为 57～62 HRC 时，乘系数 0.5。

2. 精加工切削用量的选择

精加工或半精加工选择切削用量的原则是：在保证加工质量的前提下，兼顾必要的生产率。

(1) 背吃刀量 a_p 根据尺寸精度要求和切削用量来确定。

(2) 进给量 f 根据工件表面粗糙度的要求来确定。根据加工条件从表 3-5 中选取 $f=0.3$ mm/r。

(3) 切削速度 v_c 的确定应避开积屑瘤产生区。一般硬质合金车刀应采用高速切削，切削速度一般在 80 m/min 以上；高速钢车刀一般采用低速切削，切削速度一般为 3～8 m/min。根据切削条件选取 $v_c=150$ r/min。

表 3-5　按表面粗糙度选择进给量的参考值

工件材料	表面粗糙度 $Ra/\mu m$	切削速度范围 $v_c/(m/min)$	刀尖圆弧半径 r_ε/mm		
			0.5	1.0	2.0
			进给量 $f/(mm/r)$		
铸铁、青铜、铝合金	10～5	不限	0.25～0.4	0.40～0.50	0.50～0.60
	5～2.5		0.15～0.25	0.25～0.40	0.40～0.60
	2.5～1.25		0.10～0.15	0.15～0.20	0.20～0.35
碳钢及合金钢	10～5	<50	0.30～0.50	0.45～0.60	0.55～0.70
		>50	0.40～0.55	0.55～0.65	0.65～0.70
	5～2.5	<50	0.18～0.25	0.25～0.30	0.35～0.40
		>50	0.25～0.30	0.30～0.35	0.35～0.50
	2.5～1.25	<50	0.10	0.11～0.15	0.15～0.22
		50～100	0.11～0.16	0.16～0.25	0.25～0.35
		>100	0.16～0.20	0.20～0.25	0.25～0.35

五、切削液的合理选用

在切削加工中，正确地选用切削液，对降低切削温度、减小刀具磨损、提高刀具耐用度、改善加工质量都有很好的效果。

1. 切削液的作用

(1) 冷却作用。

在切削过程中，切削液能带走大量的切削热，有效地降低切削温度，提高刀具耐用度。在刀具材料的耐热性较差及工件材料的导热性较差的情况下，切削液的冷却作用显得更为重要。

切削液冷却性能的好坏主要取决于它的导热系数、比热、汽化热、流量。一般来说，水溶液冷却效果最好，乳化液次之，油类最差。

(2) 润滑作用。

切削液的润滑作用是通过切削液渗透到刀具与切屑、工件表面之间形成润滑油膜，由于摩擦(摩擦因数大)变为边界润滑摩擦(摩擦因数较小)而实现的。边界润滑摩擦既有干摩擦——金属凸峰间直接接触，又有液体润滑摩擦——液体油膜将金属接触面隔离。润滑性能的好坏主要取决于形成液体油膜的吸附能力和抗高温高压破裂的能力。

性能优良的切削液，除了具有良好的冷却、润滑性能外，还应具有防锈作用，且不污染环境、稳定性好，价格低廉等。

2. 切削液的种类和选用

(1) 水溶液：主要成分是水，并在水中加入一定的防锈剂。它的冷却性能好，润滑性能差，呈透明状，便于操作者观察，常在磨削中使用。

(2) 乳化液：将乳化油用水稀释而成，呈乳白色，一般水占 95%～98%，故冷却性能好，并有一定的润滑性能。若乳化油占的比例大些，乳化液的润滑性能会有所提高。乳化液中常加入极压添加剂，以提高油膜强度，起到良好的润滑作用。

一般材料的粗加工常使用乳化液，难加工材料的切削常使用极压乳化液。

(3) 切削油：主要是矿物油（机油、煤油、柴油），有时采用少量的动植物油及它们的复合油。切削油的润滑性能好，但冷却性能差。为了提高切削油在高温高压下的润滑性能，在切削油中加入极压添加剂，以形成极压切削油。

一般材料的精加工，常使用切削油。难加工材料的精加工，常使用极压切削油。

思考题与习题

3-1 画简图说明切屑形成过程。

3-2 如何表示切屑变形程度？

3-3 积屑瘤是如何产生的？积屑瘤对切削过程有何影响？

3-4 切屑变形有哪些影响因素？各因素如何影响切屑变形？

3-5 切屑形状分几种？各在什么条件下产生？

3-6 切削力是如何产生的？

3-7 三个切削分力是如何定义的？各分力对加工有何影响？

3-8 切削力有哪些影响因素？各因素对切削力的影响规律如何？

3-9 切削热有哪些来源？切削热如何传出？

3-10 影响切削温度的因素有哪些？是如何影响切削温度的？

3-11 刀具磨损有哪些形式？如何进行度量？

3-12 刀具磨损过程有几个阶段？为何出现这种规律？

3-13 刀具磨钝标准是如何制订的？

3-14 切削用量三要素对刀具使用寿命的影响程度有何不同？试分析其原因。

3-15 造成刀具磨损的原因主要有哪些？

3-16 刀具破损的主要形式有哪些？高速钢刀具和硬质合金刀具的破损形式有何不同？为什么？

3-17 工件材料切削加工性的衡量指标有哪些？如何改善工件材料的切削加工性？

3-18 刀具前角、后角有什么功用？说明选择前角、后角的原则。

3-19 主偏角、副偏角有什么功用？说明选择主偏角、副偏角的原则。

3-20 刃倾角有什么功用？说明选择刃倾角的原则。

3-21 说明选择切削用量的原则。

3-22 如何合理确定背吃刀量、进给量和切削速度？

3-23 切削液有何功用？如何选用？

第4章 车削加工

车削加工是机械加工方法中应用最为广泛的方法之一，是加工轴类、盘类、套类零件的主要方法。在一般机械制造企业中，车削加工在机械加工方法中占有重要的地位。本章主要介绍车削加工的加工设备、加工刀具、加工特点和应用范围。

4.1 概　　述

一、车削加工的典型工艺类型

车削加工方法可以加工平面和各种回转体内外表面，如内外圆柱面、圆锥面、成形回转表面等。采用特殊的装置或技术后，在车床上还可以车削非圆零件表面。借助于标准夹具或专用夹具，在车床上还可以完成非回转体零件上回转体表面的加工。图 4-1 所示是车削加工的主要工艺类型。

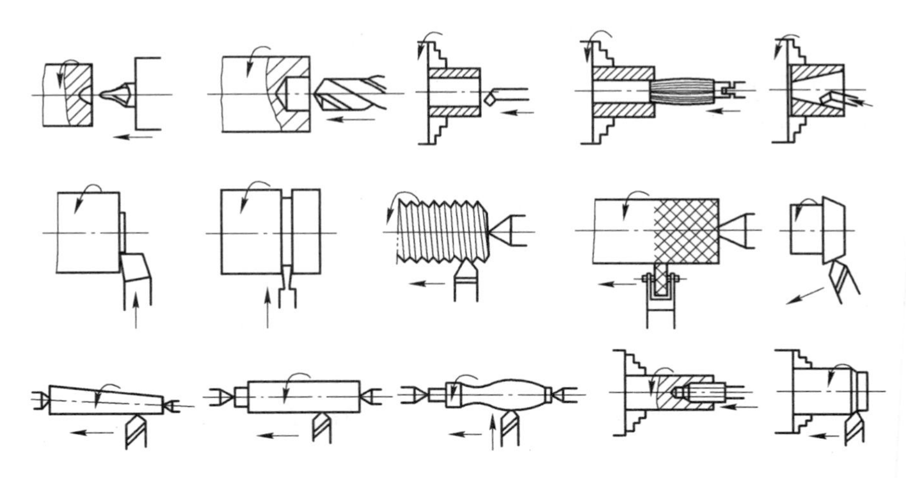

图 4-1　车削加工的主要工艺类型

一般情况下，车削加工是以主轴带动工件作旋转运动为主运动，以刀具的直线运动为进给运动。所用机床的精度不同，车削加工可以达到的加工精度等级不同。

二、车削加工的分类

车削的工艺范围很广，按各种车削所能达到的加工精度和表面粗糙度不同，车削可划分为荒车、粗车、半精车、精车和精细车。我们必须按加工对象、生产类型、生产率和加工经济性等方面的要求合理地选择。

1. 荒车

毛坯为自由锻件或大型铸件时，加工余量很大且不均匀，荒车可切除其大部分余量，减少其形状和位置偏差。荒车后工件尺寸精度为IT18～IT15级，表面粗糙度Ra值大于80 μm。

2. 粗车

中小型锻件和铸件可直接进行粗车，粗车后工件的尺寸精度为IT13～IT11级，表面粗糙度Ra值为30～12.5 μm。低精度表面可以将粗车作为其最终加工工序。

3. 半精车

尺寸精度要求不高的工件或精加工工序之前可安排半精车。半精车后工件的尺寸精度为IT10～IT8级，表面粗糙度Ra值为6.3～3.2 μm。

4. 精车

精车一般作为最终加工工序或光整加工的预加工工序。精车后，工件的尺寸精度为IT8～IT7级，表面粗糙度Ra值为1.6～0.8 μm。对于精度较高的毛坯，可不经过粗车而直接进行精车或半精车。

5. 精细车

精细车主要用于有色金属的加工或要求很高的钢制工件的最终加工。精细车后工件的尺寸精度为IT7～IT6级，表面粗糙度Ra值为0.4～0.025 μm。

三、提高外圆表面车削生产率的措施

在轴类、套类和盘类等零件的加工中，外圆车削的劳动量在零件加工的全部劳动量中占有很大的比重，外圆表面的加工余量主要是由车削切除的，所以提高外圆车削的生产率是提高劳动生产率的一个重要手段，主要有以下措施。

1. 高速车削，强力车削

增大切削用量即增大切削速度、进给量和背吃刀量是缩短基本时间、提高外圆车削生产率最有效的措施之一，而限制切削用量增大的主要因素是刀具寿命，对于刀具寿命以切削速度v_c的影响最大，进给量f的影响次之，背吃刀量a_p的影响最小。目前，硬质合金刀具的切削速度可达200 m/min，陶瓷刀具的切削速度可达500 m/min。近年来出现的聚晶金刚石和聚晶立方氮化硼新型刀具材料，切削普通钢材时切削速度可达900 m/min，加工60 HRC以上的淬火钢时切削速度在90 m/min以上。高速车削不仅可以提高生产率，而且因为不会产生积屑瘤，可得到较小的表面粗糙度值，提高加工表面质量。

强力车削是利用硬质合金刀具采用加大进给量和背吃刀量来进行车削加工的一种高效率加工方法。它的特点是在车刀刀尖处磨出一段副偏角$\kappa_r'=0$、长度$b=(1.2\sim1.5)f$的修光刃，而进给量是正常进给量的几倍至十几倍，在此种情况下被加工零件的表面仍可获得较低的表面粗糙度值($Ra=5\sim2.5$ μm)。强力车削适合用于粗加工刚度较好的轴类零件，也可用于半精加工。它比高速车削的生产率更高(见表4-1)，但它不适用于车削细长轴和阶梯轴。

值得注意的是，采用高速车削和强力车削时，车床必须具备良好的刚性以及足够的功率，否则零件的加工质量很难保证。

表 4-1　高速车削和强力车削的比较

项　　目	车削方式	
	高速车削	强力车削
切削速度 v_c/(mm/min)	200～300	100～200
进给量 f/(mm/r)	0.5～0.7	2～2.5
表面粗糙度 Ra/μm	1.25～0.63	5～2.5
刀具寿命/min	20～30	60～70

2. 提高刀具寿命

在生产实践中，为了提高刀具寿命，常采用加热车削法和低温冷冻车削法。

1) 加热车削法

加热车削法是指在高强度、高硬度材料车削过程中，采用不同的加热方法对被加工零件的整体或局部预先进行高温加热，改善其常温切削时的难切削加工性，使其迅速被刀具切除，从而提高切削效率，改善工件的表面质量。该方法适用于加工强度、硬度和韧性很高的难加工金属材料(如淬火钢、高锰钢、不锈钢、高强度钢等)。该方法能降低被加工材料的强度和硬度，提高刀具寿命和切削效率几倍至几十倍，可提高加工精度一至三级，降低表面粗糙度，且操作方便、成本较低。加热车削的方式有很多，如等离子体加热车削、电磁感应加热车削、电阻感应加热车削、电弧加热车削、射频加热车削等。

采用加热车削技术时应注意以下两点。

(1) 要合理选择加热方式，使热量尽可能集中在切削区而不扩散至内层金属，以减少能耗和防止内层金属性质发生变化。

(2) 对于不同性质的加工材料要合理地选择加热温度，避免因加热温度选择不当而影响切削效果，甚至影响刀具寿命。

2) 低温冷冻车削法

低温冷冻车削法是指在塑性金属材料切削过程中，利用压强为 50×10^5 Pa 的液态二氧化碳，通过微孔(直径为 0.3～0.5 mm)喷嘴喷射至切削区，形成局部喷雾冷却，使切削区温度降至 −70～−80 ℃来进行切削加工。该方法能将刀具寿命提高几倍至十几倍，能使被加工材料的脆性增加，改善被加工材料的切削加工性，降低积屑瘤产生的可能性。

3. 采用先进的车削设备

1) 多采用多刀自动和半自动车床

在多刀自动和半自动车床上，可用几把刀同时加工工件上的几个不同的表面。

2) 采用数控车床

数控车床是由专用计算机控制的车床，按功能可分为一般数控车床和车削中心两种。一般数控车床使用回转刀架，可安装 4～6 把或更多把刀具，它的工艺可能性与通用车床相似，不同的是整个加工过程(包括自动换刀)由事先编好的程序通过计算机控制，实现了自动化。一般数控车床不仅具有高柔性和高加工精度，而且大大提高了生产率，降低了劳动强度。

车削中心是带有刀库(刀具容量一般为 10～30 把)和自动换刀装置的数控车床。它能使工件一次装夹后集中连续完成许多道工序的加工，具有更高的生产率。

3) 采用液压仿形车床

车削多阶梯的阶梯轴时，采用液压仿形车床具有较高的生产率。液压仿形车床是由液压仿形刀架按照样板或样件(标准工件)的轮廓自动仿形来完成工件加工的,可减少测量辅助时间,加工质量稳定,调整方便,生产率高。液压仿形车床加工的尺寸精度为±(0.02～0.05) mm,表面粗糙度 Ra 值为 5～2.5 μm。

4.2 车　床

车床主要用于加工各种回转表面。由于大多数机器零件都具有回转表面,因此在一般机器制造厂中,车床的用途极为广泛。车床在金属切削机床中所占的比重最大,占机器总台数的20%～35%。在车床上使用的刀具,主要是各种车刀,其次是各种孔加工刀具(如麻花钻、扩孔钻、铰刀等)和螺纹刀具(丝锥、板牙等)。

一、车床的主要类型

车床的种类很多。按结构布置、用途和加工对象的不同,车床可分为以下类型。

1. 卧式车床

卧式车床是通用车床中应用最普遍、工艺范围最广的一种类型,可完成图 4-1 所示的加工类型。卧式车床的缺点是:自动化程度低,生产率低,加工质量受操作者技术水平的影响较大。CA6140 型卧式车床如图 4-2 所示。

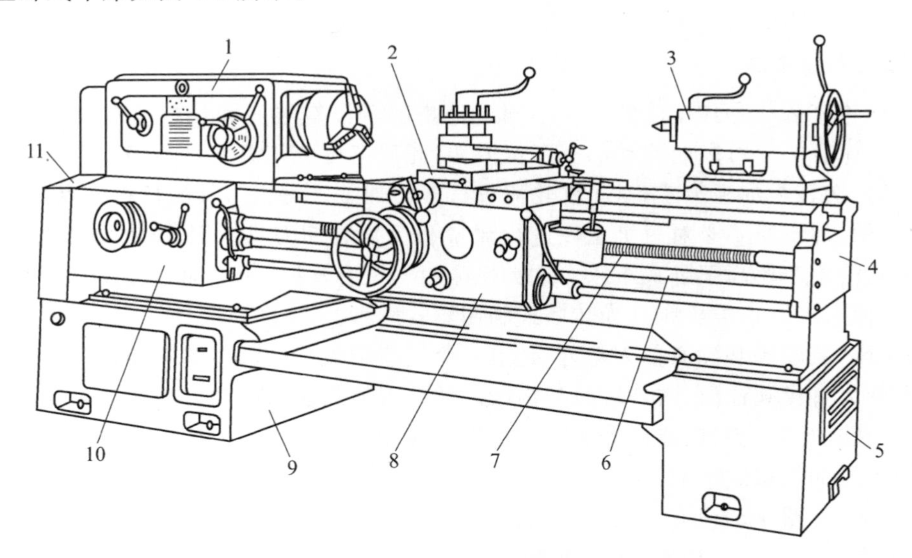

图 4-2　CA6140 型卧式车床

1—主轴箱;2—刀架;3—尾座;4—床身;5、9—床鞍;6—光杠;7—丝杠;8—溜板箱;10—进给箱;11—挂轮变速机构

2. 立式车床

立式车床用于加工径向尺寸大,而轴向尺寸短且形状复杂的大型或重型零件。这种车床主轴垂直布置,安装工件的圆形工作台直径大,台面呈水平布置,因此装夹和校正笨重的零件比较方便。它分为单柱式和双柱式两种,如图 4-3 所示。前者加工直径较小,而后者加工直径较大。

单柱式立式车床的箱形立柱与底座固定连接成为一个整体;工作台安装在底座的圆环形导轨上;工件由工作台带动绕垂直主轴旋转以完成主运动;垂直刀架安装在横梁的水平导轨上,可

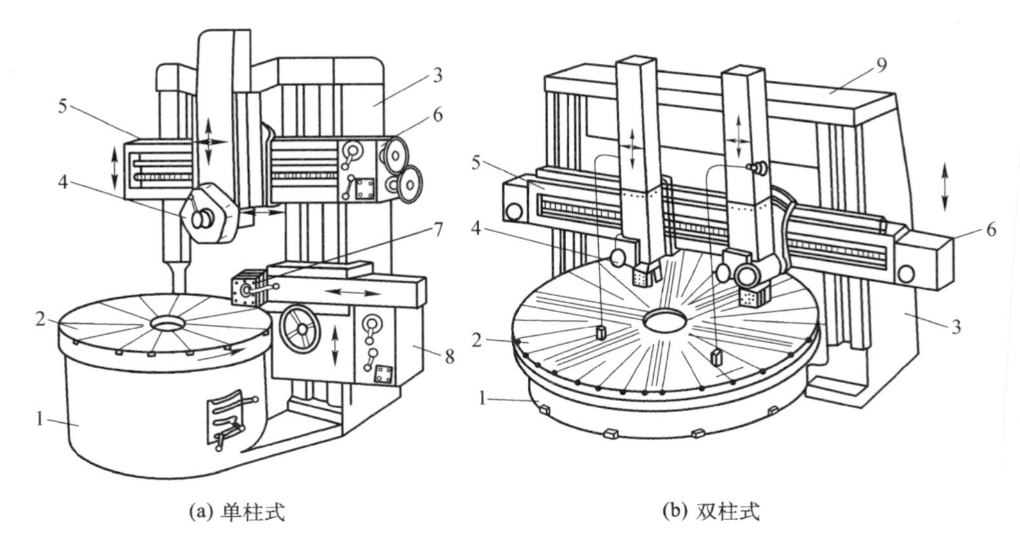

(a) 单柱式　　(b) 双柱式

图 4-3　立式车床

1—底座;2—工作台;3—立柱;4—垂直刀架;5—横梁;6—垂直刀架进给箱;7—侧刀架;8—侧刀架进给箱;9—顶梁

沿横梁的水平导轨作横向进给运动及沿刀架滑鞍的导轨作垂直进给运动,还可偏转一定的角度作斜向进给运动;侧刀架安装在立柱的垂直导轨上,可垂直和水平作进给运动。

中小型立式车床的垂直刀架通常带有转塔刀架,以安装几把刀具轮流使用;进给运动可由单独的电动机驱动,能作快速移动。

3. 转塔、回轮车床

转塔、回轮车床与卧式车床的主要不同之处是前者没有尾座和丝杠。在与尾座的对应处,转塔、回轮车床有一个可纵向移动的多工位刀架,此刀架可装几组刀具。多工位刀架可以转位。将不同刀具依次转至加工位置,对工件轮流进行多刀加工。每组刀具的行程终点是由可调整的挡块来控制的,加工时不必对每个工件进行测量和反复装卸刀具。因此,在成批加工形状复杂的工件时,它的生产率高于卧式车床。这类机床由于没有丝杠,所以加工螺纹时只能使用丝锥、板牙或螺纹梳刀等。这类机床分为转塔式和回轮式两种。

转塔车床(见图 4-4)除有前刀架外,还有一个转塔刀架(立式)。前刀架可作纵向、横进给运动,以便车削大直径圆柱面、内外端面和沟槽。转塔刀架只能作纵向进给运动,主要是车削外圆柱面及对内孔进行钻、扩、铰或镗等加工。转塔车床由于没有丝杠,加工螺纹时,只能使用丝锥和板牙,因此所加工螺纹精度不高。

回轮车床(见图 4-5)没有前刀架,只有一个轴线与主轴中心线相平行的回轮刀架。在回轮刀架端面上有许多安装刀具的孔(通常有 12 或 16 个)。刀具孔转到最上端位置时,与主轴轴线正好同轴。回轮刀架可沿床身导轨作纵向进给运动。机床作成形车削、切槽及切断加工所需的横向进给运动,是靠回轮刀架作缓慢的转动运动来实现的。回轮车床主要用来加工直径较小的工件,所用的毛坯通常是棒料。

4. 落地车床

在车削直径大而短的工件时,不可能充分发挥卧式车床床身和尾架的作用。而这类大直径的短零件通常也没有螺纹,这时,可以在没有床身的落地车床上加工。

图 4-6 所示是落地车床。主轴箱和滑座直接安装在地基或落地平板上。工件夹持在花盘上,刀架滑板和小刀架可纵向移动,小刀架座和刀架座可横向移动,当转盘转到一定的角度时,

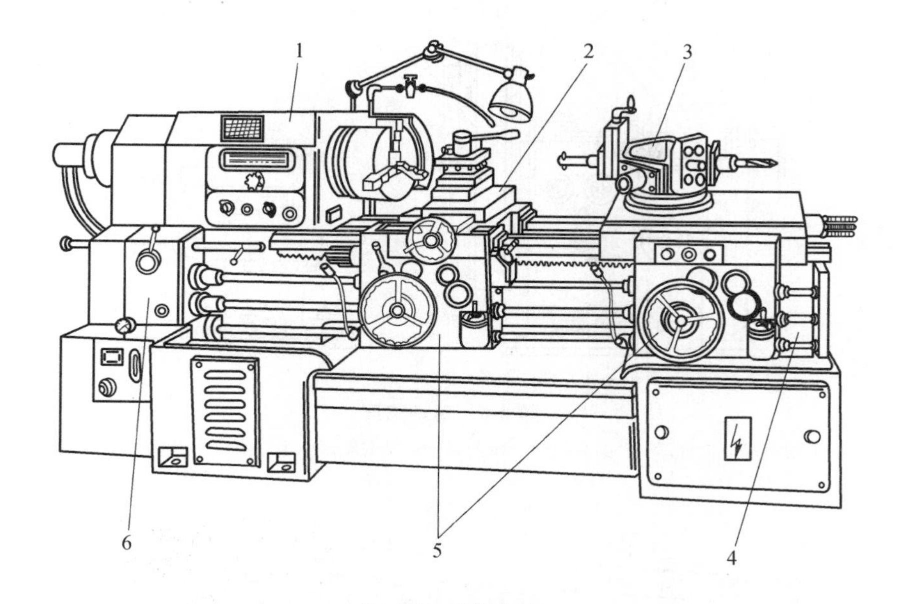

图 4-4　转塔车床

1—主轴箱；2—前刀架；3—转塔刀架；4—床身；5—溜板箱；6—进给箱

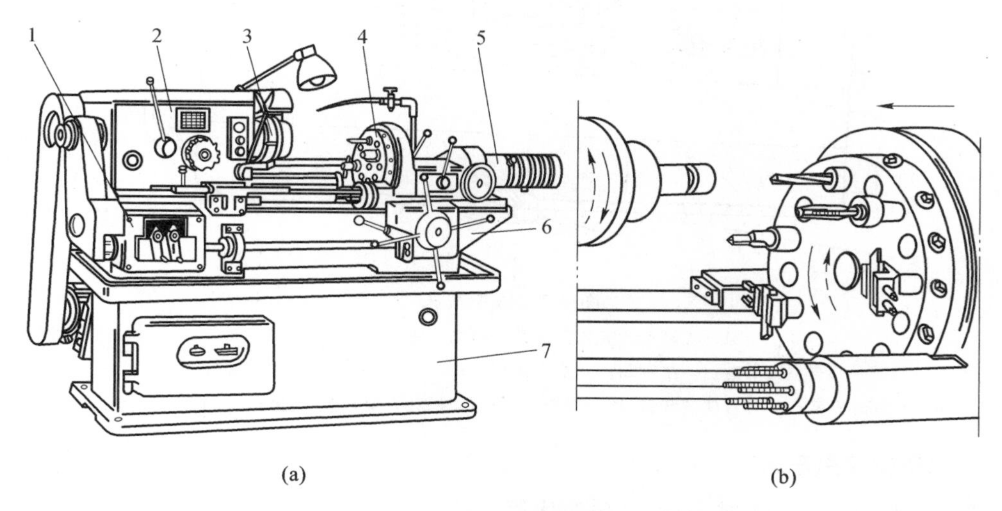

图 4-5　回轮车床

1—进给箱；2—主轴箱；3—夹头；4—回轮刀架；5—挡块轴；6—床身；7—底座

可利用小刀架车削圆锥面。主轴箱和刀架由单独的电动机驱动。

5. 数控车床

数控车床(见图 4-7)是由专用计算机控制的车床，按功能可分为一般数控车床和车削中心两种。一般数控车床使用回转刀架，可安装 4～6 把或更多把刀具。它的工艺可能性与通用车床相似，不同的是整个加工过程(包括自动换刀)由事先编好的程序通过计算机控制，实现了自动化。一般数控车床不仅具有高柔性和高加工精度，而且大大提高了生产率，降低了劳动强度。

车削中心是带有刀库(刀具容量一般为 10～30 把)和自动换刀装置的数控车床。它能使工件一次装夹后集中连续完成许多道工序的加工，具有更高的生产率。

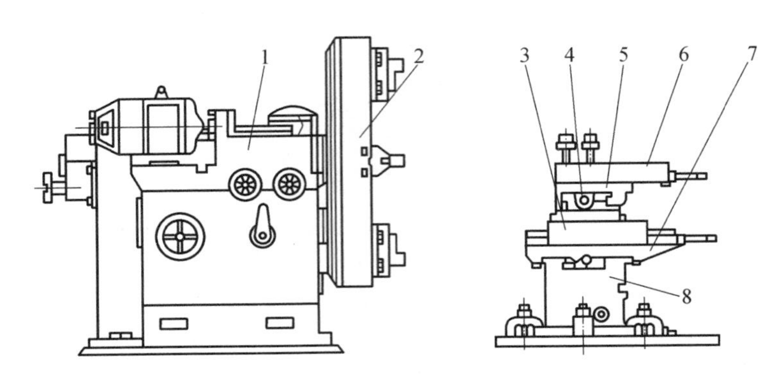

图 4-6 落地车床

1—主轴箱；2—花盘；3—刀架滑板；4—转盘；5—小刀架座；6—小刀架；7—刀架座；8—滑座

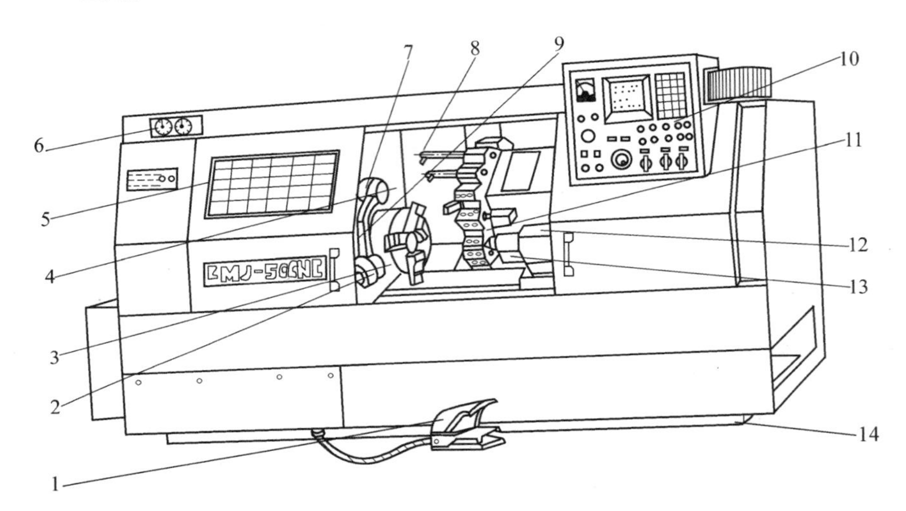

图 4-7 数控车床

1—主轴卡盘夹紧与松开的脚踏开关；2—对刀仪；
3—主轴卡盘；4—主轴箱；5—机床防护门；6—压力表；7—对刀仪防护罩；
8—导轨防护罩；9—对刀仪的转臂；10—操作面板；11—回转刀架；12—尾座；13—滑板；14—床身

6. 其他各类专用车床

其他各类专用车床有曲轴车床、凸轮车床等。

二、数控车床概述

1. 数控车床的用途

与普通车床一样，数控车床用于加工轴类或盘类零件。数控车床由于可自动完成内外圆柱面、圆锥面、圆弧面、端面、螺纹等工序的切削加工，因此尤其适合用于加工形状复杂的轴类或盘类零件。

数控车床通用性强，加工灵活，能够适应工件品种和规格的频繁变化，能够满足多品种、小批量、生产自动化的要求，是应用范围较为广泛的一种数控机床。

2. 数控车床的组成和特点

数控车床在结构上与普通车床很相似，仍然由床身、主轴箱、进给传动系统、刀架以及液压系统、冷却系统、润滑系统等部分组成，只是数控车床的进给传动系统与普通车床有着本质上的差别：普通车床将主轴的转动经过挂轮架、进给箱、溜板箱传递到刀架，实现纵向、横向进给运动；而数控机床采用伺服（步进）电动机经滚珠丝杠，将主轴的转动传到滑板和刀架，实现纵向、横向进给运动。与普通车床相比，数控车床的传动结构大力简化，精度和自动化程度也有了很大的提高。

此外，为了实现螺纹加工功能，数控车床主轴安装了脉冲编码器，主轴的运动通过同步齿形带1∶1地传到脉冲编码器。当主轴旋转时，脉冲编码器便向数控系统发送检测脉冲信号，使主轴电动机的旋转与刀架的切削进给保持同步关系，即实现加工螺纹时主轴转一周，刀架纵向移动一个螺纹导程的运动关系。

3. 数控车床的布局

数控车床的主轴、尾座等部件相对床身的布局形式与普通车床基本一致，而刀架和导轨的布局形式有很大的变化。这直接影响到数控车床的使用性能、结构和外观。另外，数控车床上一般都设有封闭的防护装置。

1）床身和导轨的布局

数控车床的床身和导轨与水平面的相对位置如图4-8所示。数控车床的床身和导轨有4种布局形式：水平床身、斜床身、水平床身斜滑板和立床身。

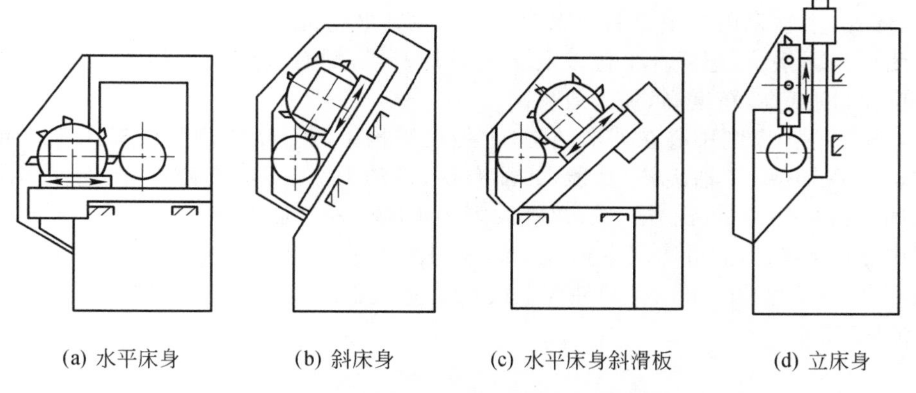

(a) 水平床身　(b) 斜床身　(c) 水平床身斜滑板　(d) 立床身

图4-8　数控车床床身和导轨的布局形式

水平床身的工艺性好，便于导轨面的加工。水平床身配上水平放置的刀架可提高刀架的运动精度，一般可用于大型数控车床或小型精密数控车床的布局。但是水平床身由于下部空间小，因此排屑困难。从结构尺寸上看，刀架水平放置使得滑板横向尺寸较长，从而加大了机床宽度方向的结构尺寸。

水平床身配上倾斜放置的滑板，并配置倾斜式导轨防护罩，一方面具有水平床身工艺性好的特点，另一方面机床宽度方向的尺寸较水平配置滑板要小，排屑方便。

斜床身配置斜滑板的布局形式普遍用于中、小型数控车床。这种布局形式的优点是：排屑容易，热铁屑不会堆积在导轨上，便于安装自动排屑器，操作方便；易于安装机械手，以实现单机自动化；机床占地面积小，外形美观，容易实现封闭式防护。

斜床身的导轨倾斜角度分别为30°、45°、60°、75°和90°（称为立床身）。倾斜角度小，排屑不便；倾斜角度大，导轨的导向性及受力情况差。导轨倾斜角度的大小还直接影响数控车床外形尺寸中高度与宽度的比值。综合考虑上述诸因素，中、小型数控车床床身的倾斜角度以60°为宜。

2）刀架的布局

目前，数控车床多采用回转刀架。回转刀架按布局形式分两种：一种是卧式回转刀架，卧式回转刀架的回转轴垂直于主轴，一般为 4 工位；另一种是立式回转刀架，立式回转刀架的回转轴平行于主轴，有 6 工位、8 工位、10 工位、12 工位等几种。

四轴控制的数控车床床身上安装有两个独立的滑板和回转刀架，因此也称为双刀架四坐标数控车床。每个刀架的切削进给量是分别控制的，因此两刀架可以同时切削同一工件的不同部位，既扩大了加工范围，又提高了加工效率。这种数控车床适合用于加工曲轴、飞机零件等形状复杂、批量较大的零件。

4. 数控车床的分类

随着现代制造技术的不断发展，数控车床的品种不断增多。一般按以下几种方法对数控车床进行分类。

1）按数控车床的功能分类

(1) 经济型数控车床。经济型数控车床一般是在普通车床的基础上改进设计而成的。它的特点是：主轴采用普通交流异步电动机驱动，可用齿轮分挡变速，或者用变频器连续无级调速，无专用的主轴驱动单元；进给采用步进电动机开环伺服系统；配置 4 工位卧式回转刀架；一般采用以单片机为核心的经济型数控系统，结构简单，价格低廉。

(2) 全功能型数控车床。全功能型数控车床的特点是：一般采用斜床身（或者水平床身斜滑板）布局形式，主轴采用专用的主轴驱动单元和主轴电动机，分挡无级变速，恒功率范围宽；进给采用半闭环伺服系统；配置 6 工位以上立式回转刀架；配有液压卡盘和液压尾座；功能完善，自动化程度高，刚度高，精度高，加工效率高。

(3) 车削中心。车削中心在外形结构、主传动结构上与全功能型数控车床基本相同，只是增加了主轴的 C 轴（绕 Z 轴旋转）功能，并配有钻、铣动力头（刀具旋转）。在工件一次装夹后，它可完成回转类零件的车、铣、钻、铰、攻螺纹等多工序的复合加工。

车削中心的 C 轴功能可实现主轴定向停车和圆周进给，并在数控系统控制下实现 C 轴、Z 轴插补或 C 轴、X 轴插补，可以在圆柱面上或端面上任意部位进行钻削、铣削、车螺纹及曲面铣加工，如图 4-9 所示。

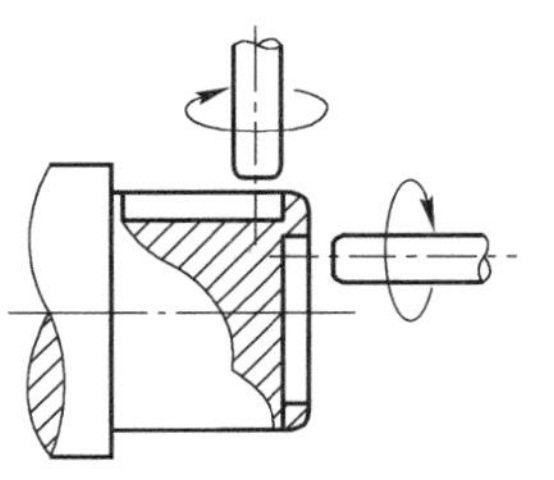

(a) C 轴定向时，在圆柱面或端面上铣槽

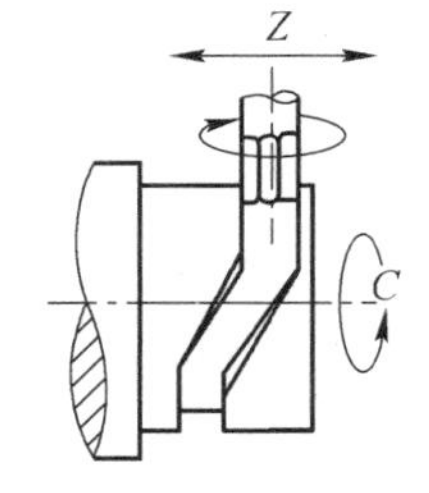

(b) C 轴、Z 轴进给插补，在圆柱面上铣螺旋槽

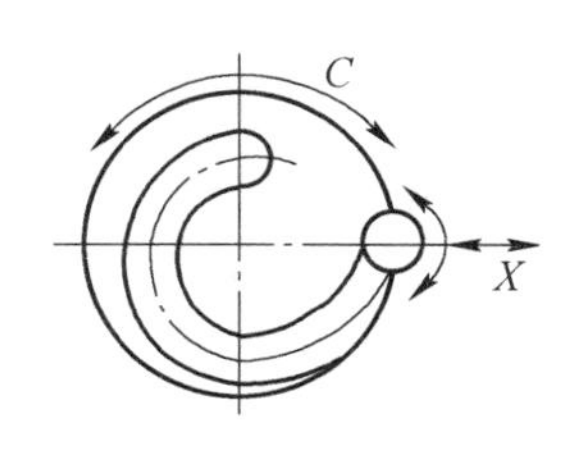

(c) C 轴、X 轴进给插补，在端面上铣螺旋槽

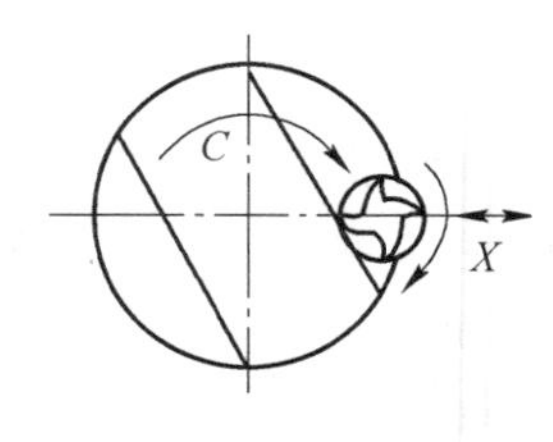

(d) C 轴、X 轴进给插补，铣直线和平面

图 4-9　车削中心的 C 轴功能

2）按主轴的配置形式分类

(1) 卧式数控车床：主轴轴线处于水平位置的数控车床。

(2) 立式数控车床：主轴轴线处于垂直位置的数控车床。

(3) 具有两根主轴的车床：也称为双轴卧式数控车床或双轴立式数控车床。

3）按数控系统控制的轴数分类

(1) 两轴控制的数控车床：只有一个回转刀架，可实现两坐标轴控制。

(2) 四轴控制的数控车床:有两个独立的回转刀架,可实现四坐标轴控制。

对于车削中心或柔性制造单元,还需增加其他的附加坐标轴来满足机床的功能。对于数控车床,我国使用较多的是中、小型两轴控制的数控车床。

4.3 车　　刀

车刀是完成车削加工所必需的工具。它直接参与从工件上切除余量的车削加工过程。车刀的性能取决于刀具的材料、结构和几何参数。刀具性能的优劣对车削加工的质量、生产率有决定性的影响。尤其是随着车床性能的提高,刀具的性能直接影响车床性能的发挥。根据使用要求的不同,车刀有不同的结构和材料。本节主要介绍不同类型车刀的结构、特点和应用。

车刀有许多种类,按用途可分为外圆车刀、端面车刀、切断刀、螺纹车刀等;按刀具材料可分为高速钢车刀、硬质合金车刀、陶瓷车刀、金刚石车刀等,按结构可分为整体式、焊接式、机械夹固式和可转位式等,如图 4-10 所示。其中焊接式车刀的种类如图 4-11 所示。

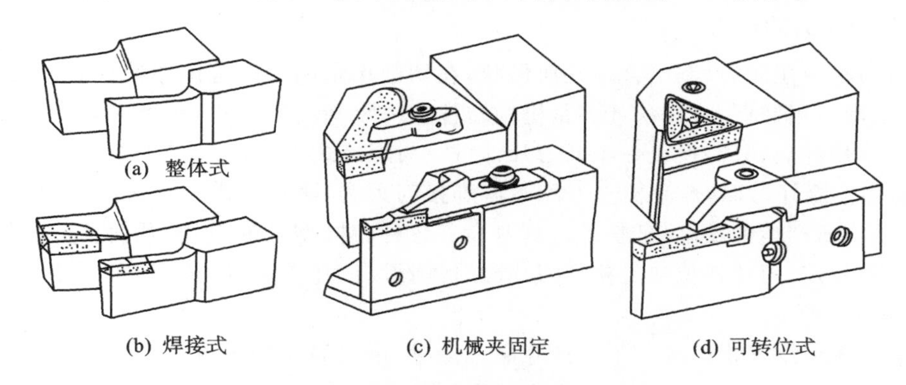

图 4-10　车刀按结构分类

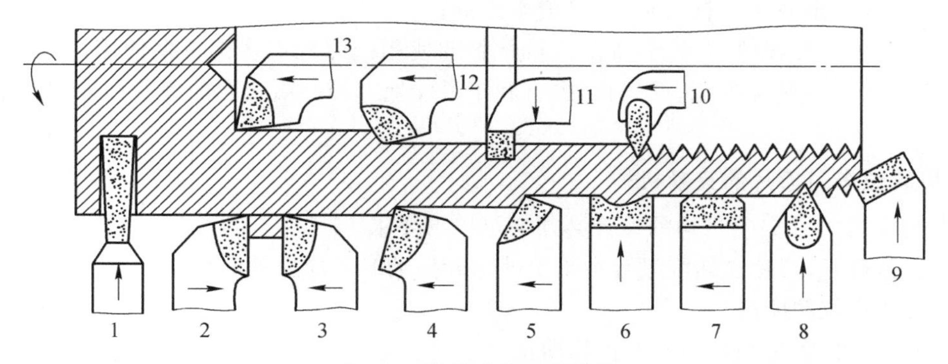

图 4-11　焊接式车刀的种类

1—车断刀;2—左偏车刀;3—右偏车刀;4—弯头车刀;5—直头车刀;6—成形车刀;7—宽刃车刀;8—外螺纹车刀;9—端面车刀;10—内螺纹车刀;11—内槽车刀;12—通孔车刀;13—盲孔车刀

一、整体式高速钢车刀

选用一定形状的整体式高速钢刀条,在它的一端刃磨出所需的切削部分形状就形成了整体式高速钢车刀。这种车刀刃磨方便,可以根据需要刃磨成不同用途的车刀,尤其适合刃磨各种图形的成形车刀,如切槽刀、螺纹车刀等。整体式高速钢车刀磨损后可以多次重磨,但刀杆也为高速钢材料,造成刀具材料的浪费,且刀杆强度低,当切削力较大时,会造成破坏。整体式高速钢车刀一般用于较复杂成形表面的低速精车。

二、焊接式硬质合金车刀

这种车刀是将一定形状的硬质合金刀片钎焊在刀杆的刀槽内制成的。它的特点是:结构简单,制造和刃磨方便,刀具材料利用充分,在一般的中小批量生产和修配生产中应用较多;切削加工性能受工人技术水平和焊接质量的影响,不适应现代制造技术发展的要求;刀杆能重复用,材料浪费不大。

三、机夹可转位车刀

机夹可转位车刀简称可转位车刀,是一种将可转位使用的刀片用夹紧元件夹持在刀杆上使用的刀具。

1. 可转位车刀的特点

可转位刀片在压制时,制出合理几何形状,在切削用量的一定范围内使用。它有数个切削刃,当一个切削刃用钝后,只需松开夹紧机构转位换一个新的切削刃,重新夹紧即可继续使用。所有切削刃都用钝后,只需换上一个新刀片即可。与焊接式车刀相比,它具有以下特点。

(1) 切削性能好,刀具寿命长。刀片不需焊接与刃磨,避免了由于焊接的内应力引起的缺陷和刃磨、重磨所产生的缺陷,延长了刀具寿命。各种相同型号的刀片,几何参数一致,互换性好,卷屑、断屑稳定,刀片转位或更换新刀片时,切削刃与工件的相对位置改变很小,重复定位精度高,调刀容易。

(2) 生产率和经济效益高。在刀具寿命一定时,可提高切削用量;尺寸一致性好,换刀、对刀时间短,不需要停机刃磨,辅助时间大大减少,可比焊接式车刀提高切削效率50%甚至1倍;刀杆使用寿命长,节省了刀杆材料,刀具成本降低。

(3) 简化了工具管理,有利于新型刀具材料的使用。刀杆可多次重复使用,因此储备量可以减少,有利于刀具的标准化、系列化,也有利于最佳地选择硬质合金的牌号和采用新型复合刀具材料。

2. 可转位车刀刀片的夹紧机构

可转位车刀刀片夹紧机构的设计必须满足以下要求。

(1) 夹紧可靠,刀片在切削过程中承受冲击和振动时不应松动和移位。

(2) 刀片定位精度高。

(3) 刀片转位和更换新刀片的操作简便。

(4) 结构简单、紧凑,制造容易。

可转位车刀刀片的夹紧机构很多,常用的有杠杆式、偏心式、上压式、楔销式和复合式等,如表4-2所示。

3. 可转位车刀刀片的形状

可转位车刀刀片的形状很多,使用时根据国家标准或企业产品样本选用。可转位车刀刀片的标记方法如图4-12所示。

表 4-2　可转位车刀刀片夹紧机构的结构形式

序号	结构形式	结 构 简 图	结 构 特 点
1	杠杆式	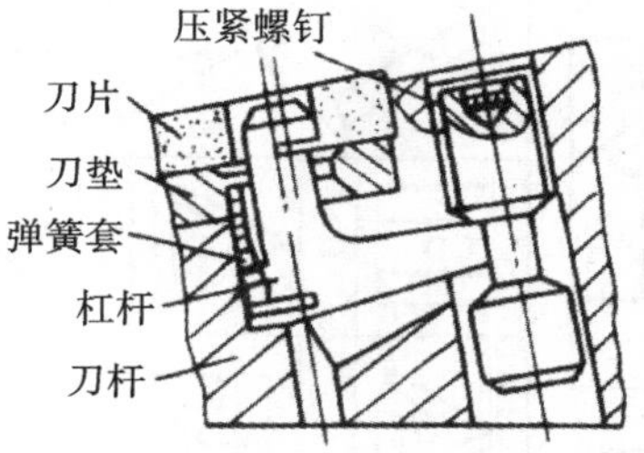 压紧螺钉 刀片 刀垫 弹簧套 杠杆 刀杆	夹紧牢固、可靠，调整范围大，定位精度高，但制造复杂的零件多
2	偏心式	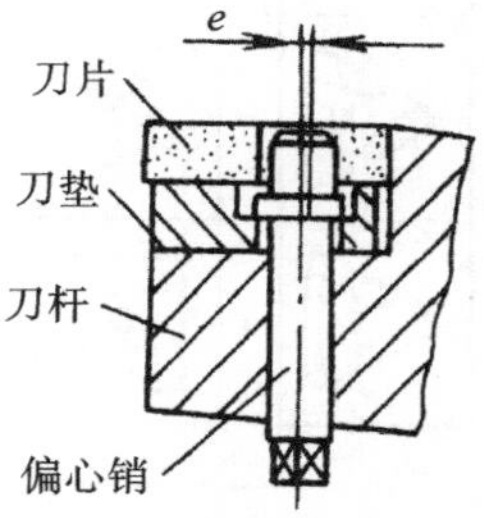 e 刀片 刀垫 刀杆 偏心销	结构简单、紧凑，元件少，制造容易，适用于单侧面定位的刀杆，成本较低，但当冲击负荷较大时，夹紧并不十分可靠
3	上压式	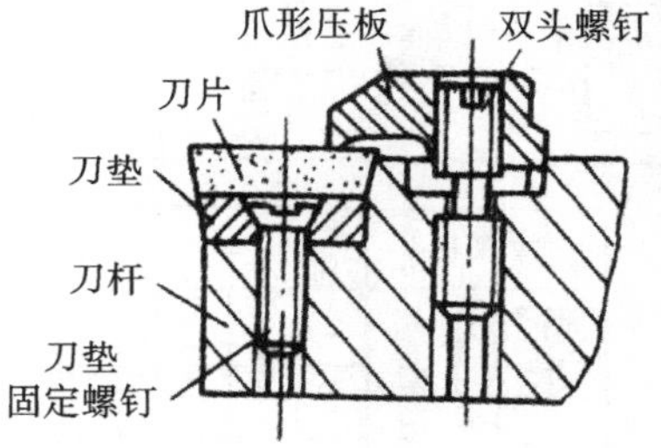 爪形压板 双头螺钉 刀片 刀垫 刀杆 刀垫固定螺钉	结构简单，夹紧力大，拆卸方便，定位精度高，但压紧易被铁屑划伤，主要用于夹固不带孔、带后角的刀片及内孔车刀
4	楔销式	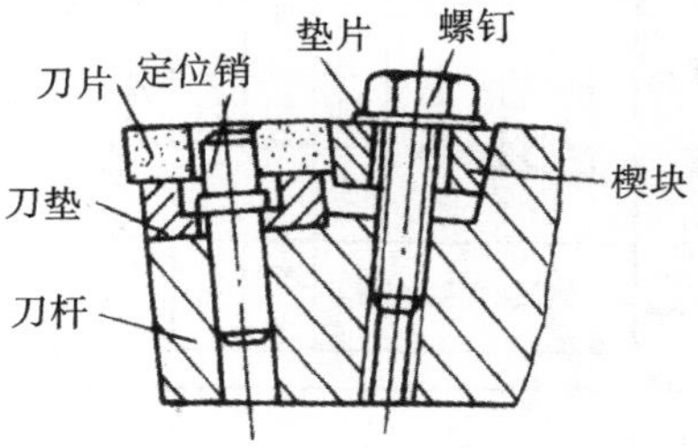 垫片 螺钉 刀片 定位销 楔块 刀垫 刀杆	结构简单，夹紧力大，夹紧可靠，使用方便，制造容易，但刀片定位精度差，夹紧力过大时，易压碎刀片或使夹紧元件变形
5	复合式	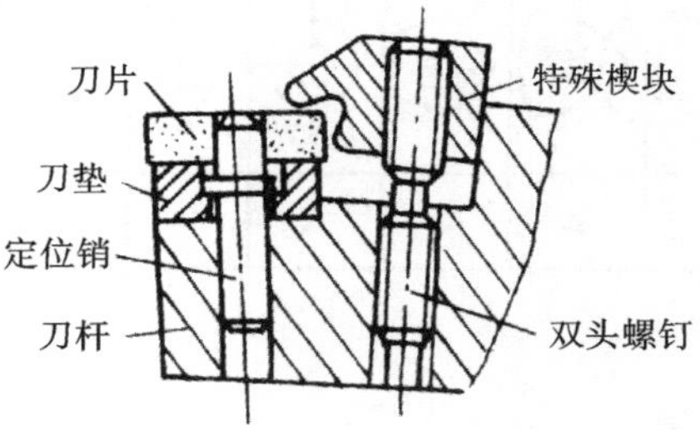 刀片 特殊楔块 刀垫 定位销 刀杆 双头螺钉	这是采用两种夹紧方式同时来夹紧刀片的夹紧机构，夹紧可靠，能承受较大的切削负荷及冲击，适用于重负荷切削

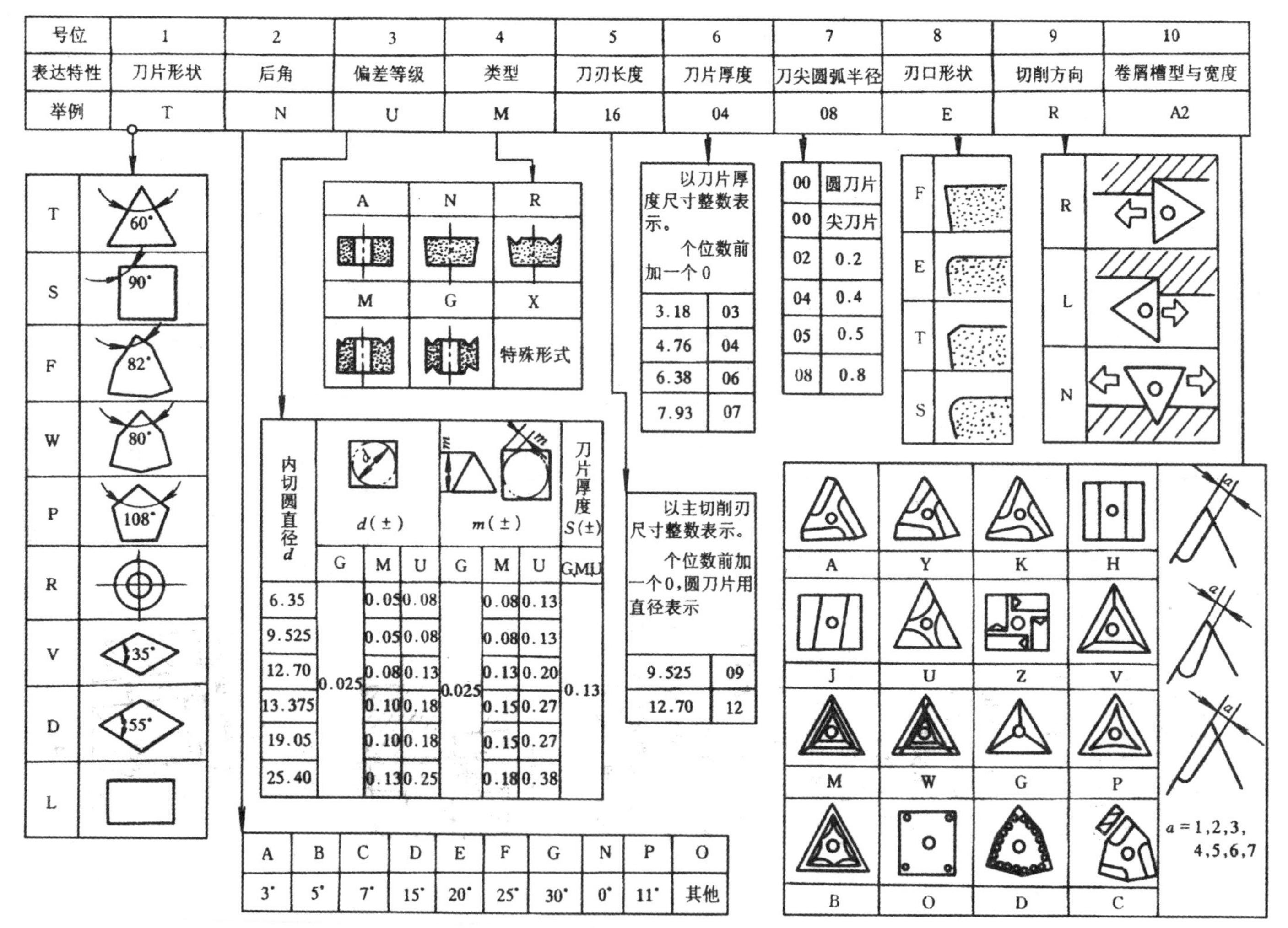

图 4-12 可转位车刀刀片的标记方法

4.4 典型车削加工

一、细长轴加工

长度 L 与直径 d 之比大于 25 的轴称为细长轴，如车床上的丝杠、光杠等。细长轴由于刚性很差，车削加工时受切削力、切削热和振动等的作用和影响，因此极易产生变形，出现直线度、圆柱度等加工误差，不易达到图样上的几何精度和表面质量等技术要求，使切削加工很困难。L/d 值越大，细长轴的车削加工越困难。

车削细长轴的关键技术是防止加工中的弯曲变形，为此必须从夹具、机床辅具、工艺方法、操作技术、刀具和切削用量等方面采取措施。

1. 改进工件的装夹方法

在车削细长轴时，一般均采用一头夹和一头顶的装夹方法，如图 4-13 所示。用卡盘装夹工件时，在卡爪与工件之间套入一开口的钢丝圈，以减小工件与卡爪的轴向接触长度。在尾座上采用弹性顶尖，这样当工件因受切削热而伸长时，弹性顶尖能轴向伸缩，以补偿工件的变形，减少弯曲变形。

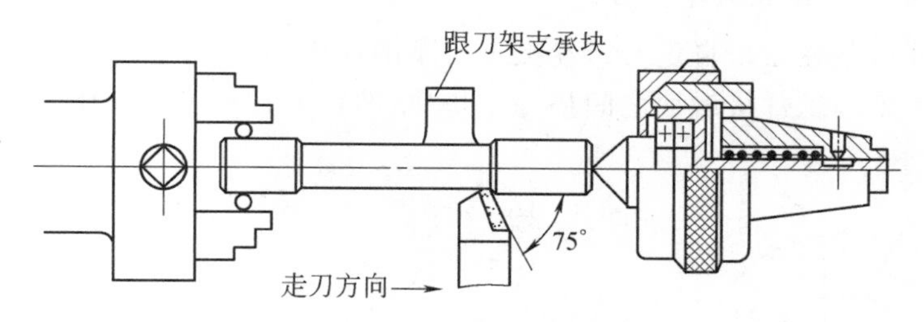

图 4-13 细长轴的加工

2. 采用跟刀架

跟刀架为车床的通用附件，它用来在刀具切削点附近支承工件并与刀架溜板一起作纵向移动。跟刀架与工件接触处的支承块一般用耐磨的球墨铸铁或青铜制成。另外，支承爪的圆弧应粗车后与外圆研配，以免擦伤工件。采用跟刀架能抵消加工时径向切削分力和工件自重的影响，从而减少切削振动和工件变形，但必须注意仔细调整，使跟刀架的中心与机床弹性顶尖中心保持一致。

3. 采用反向进给

车削细长轴时，常使车刀向尾架方向作进给运动（见图 4-13），这样车刀施加于工件上的进给力方向朝向尾架，工件已加工部分受轴向拉伸，而工件的轴向变形由尾架上的弹性顶尖来补偿，这样就可以大大减少工件的弯曲变形。

4. 合理选用车刀的几何形状

为了减小径向切削分力，宜选用较大的主偏角；前刀面应磨出 $R=1.5\sim3$ mm 的断屑槽，前角一般取 $\gamma_o=15^\circ\sim30^\circ$；刃倾角 λ_s 取正值，使切屑流向待加工表面；车刀表面粗糙度值要小，并经常保持切削刃锋利。

5. 合理选择切削用量

车削细长轴时,切削用量应比普通轴类零件适当减小。用硬质合金车刀粗车,可按表4-3选择切削用量。

表 4-3 硬质合金车刀粗车细长轴时的切削用量

工件直径/mm	20	25	30	35	40
工件长度/mm	1 000～2 000	1 000～2 500	1 000～3 000	1 000～3 500	1 000～4 000
进给量 f/(mm/r)	0.3～0.5	0.35～0.4	0.4～0.45	0.4	0.4
背吃刀量 a_p/mm	1.5～3	1.5～3	2～3	2～3	2.5～3
切削速度 v_c/(mm/s)	40～80	40～80	50～100	50～100	50～100

用硬质合金车刀精车直径为20～40 mm、长度为1 000～1 500 mm的细长轴时,可选用$f=0.15\sim0.25$ mm/r,$a_p=0.2\sim0.5$ mm,$v_c=60\sim100$ m/s。

二、车偏心件

在机械加工中时常遇到偏心件,如凸轮、偏心块、偏心轴等。偏心件常用的加工方法有以下几种。

1. 用三爪自定心卡盘装夹车偏心件

较短的偏心件可装在三爪自定心卡盘上进行车削加工,如图4-14所示。先将外圆车好,再在三爪中任意一个爪与工件接触面之间垫一个垫块,即可进行加工。垫块厚度x与偏心距e的关系如图4-15所示。

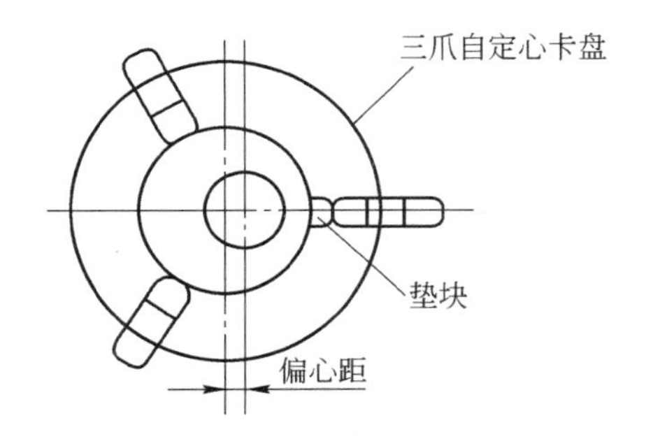

图 4-14 用三爪自定心卡盘装夹车偏心件

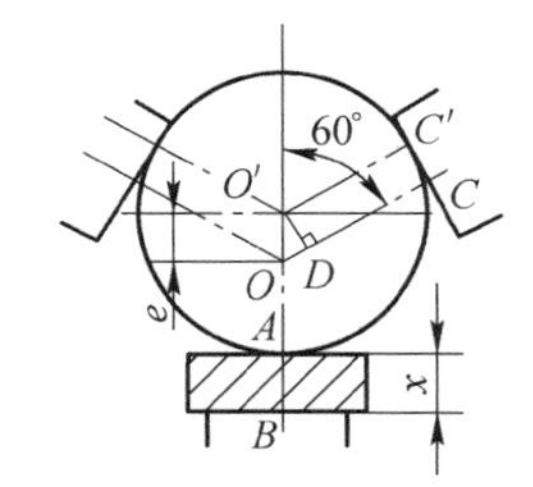

图 4-15 垫块厚度与偏心距的关系

车床的旋转中心为O与工件已加工表面的中心O'的偏心距为e时,垫块厚度$x=1.5e$。

因为三爪端部为圆弧,与工件接触有间隙,所以按计算的垫块厚度所得出的偏心距有一定的误差,若精度要求高,则要求实测偏心距后修正垫块尺寸。

2. 用四爪单动卡盘装夹车偏心件

车削前,先在工件端面上划出所要车削轴段(或偏心孔)的中心线和圆周线。用四爪单动卡盘装夹工件,调整四个卡爪的位置,用划针找正偏心轴(或孔)的圆周线,并使偏心轴(或孔)的轴线与车床主轴中心线平行,如图4-16所示。

用四爪单动卡盘装夹车偏心件,方法简便,经仔细调整可获得较高精度的偏心距,但调整麻烦,要求操作者有较高的水平,且生产率低,因此只适用于单件、小批生产。

3. 用前、后顶尖装夹车偏心件

较长的偏心件可在两顶尖间进行车削，如图 4-17 所示。

用此法加工偏心件时，关键是钻准工件两端面上的偏心中心孔。它不但要求偏心距准确，并且要求两端中心孔在一个平面上。若工件精度要求高，可在坐标镗床上钻偏心中心孔，用其他方法控制中心距；若工件精度要求不高，可划线钻偏心中心孔或用钻模钻偏心中心孔。

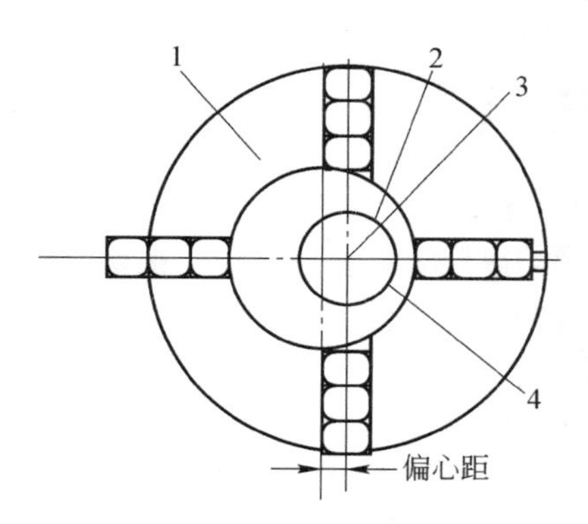

图 4-16 用四爪单动卡盘装夹车偏心件

1—四爪单动卡盘；2—工件；
3—车床主轴回转中心；4—偏心件圆周线

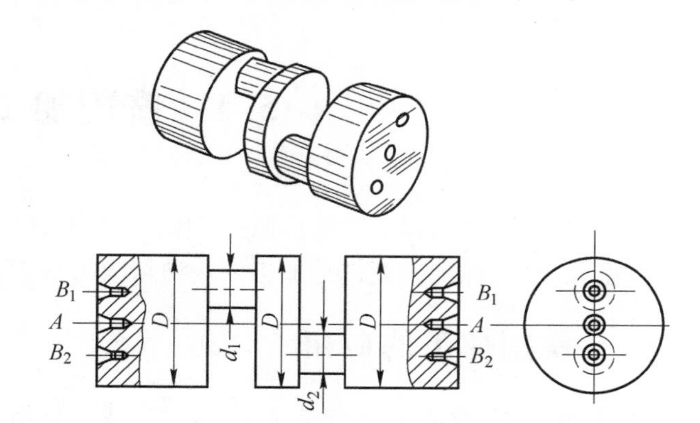

图 4-17 用前、后顶尖装夹车偏心件

思考题与习题

4-1 简述车削加工的工艺范围。

4-2 简述车床的类型及各自的特点。

4-3 车刀有哪些类型？各有何特点？

4-4 常用的车床附件有哪些？各适用于什么场合？

4-5 简述在加工细长轴时易出现的问题及采取的对策。

4-6 数控车床的结构有何特征？与普通车床有何不同？

第5章 铣削和刨插削加工

5.1 铣削加工概述

铣削加工是应用相切法成形原理，用多刃回转体刀具在铣床上对平面、台阶面、沟槽、成形表面、型腔表面、螺旋表面进行加工的一种切削加工方法，是目前应用最广泛的加工方法之一。

一、铣削加工的应用

铣削加工时，铣刀的旋转是主运动，铣刀或工件沿坐标方向的直线运动或旋转运动是进给运动。不同坐标方向的运动配合联动和不同形状的刀具相配合，可以实现不同类型表面的加工。图5-1所示是铣削加工的主要应用示例。

铣削加工可以对工件进行粗加工和半精加工，加工精度为IT9～IT7级，精铣表面粗糙度 Ra 值为3.2～1.6 μm。

二、铣削加工的特点

铣刀的每一个刀齿相当于一把车刀，多个刀齿同时参加切削。就其中一个刀齿而言，它的切削加工特点与车削加工基本相同。但就整体刀具的切削过程而言，铣削加工又有其特殊之处，主要表现在以下几个方面。

(1) 工艺范围广：通过合理地选用铣刀和铣床附件，铣削不仅可以加工平面、沟槽、成形面、台阶，还可以进行切断和刻度加工。

(2) 生产率高：由于多个刀齿参与切削，切削刃的作用总长度长，每个刀齿的切削载荷相同时，总的金属切除率明显高于单刃刀具切削的金属切除率。

(3) 断续切削：铣削时，每个刀齿依次切入和切出工件，形成断续切削，切入和切出时会产生冲击和振动。此外，高速铣削时刀齿还经受周期性的温度变化即热冲击的作用。这种热和力的冲击会降低刀具耐用度。振动还会影响已加工表面的粗糙度。

(4) 容屑和排屑：由于铣刀是多刃刀具，相邻两刀齿之间的空间有限，每个刀齿切下的切屑必须有足够的空间容纳并能够顺利排出，否则会造成刀具破坏。

(5) 同一个被加工表面可以采用不同的铣削方式、不同的刀具，来适应工件材料和其他切削条件的要求，以提高切削效率和刀具耐用度。

三、铣削要素

铣削时，铣刀相邻的两个刀齿在工件上先后形成的两个过渡表面之间的一层金属层称为切削层。铣削时切削用量决定切削层的形状和尺寸。切削层的形状和尺寸对铣削过程有很大的影响。

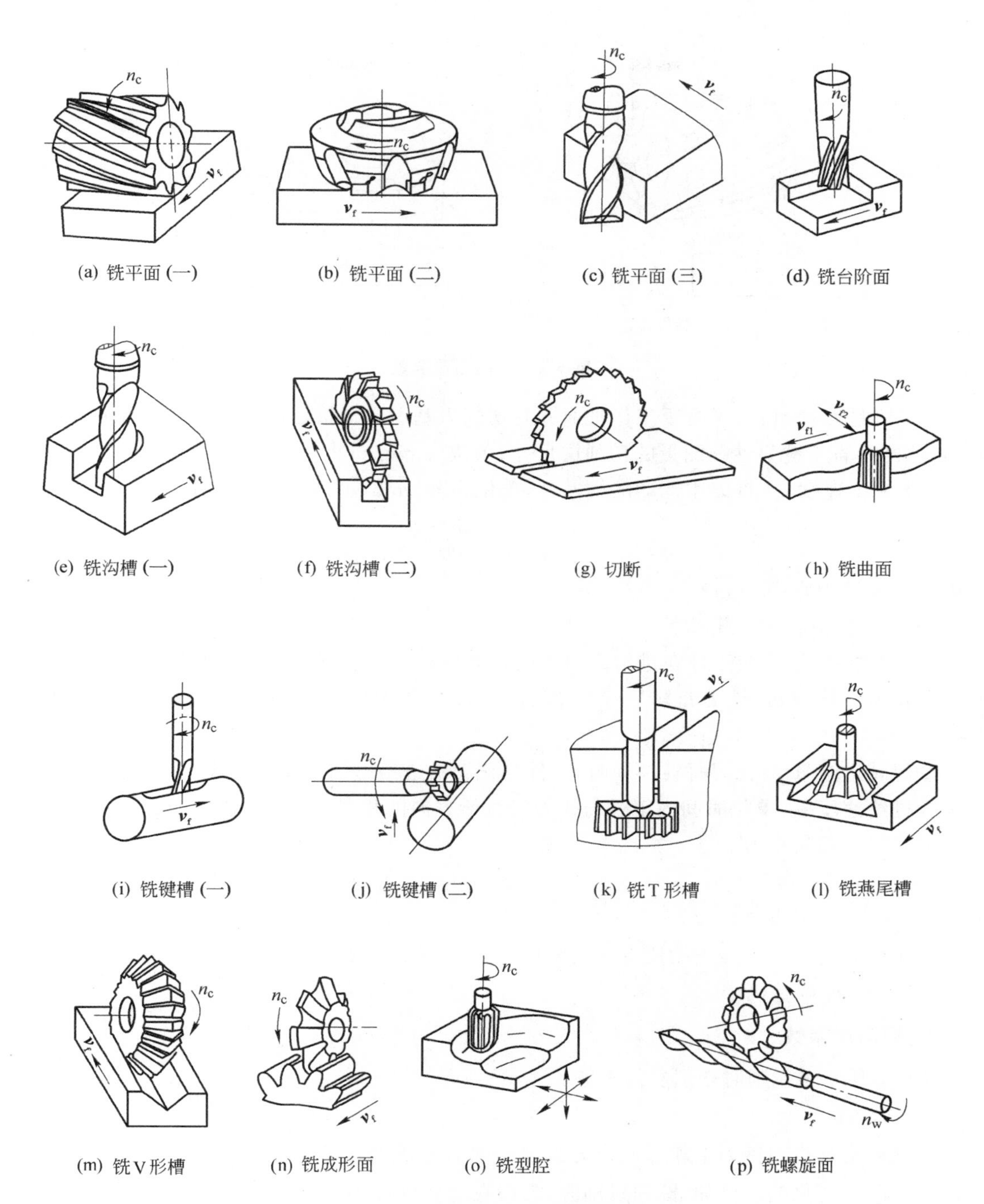

图 5-1　铣削加工的主要应用示例

1. 铣削用量

铣削用量要素如图 5-2 所示。铣削用量包括背吃刀量 a_p、侧吃刀量 a_e、铣削速度 v_c 和进给量。根据切削刃在铣刀上分布位置不同，铣削可分为圆周铣削和端面铣削。切削刃分布在刀具圆周表面的切削方式称为圆周铣削。切削刃分布在刀具端面上的铣削方式称为端面铣削。

(1) 背吃刀量 a_p：在通过切削刃基点并垂直于工作平面方向上测量的吃刀量，即平行于铣刀轴线测量的切削层尺寸，单位为 mm。

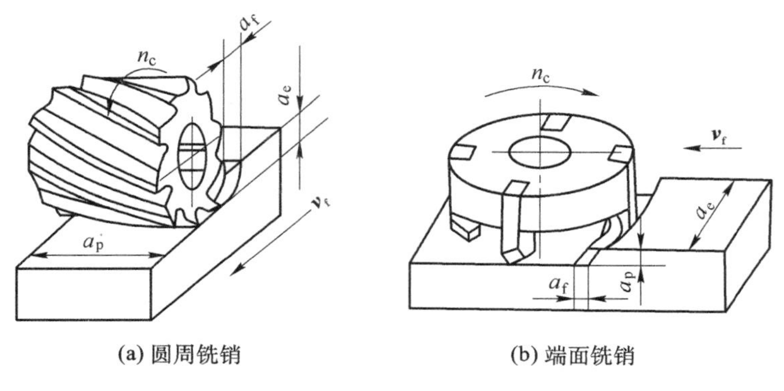

(a) 圆周铣销　　(b) 端面铣销

图 5-2　铣削用量要素

(2) 侧吃刀量 a_e:在平行于工作平面并与切削刃基点的进给运动方向垂直的方向上测量的吃刀量,即垂直于铣刀轴线测量的切削层尺寸,单位为 mm。

(3) 铣削速度 v_c:铣刀主运动的线速度,单位为 m/min,可用下式进行计算:

$$v_c=\frac{\pi d n_c}{1\ 000}$$

式中:d——铣刀直径,mm;

n_c——铣刀转速,r/min。

(4) 进给量:铣刀与工件在进给方向上的相对位移量。它有以下三种表示方法。

①每齿进给量 a_f:铣刀每转一个刀齿时,工件与铣刀沿进给方向的相对位移量,单位为 mm/z。

②每转进给量 f:铣刀每转一周时,工件与铣刀沿进给方向的相对位移,单位为 mm/r。

③进给速度 v_f:单位时间内工件与铣刀沿进给方向的相对位移,单位为 mm/min。

三者之间的关系为

$$v_f=fn=a_f zn$$

式中:z——铣刀刀齿数。

铣床铭牌上给出的是进给速度。调整机床时,首先应根据加工条件选择 a_f 或 f,然后计算出 v_f,并按照 v_f 调整机床。

2. 切削层参数

图 5-3 所示是铣削时切削层的参数。

1) 切削厚度 a_c

切削厚度是指由铣刀上相邻两个刀齿主切削刃形成的过渡表面间的垂直距离。铣削时切削厚度是随时变化的。例如,圆周铣削时,刀齿在起始位置 H 点时,$a_c=0$,为最小值;刀齿即将离开工件到达 A 点时,切削厚度为最大值。端面铣削时,刀齿的切削厚度在刚切入工件时为最小,切入中间位置时为最大,以后又逐渐减小。

2) 切削宽度 a_w

切削宽度为主切削刃参加工作的长度。如图 5-2(a)所示,直齿圆柱铣刀的切削宽度等于背吃刀量 a_p;而图 5-4 所示螺旋齿圆柱铣刀圆周铣削时的切削宽度是变化的。随着刀齿切入和切出工件,切削宽度逐渐加大,然后又逐渐减小,因而铣削过程较为平稳。端面铣削时,切削宽度保持不变。

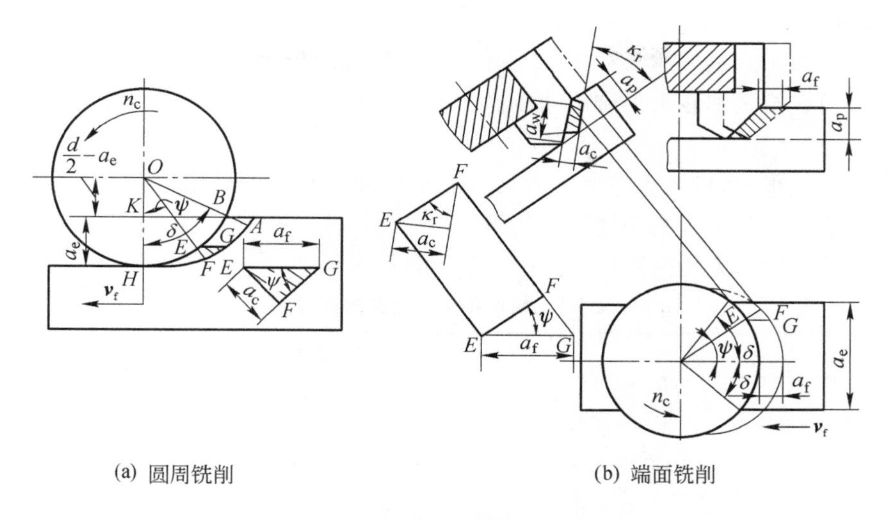

图 5-3 铣削时切削层的参数

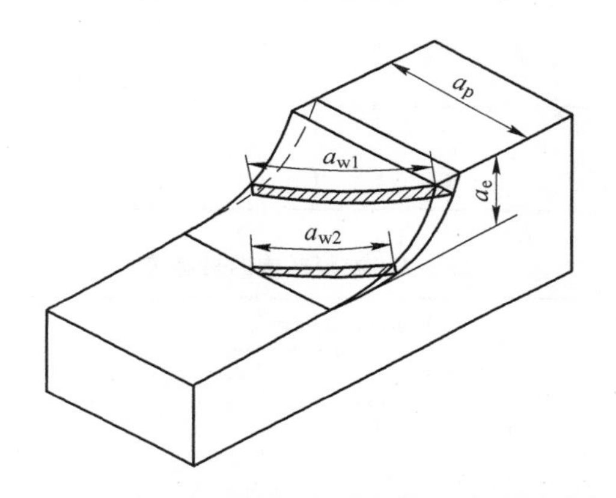

图 5-4 螺旋齿圆柱铣刀圆周铣削时切削层的参数

3）切削层横截面积 A_{cav}

铣刀同时有几个刀齿参加切削，铣刀的总切削层横截面积应为同时参加切削的刀齿切削层横截面积之和。但是由于切削时切削厚度、切削宽度和同时工作的齿数均随时间的变化而变化，因此计算较为复杂。为了计算简便，常采用平均切削总面积这一参数，它的定义为

$$A_{cav}=\frac{Q}{v_c}$$

式中：Q——单位时间内切除材料的体积，mm^3/min。

3. 铣削用量的选择

对于铣削用量的选择，应当根据工件的加工精度、刀具耐用度及机床的刚性，首先选定铣削深度，其次是每齿进给量，最后确定铣削速度。下面叙述按加工精度不同来选择铣削用量的一般原则。

1）粗加工

当粗加工余量较大，精度要求不高时，应当根据工艺系统刚性及刀具耐用度来选择铣削用量。一般选取较大的背吃刀量和侧吃刀量，使一次进给尽可能多地切除毛坯余量。在刀具性能允许的条件下应以较大的每齿进给量进行铣削，以提高生产率。

2) 半精加工

此时工件的加工余量一般为0.5～2 mm,并且无硬皮,加工时主要降低表面粗糙度,因此应选择较小的每齿进给量和较大的铣削速度。

3) 精加工

这时加工余量很小,应当着重考虑刀具的磨损对加工精度的影响,因此宜选择较小的每齿进给量和铣刀所允许的最大铣削速度进行铣削。

表5-1、表5-2所示为铣削用量推荐值,供参考。

表 5-1 粗铣每齿进给量的推荐值

<table>
<tr><th colspan="2">刀具</th><th>工件材料</th><th>推荐进给量/(mm/z)</th></tr>
<tr><td rowspan="6">高速钢铣刀</td><td rowspan="2">圆柱铣刀</td><td>钢</td><td>0.10～0.15</td></tr>
<tr><td>铸铁</td><td>0.12～0.20</td></tr>
<tr><td rowspan="2">端面铣刀</td><td>钢</td><td>0.04～0.06</td></tr>
<tr><td>铸铁</td><td>0.15～0.20</td></tr>
<tr><td rowspan="2">三面刃铣刀</td><td>钢</td><td>0.04～0.06</td></tr>
<tr><td>铸铁</td><td>0.15～0.25</td></tr>
<tr><td colspan="2" rowspan="2">硬质合金铣刀</td><td>钢</td><td>0.10～0.20</td></tr>
<tr><td>铸铁</td><td>0.15～0.30</td></tr>
</table>

表 5-2 铣削速度的推荐值

<table>
<tr><th rowspan="2">工件材料</th><th colspan="2">铣削速度/(m/min)</th><th rowspan="2">说明</th></tr>
<tr><th>高速钢铣刀</th><th>硬质合金铣刀</th></tr>
<tr><td>20钢</td><td>20～45</td><td>150～190</td><td rowspan="7">(1) 粗加工取小值,精加工取大值;
(2) 工件材料的强度越高,取值越小,反之越大;
(3) 刀具材料的耐热性好取大值,反之取小值</td></tr>
<tr><td>45钢</td><td>20～35</td><td>120～150</td></tr>
<tr><td>40Cr</td><td>15～25</td><td>60～90</td></tr>
<tr><td>HT150</td><td>14～22</td><td>70～100</td></tr>
<tr><td>黄铜</td><td>30～60</td><td>120～200</td></tr>
<tr><td>铝合金</td><td>112～300</td><td>400～600</td></tr>
<tr><td>不锈钢</td><td>16～25</td><td>50～100</td></tr>
</table>

四、铣削方式

铣削方式是指铣削时铣刀相当于工件的运动和位置关系。它对铣刀寿命、工件加工表面粗糙度、铣削过程的平稳性及铣削加工生产率都有较大的影响。

1. 端面铣削和圆周铣削

如前所述,铣削根据所用铣刀的类型不同可分为端面铣削和圆周铣削(见图5-2)。端面铣削一般在立式铣床上进行,也可以在其他机床上进行;圆周铣削通常只在卧式铣床上进行。与圆周铣削相比,端面铣削容易使加工表面获得较小的表面粗糙度值和较高的生产率,因为端面铣削时,副切削刃具有修光作用,而圆周铣削时只有主切削刃参与切削。此外,端面铣削时主轴刚性好,并且面铣刀可以安装硬质合金可转位刀片,因此所用的切削用量大,生产率高。所以,在平面铣削中，端面铣削基本上代替了圆周铣削。但圆周铣削可以加工成形表面和组合表面。

2. 逆铣和顺铣

根据铣削时切削层参数的变化规律不同，圆周铣削分为逆铣和顺铣两种，如图 5-5 所示。

1）逆铣

铣削时，铣刀切入工件时铣削速度方向与工件的进给方向相反，这种铣削方式称为逆铣。逆铣时，刀齿的切削厚度 a_c 从零逐渐增大。刀齿开始切入时，由于切削刃钝圆半径的影响，刀齿在工件表面上打滑，产生挤压和摩擦，使这段表面产生严重的冷硬层。滑行到一定程度时，刀齿方能切下一层金属层。下一个刀齿切入时，又在冷硬层上挤压、滑行，使刀齿容易磨损，同时使工件表面粗糙度值增大。此外，逆铣加工时，当接触角大于一定数值时，垂直铣削分力向上，易引起振动。

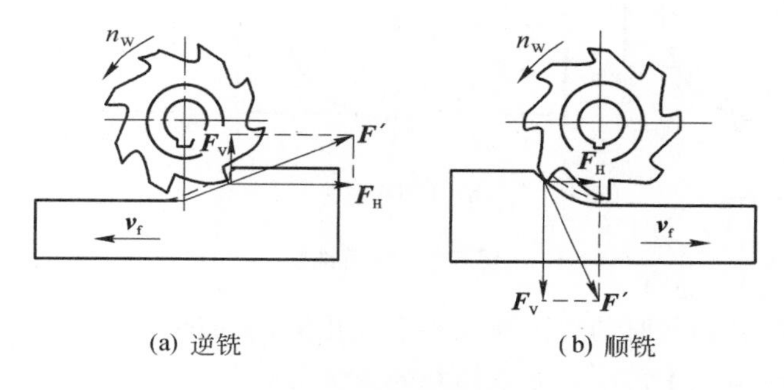

图 5-5 圆周铣削

2）顺铣

铣削时，铣刀切出工件时铣削速度方向与工件的进给方向相同，这种铣削方式称为顺铣。顺铣时，刀齿的切削厚度从最大递减至零，避免了逆铣时的刀齿挤压、滑行现象，已加工表面的加工硬化程度大为减轻，表面质量也较高，刀具耐用度也比逆铣时高。同时，垂直铣削分力始终压向工作台，避免了工件的振动。

如图 5-6 所示，铣床工作台的纵向进给运动一般是依靠丝杠和螺母来实现的。螺母固定，由丝杠转动带动工作台移动。逆铣时，纵向铣削分力与驱动工作台移动的纵向力方向相反，使丝杠与螺母间的传动面始终贴紧，工作台不会发生窜动现象，铣削过程较平稳。

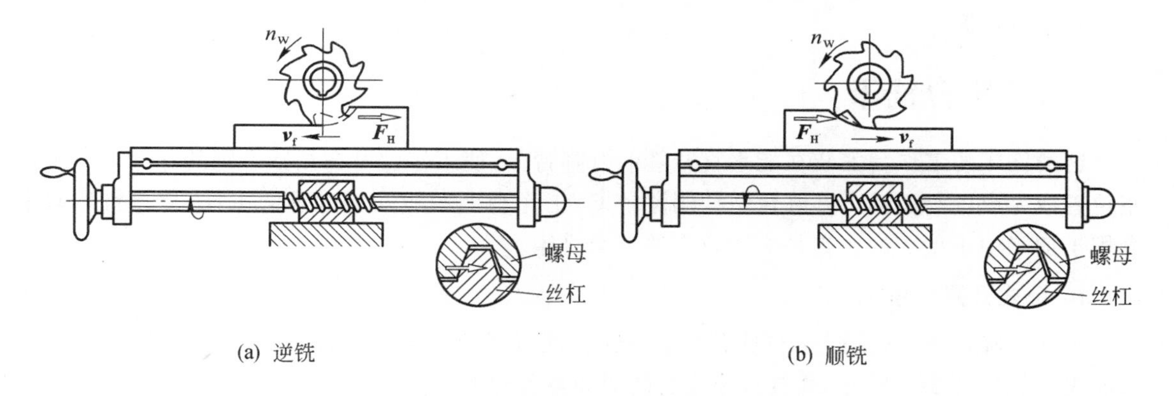

图 5-6 丝杠与螺母的间隙对铣削过程平稳性的影响

顺铣时，铣削力的纵向分力方向始终与驱动工作台移动的纵向力方向相同。如果丝杠与螺母传动副中存在间隙，当纵向铣削分力大于工作台与导轨之间的摩擦力时，会使工作台带动丝杠出现窜动,造成工作台振动,使工作台进给不均匀,严重时会出现打刀现象。因此,采用顺铣,必须要求铣床工作台进给丝杠螺母副有消除间隙的装置,或采取其他有效措施。因此,在没有丝杠螺母副间隙消除装置的铣床上,宜采用逆铣加工。

3. 对称铣削和不对称铣削

根据铣刀与工件相对位置的不同,端面铣削可分为对称铣削、不对称逆铣和不对称顺铣。如图 5-7 所示。铣刀轴线位于铣削弧长的对称中心位置,铣刀每个刀齿切入和切离工件时切削厚度相等,称为对称铣削;否则,称为不对称铣削。

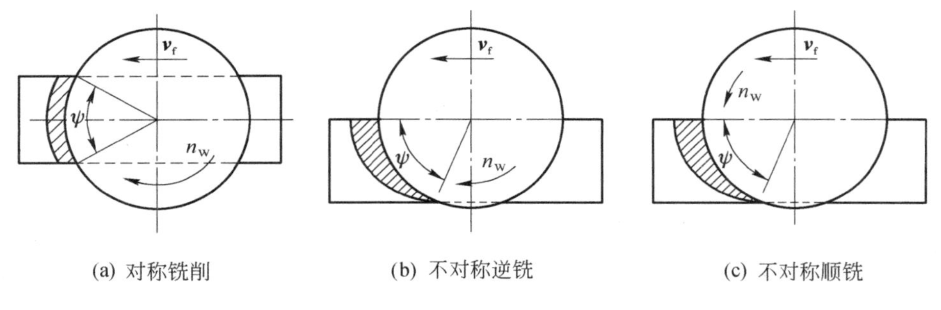

图 5-7 端面铣削

在不对称铣削中,若切入时的切削厚度小于切出时的切削厚度,称为不对称逆铣。这种铣削方式切入冲击较小,适用于铣削普通碳钢和高强度低合金钢。若切入时的切削厚度大于切出时的切削厚度,则称为不对称顺铣。这种铣削方式用于铣削不锈钢和耐热合金时,可减少硬质合金的剥落磨损,提高铣削速度 40%～60%。

5.2 铣　床

铣床的类型很多。根据结构形式和用途,铣床可分为卧式升降台铣床(简称卧式铣床)、立式升降台铣床(简称立式铣床)、无升降台铣床、龙门铣床、工具铣床、仿形铣床、仪表铣床和各种专门化铣床。随着数控技术的应用,数控铣床和以铣削、镗削为主要功能的铣镗加工中心的应用也越来越普遍。

一、升降台铣床

这类铣床的工作台安装在能垂直升降的升降台上,使工作台可在相互垂直的三个方向上调整位置或完成进给运动。升降台结构刚性较差,工作台上不能安装过重的工件,故该铣床只适合用于加工中小型工件。它是应用较广的一类铣床。

1. 卧式升降台铣床

卧式升降台铣床(见图 5-8)具有水平的安装铣刀杆的主轴,可用圆柱铣刀、盘铣刀、成形铣刀和组合铣刀等加工平面、具有直导线的曲面和各种沟槽。

2. 卧式万能铣床

卧式万能铣床(见图 5-9)在结构上与卧式升降台铣床基本相同,只是在工作台和滑座之间增加了回转盘,使工作可绕回转盘轴线在±45°范围内偏转,改变工作台移动方向,从而可加工斜槽、螺旋槽等。此外，还可换用立式铣头、插头等附件，扩大卧式万能铣床的加工范围。

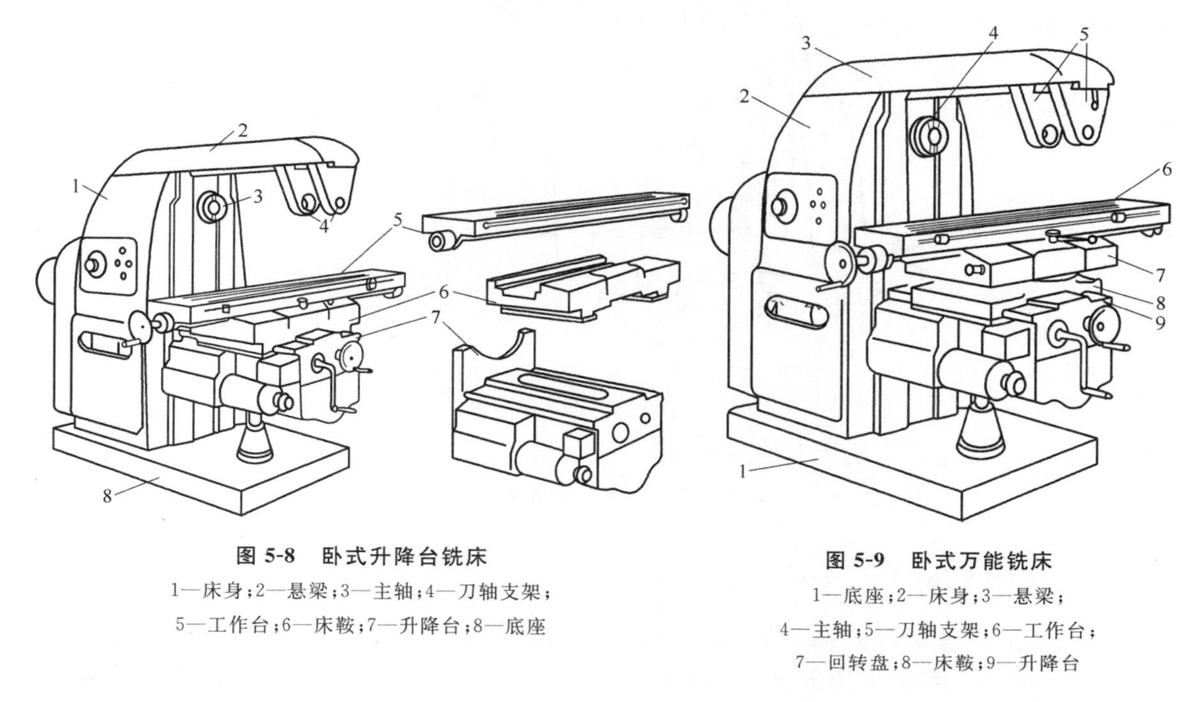

图 5-8 卧式升降台铣床

1—床身；2—悬梁；3—主轴；4—刀轴支架；
5—工作台；6—床鞍；7—升降台；8—底座

图 5-9 卧式万能铣床

1—底座；2—床身；3—悬梁；
4—主轴；5—刀轴支架；6—工作台；
7—回转盘；8—床鞍；9—升降台

3. 立式升降台铣床

这种铣床与卧式铣床的区别是安装铣刀的主轴垂直于工作台台面，主要用端铣刀或立铣刀进行铣削。图 5-10 所示为立式升降台铣床。图 5-10(b)所示为万能回转头铣床。它的铣刀轴可作任意方向的偏转，当工件不同角度的位置均需加工时，在一次安装中只改变铣刀轴线倾斜方向就能完成加工。

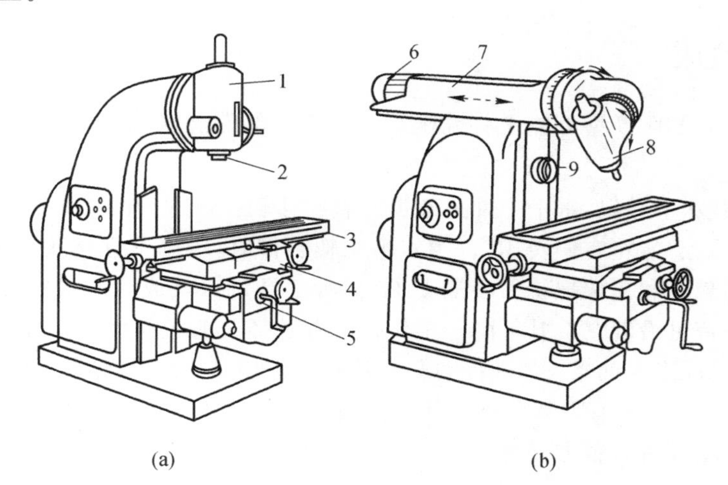

图 5-10 立式升降台铣床

1—铣头；2—主轴；3—工作台；4—床鞍；5—升降台；6—电动机；7—滑座；8—万能立铣头；9—水平主轴

二、无升降台铣床

无升降台铣床(见图 5-11)的工作台只能在固定的台座上作纵、横向移动(矩形工作台)或绕垂直轴线转动(圆形工作台),垂直方向上的调控和进给运动由机床主轴箱完成。它的刚性和抗振性比升降台铣床好,适用于较大铣削用量的加工。

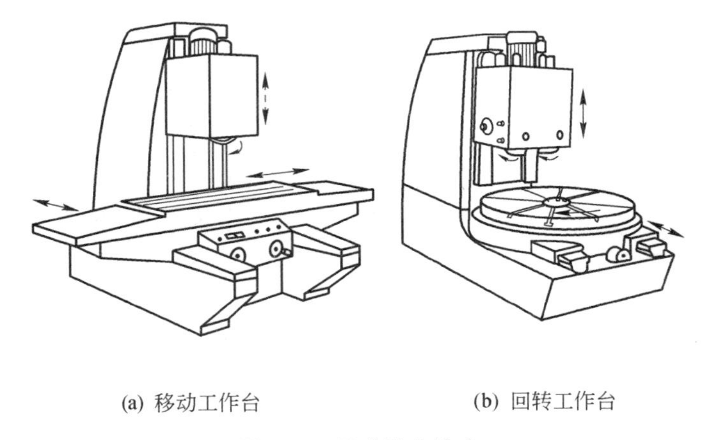

(a) 移动工作台　　(b) 回转工作台

图 5-11　无升降台铣床

三、龙门铣床

龙门铣床(见图 5-12)因床身两侧有由立柱和横梁组成的门式框架而得名。工作台在床身上的水平导轨上作纵向进给运动。在立柱和横梁上都装有立铣头,每个立铣头都是独立的部件,由各自的电动机驱动主轴作主运动。横梁可沿立柱上的导轨进行垂直位置调整,横梁上的立铣头可沿横梁上水平的导轨进行位置调整。有些龙门铣床上的立铣头主轴可以进行倾斜调节,以便铣斜面。各铣刀的切深运动均由立铣头主轴移动来实现。

龙门铣床的刚性和精度都很好,可用几把铣刀同时铣削,所以生产率和加工精度都较高,适合加工大中型或重型工件。

四、工具铣床

图 5-13 所示是 X8126 型万能工具铣床。它的主要部件有床身、水平主轴头架、立铣头、工作台、升降台。

床身的顶部有水平导轨,水平主轴头架可沿着它移动。可拆卸的立铣头固定在水平主轴头架前面的垂直平面上,能左右偏转 45°。当水平主轴工作时,需卸下立铣头,将铣刀心轴装入水平主轴孔中,并用悬梁和支架把铣刀心轴支承起来,工具铣床就成为卧式铣床。在床身的前面有垂直导轨,升降台可沿着它上升下降。工作台沿着升降台前面的水平导轨实现纵向进给。工作台前面的垂直平面上有两条 T 形槽,供安装各种附件用。图 5-13 所示是装有水平角度工作台的情况。图 5-14 表示装有万能角度工作台的情况。万能角度工作台的台面可绕三个互相垂直的轴线回转,使工件可以很方便地调整到处于空间任意角度的位置。

五、数控铣床

数控铣床的一般分为立式数控铣床、卧式数控铣床、龙门数控铣床、数控万能工具铣床等。

图 5-15 所示为 XK5032 型立式数控铣床。与传统铣床一样,它的主要部件有床身、铣头、主轴、纵向工作台(X 轴)、横向床鞍(Y 轴)、可调升降台(手动)、液压与气动控制系统和电气控制系统等。XK5032 型立式数控铣床作为数控机床的特征部件有 X、Y、Z 各进给轴伺服电动

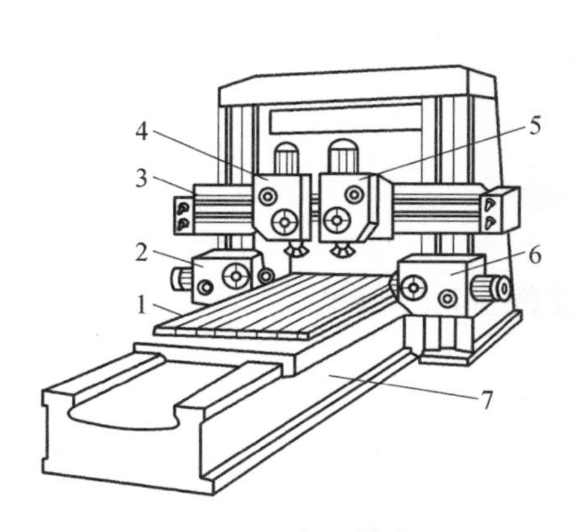

图 5-12 龙门铣床

1—工作台；2、6—侧铣头；3—横梁；
4、5—立铣头；7—床身

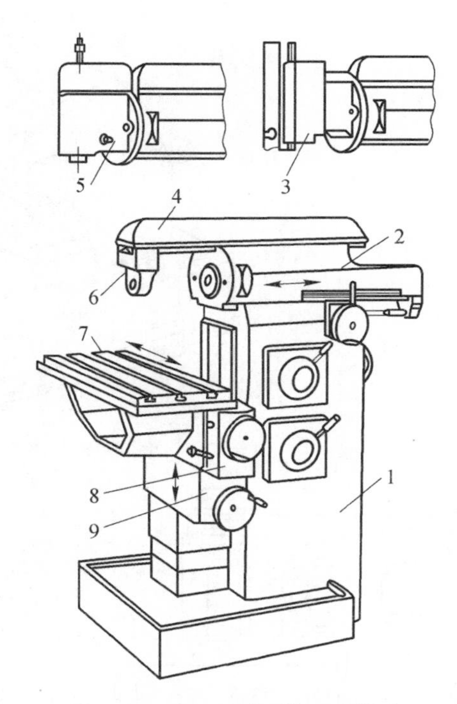

图 5-13 X8126 型万能工具铣床

1—床身；2—水平主轴头架；3—插头附件；
4—悬梁；5—立铣头；6—支架；
7—水平角度工作台；8—工作台；9—升降台

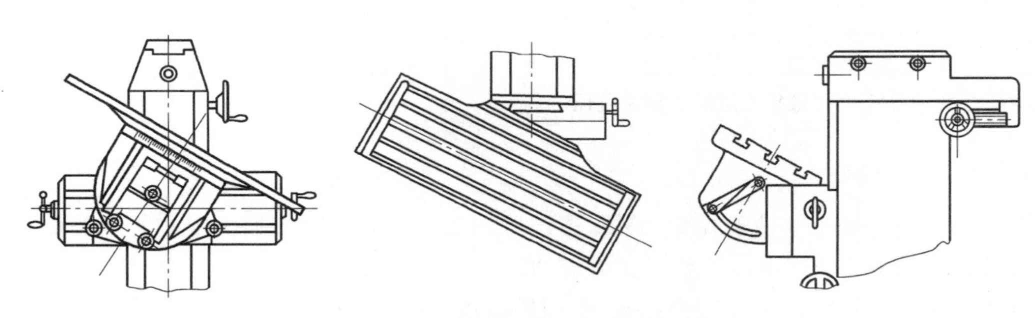

图 5-14 装有万能角度工作台的情况

机，行程限位及保护开关，数控面板及其控制台。

XK5032 型立式数控铣床的传动系统图如图 5-16 所示。该机床主传动采用专用的无级调速主电动机，由皮带轮将运动传至主轴。主轴转速分为高、低两挡，通过更换带轮的方法来实现换挡。当换上 ϕ96.52 mm/ϕ127 mm 的带轮时，主轴转速为 80～4 500 r/min（高速挡）；当换上 ϕ71.12 mm/ϕ62.56 mm 的带轮时，主轴转速为 45～2 600 r/min（低速挡）。每挡内的转速可由程序中的 S 指令给定，也可通过手动操作选择。

工作台的纵向（X 轴）进给运动和横向（Y 轴）进给运动、主轴套筒的垂直（Z 轴）进给运动，都由各自的交流伺服电动机驱动，分别通过同步齿形带传给滚珠丝杠，实现进给。各轴的进给速度范围是 5～2 500 mm/min，各轴的快进速度为 5 000 mm/min。当然，实际移动速度还受操作面板上速度修调开关的影响。床鞍的纵向、横向导轨面均采用了贴塑面，提高了导轨的耐磨性，消除了低速爬行现象。

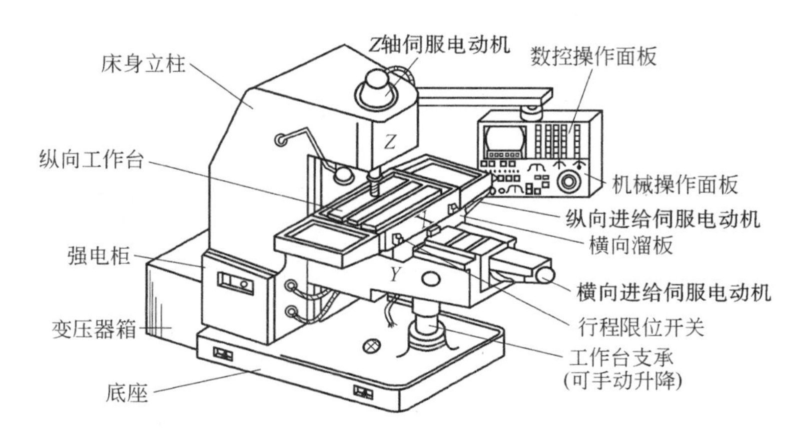

图 5-15　XK5032 型立式数控铣床

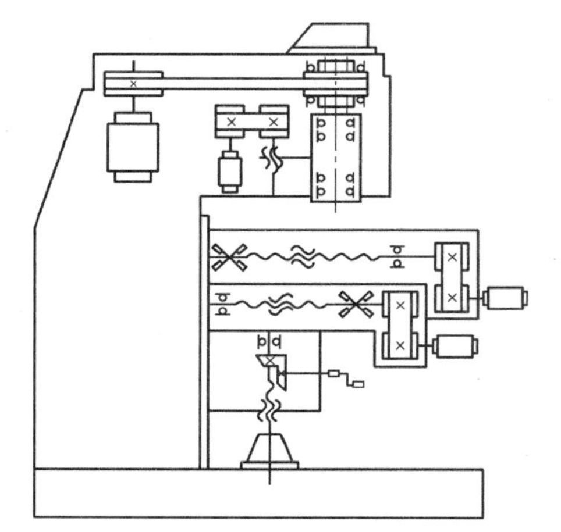

图 5-16　XK5032 型立式数控铣床的传动系统图

六、数控加工中心

1. 立式加工中心

立式加工中心是指主轴轴线呈垂直状态设置的加工中心。它的结构形式多为固定立柱式，工作台为长方形，无分度回转功能，适合加工盘类零件。在工作台上安装一个绕水平轴旋转的数控回转台后，立式加工中心可用于加工螺旋线类零件。立式加工中心的结构简单、占地面积小、价格低。

图 5-17 所示为 JCS-018 型立式镗铣加工中心。

2. 卧式加工中心

卧式加工中心是指主轴轴线呈水平状态设置的加工中心。卧式加工中心通常都带有可进行分度回转运动的正方形分度工作台。卧式加工中心一般具有 3～5 个运动坐标，常见的是三个直线运动坐标(沿 X、Y、Z 轴方向)加一个回转运动坐标(回转工作台)，它能够使工件在一次装夹后完成除安装面和顶面以外其余四个面的加工，最适合用于箱体类工件的加工。

卧式加工中心有多种形式，如固定立柱式、固定工作台式。固定立柱式卧式加工中心的立柱固定不动，主轴箱沿立柱作上下运动，而工作台可在水平面内作前后、左右两个方向的移动；固定工作台式卧式加工中心安装工件的工作台是固定不动的(不作直线运动)，沿坐标轴三个方向的直线运动由主轴箱和立柱的移动来实现。

与立式加工中心相比，卧式加工中心的结构复杂，占地面积大，质量大，价格也较高。

卧式镗铣加工中心如图 5-18 所示。

3. 万能加工中心

万能加工中心又称复合加工中心，具有立式加工中心和卧式加工中心的功能，工件一次装夹后能完成除安装面外所有侧面和顶面的加工，也叫五面加工中心。常见的万能加工中心有两种形式：一种是主轴可实现立、卧转换；另一种是主轴不改变方向，工作台带着工件旋转 90°完成对工件五个面的加工。

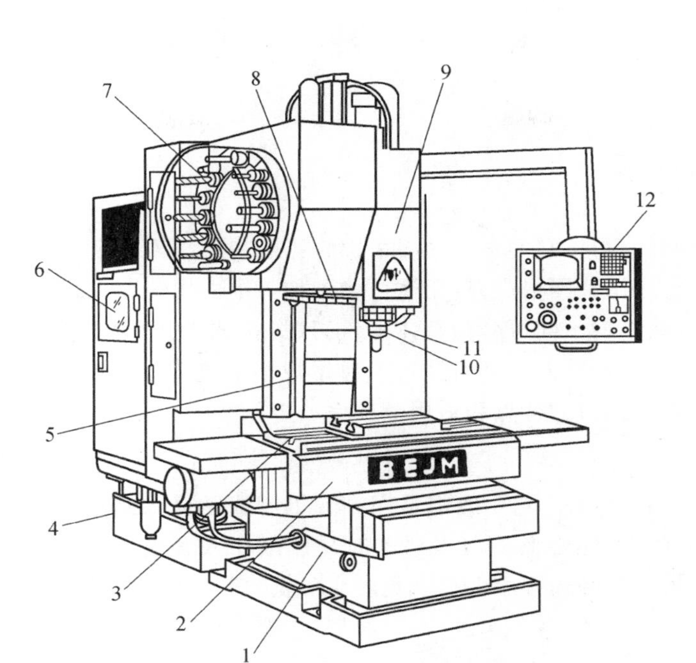

图 5-17 JCS-018 **型立式镗铣加工中心**

1—床身；2—滑座；3—工作台；4—油箱；5—立柱；6—数控柜；

7—刀库；8—机械手；9—主轴箱；10—主轴；11—电柜；12—操作台

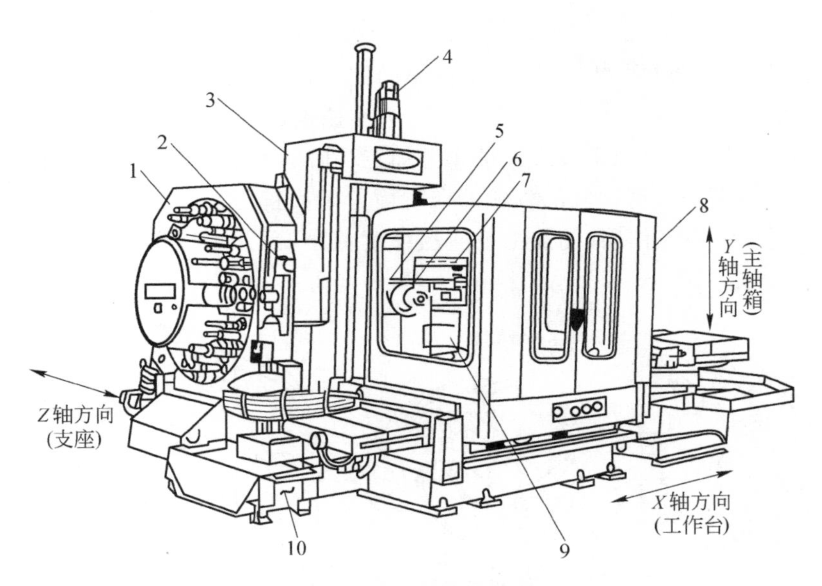

图 5-18 卧式镗铣加工中心

1—刀库；2—换刀装置；3—支架；4—Y 轴伺服电动机；5—主轴箱；

6—主轴；7—数控装置；8—防溅挡板；9—回转工作台；10—切屑槽

5.3 铣　刀

一、铣刀的种类

铣刀为多刀齿回转刀具,它的每一个刀齿都相当于一把车刀固定在铣刀的回转面上。铣刀种类很多,结构不一,应用范围很广,按用途可分为加工平面用铣刀、加工沟槽用铣刀、加工成形面用铣刀等三大类,按结构不同可分为整体式铣刀、焊接式铣刀、装配式铣刀、可转位铣刀四大类;按齿背形式可分为尖齿铣刀和铲齿铣刀。通用规格的铣刀已标准化,一般均由专业工具厂生产。现介绍几种常用铣刀的特点和适用范围。

1. 圆柱铣刀

圆柱铣刀如图 5-19 所示。它一般都是用高速钢制成整体式结构,螺旋形切削刃分布在圆柱表面上,没有副切削刃,螺旋形的刀齿切削时是逐渐切入和脱离工件的,所以切削过程较平稳。圆柱铣刀主要用于在卧式铣床上加工宽度小于铣刀长度的狭长平面。

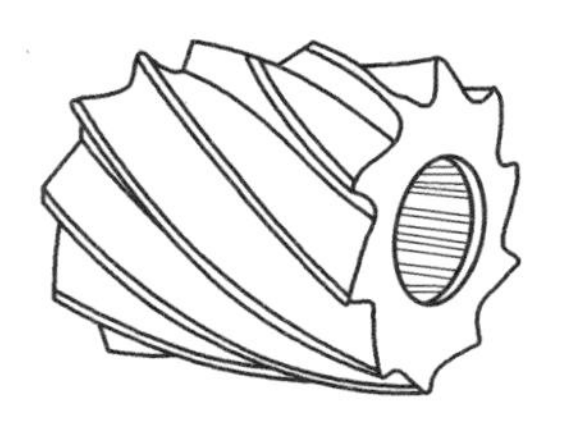

(a) 整体式

(b) 镶齿式

图 5-19　圆柱铣刀

根据加工要求不同,圆柱铣刀有粗齿、细齿之分。粗齿的容屑槽大,用于粗加工;细齿用于精加工。圆柱铣刀在外径较大时常制成镶齿式结构。

2. 面铣刀

面铣刀如图 5-20 所示,主切削刃分布在圆柱或圆锥表面上,端面切削刃为副切削刃,铣刀的轴线垂直于被加工表面。它按刀齿材料可分为高速钢和硬质合金两大类,多制成套式镶齿结构。面铣刀主要用在立式铣床或卧式铣床上加工台阶面和平面,特别适合用于较大平面的加工。主偏角为 90°的面铣刀可铣底部较宽的台阶面。用面铣刀加工平面,同时参加切削的刀齿较多,又有副切削刃的修光作用,使加工表面粗糙度值小,因此可以用较大的铣削用量,生产率较高,应用广泛。

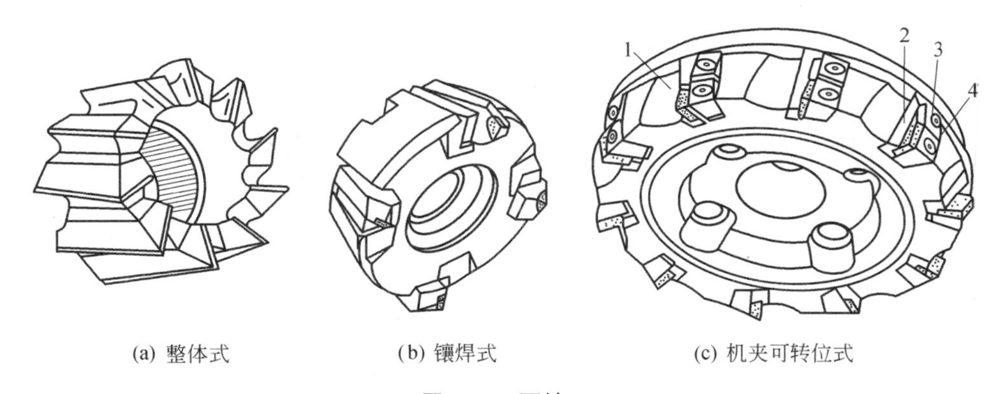

(a) 整体式　(b) 镶焊式　(c) 机夹可转位式

图 5-20　面铣刀

1—不重磨可转位夹具;2—定位座;3—定位座夹具;4—刀片夹具

3. 立铣刀

立铣刀(见图 5-21)是用得最多的一种铣刀。立铣刀的圆柱表面和端面上都有切削刃,它们可同时进行切削,也可单独进行切削。

立铣刀圆柱表面上的切削刃为主切削刃,端面上的切削刃为副切削刃。主切削刃一般为螺旋刀齿,这样可以增加切削的平稳性,提高加工精度。由于普通立铣刀端面中心处无切削刃,因此立铣刀不能作轴向进给,端面刃主要用来加工与侧面相垂直的底平面。

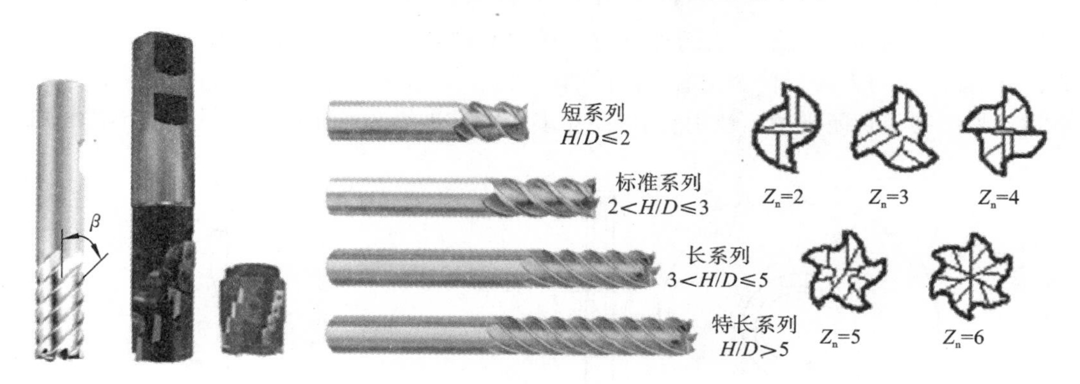

图 5-21 立铣刀

为了能加工较深的沟槽,并保证有足够的备磨量,整体式立铣刀的轴向长度一般较长。按刃长(H)与刀具直径(D)的比值不同,整体式立铣刀有短($H/D\leqslant 2$)、标准($2<H/D\leqslant 3$)、长($3<H/D\leqslant 5$)和特长($H/D>5$)四个系列。为了改善切屑卷曲情况,增大容屑空间,防止切屑堵塞,立铣刀刀齿数比较少,容屑槽圆弧半径较大。一般粗齿立铣刀刀齿数为 3～4 个,细齿立铣刀刀齿数为 5～8 个,套式结构立铣刀刀齿数为 10～20 个。一般立铣刀容屑槽圆弧半径为 2～5 mm。当立铣刀直径较大时,可制成不等齿距结构,以增强抗振作用,使切削过程平稳。深槽粗切削时,常采用波刃整体式立铣刀或多刀片长刃硬质合金立铣刀(也称玉米铣刀),以方便断屑。

标准立铣刀的螺旋角(β)为 40°～45°(粗齿)和 30°～35°(细齿),套式结构立铣刀的螺旋角为 15°～25°。直径较小的立铣刀一般制成带柄形式。直径为 2～7 mm 的立铣刀制成直柄;直径为 6～63 mm 的立铣刀制成莫氏锥柄;直径为 25～80 mm 的立铣刀做成 7∶24 锥柄,内有螺孔用来拉紧刀具。直径大于 40 mm 的立铣刀可做成套式结构。

4. 三面刃铣刀

三面刃铣刀如图 5-22 所示。它主要用于在卧式铣床上加工台阶面和一端或两端贯穿的浅沟槽。三面刃铣刀除圆柱表面具有主切削刃外,两端面有副切削刃,从而改善了切削条件,提高

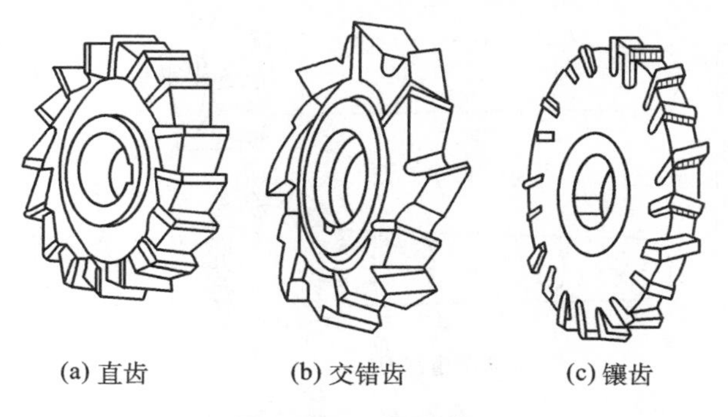

(a) 直齿　(b) 交错齿　(c) 镶齿

图 5-22 三面刃铣刀

了切削效率，减小了表面粗糙度值，但重磨后直齿三面刃铣刀和交错齿三面刃铣刀的宽度尺寸变化较大，镶齿三面刃铣刀可解决这一个问题。

5. 锯片铣刀

锯片铣刀如图5-23所示。锯片铣刀本身很薄，只在圆柱表面上有刀齿，用于切断工件和铣窄槽。为了避免夹刀，锯片铣刀的厚度由边缘向中心减薄，使两侧形成副偏角。

6. 键槽铣刀

键槽铣刀如图5-24所示。它的外形与立铣刀相似，不同的是它在圆柱表面上只有两个螺旋刀齿，端面刀齿的刀刃延伸至中心，因此在铣两端不通的键槽时，可以作适量的轴向进给。它主要用于加工圆头封闭键槽。使用它时，要作多次垂直进给和纵向进给才能完成键槽的加工。

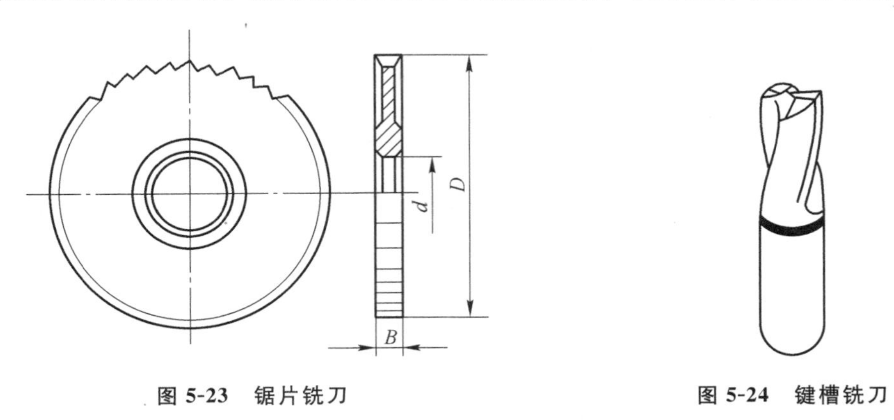

图5-23 锯片铣刀　　图5-24 键槽铣刀

另外还有角度铣刀、成形铣刀、T形槽铣刀、燕尾槽铣刀、仿形铣用的指状铣刀等，如图5-25所示。

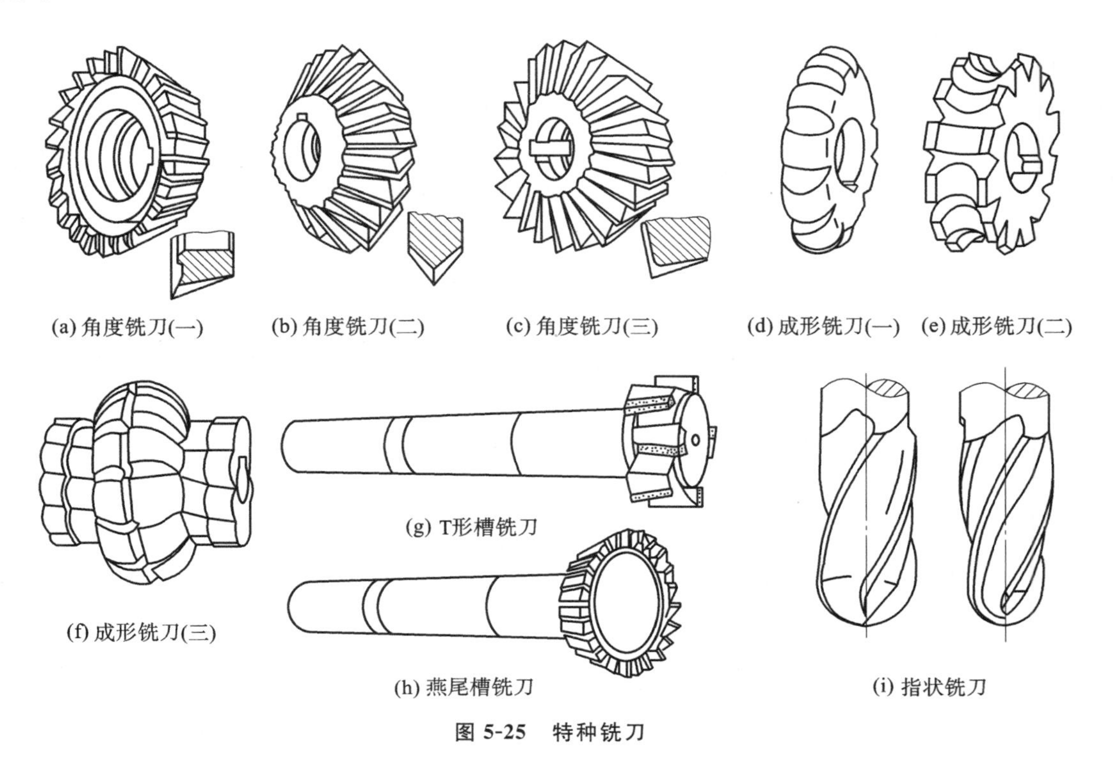

图5-25 特种铣刀

上述各种铣刀大部分都是尖齿铣刀，只有切削刃廓形复杂的成形铣刀才制成铲齿结构。尖齿铣刀的齿背经铣制而成，后面形状简单，铣刀用钝后只需刃磨后面；铲齿铣刀的齿背经铲制而成，铣刀用钝后只能刃磨前面。

二、铣镗加工中心的工具系统

镗铣类数控机床和加工中心所用的各种工具都由与机床主轴孔相适应的工具柄部、与工具柄部相连接的工具装夹部分和各种刀具组成。

由于在镗铣加工中心上要适应多种形式零件不同部位的加工，所以与工具柄部相连接的工具装夹部分的结构、形式、尺寸是多种多样的。把通用性较强的几种装夹工具（如装夹铣刀、镗刀、扩孔刀、铰刀、钻头和丝锥等的工具）系列化、标准化，就成为通常所说的工具系统。

在镗铣类数控机床和加工中心上，一般都采用 7∶24 工具圆锥柄。这是因为这种锥柄不自锁，换刀比较方便，并且与直柄相比有较高的定心精度和较高的刚性。对于有自动换刀机构的镗铣加工中心，在整个加工过程中，主轴上的工具要频繁地更换，为了达到较高的换刀精度，这种工具柄部必须有较高的制造精度。目前，这种工具的锥柄部分及机械手抓拿部分都已标准化，相关国家标准对此做了统一的规定。

镗铣类工具系统可分为整体式和模块式两大类，目前我国使用的整体式为 TSG82 工具系统，模块式有 TMG-10 工具系统、TMG-21 工具系统等。

1. 整体式镗铣类工具系统

TSG82 工具系统如图 5-26 所示。该图说明了该工具系统中各种工具的组合形式以及工具部分和标准刀具的组合形式。

TSG82 工具系统包括多种接长杆、连接刀柄（镗、铣刀柄，莫氏锥孔刀柄，钻夹头刀柄，攻丝夹头刀柄等）、镗刀头等少量的刀具。使用 TSG82 刀具系统，数控机床可以完成铣、镗、钻、扩、铰、攻丝等加工。TSG82 工具系统各辅具和刀具具有结构简单且紧凑、装卸灵活、使用方便、更换迅速等特点。

图 5-27、图 5-28、图 5-29 所示分别为 TSG82 工具系统的 JT 自动换刀型标准刀柄（锥柄）型式、BT 自动换刀型标准刀柄（锥柄）型式、ST 手动换刀型标准刀柄（锥型）型式。

JT 型自动换刀型标准刀柄上与主轴连接的两键槽与主轴轴心的间距是不对称的，刀柄在主轴上应按刀柄上的缺口标记进行单向安装，对于需要主轴准停后做定向让刀移动的精镗及反镗刀具来说，这种结构不会导致刀具安装出错，而 BT 自动换刀型标准刀柄、ST 手动换刀型标准刀柄上与主轴连接的两键槽与主轴轴心是对称布局的，刀柄在主轴上可双向安装，对于主轴准停后需做定向让刀移动的刀具来说，取下后再回装到主轴时一定要注意安装方位要求。

图 5-30 所示为 JT 型、BT 型自动换刀型标准刀柄所使用的标准拉钉结构示意图。刀柄安装到主轴之前必须了解机床主轴所适用的拉钉结构与尺寸，选用对应的拉钉后才能保证刀柄与主轴的可靠连接。ST 型手动换刀型标准刀柄没有设计机械手抓取的结构部分，需要手动装卸刀具，不适合自动换刀的加工中心使用。由于主轴与刀具系统是高速运转的，因此必须确保主轴与刀具系统间具有可靠的连接。

2. 模块式镗铣类工具系统

由于整体式镗铣类工具系统把工具的柄部与夹持刀具的工作部分连成一体，不同类型和规格的刀具都必须有能与机床相连的柄部，这样使刀柄的规格、品种繁多，给生产、使用和管理带来诸多不便。因此，出现了模块式镗铣类工具系统（如 TMG 工具系统）。所谓模块式，就是将

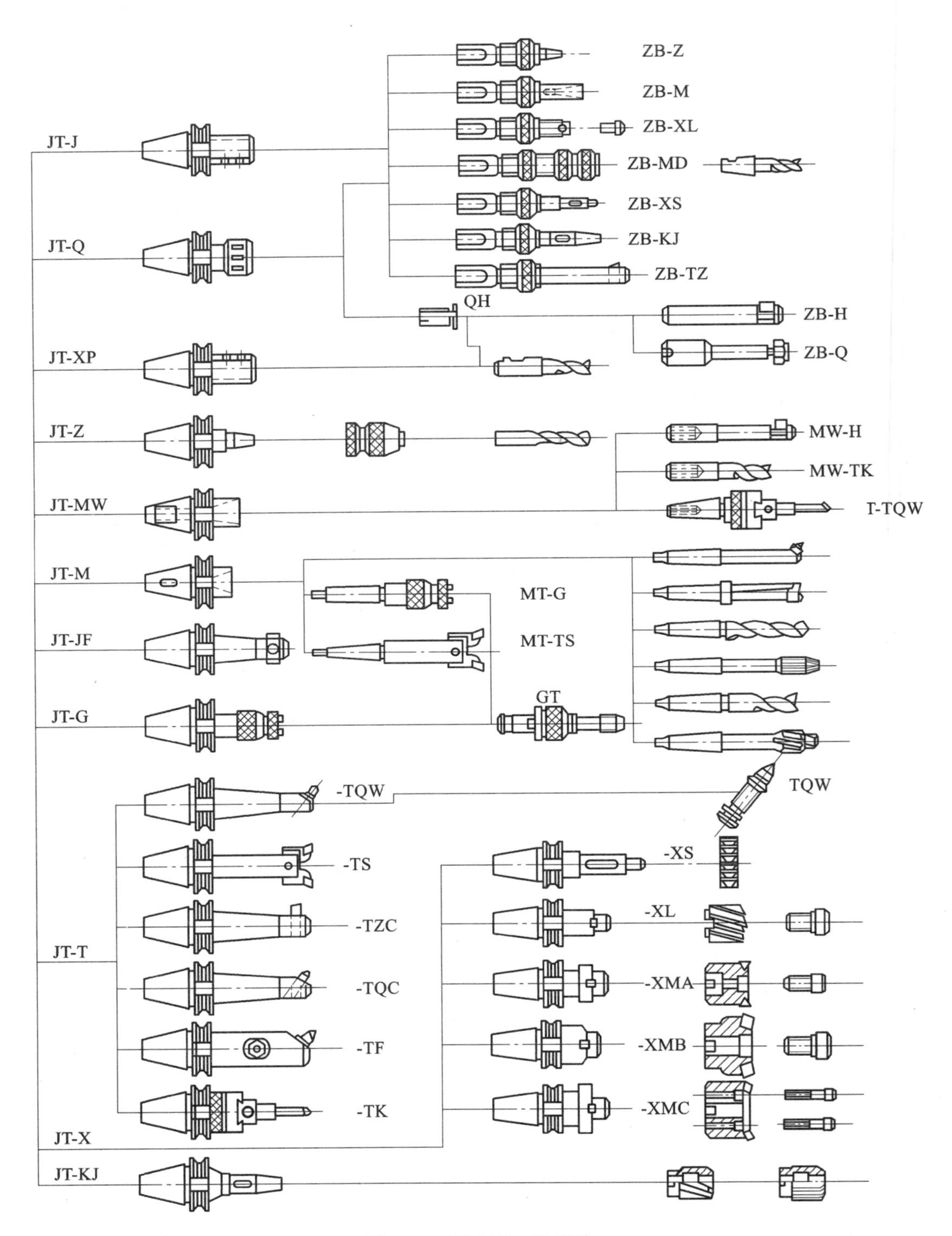

图 5-26 TSG82 工具系统

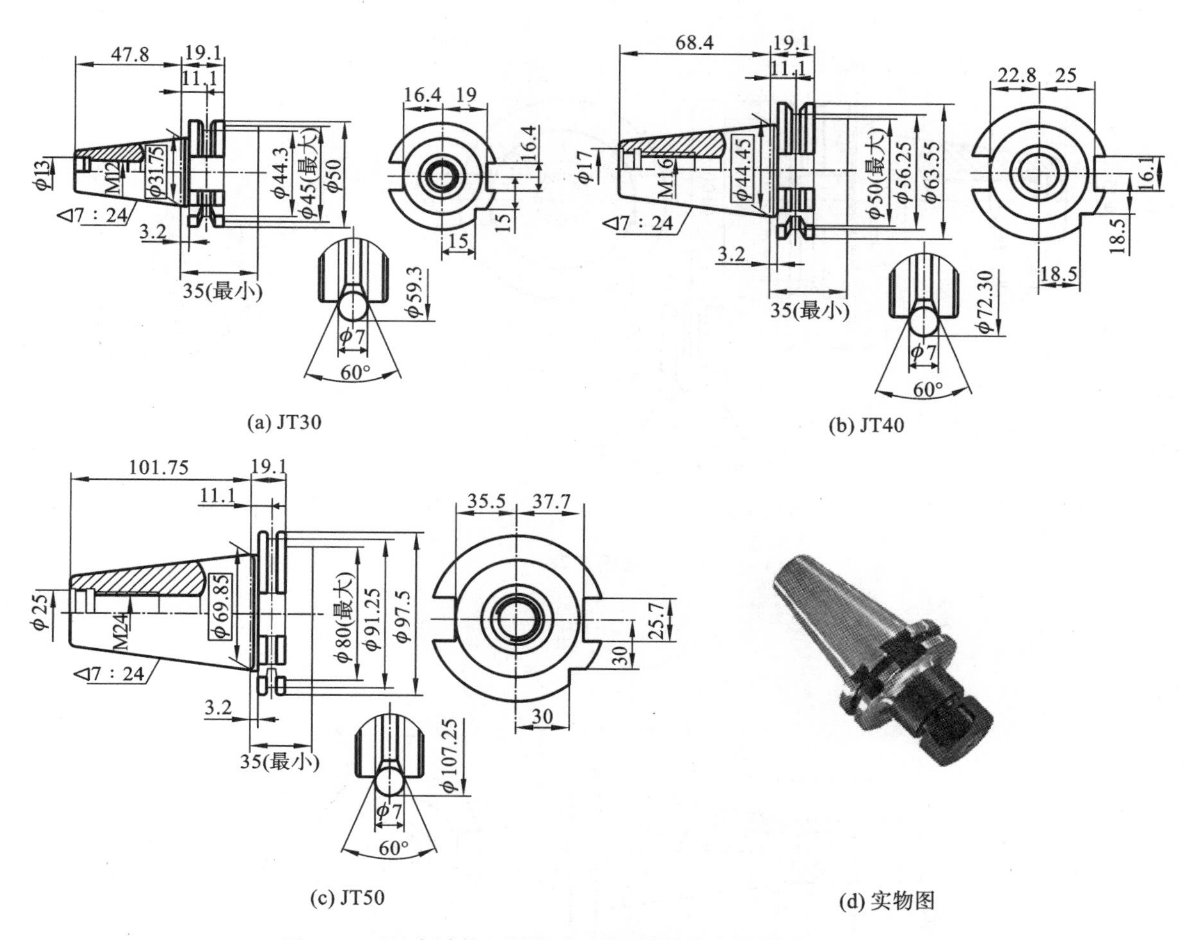

图 5-27　JT 自动换刀型标准刀柄(锥柄)型式(DIN 69871-A)

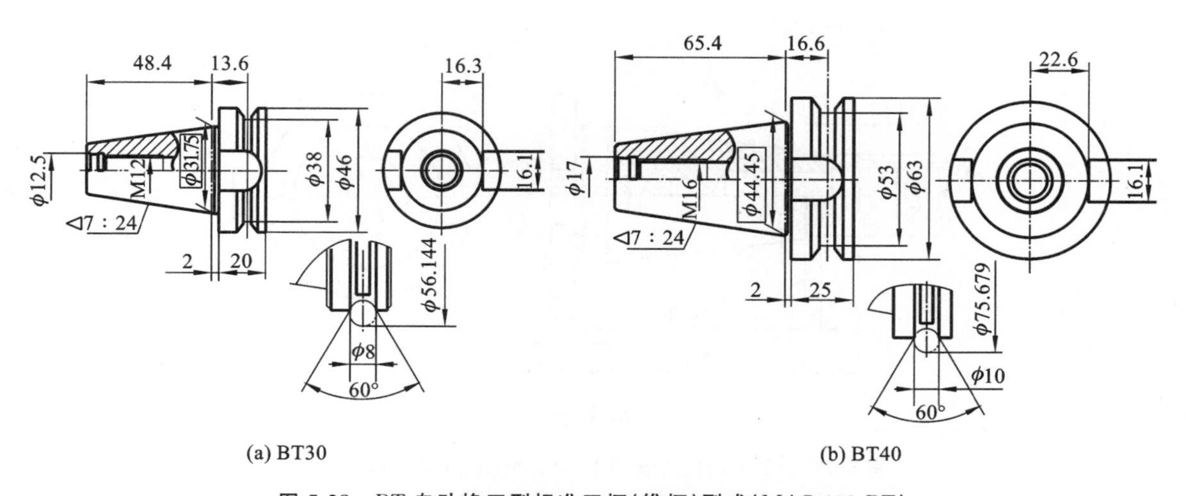

图 5-28　BT 自动换刀型标准刀柄(锥柄)型式(MAS 403 BT)

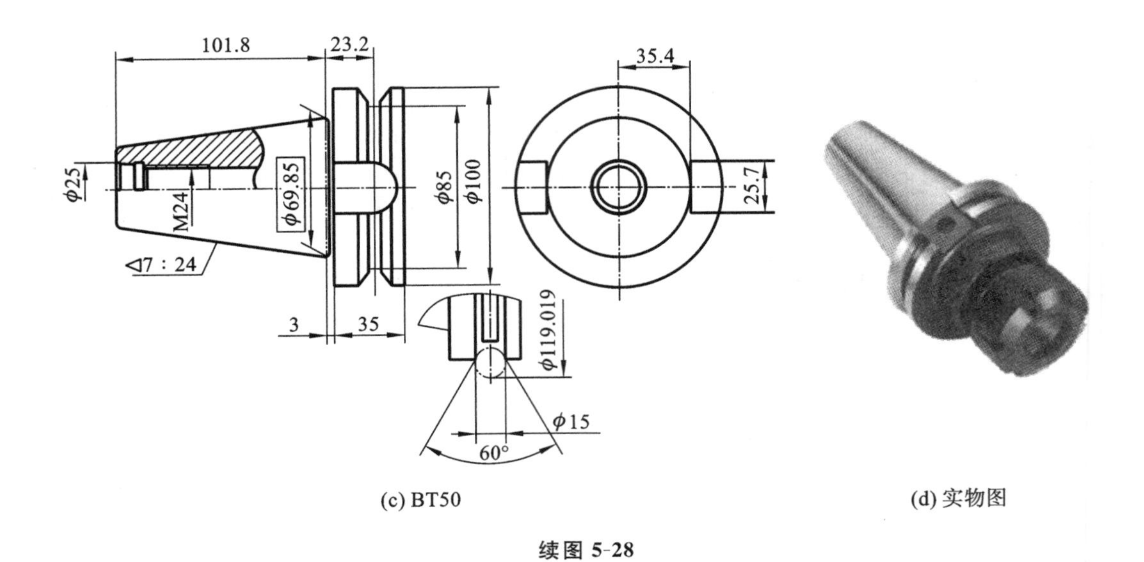

(c) BT50

(d) 实物图

续图 5-28

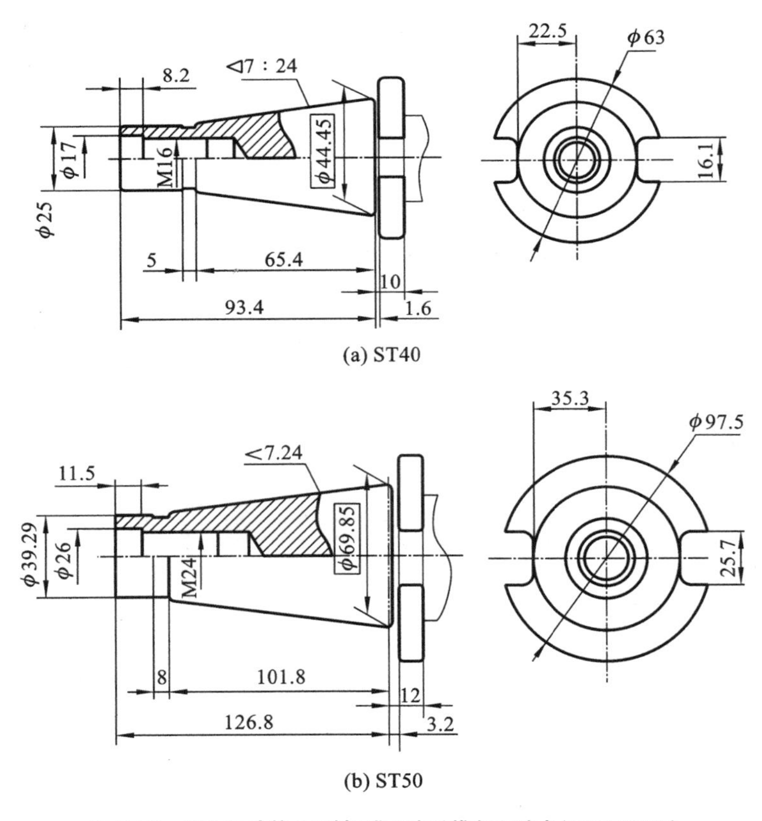

(a) ST40

(b) ST50

图 5-29　ST 手动换刀型标准刀柄(锥柄)型式(DIN 2080)

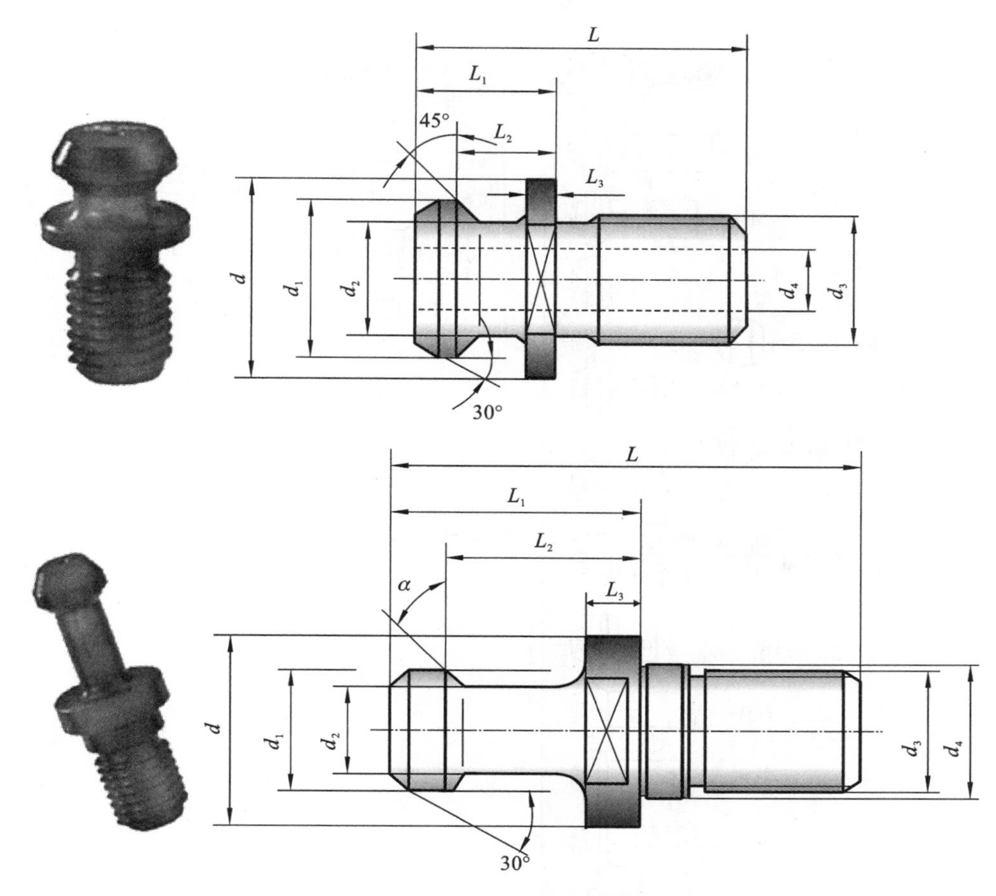

图 5-30 标准拉钉结构示意图

整体式刀杆分解为柄部(主柄)、中间连接块(连接杆)、工作头部(工作头)三个主要部分(即模块),然后通过各种连接机构,在保证刀杆连接精度、强度、刚度的前提下连接成一体。根据模块之间的定心形式和锁紧方式不同,国内生产的模块式镗铣类工具系统有 TMG-10 工具系统(见图 5-31)和 TMG-21 工具系统等。

(1) 主柄模块:直接与机床主轴相连的工具模块。主柄模块品种有符合我国国家标准 GB/T 10944 的主柄模块和符合日本标准 JIS B 6399 的主柄模块等。

(2) 中间模块:为了加长工具轴向尺寸和变换连接直径而采用的工具模块。中间模块品种有等径中间模块、缩径中间模块、扩径中间模块。

(3) 工作模块:为了装夹各种切削刀具而采用的模块。有些工作模块与切削刀具做成一体。工作模块品种很多,常见的如弹簧夹头模块(-Q)、有扁尾莫氏圆锥孔模块(-M)、装钻夹头短锥模块(-Z)、倾斜微调镗刀模块(-TQW)等。

TMG-10 工具系统采用 7∶24 短圆锥及端面双定位配合,其凸端与凹端分别采用 7∶24 短圆锥,通过轴向中心螺钉拉紧锁定的方式,使连接的锥面和端面同时接触,既保证了精度,又达到了连接刚度。扭矩由端面键传递。模块式镗铣类工具系统克服了整体式镗铣类工具系统工具单一、加工尺寸不易变动的不足,显示出经济、灵活、快速、可靠的特点。

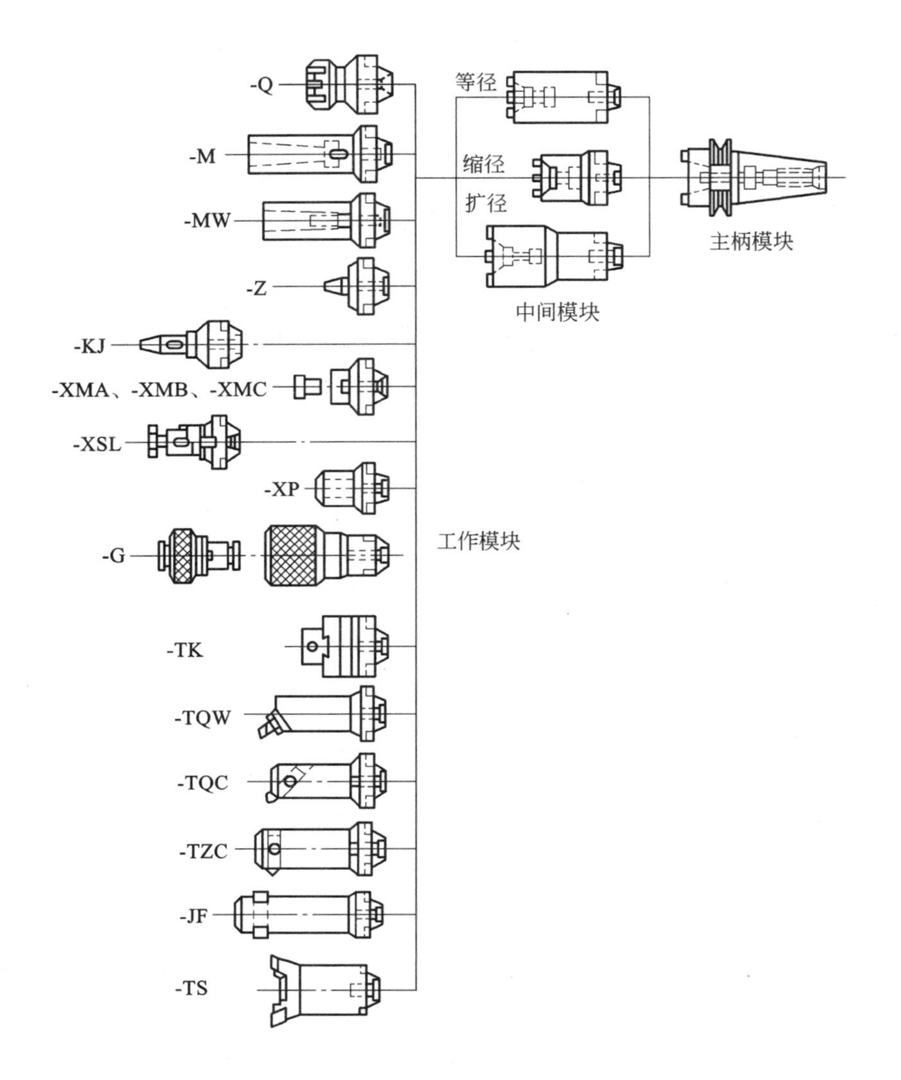

图 5-31　TMG-10 工具系统

5.4　刨削和插削加工

一、刨削加工

刨削加工主要用于平面和沟槽加工。刨削可分为粗刨和精刨,精刨后的表面粗糙度 Ra 值为 3.2～1.6 μm,两平面之间的尺寸精度为 IT9～IT7 级,直线度为 0.04～0.12 mm/m。

1. 刨削加工方法

刨削加工是在刨床上进行的,常用的刨床有牛头刨床和龙门刨床。牛头刨床主要用于加工中小型零件,龙门刨床用于加工大型零件或同时加工多个中型零件。

图 5-32 所示为牛头刨床。在牛头刨床上加工时,工件一般采用平口钳或螺栓压板安装在

工作台上，刀具装在滑枕的刀架上。滑枕带动刀具的往复直线运动为主运动，工作台带动工件沿垂直于主运动方向的间歇运动为进给运动。刀架后的转盘可绕水平轴线扳转角度，这样在牛头刨床上不仅可以加工平面，还可以加工各种斜面和沟槽，如图 5-33 所示。

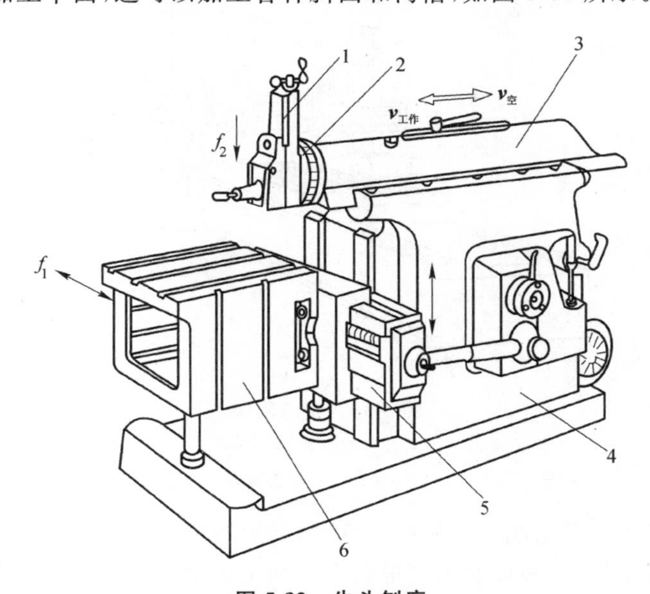

图 5-32 牛头刨床

1—刀架；2—转盘；3—滑枕；4—床身；5—横梁；6—工作台

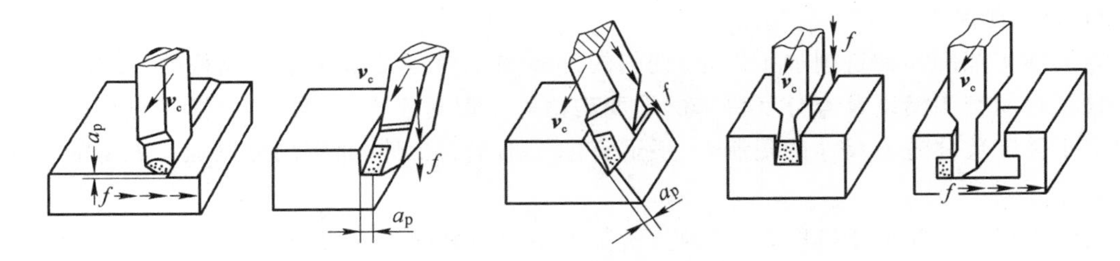

图 5-33 牛头刨床的加工类型

图 5-34 所示为龙门刨床。在龙门刨床上加工时，工件用螺栓压板直接安装在工作台上或用专用夹具安装，刀具安装在横梁上的垂直刀架上或工作台两侧的侧刀架上。工作台带动工件的往复直线运动为主运动，刀具沿垂直于主运动方向的间歇运动为进给运动。各刀架也可以绕水平轴线扳转角度，故龙门刨床同样可以加工平面、斜面及沟槽。

刨刀的结构与车刀相似，几何角度的选取原则也与车刀基本相同。但是由于刨削过程有冲击，所以刨刀的前角比车刀要小(一般小 5°～6°)，而且刨刀的刃倾角也应取较大的负值，以使刨刀切入工件时所产生的冲击力不是作用在刀尖上，而是作用在离刀尖稍远的切削刃上。为了避免刨刀扎入工件，影响加工表面质量和尺寸精度，在生产中常把刨刀刀杆做成弯头结构。

2. 刨削加工的特点

刨削和铣削均是以加工平面和沟槽为主的切削加工方法。与铣削加工相比，刨削加工有以下特点。

1) 加工质量

刨削加工的精度、表面粗糙度与铣削加工大致相当，但刨削主运动为往复直线运动，只能采

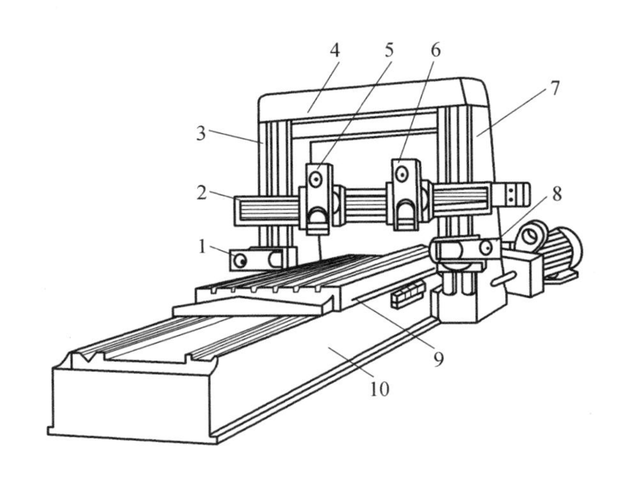

图 5-34　龙门刨床

1—左侧刀架；2—横梁；3—左立柱；4—顶梁；5—左垂直刀架；
6—右垂直刀架；7—右立柱；8—右侧刀架；9—工作台；10—床身

用中低切削速度。当用中等切削速度刨削钢件时，易出现积屑瘤，影响表面粗糙度；而硬质合金镶齿面铣刀可采用高速切削，表面粗糙度值较小。加工大平面时，刨削进给运动可不停地进行，刀痕均匀；而铣削时若铣刀直径（面铣）或铣刀宽度（周铣）小于工件宽度，需要多走刀，会有明显的接刀痕。

2）加工范围

刨削加工范围不如铣削加工广泛，铣削的许多加工内容是刨削无法代替的，如加工内凹平面、型腔、封闭型沟槽以及有分度要求的平面沟槽等。但对于 V 形槽、T 形槽和燕尾槽的加工，铣削由于受定尺寸铣刀尺寸的限制，一般适宜加工小型的工件，而刨削可以加工大型的工件。

3）生产率

刨削生产率一般低于铣削，这是因为铣削为多刃刀具的连续切削，无空程损失，硬质合金面铣刀还可以用于高速切削。但对于窄长平面的加工，刨削的生产率高于铣削，这是由于铣削不会因为工件较窄而改变铣削进给的长度，而刨削可以因工件较窄而减少走刀次数。因此窄长平面如机床导轨面等的加工多采用刨削。

4）加工成本

由于牛头刨床结构比铣床简单，刨刀的制造和刃磨较铣刀容易，因此一般刨削的成本比铣削低。

3. 宽刃细刨简介

宽刃细刨是指在普通精刨基础上，使用高精度的龙门刨床和宽刃细刨刀，以低速和小吃刀量在工件表面切去一层极薄的金属。由于切削力、切削热和工件变形均很小，宽刃细刨可获得比普通精刨更高的加工质量：表面粗糙度 Ra 为 1.6～0.8 μm，直线度可达 0.02 mm/m。

宽刃细刨主要用来代替手工刮削各种导轨平面，可使生产率提高几倍，应用较为广泛。宽刃细刨对机床、刀具、工件、加工余量、切削用量和切削液均有严格的要求。

（1）刨床的精度要高，运动平稳性要好。为了维护机床精度，细刨机床不能用于粗加工。

（2）宽刃细刨刀刃宽小于或等于 50 mm 时，用硬质合金刀片；刃宽大于 50 mm 时，用高速钢刀片。

刀刃要平整光洁，前面、后面的 Ra 值要小于 0.1 μm。选取 −10°～−20°的负值刃倾角，以使刀具逐渐切入工件，减少冲击，使切削平稳。图 5-35 所示为宽刃细刨刀的一种形式。

(3) 工件材料组织和硬度要均匀，粗刨和普通精刨后均要进行时效处理。工件定位基面要平整光洁，表面粗糙度 Ra 要小于 3.2 μm，工件的装夹方式和夹紧力的大小要适当，以防止变形。

(4) 总的加工余量为 0.3～0.4 mm，每次进给的背吃刀量为 0.04～0.05 mm，进给量根据刃宽或圆弧半径确定，一般切削速度选取 v_c = 2～10 m/min。

(5) 宽刃细刨时要加切削液：加工铸铁常用煤油，加工钢件常用全损耗系统油和煤油(2∶1)的混合剂。

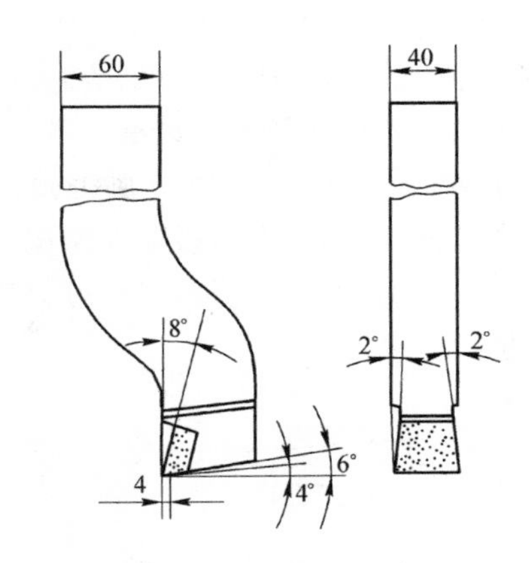

图 5-35　宽刃细刨刀

二、插削加工

插削加工可以认为是立式刨削加工，主要用于单件小批生产中加工零件的内表面，如孔内键槽、方孔、多边形孔和花键孔等，也可以加工某些不便于铣削或刨削的外表面(平面或成形面)。插削多用于各种盘类零件的内键槽。

插削是在插床上进行的。插床如图 5-36(a)所示。在插床上加工，工件安装在圆工作台上，插刀装在滑枕上的刀架上。滑枕带动刀具在垂直方向上的往复直线运动为主运动，工作台带动工件沿垂直于主运动方向的间歇运动为进给运动。圆工作台还可绕垂直轴线回转，实现圆周进给和分度。滑枕导轨座可绕水平轴线在前后小范围内调整角度，以便加工斜面和沟槽。图 5-36(b)所示为插削孔内键槽示例。插削前需在工件端面上画出键槽加工线，以便对刀和加工，工件用三爪自定心卡盘和四爪单动卡盘夹持在圆工作台上，插削速度一般为 20～40 m/min。

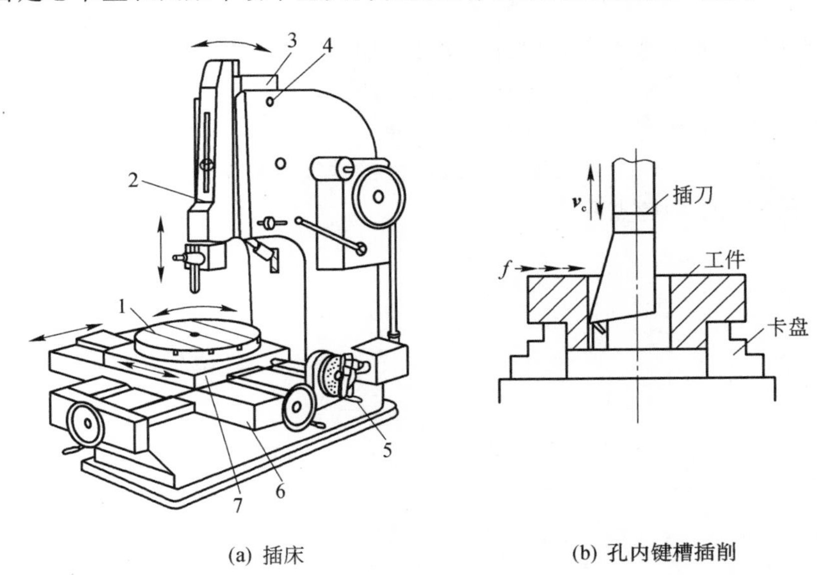

图 5-36　插床与插削示例

1—圆工作台；2—滑枕；3—滑枕导轨座；4—床身；5—分度装置；6—床鞍；7—溜板

键槽插刀的种类如图 5-37 所示。图 5-37(a)所示为高速钢整体式键槽插刀,一般用于插削较大孔径内的键槽;图 5-37(b)为柱形刀杆键槽插刀,在径向方孔内安装高速钢刀头,刚性较好,可用于加工各种孔径的内键槽。键槽插刀材料一般为高速钢,也有用硬质合金的。为避免键槽插刀在回程时后面与工件已加工表面发生剧烈摩擦,插削时需采用活动刀杆,如图 5-37(c)所示。当刀杆回程时,夹刀板 3 在摩擦力的作用下绕转轴 2 沿逆时针方向稍许转动,刀具的后面只在工件已加工表面轻轻擦过,可避免刀具损坏。回程终了时,靠弹簧 1 的作用力,使夹刀板恢复原位。

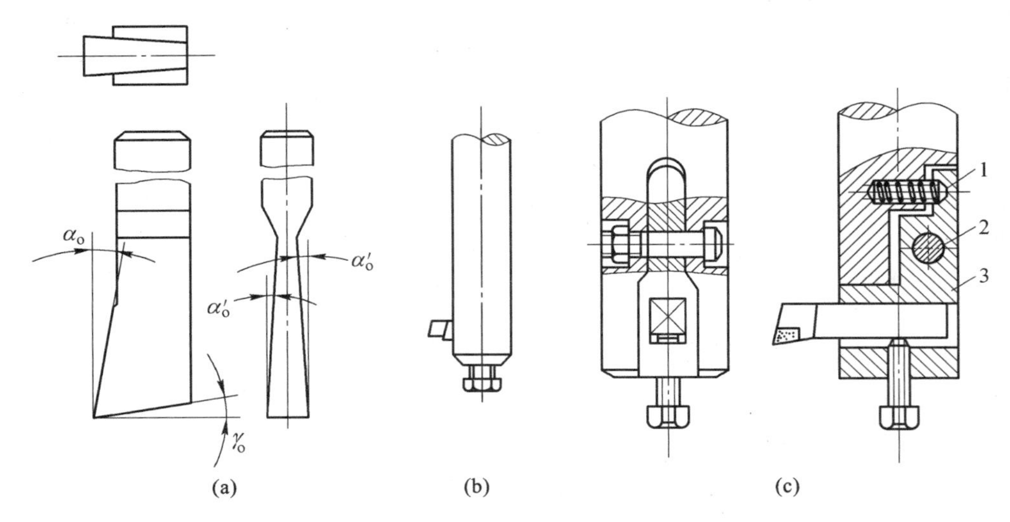

图 5-37　键槽插刀的种类

1—弹簧;2—转轴;3—夹刀板

思考题与习题

5-1　铣削加工能加工哪些表面?加工的精度如何?

5-2　试分析比较圆周铣削时顺铣和逆铣的优缺点。

5-3　铣床主要有哪些类型?各用于什么场合?

5-4　什么是工具系统?为什么要发展模块式镗铣类工具系统?

5-5　简述刨削加工的特点和适用范围。

第6章

钻削、铰削、镗削和拉削加工

钻削、铰削、镗削和拉削加工在机械加工中主要用来进行孔的加工，是用相应的机床在实体材料上钻孔和扩大已有的孔，并达到一定技术要求的加工方法。

6.1 概　　述

一、孔的种类

内孔表面也是零件上的主要表面之一。根据零件在机械产品中的作用不同，不同结构的内孔有不同的精度和表面质量要求。按孔与其他零件的相对连接关系的不同，孔可分为配合孔与非配合孔；按其几何特征的不同，孔可分为通孔、盲孔、阶梯孔、锥孔等；按其几何形状的不同，孔可分为圆孔与非圆孔。

二、孔的加工方法

在机械加工中，根据孔的结构和技术要求的不同，孔可采用不同的加工方法，这些方法归纳起来可以分为两类：一类是对实体工件进行孔加工，即在实体上加工出孔；另一类是对已有的孔进行半精加工和精加工。对于非配合孔，一般采用钻削加工在实体工件上直接把孔钻出来；对于配合孔，需要在钻孔的基础上，根据被加工孔的精度和表面质量要求，采用铰削、镗削、拉削、磨削等精加工的方法做进一步的加工。铰削、镗削是对已有孔进行精加工的典型的切削加工方法。要实现对孔的精密加工，主要的加工方法就是磨削。当孔的表面质量要求很高时，还需要采用精细镗、研磨、珩磨、滚压等表面光整加工方法；对非圆孔的加工，需要采用插削、拉削以及特种加工方法。

在对实体零件进行钻孔加工时，随被加工孔的大小和深度不同，有各种钻头结构，其中最常用的钻头是标准麻花钻，孔系的精度由钻床夹具和钻模板保证。用麻花钻在钻床上钻孔时，加工精度一般为IT13～IT10级，表面粗糙度值为$Ra=20\sim10\ \mu m$。

对已有孔进行精加工时，铰削和镗削是具有代表性的精加工方法。铰削加工适用于对较小孔的精加工，铰孔后的精度为IT8～IT6级，表面粗糙度值Ra为$1.6\sim0.4\ \mu m$。但铰削加工的效率一般不高。镗削加工能获得较高的精度和较小的表面粗糙度值：一般尺寸公差等级为IT8～IT7级，表面粗糙度值Ra为$6.3\sim0.8\ \mu m$。若用金刚镗床和坐标镗床，则加工质量更好。镗孔加工可以用一种刀具适应不同直径孔的加工。对于大直径孔和有较严格位置精度要求的孔系，镗削是主要的精加工方法。镗孔可以在车床、钻床、铣床、镗床和加工中心等不同类型的机床上进行。在镗削加工中，镗床和镗床夹具是保证加工精度的关键。

三、孔的加工特点

由于孔加工是对零件内表面的加工,对加工过程的观察、控制困难,加工难度要比外圆表面等开放型表面的加工大得多。孔的加工过程主要有以下几个方面的特点。

(1) 孔加工刀具多为定尺寸刀具,如钻头、铰刀等,在加工过程中,刀具磨损造成的形状和尺寸的变化会直接影响被加工孔的精度。

(2) 由于受被加工孔尺寸的限制,切削速度很难提高,影响加工生产率和加工表面质量,尤其是在对较小的孔进行精密加工时,为达到所需的速度,必须使用专门的装置,对机床的性能也提出了很高的要求。

(3) 刀具的结构受孔的直径和长度的限制,刚性较差。在加工时,由于轴向力的影响,容易产生弯曲变形和振动,孔的长径比(孔深度与直径之比)越大,刀具刚性对加工精度的影响就越大。

(4) 孔加工时,刀具一般是在半封闭的空间工作,切屑排除困难;冷却液难以进入加工区域,散热条件不好。切削区热量集中,温度较高,影响刀具的耐用度和加工质量。

所以,在加工孔的过程中,必须解决好由于上述特点带来的问题,即冷却问题、排屑问题、刚性导向问题和速度问题。虽然在不同的加工方法中这些问题的影响程度不同,但每一种孔的切削加工方法都必须在解决相应的问题基础上才能得到应用。这也是本章介绍的各种孔加工方法的要点。本章以钻削为主介绍实体孔的粗加工方法,以铰削、镗削和拉削为主介绍孔的精加工方法。

6.2 钻削加工

钻削加工是用普通钻头或扩孔钻在工件上加工孔的方法。其中用普通钻头在实体材料上加工孔的方法称为钻孔。钻孔在机械制造中占有较大的比重,因受钻头结构和切削条件的限制,加工孔的质量不高,故用于孔的粗加工。

一、钻床

钻床是装有刀具的主轴作旋转并作轴向移动的孔加工机床。主轴的旋转是主运动,主轴的轴向移动为进给运动,钻床适用于工件不宜作旋转运动的孔加工。钻床的主参数是最大的钻孔直径。钻床主要是用钻头在实体材料上钻孔,还可以进行扩孔、铰孔、攻螺纹、锪沉头孔、锪端面等,如图 6-1 所示。

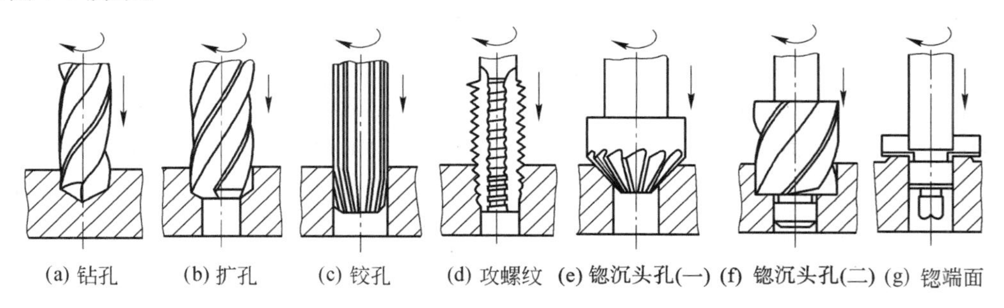

图 6-1 钻床上能完成的典型加工

钻床主要分为立式钻床、台式钻床、摇臂钻床、深孔钻床、数控钻床和其他钻床。

1. 立式钻床

立式钻床如图 6-2 所示。它的特点是主轴垂直布置，位置固定，加工时通过移动工件来找正孔的中心线。立式钻床适用于中小型工件的孔加工。

2. 摇臂钻床

摇臂钻床如图 6-3 所示。主轴箱可在摇臂上左右移动。摇臂既可绕立柱转动，又可沿立柱垂直升降。加工时，工件在底座或工作台上安装固定，通过调整摇臂和主轴箱的位置来对正加工孔的中心线。摇臂钻床适用于大型工件的孔加工。

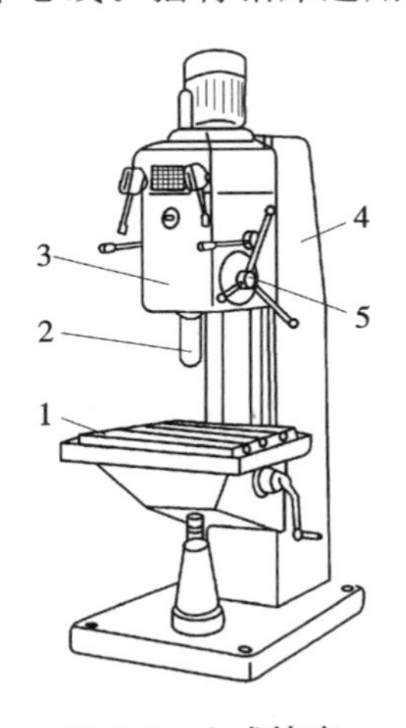

图 6-2 立式钻床

1—工作台；2—主轴；3—主轴箱；4—立柱；5—进给手柄

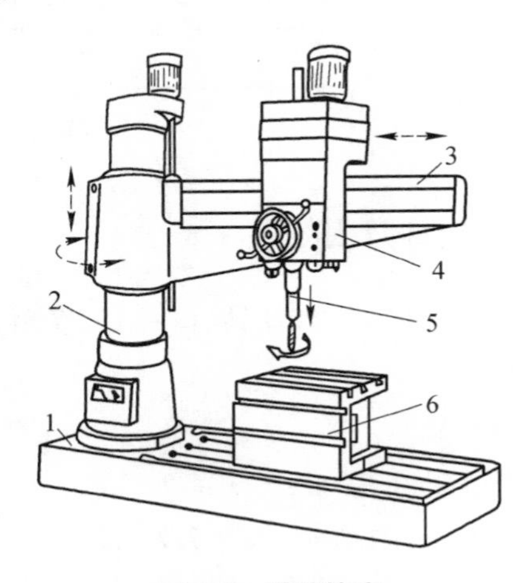

图 6-3 摇臂钻床

1—底座；2—立柱；3—摇臂；4—主轴箱；5—主轴；6—工作台

3. 钻削中心

图 6-4 所示是带有转塔式刀库的钻削中心。它可以在工件的一次装夹中实现孔系加工，并可以通过自动换刀实现不同类型和大小的孔的加工，具有较高的加工精度和生产率。

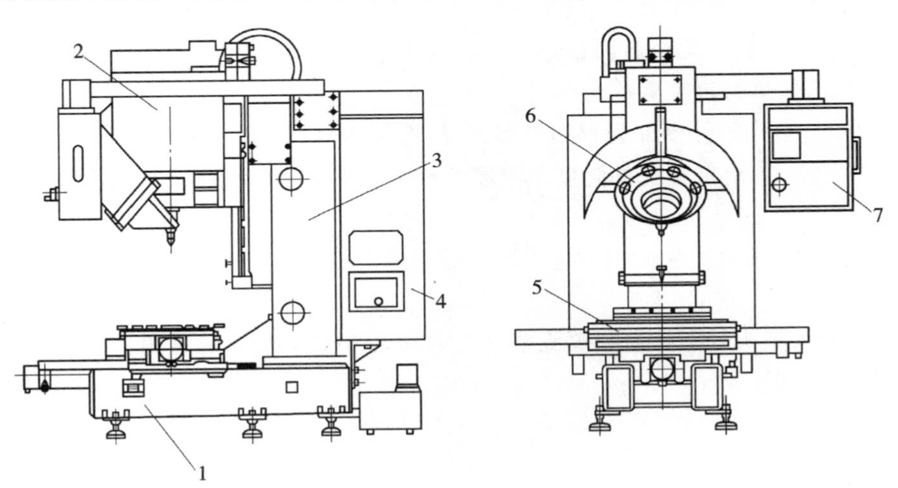

图 6-4 钻削中心

1—床身；2—主轴箱；3—立柱；4—电控箱；5—*X*-*Y* 工作台；6—转塔式刀库；7—操纵箱

4. 深孔钻床

深孔钻床外形如图 6-5 所示。深孔钻床是专门化机床，专门用于加工深孔，如用来加工枪管、炮管和机床主轴等零件的深孔。为了减少中心线的偏斜，用深孔钻床加工时通常是由工件旋转来实现主运动，深孔钻头并不转动，只作轴向进给运动。此外，由于被加工的孔深而且工件往往较长，为了便于排屑及避免机床过于高大，深孔钻床通常是卧式的布局。深孔钻床中配有切削液输送装置及周期退刀排屑装置。

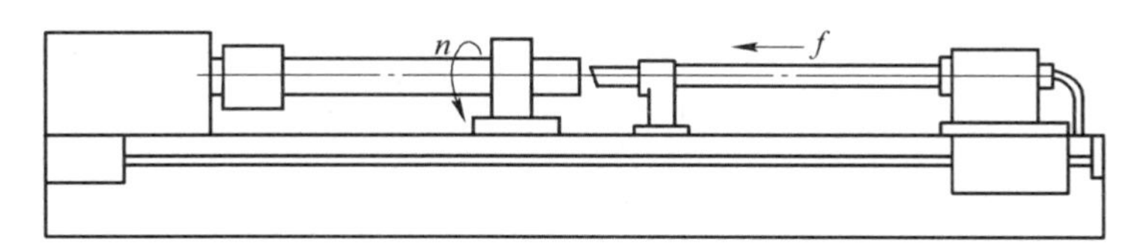

图 6-5 深孔钻床外形

二、钻削刀具

钻削刀具主要有麻花钻、深孔钻、套料钻、扩孔钻、锪孔钻等，其中麻花钻是最常用的钻削刀具。

1. 麻花钻

1) *麻花钻的结构*

麻花钻由工作部分、颈部及柄部三个部分组成，如图 6-6 所示的标准高速钢麻花钻。

(1) 工作部分：又分为切削部分和导向部分。切削部分担负着切削工作；导向部分在切削部分切入工件后起引导作用，也是切削部分的后备部分。为了保证钻头必要的刚性与强度，工作部分的钻芯直径 d_c 向柄部方向递增(见图 6-6(d))。

(2) 刀柄：钻头的夹持部分，并用来传递转矩。刀柄有直柄与锥柄两种，前者用于小直钻头，后者用于大直径钻头。

(3) 颈部：在工作部分与刀柄之间，磨柄部时退砂轮用，也是打印标记的地方。直柄麻花钻一般不制颈部(见图 6-6(b))。

标准高速钢麻花钻有两个前面、两个后面、两个主切削刃、两个副切削刃和一个横刃。

2) *决定麻花钻结构的主要参数*

(1) 外径 d_o：钻头的外径即刃带的外圆直径，按标准尺寸系列设计。

(2) 钻芯直径 d_c：决定钻头的强度及刚度并影响容屑空间的大小。一般来说 $d_c=(0.125\sim0.15)d_o$。

(3) 顶角 2ϕ：两条主切削刃在与它们平行的平面上投影之间的夹角。它决定钻刃长度及刀刃负荷情况。

(4) 螺旋角 β：钻头外圆柱面与螺旋槽交线的切线和钻头轴线的夹角。若螺旋槽的导程为 L，钻头外径为 d_o，则

$$\tan\beta=\frac{\pi d_o}{L}=\frac{2\pi R}{L}$$

式中：R——钻头半径，单位为 mm。

由于螺旋槽上各点的导程相等，所以在主切削刃上不同半径处的螺旋角不相等。钻头主切削刃上任意点 y 的螺旋角 β_y 可以用下式计算：

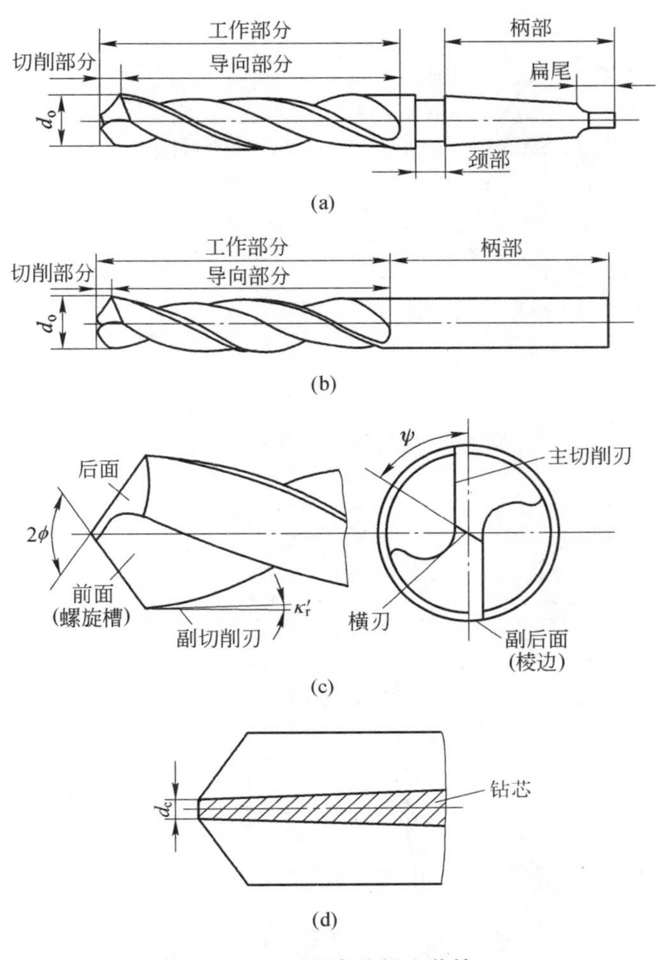

图 6-6 标准高速钢麻花钻

$$\tan\beta_y = \frac{2\pi R_y}{L} = \frac{R_y}{R}\tan\beta$$

式中:R_y——主切削刃上任意点的半径,单位为 mm。

由上式可知:钻头外径处螺旋角最大,越接近钻芯处,螺旋角越小。螺旋角直接影响前角的大小、刀刃强度及钻头排屑性能。它应根据工件材料及钻头直径的大小来选取。标准高速钢麻花钻的螺旋角一般在 18°～30°范围内,大直径钻头取大值。

3）麻花钻的几何角度

定义和测量钻头角度参考系的基面 P_r、切削平面 P_s 如图 6-7 所示。由于麻花钻的主切削刃并不是一条通过钻芯的直线,因此主切削刃上各点的切削速度方向是不同的,也就是说主切削刃上各点的基面是不相同的,如图 6-7(a)所示。由于各点的基面是变化的,因此主切削刃上各点的切削平面也是变化的。图 6-7(b)所示是钻头主切削刃上外缘 A 点的切削平面与基面。

有了基面 P_r 及切削平面 P_s 后再通过切削刃选定点作正交平面 P_o,假定工作平面 P_f 及背平面 P_p,就构成了相应的参考系,从而就可以定义有关刀具角度了。

需要指出的是,上述参考系,在定义基面时,都没有考虑进给运动,即钻头只绕自身轴线旋转。

麻花钻的几何角度如图 6-8 所示。各个角度均是在上述参考系中定义的,下面叙述几个主要的刀具角度。

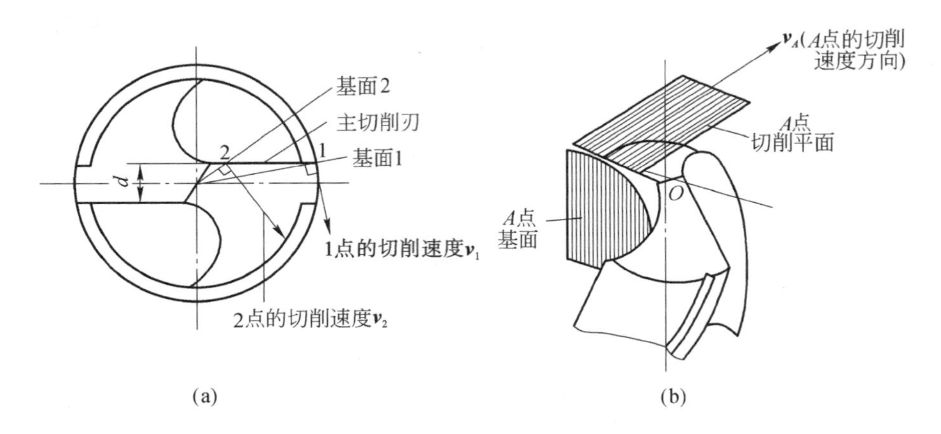

图 6-7　麻花钻的切削平面与基面

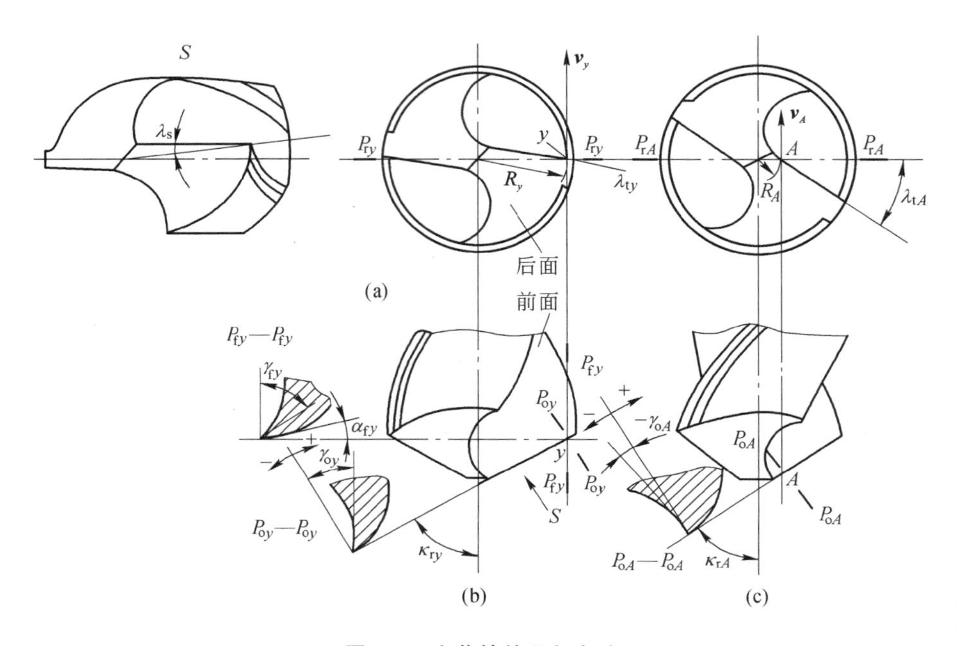

图 6-8　麻花钻的几何角度

(1) 刃倾角 λ_s 与端面刃倾角 λ_t。

麻花钻主切削刃选定点的刃倾角 λ_s 是在切削平面内测量的该点主切削刃与基面之间的夹角。由于主切削刃上各点的基面与切削平面的位置不同,因此主切削刃上的刃倾角是变化的。

麻花钻主切削刃上选定点的端面刃倾角 λ_t 是该点的基面与主切削刃在端面投影中的夹角(见图 6-8(a))。由于主切削刃上各点的基面不同,各点的端面刃倾角也不相等,且外缘处最小,越接近钻芯越大。主切削刃上任意点 y 的端面刃倾角 λ_{ty} 可按下式计算:

$$\sin\lambda_{ty}=\frac{d_c}{2R_y}$$

式中:d_c——钻芯直径,单位为 mm;

R_y——主切削刃上任意点的半径,单位为 mm。

麻花钻主切削刃上任意点 y 的刃倾角 λ_{sy} 与端面刃倾角 λ_{ty} 的关系为

$$\tan\lambda_{sy}=\sin\lambda_{ty}\cdot\sin\phi$$

式中:ϕ——麻花钻半顶角。

(2) 主偏角 κ_r。

钻头的主偏角 κ_r 是主切削刃在基面上的投影与进给方向的夹角(见图 6-8(b)、(c))。由于主切削刃上各点的基面位置不同,因此主偏角也是变化的。

主切削刃上任意点 y 的主偏角 κ_{ry} 可按下式计算:

$$\tan\kappa_{ry}=\tan\phi\cos\lambda_{ty}$$

由上式可知:越接近钻芯,主偏角越小。

(3) 前角 γ_o。

麻花钻主切削刃上选定点的前角 γ_o 是在正交平面内测量的前面与基面之间的夹角。

主切削刃上任意点 y 的前角 γ_{oy} 可按下式计算:

$$\tan\gamma_{oy}=\frac{\tan\beta_y}{\sin\kappa_{ry}}+\tan\lambda_{ty}\cdot\cos\kappa_{ry}$$

式中:β_y——主切削刃上任意点 y 的螺旋角;

κ_{ry}——主切削刃上任意点 y 的主偏角;

λ_{ty}——主切削刃上任意点 y 的端面刃倾角。

从上式可以看出,麻花钻主切削刃上各点的前角是变化的,从外缘到钻芯,前角逐渐减小,标准麻花钻外缘处的前角为 30°,到钻芯减至−30°。

(4) 进给后角 α_f。

麻花钻上主切削刃上选定点的进给后角 α_f 是在以钻头轴线为轴心的圆柱面的切平面(假定工作平面 P_f)上测量的钻头后面与切削平面之间的夹角,如图 6-9 所示。如此确定后角的测量平面是由于钻头主切削刃在进行切削时作圆周运动,进给后角能更确切地反映钻头后面与工件加工表面之间的摩擦情况,同时也便于测量。

刃磨钻头后面时,考虑进给运动的影响,应沿主切削刃将后角从外缘到钻芯逐渐增大,以使钻芯处工作后角不致过小并适应前角的变化,使刀刃各点的楔角大致相等,同时可改善横刃处的切削条件。

(5) 横刃斜角 ψ。

横刃斜角是在刃磨后面时自然形成的,后角刃磨合适时,一般 $\psi=50°\sim55°$,ψ 小于此值表明后角磨得太大,反之则说明磨得太小。

(6) 横刃前角 $\gamma_{o\psi}$ 及横刃后角 $\alpha_{o\psi}$。

由图 6-10 可知,在横刃处有很大的负前角,$\gamma_{o\psi}=-54°\sim-60°$。由于横刃长、负前角大及横刃主偏角为 90°,钻孔时横刃实际上不是切削而是挤压,所以产生很大的进给抗力,同时定心也差。横刃后角 $\alpha_{o\psi}=90°-|\gamma_{o\psi}|$。

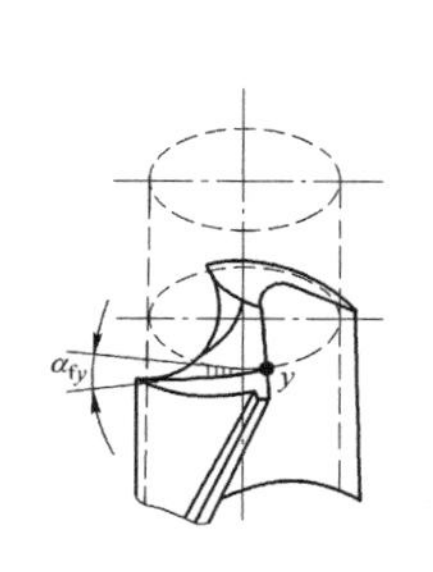

图 6-9 麻花钻的后角

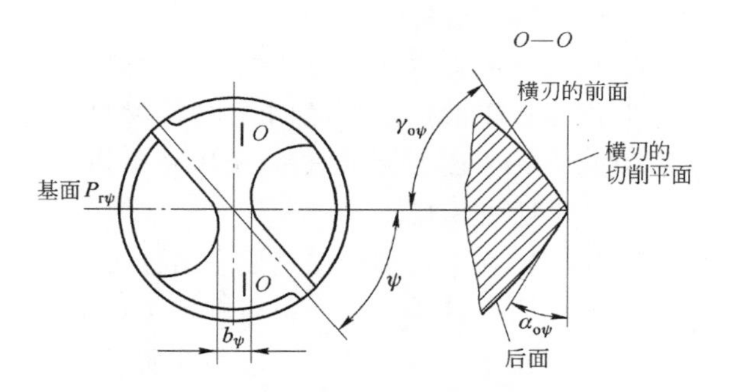

图 6-10 麻花钻的横刃前角及横刃后角

(7) 副偏角 κ_r' 及副后角 α_o'。

钻头的副偏角是靠钻头外径向柄部逐渐减小而形成的,其值很小,可以看作 $\kappa_r'=0°$;钻头副后面为圆柱刃带,故 $\alpha_o'=0°$。

4) 标准高速钢麻花钻存在的问题

(1) 沿主切削刃上各点的前角值相差悬殊(由 +30°到 -30°),横刃前角为 -54°～-60°,造成很大的进给抗力,切削条件差。

(2) 棱边近似圆柱面(稍有倒锥),副后角为 0°,摩擦严重。

(3) 在主、副切削刃相交处切削速度最大,发热量最多,而散热条件差,磨损太快。

(4) 两条主切削刃过长,切屑宽,而各点的切屑流出方向和速度各异,切屑呈宽螺卷状,排出不畅,切削液也难以注入切削区域。

(5) 高速钢的耐热性和耐磨性仍不够高。

5) 标准高速钢麻花钻修磨改进方法

(1) 修磨横刃(见图 6-11)。

修磨横刃的目的是减小横刃长度,增大横刃前角,降低轴向力。常用的方法如下。

①将横刃磨短(见图 6-11(a))。采用这种方法可以减小横刃的不良作用,加大该处前角,使轴向力明显减小。

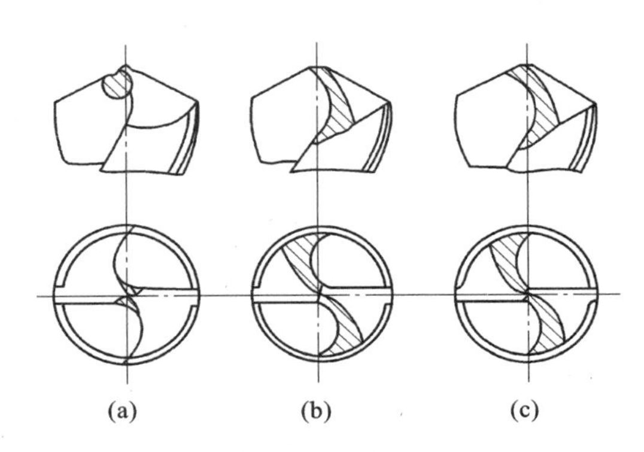

图 6-11 修磨横刃

②加大横刃前角(见图 6-11(b))。横刃长度不变,而将它分为两半,分别磨出新的前角(可磨成正前角),从而改善切削性能,但修磨后的钻尖强度削弱很多,不宜加工硬度高的材料。

③同时磨短横刃及加大前角(见图 6-11(c))。这种方法较好,经过修磨的钻头不仅分屑好,还能保证一定的强度。

(2) 修磨前面(见图 6-12)。

加工较硬的材料时,可将主切削刃外缘处的前面磨去一部分(见图 6-12(a)),以减小该处前角,保证足够的强度及改善散热条件;加工较软的材料时,在前面上磨卷屑槽(见图 6-12(b)),一方面便于切屑卷曲,另一方面加大了前角,可以减小切屑变形,改善孔面加工质量。

(3) 修磨切削刃(见图 6-13)。

为了改善散热条件,在主切削刃交接处磨出过渡刃($0.2d_o$,见图 6-13(a)),形成双重顶角或三重顶角,后者用于大直径钻头。生产中还有把主切削刃磨成圆弧状,如图 6-13(b)所示,这种圆弧刃钻头切削刃长,切削刃单位长度上的负荷明显下降,而且还改善了主副切削刃相交处的散热条件,可以提高刀具使用寿命。

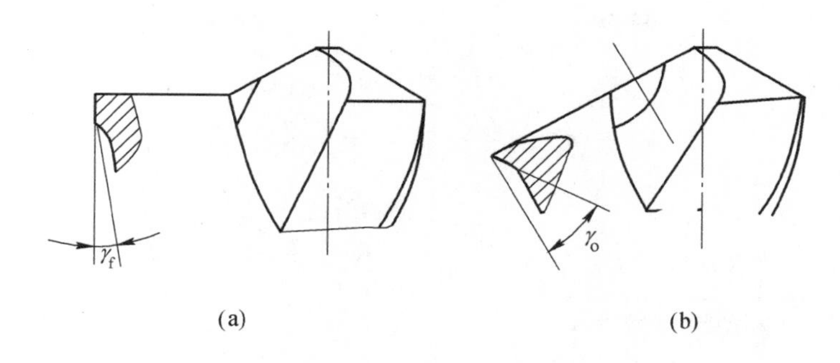

图 6-12 修磨前面

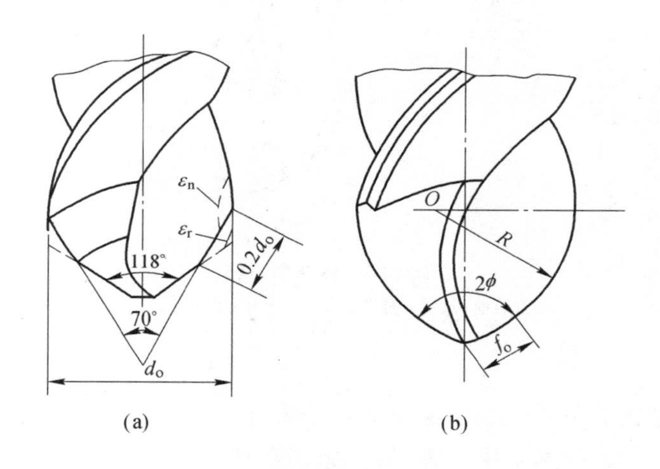

图 6-13 修磨切削刃

(4) 磨出分屑槽(见图 6-14)。

沿钻头主切削刃在后面磨出分屑槽,有利于排屑及切削液的注入,有利于改善切削条件,特别是在韧性材料上加工深孔,效果尤为显著。刃磨时,两条主切削刃上的分屑槽必须互相错开。

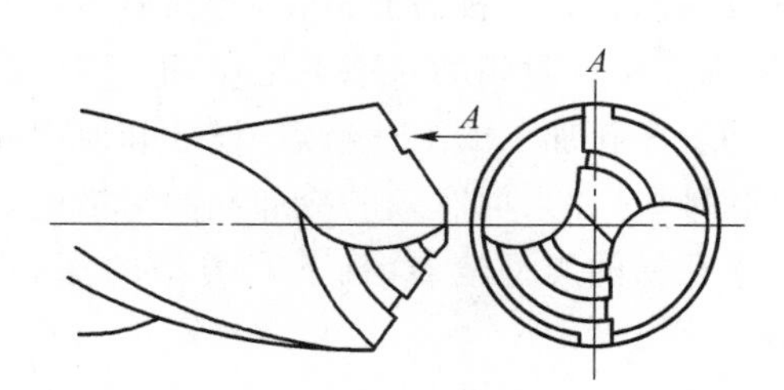

图 6-14 磨出分屑槽

(5) 综合修磨。

综合修磨能够全面改善钻头的切削性能,效果显著。群钻就是对麻花钻应用综合修磨的典型。加工钢材用的标准型群钻(见图 6-15)的修磨特点如下。

①将横刀磨窄、磨低,改善横刃处的切削条件。

②将靠近钻芯附近的主切削刃修磨成一段顶角较大的内直刃及一段圆弧刃,以增大该段切削刃的前角。同时,对称的圆弧刃在钻削过程中起到定心及分屑作用。

③在外直刃上磨出分屑槽,改善断屑、排屑情况。

经过综合修磨而成的群钻,切削性能显著提高,钻削时轴向力下降 35%~50%,扭矩下降 10%~30%,刀具使用寿命提高 3~5 倍,生产率、加工精度都有显著提高。

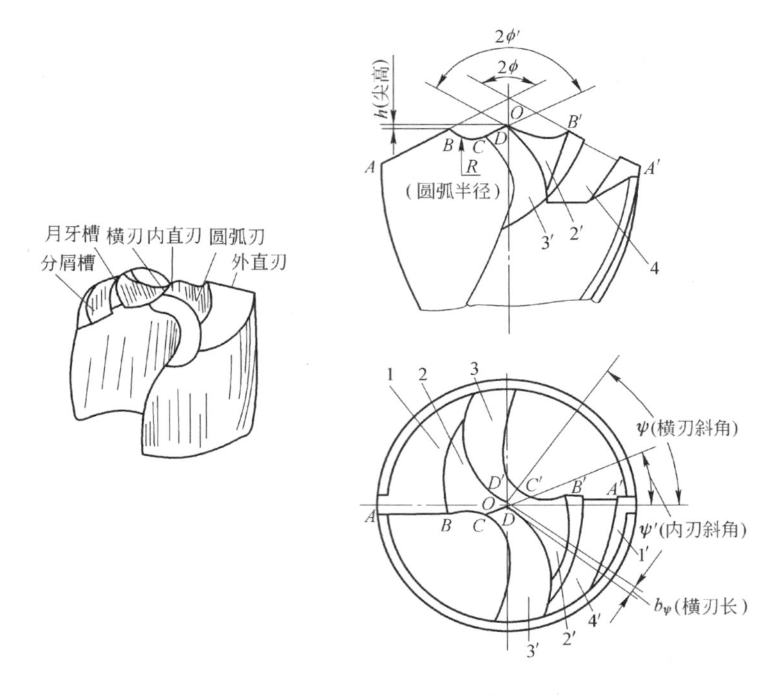

图 6-15　标准型群钻

1、1′—外刃后面；2、2′—月牙槽；3、3′—内刃前面；4、4′—分屑槽

2. 深孔钻

深孔一般指深径比 $L/d>5$ 的孔，必须使用特殊结构的深孔钻才能进行加工。相对普通孔来说，深孔加工难度更大、技术要求更高，这是由深孔加工的特点决定的。深孔加工的特点如下：第一，孔的深径比大，钻杆细长，刚性差，工作时易产生偏斜和振动，因此孔的精度和表面质量难以控制；第二，排屑通道长，若断屑不好，排屑不畅，可能由于切屑堵塞而导致钻头破坏；第三，钻头在接近封闭的状态下工作，而且时间较长，热量大且不易散出，钻头极易磨损。

基于深孔加工的上述特点，设计和使用深孔钻时应注意钻头的导向、防止偏斜，保证可靠的断屑和排屑，并采取有效的冷却和润滑措施。

深孔钻的类型较多，且不同类型的深孔钻结构也各有特点，下面简要介绍几种典型的深孔钻。

1）外排屑深孔钻

外排屑深孔钻以单面刃的应用最多。单面刃外排屑深孔钻最早用于加工枪管，故又名枪钻，主要用来加工直径为 3～20 mm 的小孔，孔深与直径之比可超过 100。它的工作原理如图 6-16所示，高压切削液（为 3.5～10 MPa）从钻杆和切削部分的进液孔送入切削区，以冷却、润滑钻头，并把切屑经钻杆与切削部分的 V 形槽冲刷出来。

2）内排屑深孔钻

内排屑深孔钻在工作中，切屑从钻杆内部排出而不与工件已加工表面接触，可获得好的已加工表面质量。内排屑深孔钻适合加工直径在 20 mm 以上、孔深径比不超过 100 的深孔。

错齿内排屑深孔钻是一种典型的内排屑深孔钻，它的工作原理如图 6-17 所示。高压切削液（2～6 MPa）由工件孔壁与钻杆外表面之间的空隙进入切削区，以冷却、润滑钻头的切削部分，并将切屑经钻头前端的排屑孔冲入钻杆内部向后排出。

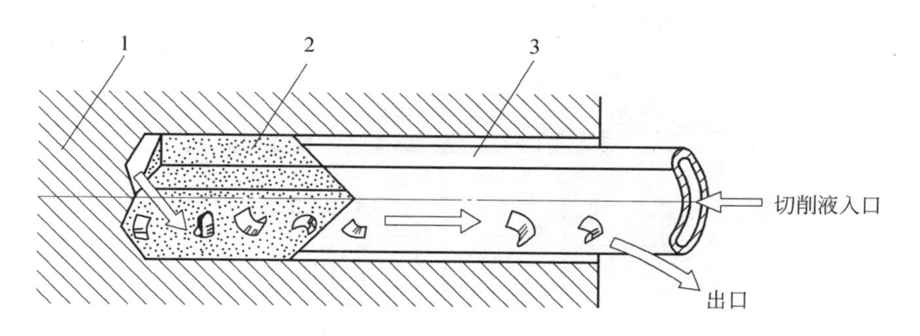

图 6-16 单面刃外排屑深孔钻的工作原理

1—工件；2—切削部分；3—钻杆

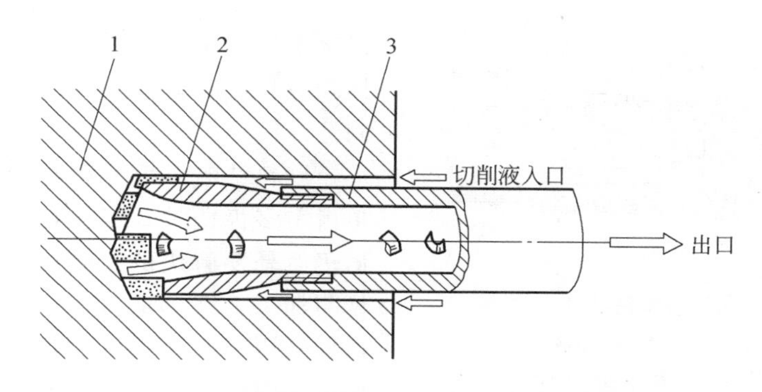

图 6-17 错齿内排屑深孔钻的工作原理

1—工件；2—钻头；3—钻杆

错齿内排屑深孔钻的切削部分由数块硬质合金刀片交错地焊在钻体上，使全部切削刃布满整个孔径，并起到分屑作用。这样可根据钻头径向各点不同的切削速度，采用不同的刀片材料(或牌号)，并可分别磨出所需要的不同参数的断屑台，采用较大的顶角，以利于断屑。错齿内排屑深孔钻采用导向条以增大切削过程的稳定性，导向条位置根据钻头受力状态安排，导向条材料一般可采用 YG8 硬质合金。

喷吸钻是一种效率高、加工质量好的内排屑深孔钻，适用于加工深径比不超过 100、直径为 16～65 mm 的孔。喷吸钻的工作原理如图 6-18 所示。它主要由钻头、内钻管、外钻管三个部分组成。切削液以一定的压力(一般需 0.98～1.96 MPa)从内、外钻管之间输入，其中 2/3 的切削液通过钻头上的小孔压向切削区，对钻头的切削部分及导向部分进行冷却与润滑；另外 1/3 的切削液通过内钻管上喷嘴(月牙形槽)喷入内钻管，由于流速增大而形成一个低压区，低压区一直延伸到钻头的排屑通道。这样，切屑便随着切削液被吸入内钻管，从而迅速排出。

喷吸钻的特殊之处在于有内、外钻管，外钻管的反压缝隙 d 的大小直接影响到喷吸效果。如果 d 过大，则大量的切削液从钻头外流出，通过小钻管喷嘴的流量就相对减少，形成的低压不显著，喷吸效果差；如果 d 过小，则切削区得不到充分冷却与润滑，同时，由于切削液压力不足而影响排屑。内、外钻管之间的环形面积要大于反压缝隙的环形面积，使切削液向切削区的流动过程中经过的通道面积逐步缩小，流速加快，呈雾状喷出，以利于钻头的冷却。

3. 套料钻

对于直径大于 60 mm 的深孔，为了节约材料或取样，可采用套料钻进行加工。因为套料钻钻孔时只切出一个环形孔，从而留下一个料芯，如图 6-19 所示，这样大大减少了切削工作量，提

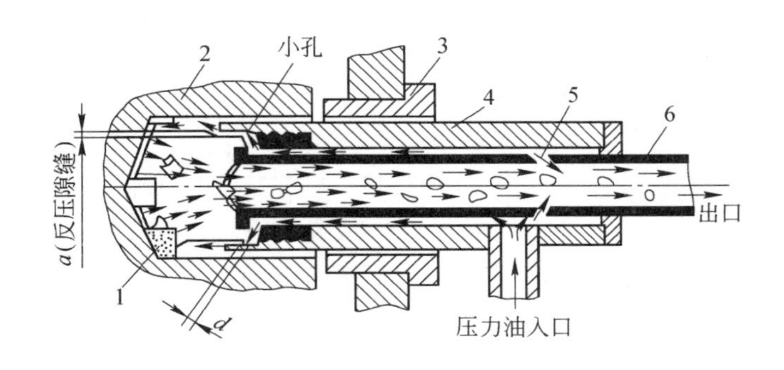

图 6-18　喷吸钻的工作原理

1—钻头;2—工件;3—钻套;4—外钻管;5—喷嘴;6—内钻管

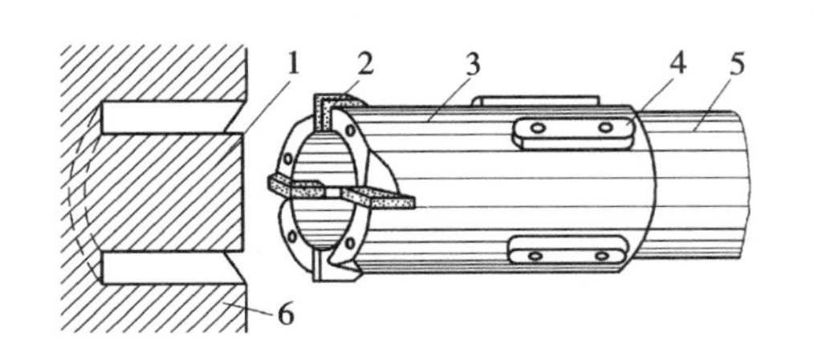

图 6-19　套料钻钻孔

1—料芯;2—刀片;3—钻体;

4—导向块;5—钻杆;6—工件

高了工作效率,中间留下的料芯材料还可以利用,对材质要求高的工件,可以用芯部材料制造。

套料钻的刀齿分布在圆管形的钻体上,分单齿与多齿两种。当被钻孔较深时,断屑与排屑仍然是要解决的首要问题。钻孔时,由于钻杆与加工工件表面间隙小,排屑困难,往往需要借助高压切削液,通过钻杆内部(称内排屑)或外部(称外排屑)将切屑排出。此外,制造钻体与钻杆的钢管要有足够的强度、刚度,并适当布置导向块,以保证钻孔的精度和直线度。

4. 扩孔钻

扩孔是用扩孔钻对工件上已有的孔进行扩大加工。它既可以用作孔的最终加工,也可以作为铰孔或磨孔前的预加工,在成批或大量生产时应用较广。与麻花钻相比,扩孔钻的特点是没有横刃且齿数较多,刀体刚性好,因此生产率及加工质量均比用麻花钻高。

扩孔钻的结构形式有高速整体式(见图 6-20(a))、镶齿套式(图 6-20(b))及硬质合金可转位式(图 6-20(c))等。

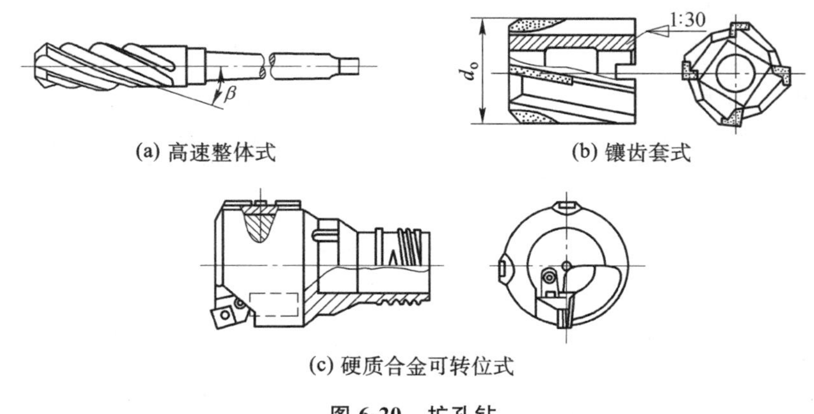

(a) 高速整体式　(b) 镶齿套式

(c) 硬质合金可转位式

图 6-20　扩孔钻

5. 锪孔钻

锪孔是用锪孔钻在已加工孔上锪各种沉头孔和锪孔端面的凸台平面，如图6-21所示。图6-21(a)所示为锪圆柱形沉头孔，图6-21(b)、(c)所示为锪圆锥形沉头孔（锥角2ϕ有60°、90°、120°三种），图6-21(d)所示为锪孔端面的凸台平面。锪孔钻上带有定位导柱（d_1），定位导柱用来保证被锪孔或端面与原来孔的同轴度或垂直度。定位导柱应尽可能做成不拆卸的，以便于刀具的制造和刃磨。根据锪孔钻直径的大小，锪孔钻可做成带柄式结构或套式结构。锪孔钻既可用高速钢制造，也可镶焊硬质合金刀片。其中以硬质合金锪孔钻应用较广。

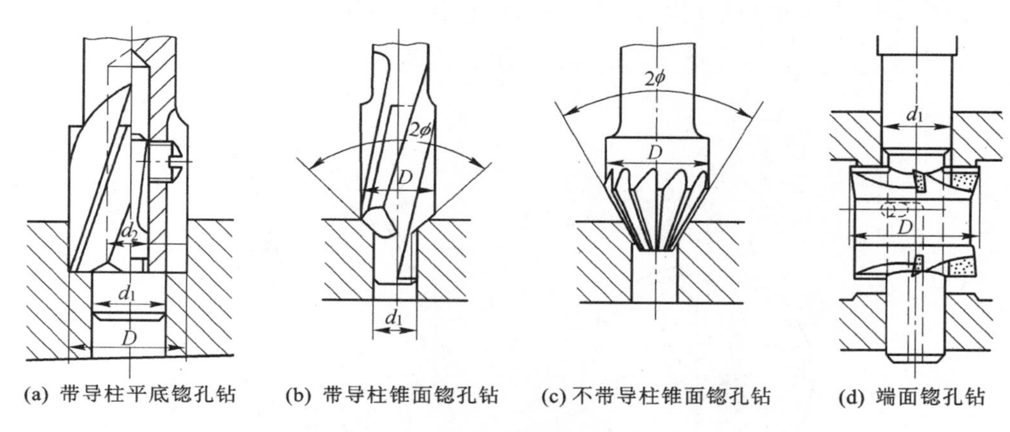

(a) 带导柱平底锪孔钻　(b) 带导柱锥面锪孔钻　(c) 不带导柱锥面锪孔钻　(d) 端面锪孔钻

图6-21　锪孔钻及其加工

三、钻削要素

钻削要素主要包括以下几个。

1. 钻削用量

(1) 切削速度v_c：钻削时的切削速度指钻头外缘处的线速度，即

$$v_c=\frac{\pi d_o n}{1\ 000}$$

式中：v_c——切削速度，单位为m/min；

d_o——钻头外径，单位为mm；

n——钻头或工件转速，单位为r/min。

(2) 进给量f、每齿进给量f_z及进给速度v_f：钻头或工件每转一周，它们之间的轴向相对位移量称为进给量f(mm/r)；由于钻头有两个刀齿，钻头每转一个刀齿，钻头与工件之间的轴向相对位移量称为每齿进给量，以f_z表示；单位时间内钻头与工件之间轴向的相对位移量称为进给速度，以v_f表示。它们之间的关系为

$$v_f = nf = 2nf_z$$

(3) 背吃刀量a_p：对于钻头而言，背吃刀量就是钻头直径的一半，即

$$a_p=\frac{d_o}{2}$$

2. 切削层的截面尺寸

钻削时切削层尺寸平面为过基点D的基面P_D（见图6-22(a)）。图6-22(b)所示为此尺寸

平面内切削层的尺寸定义。

(1) 切削厚度 h_D:在切削层尺寸平面内测量的切削层的厚度。

$$h_D = f_z \sin\kappa_{rD} = \frac{f\sin\kappa_{rD}}{2}$$

式中:κ_{rD}——钻刃在基点 D 的主偏角。

(2) 切削宽度 b_D:在切削层尺寸平面内测量的切削层宽度。从图 6-22(b)可知

$$b_D = \frac{a_p}{\sin\kappa_{rD}} = \frac{d_o}{2\sin\kappa_{rD}}$$

(3) 切削面积 A_D:切削层在切削层尺寸平面内实际横截面积,显然有

$$A_D = h_D b_D = \frac{f d_o}{4}$$

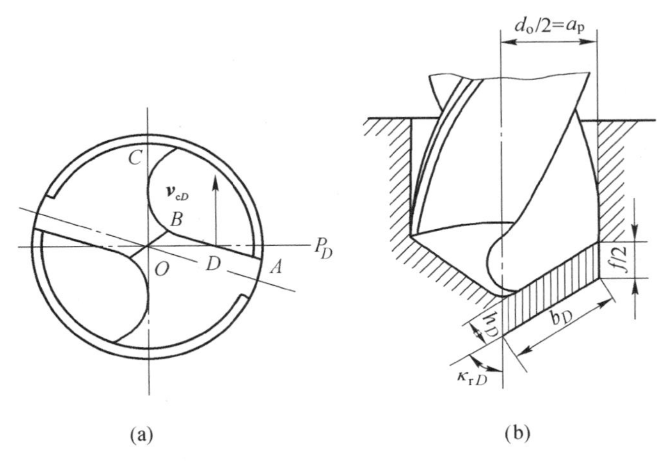

图 6-22 切削层截面尺寸

6.3 铰削加工

铰削加工是对中小型孔(一般 $d<40$ mm)进行半精加工和精加工的方法,一般在钻床、车床和镗床上进行。铰削时用铰刀从工件的孔壁上切除微量金属层,使被加工孔的精度和表面质量得到提高。在铰孔之前,被加工孔一般需经过钻孔或钻、扩孔加工。铰削加工后孔的公差等级一般为 IT9~IT7 级,表面粗糙度为 0.63 μm$<Ra\leqslant$5 μm。

一、铰削过程的特点

铰削适合用于单件小批量的小圆柱孔和圆锥孔的加工,也适合用于大批大量生产中不宜拉削的孔(圆锥孔)的加工。钻—扩—铰工艺是中等尺寸、公差等级为 IT7 级孔的典型加工方法。铰削过程的特点如下。

(1) 铰削的加工余量一般小于 0.3 mm,铰刀的主偏角一般小于 45°,因此切削厚度很小,为 0.01~0.03 mm。

(2) 铰削过程所采用的切削速度一般较低,因而切屑变形大。加工塑性金属材料时会产生

积屑瘤，铰削时要使用切削液。

(3) 在切削液的润滑作用下，铰刀切削刃的钝圆部分只在加工表面上滑动，使加工表面受到熨压作用，熨压作用越大，表面粗糙度就越小，铰刀的钝化越快。所以，应根据工件材料、结构和铰削余量的大小，综合分析决定切削液的使用。

(4) 铰削的加工适应性差。铰刀为定尺寸刀具，只能加工一种孔径和尺寸公差等级的孔，孔径、孔形受到一定的限制。

(5) 铰削易保证尺寸和形状精度，但不能校正位置误差。

二、铰刀

1. 铰刀的种类

铰刀的种类较多，主要分机用铰刀和手用铰刀两大类，如图 6-23 所示。

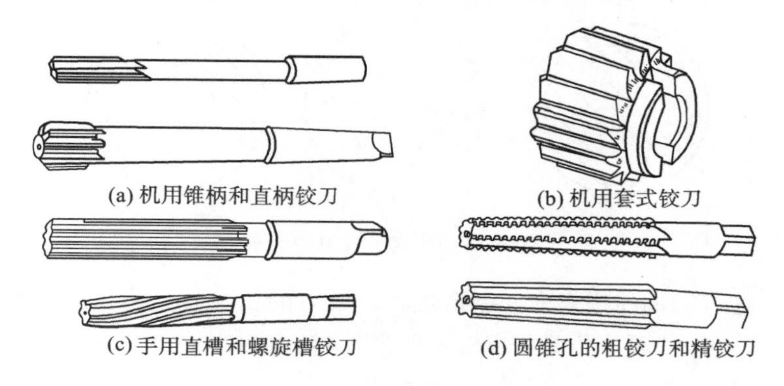

图 6-23　铰刀的种类

机用铰刀由机床引导方向，导向性好，故工作部分尺寸短。机用铰刀有直柄和锥柄之分，直柄用于加工直径为 1～20 mm 的孔；锥柄用于加工直径为 5～50 mm 的孔。加工大直径孔(25～100 mm)时，可采用机用套式铰刀。机用套式铰刀既有直槽和螺旋槽之分，也有整体高速钢和镶硬质合金刀片之分。

手用铰刀的柄部为圆柱形，端部制成方头，以便使用扳手。手用铰刀一般加工直径范围为 1～50 mm。手用铰刀有直槽式和螺旋槽式两种，手用铰刀用碳素工具钢制成。

锥度铰刀(简称锥铰)用于铰制圆锥孔。由于铰制余量大，锥铰常分粗铰刀和精铰刀，一般做成 2 把或 3 把一套。

2. 铰刀的结构及几何参数

1) 铰刀的结构

图 6-24 所示为手用铰刀，在各种铰刀中具有代表性。铰刀由工作部分、颈部及柄部三个部分组成。工作部分主要由切削部分及校准部分构成，其中校准部分又分为圆柱部分与倒锥部分。对于手用铰刀，为增强导向作用，校准部分应做得长些；对于机用铰刀，为减小机床主轴和铰刀同轴度误差的影响和避免过大的摩擦，校准部分应做得短些。切削部分的锥角$\phi \leqslant 30°$时，为了便于切入，在其前端制成(0.5～2.5 mm)×45°的引导锥。当铰刀直径小于 3 mm 时，一般把刀齿制成五角形、三角形或半圆形，如图 6-25 所示。

2) 铰刀的结构参数

(1) 直径和公差。铰刀是定尺寸刀具，直径和公差的选取主要取决于被加工孔的直径及其

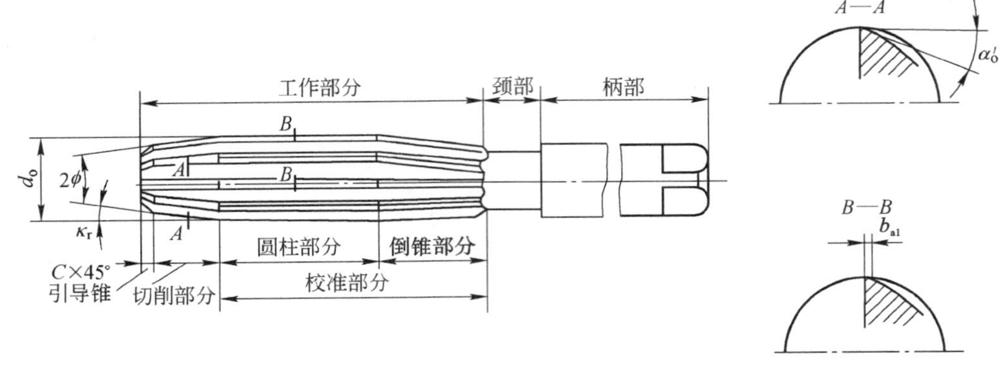

图 6-24　手用铰刀的结构

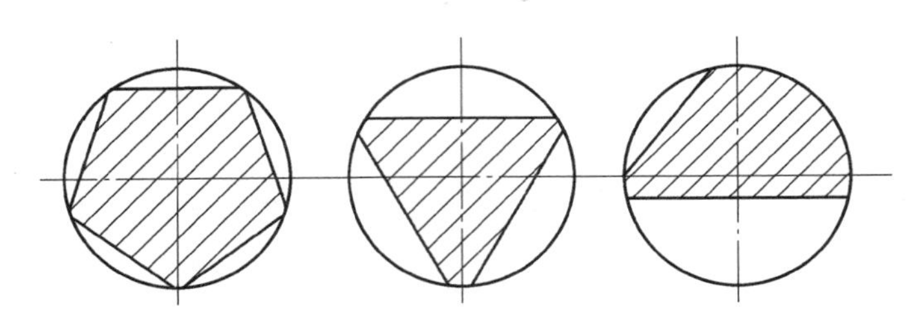

图 6-25　小直径铰刀的齿形

精度,同时还要考虑铰刀的使用寿命和制造成本。铰刀的公称直径是指校准部分直径,它等于被加工孔的公称尺寸。铰刀的公差与被铰孔的公差、铰刀的制造公差、铰刀磨耗备量和铰削过程中孔径的变形性质有关。

(2) 齿数及槽形。铰刀齿数一般为4～12个。齿数多,则导向性好,刀齿负荷轻,铰孔质量高。但齿数过多,会降低铰刀刀齿强度,减小容屑空间,故通常根据直径和工件材料性质选取铰刀齿数。大直径铰刀取较多的齿数,加工韧性材料取较少的齿数,加工脆性材料取较多的齿数。为便于测量直径,铰刀齿数一般取偶数。刀齿在圆周上一般为等齿距分布。在某些情况下,为了避免周期性切削负荷对孔表面的影响,也可选用不等齿距结构。

铰刀齿槽有直槽和螺旋槽两种。直槽铰刀刃磨、检验方便,生产中常用;螺旋槽铰刀切削过程平稳。螺旋槽铰刀的螺旋角根据被加工材料选取:加工铸铁等取 $\beta=7°\sim8°$,加工钢件取 $\beta=12°\sim20°$,加工铝等轻金属取 $\beta=35°\sim45°$。

3) 铰刀的几何角度

(1) 前角 γ_o 和后角 α_o。铰削时由于切削厚度小,切屑与前面只有在切削刃附近接触,前角对切屑变形的影响不显著。为了便于制造,一般取 $\gamma_o=0°$。粗铰塑性材料时,为了减少变形及抑制积屑瘤的产生,可取 $\gamma_o=5°\sim10°$;硬质合金铰刀为防止崩刃,取 $\gamma_o=0°\sim5°$。为使铰刀重磨后直径尺寸变化小些,取较小的后角,一般取 $\alpha_o=6°\sim8°$。

切削部分的刀齿刃磨后应锋利,不留刃带,校准部分刀齿必须留有0.05～0.3 mm宽的刃带,以起修光和导向作用,并便于铰刀制造和检验。

(2) 切削锥角 2ϕ。切削锥角主要影响进给抗力的大小、孔的加工精度和表面粗糙度以及刀具耐用度。2ϕ取得小时,进给抗力小,切入时的导向性好,但由于切削厚度过小产生较大的切屑变形,同时切削宽度增大,卷屑、排屑困难,并且切入和切出时间增长。为了减轻劳动强度,减小进给抗力及改善切入时的导向性,手用铰刀取较小的 2ϕ值,通常$\phi=1°\sim3°$。对于机用铰刀,工作时的导向由机床及夹具来保证，故可选较大的ϕ值，以减小切削刃长度和机动时间。加工钢料时$\phi=30°$，加工铸铁等脆性材料时$\phi=6°\sim10°$，加工盲孔时$\phi=90°$。

（3）刃倾角λ_s。在铰削塑性材料时，高速钢直槽铰刀切削部分的切削刃沿轴线倾斜 15°～20°，形成刃倾角λ_s。它适用于加工余量较大的通孔。为便于制造，硬质合金铰刀一般取$\lambda_s=0°$。铰削盲孔时仍使用带刃倾角的铰刀，但在铰刀端部开一沉头孔以容纳切屑，如图 6-26 中虚线所示。

（4）主偏角κ_r。对于铰刀，可把主偏角看成切削部分的锥角。主偏角过大，会使切削部分长度过短，使进给抗力增大，并造成铰削时定心精度差；主偏角过小，会使切削宽度加大、切削厚度变小，不利于排屑。对于机用铰刀，加工钢件等韧性材料时一般$\kappa_r=12°\sim15°$，加工铸铁等脆性材料时一般$\kappa_r=3°\sim5°$；手用铰刀一般$\kappa_r=30'\sim1°30'$。

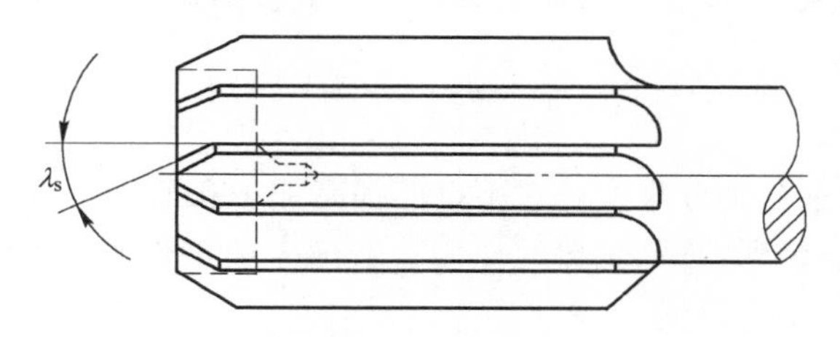

图 6-26 铰刀的刃倾角

三、铰孔应注意的事项

1. 铰刀的选择

铰刀是定尺寸刀具，铰孔的精度在很大程度上取决于铰刀的精度。因此，在使用铰刀前，应仔细测量铰刀的直径是否与被铰孔相符，刃口有无磨损、裂纹、缺口等缺陷，经试铰合格后方能使用。

2. 铰刀的安装

作为精加工工序，铰孔的切削余量很小。安装后铰刀轴线与原工件孔轴线发生偏斜，将会使孔径在铰削后尺寸扩大超差和产生形状误差。因此，铰刀与机床应采用浮动连接。浮动夹头如图 6-27 所示。锥柄套 3 装在机床主轴 4 的锥孔中，铰刀锥柄装在浮动套 1 的锥孔中。浮动套 1 和锥柄套 3 之间有一定的间隙。这样，只要铰前孔的轴线不偏斜，铰刀就能自由地循着工件内孔找正定心。主轴的转动通过锥柄套 3 上的螺钉 2 传递给浮动套 1 和铰刀。

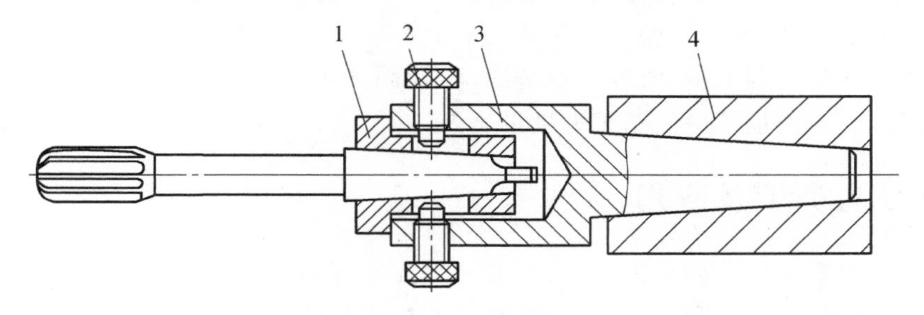

图 6-27 铰刀的浮动连接

1—浮动套；2—螺钉；3—锥柄套；4—主轴

3. 铰削用量的选择

合理选择铰削用量，可以提高孔径尺寸精度及已加工表面质量。

精铰时，一般半径上铰削余量为0.03～0.15 mm。铰削余量取决于工件材料及对孔要求的精度和表面粗糙度。铰削余量过大，则孔的精度不高，孔壁表面粗糙；切削深度过小，则切不掉上道工序所留下的变质层，达不到所要求的表面粗糙度，从而影响铰孔质量。铰孔余量不均匀，作用在铰刀上的径向切削分力就不能相平衡，极易使刀具产生振动，使孔壁的表面粗糙度增大。

随着切削速度的提高及进给量的增大，被加工孔的尺寸精度和表面质量都会下降，特别是提高切削速度，铰刀磨损加剧，还会引起振动，对铰孔极为不利。一般铰削钢体时切削速度 v_c=1.5～5 m/min，铰削铸铁件时 v_c=8～10 m/min。进给量不能取得过小，否则切削厚度过薄，铰刀的挤压作用会明显加大，加速铰刀后面的磨损。一般铰削钢件时 f=0.3～2 mm/r，铰削铸铁件时 f=0.5～3 mm/r。

4. 切削液的选用

铰孔时正确选用切削液十分重要。它不仅能提高加工孔的表面质量与尺寸精度，而且能提高铰刀的使用寿命，还能起到消声、减振的作用。铰削一般钢件时，可用乳化油和硫化油；铰削铸铁件时，可选用黏性较小的煤油。

6.4 镗削加工

镗削加工是指在镗床上进行的加工。镗床的加工范围很广，镗孔是镗床重要的工作。镗床镗孔精度可以从IT11级到IT7级，甚至可以达到IT6级；表面粗糙度为 Ra 从80 μm到0.63 μm，甚至更小。

一、镗削加工的特点

(1) 可以加工机座、箱体、支架等外形复杂的大型零件上直径较大的孔，特别是有位置精度要求的孔和孔系。在镗床上利用坐标装置和镗模较容易保证加工精度。

(2) 镗削加工灵活性大、适应性强。在镗床上除加工孔和孔系外，还可以车外圆、车端面、铣平面。加工尺寸可大亦可小，对于不同生产类型和精度要求的孔都可以采用这种加工方法。

(3) 镗削加工操作技术要求高、生产率低。要保证工件的尺寸精度和表面粗糙度，除了要合理选择所用的设备外，更主要的是工人的技术水平高。另外，机床、刀具的调整时间较多。镗削加工时参加工作的切削刃少，所以一般情况下，镗削加工生产率较低。使用镗模可以提高生产率，但成本增加，镗削加工一般用于大批量生产。

二、镗刀的类型及应用

镗刀按切削刃数量可分为单刃镗刀、双刃镗刀和多刃镗刀，按工件的加工表面可分为通孔镗刀、盲孔镗刀、阶梯孔镗刀和端面镗刀，按刀具结构可分为整体式镗刀、装配式镗刀和可调式镗刀。

1. 单刃镗刀

普通单刃镗刀只有一条主切削刃在单方向参加切削，结构简单、制造方便、通用性强，但刚性差，镗孔尺寸调节不方便，生产率低，对工人操作技术要求高。图 6-28 所示为不同结构的单刃镗刀。加工小直径孔的镗刀通常做成整体式，加工大直径孔的镗刀可做成机夹式或机夹可转位式。镗杆不宜太细太长，以免切削时产生振动。镗杆、镗刀头尺寸与镗孔直径的关系如表 6-1 所示。为了使镗刀头在镗杆内有较大的安装长度，具有足够的位置压紧螺钉和调节螺钉，并便于镗刀的制造，在镗盲孔或阶梯孔时，镗刀头在镗杆上的安装倾斜角 δ 一般取 10°～45°，镗通孔时取 $\delta=0°$。通常压紧螺钉从镗杆端面或顶面压紧镗刀头。新型的微调镗刀调节方便，调节精度高，适合在坐标镗床、自动线和数控机床上使用。

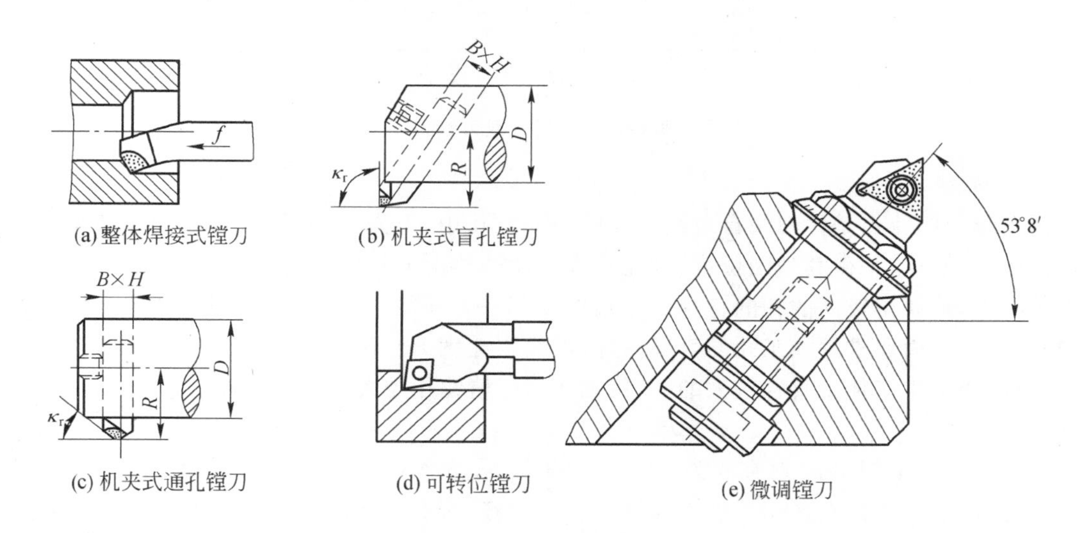

图 6-28　单刃镗刀

单刃镗刀的刚性差，切削时易引起振动，所以镗刀的主偏角选得较大，以减小吃刀抗力 F_p。镗铸件孔或精镗时一般取 $\kappa_r=90°$，粗镗钢件孔时取 $\kappa_r=60°\sim75°$，以提高刀具耐用度。镗杆上装刀孔通常对称于镗杆轴线，因而，镗刀头装入刀孔后，刀尖一定高于工件中心，使切削时工作前角减小、工作后角增大，所以在选择镗刀的前后、后角时要相应地增大前角、减小后角。

表 6-1　镗杆与镗刀头尺寸

工件孔径/mm	32～38	40～50	51～70	71～85	86～100	101～140	141～200
镗杆直径/mm	24	32	40	50	60	80	100
镗刀头直径或长度/mm	8	10	12	16	18	20	24

2. 双刃镗刀

双刃镗刀是定尺寸的镗孔刀具，通过改变两刀刃之间的距离，实现对不同直径孔的加工。常用的双刃镗刀有固定式双刃镗刀、可调式双刃镗刀和浮动镗刀两种。

1）固定式双刃镗刀

如图 6-29 所示，工作时，镗刀块可通过斜楔或者在两个方向倾斜的螺钉等夹紧在镗杆上。镗刀块相对于轴线的位置误差会造成孔径的误差，所以，镗刀块与镗杆上方孔的配合要求较高。镗刀块安装方孔对轴线的垂直度误差与对称度误差均不大于 0.01 mm。固定式双刃镗刀用于粗镗或半精镗直径大于 40 mm 的孔。

2）可调式双刃镗刀

可调式双刃镗刀的工作机理是：采用一定的机械结构调整两刀片之间的距离，从而使一把刀具可以加工不同直径的孔，并可以补偿刀具磨损的影响。

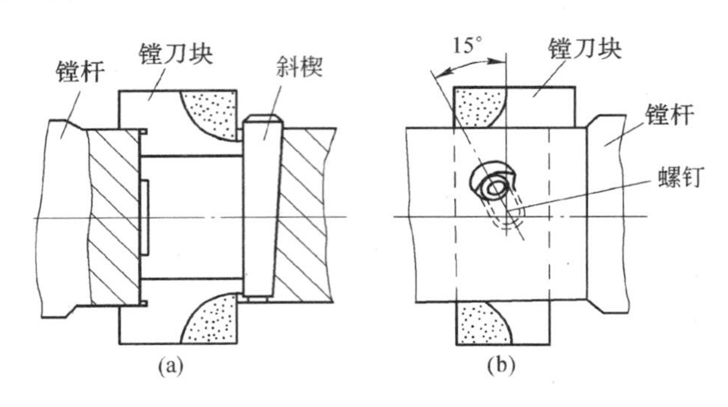

图 6-29　固定式双刃镗刀

3）*浮动镗刀*

浮动镗刀的特点是镗刀块自由地装入镗杆的方孔中，不需要夹紧，通过作用在两个切削刃上的切削力来自动平衡其切削位置，因此它能自动补偿由刀具安装误差、机床主轴偏差而造成的加工误差，能获得较高的孔的直径尺寸精度（IT7～IT6 级）。但它无法纠正孔的直线度误差和位置误差，因而要求预加工孔的直线性好，表面粗糙度 Ra 不大于 3.2 μm。浮动镗刀主要适用于单件、小批生产加工直径较大的孔，特别适用于精镗孔径大（$d>200$ mm）而深（$L/d>5$）的筒件和管件孔。

浮动镗刀的主偏角 κ_r 通常取为 $1°30'\sim2°30'$。κ_r 角过大，会使轴向力增大，镗刀在刀孔中摩擦力过大，会失去浮动作用。由于镗杆上装浮动镗刀的方孔对称于镗杆中心线，所以在选择前角、后角时，必须考虑工作角度的变化值，以保证切削轻快和加工表面质量。浮动镗削的切削用量一般取为：$v_c=5\sim8$ m/min，$f=0.5\sim1$ mm/r、$a_p=0.03\sim0.06$ mm。

三、镗床

镗床主要用于进行镗孔，此外还可进行钻孔、铣平面和车削等工作。镗床可以加工工件上尺寸较大、精度较高的孔和有较高位置精度要求的孔系。镗床主要可以分为卧式镗床、坐标镗床以及金刚镗床等。镗床工作时，刀具的旋转运动为主运动，进给运动根据机床类型不同可由刀具或工件来实现。

1. 卧式镗床

卧式镗床如图 6-30 所示。在床身 10 右端的前立柱 7 的侧面导轨上，安装着主轴箱 8 和后尾筒 9，它们可沿前立柱 7 的导轨面作上下进给运动或调整运动。主轴箱 8 中装有主运动和进给运动的变速和操纵机构。镗轴 6 前端有精密莫氏锥孔，用于安装刀具或刀杆。平旋盘 5 上铣有径向 T 形槽，供安装刀夹或刀盘。在平旋盘 5 端面的燕尾导轨槽中装有一径向刀架 4，车刀刀座 13 装在径向刀架 4 上，并随径向刀架 4 在燕尾导轨槽中作径向进给运动。后立柱 2 可沿床身导轨移动，用装在后立柱 2 上的支架 1 支承悬伸较长的镗杆，以增加镗杆的刚度。工件安装在工作台 3 上，工作台 3 下面装有下滑座 11 和上滑座 12，下滑座 11 可在床身水平导轨上作纵向移动。此外，工作台 3 还可在上滑座 12 的环行导轨上绕垂直轴转动，再利用主轴箱 8 上、下位置的调节，可在一次安装中，对工件上互相平行或成某一角度的平面或孔进行加工。所以，卧式镗床具有下列运动。

(1) 主运动：镗轴的旋转运动和平旋盘的旋转运动，且二者是独立的，分别由不同的传动机

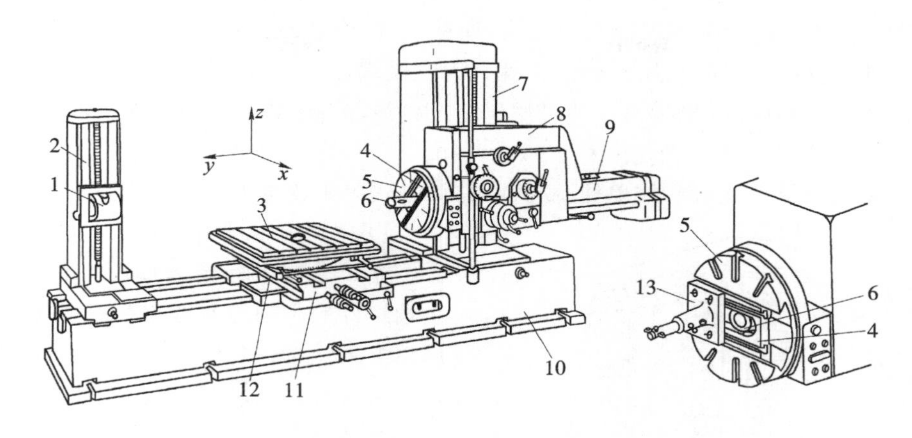

图 6-30 卧式镗床

1—支架；2—后立柱；3—工作台；4—径向刀架；5—平旋盘；6—镗轴；
7—前立柱；8—主轴箱；9—后尾筒；10—床身；11—下滑座；12—上滑座；13—车刀刀座

构驱动。

（2）进给运动：镗轴的轴向进给运动、主轴箱的垂直进给运动、工作台的纵向进给运动、工作台的横向进给运动、平旋盘上径向刀架的径向进给运动。

（3）辅助运动：包括主轴、主轴箱及工作台在进给方向上的快速调位运动，后立柱的纵向调位运动，后支架的垂直调位移动，工作台的转位运动。这些辅助运动可以手动实现，也可以由快速电动机传动实现。

卧式镗床的主要加工方法如图 6-31 所示。

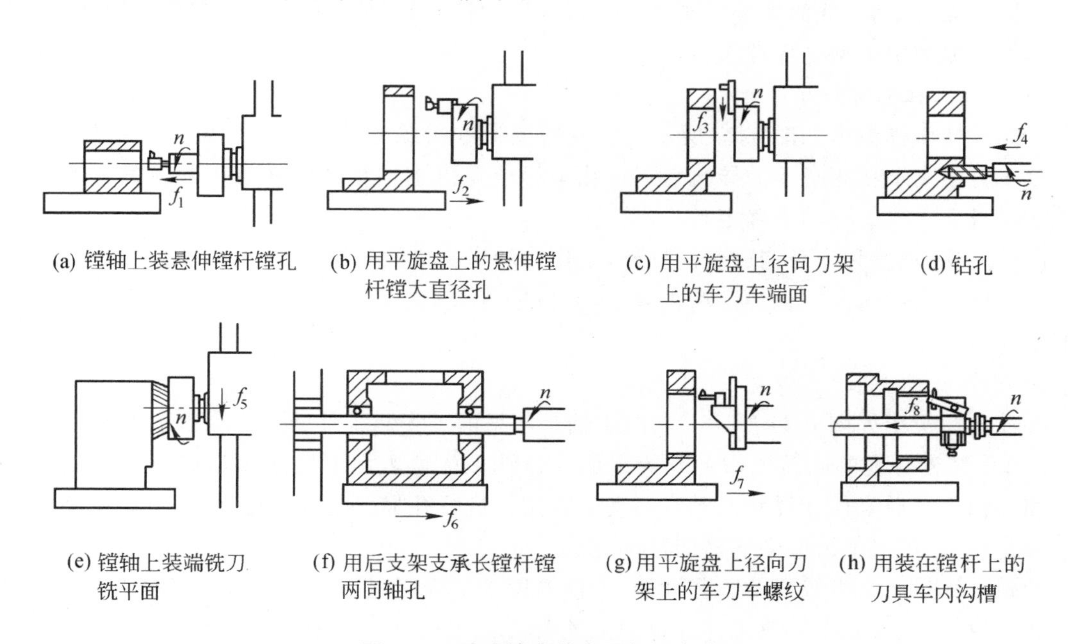

图 6-31 卧式镗床的主要加工方法

2. 坐标镗床

坐标镗床是一种高精度机床，其主要特征是具有测量坐标位置的精密测量装置。这种机床的主要零部件的制造和装配精度很高，且具有良好的刚性和抗振性。它主要用来镗削精密孔

(IT5 级或更高)和位置精度要求很高的孔系,如钻模、镗模等的孔系(定位精度达 0.002 mm)。

除镗孔外,坐标镗床还可进行钻孔、扩孔、铰孔、铣端面以及精铣平面和沟槽等加工。此外,因具有很高的定位精度,故坐标镗床还可用于精密刻线、划线,以及进行孔距和直线尺寸的精密测量工作。

坐标镗床按布局形式有立式单柱、立式双柱和卧式等主要类型。

1) 立式单柱坐标镗床

立式单柱坐标镗床如图 6-32 所示。装有主轴组件的主轴箱 5 可在主柱 4 的竖直导轨上调整上下位置,以适应不同高度的工件。主轴箱 5 内装有主电动机和变速、进给及其操纵机构。主轴由精密轴承支承在主轴套筒中。当进行镗孔、钻孔、铰孔等工作时,主轴由主轴套筒带动,在垂直方向作机动或手动进给运动。工件固定在工作台 3 上,坐标位置由工作台 3 沿床鞍 2 导轨的纵向移动和床鞍 2 沿床身 1 导轨的横向移动来确定。当进行铣削时,由工作台 3 在纵向或横向移动来完成进给运动。

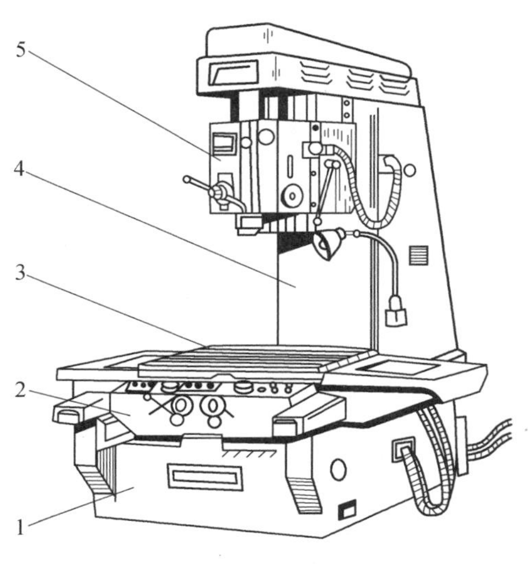

图 6-32　立式单柱坐标镗床

1—底座;2—床鞍;3—工作台;4—立柱;5—主轴箱

立式单柱坐标镗床的工作台三向敞开,操作方便。但是,工作台必须实现两个坐标方向的移动,使工作台和床身之间多了一层床鞍,加之主轴箱悬臂安装,从而影响了刚度。当机床尺寸较大时,难以保证加工精度。因此,立式单柱坐标镗床多为中小型坐标镗床。

2) 立式双柱坐标镗床

立式双柱坐标镗床如图 6-33 所示。主轴箱 2 装在可沿立柱 3 上下调整位置的横梁 1 上,工作台 4 直接支承在床身 5 的导轨上。镗孔坐标位置由主轴箱 2 沿横梁 1 导轨的移动和工作台 4 沿床身 5 导轨的移动来确定。

两个立柱、顶梁和床身构成龙门框架,工作台和床身之间的层次比立式单柱坐标镗床少,主轴中心线离横梁导轨面的悬伸距离也较小,所以刚度较高。因此,立式双柱坐标镗床一般为大中型坐标镗床。

3) 卧式坐标镗床

卧式坐标镗床如图 6-34 所示。它的主轴是水平的。安装工件的工作台由下滑座 1、上滑座 2 以及可作精密分度的回转工作台 3 等组成。镗孔坐标位置由下滑座 1 沿床身 7 导轨的纵向移动和主轴箱 6 沿立柱 5 导轨的垂直移动来确定。进行孔加工时的进给运动,可由主轴 4 的轴向移动完成,也可由上滑座 2 的横向移动完成。

卧式坐标镗床具有较好的工艺性能,工件高度不受限制,且安装方便,利用回转工作台的分度运动,可在一次安装中完成工件几个面上孔与平面等的加工。所以,近年来这种类型的坐标镗床应用得越来越多。

3. 镗铣加工中心

镗铣加工中心有卧式和立式之分。卧式镗铣加工中心实物图如图 6-35 所示。它的主轴是水平的。

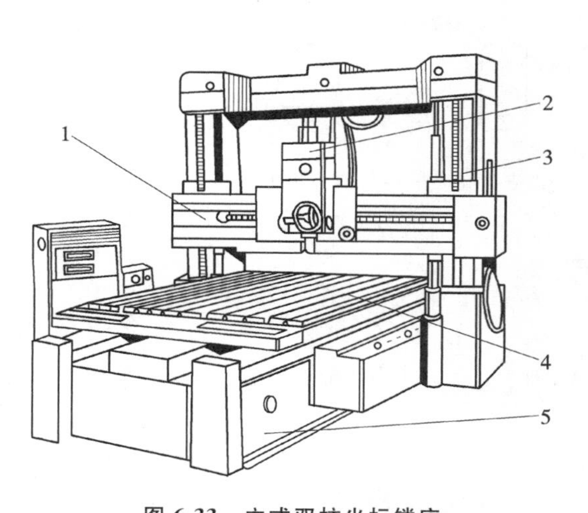

图 6-33 立式双柱坐标镗床

1—横梁;2—主轴箱;3—立柱;4—工作台;5—床身

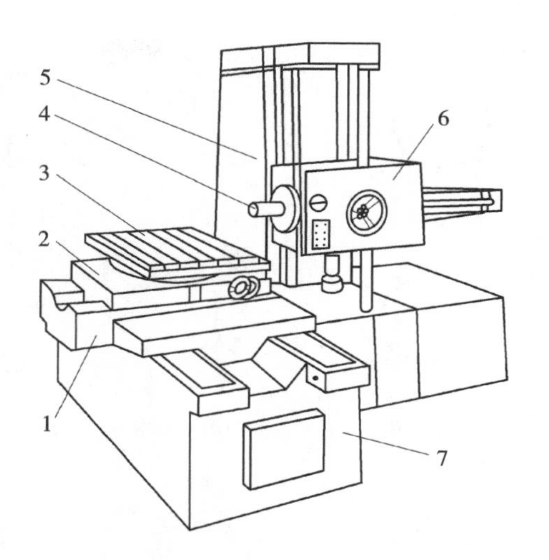

图 6-34 卧式坐标镗床

1—下滑座;2—上滑座;3—回转工作台;
4—主轴;5—立柱;6—主轴箱;7—床身

图 6-35 卧式镗铣加工中心实物图

6.5 拉削加工

拉削是一种高效率的加工方法。拉削可以加工各种截面形状的内孔表面及一定形状的外表面,如图 6-36 所示。拉削的孔径一般为 8～125 mm,孔的深径比一般不超过 5。拉削不能加工台阶孔和盲孔。由于拉床工作的特点,复杂形状零件的孔(如箱体上的孔)也不宜进行拉削。

一、拉削过程及特点

1. 拉削过程

拉刀是加工内外表面的多齿高效刀具。它依靠刀齿尺寸或廓形变化切除加工余量,以达到要求的形状尺寸和表面粗糙度。如图 6-37 所示,拉削时,将工件的端面靠在拉床挡壁上,拉刀

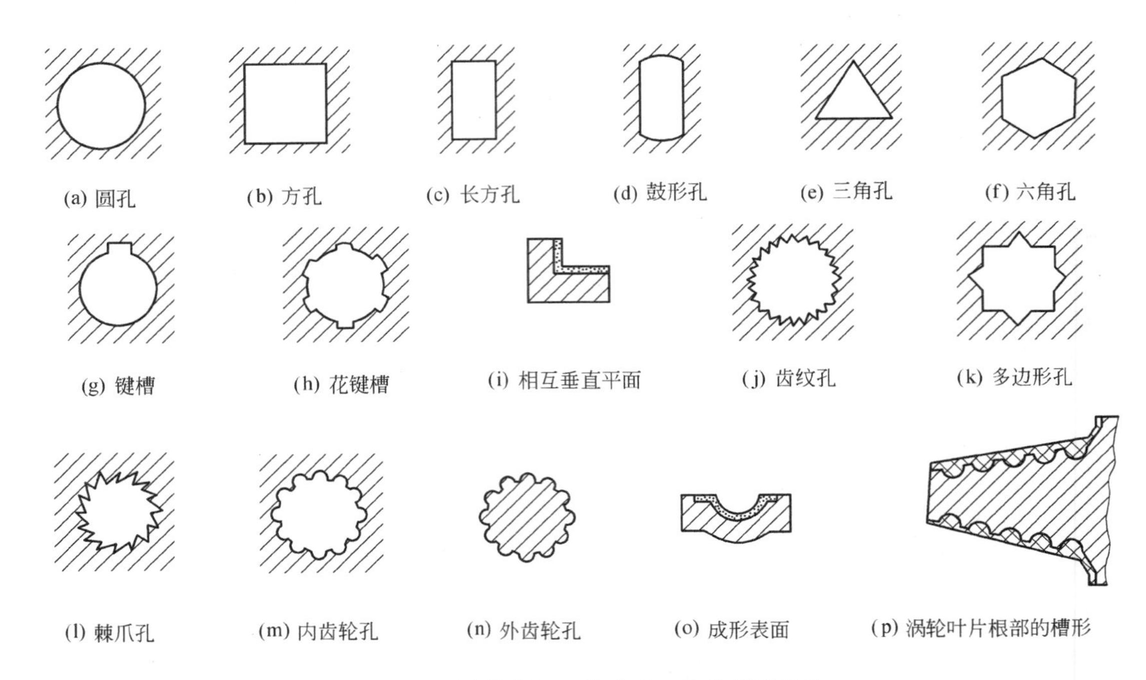

图 6-36　适宜拉削加工的典型工件的截面形状

先穿过工件上已有的孔，然后由机床的刀夹将拉刀前柄部夹住，并将拉刀从工件孔中拉过。由拉刀上一圈圈不同尺寸的刀齿，分别逐层地从工件孔壁上切除金属，从而形成与拉刀最后的刀齿同形状的孔。拉刀刀齿的直径依次增大，形成齿升量 a_f。拉孔时从孔壁切除的金属层的总厚度就等于通过工件孔表面的切削齿的齿升量之和。由此可见，拉削的主切削运动是拉刀的轴向移动，而进给运动是由拉刀各个刀齿的齿升量来完成的。因此，拉床只有主运动，没有进给运动。拉削时，拉刀作平稳的低速直线运动。拉刀的主运动通常由液压系统驱动。

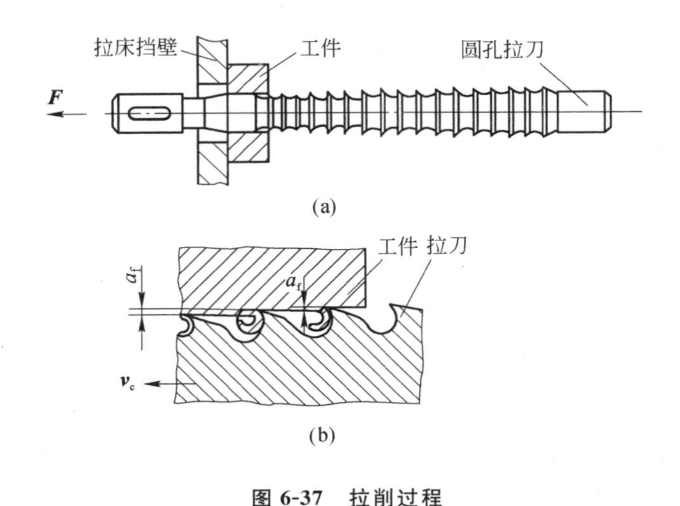

图 6-37　拉削过程

2. 拉削的特点

1）生产率高

由于拉削时，拉刀同时工作的刀齿数多、切削刃长，且拉刀的刀齿分粗切齿、精切齿和校准齿，在一次工作行程中就能够完成工件的粗、精加工及修光，机动时间短，因此，拉削的生产率很高。

2）可以获得较高的加工质量

拉刀为定尺寸刀具，用校准齿进行校准、修光工作；拉床采用液压系统，传动平稳；拉削速度低（$v_c=2\sim8$ m/min），不会产生积屑瘤。因此，拉削加工质量好，精度可以达到 IT8～IT7 级，表面粗糙度 Ra 值为 1.6～0.4 μm。

3）拉刀耐用度高，使用寿命长

由于拉削时，切削速度低，切削厚度小，在每次拉削过程中，每个刀齿只切削一次，工作时间短，拉刀磨损慢，拉刀刀齿磨钝后，还可重磨几次，因此拉刀耐用度高，使用寿命长。

4）拉削属于封闭式切削，容屑、排屑和散热均较困难

如果切屑堵塞容屑空间，不仅会恶化加工表面质量，损坏刀齿，严重的还会造成拉刀断裂。因此，应重视对切屑的妥善处理。通常在刀刃上磨出分屑槽，并给出足够的齿间容屑空间及形状合理的容屑槽，以便切屑自由卷曲。

5）拉刀制造复杂，成本高

一把拉刀只适用于加工一种规格尺寸的型孔或槽，因此，拉削主要适用于大批大量生产和成批生产中。

二、拉削方式

拉削方式是指拉刀把加工余量从工件表面切下来的方式。它决定每个刀齿切下的切削层的截面形状（在拉削加工中称之为拉削图形）。拉削方式选择得恰当与否，直接影响到切削负荷的分配、拉刀的长度、拉削力的大小、拉刀的磨损和耐用度，以及加工表面质量和生产率。

拉削方式可分为分层拉削和分块拉削两大类。分层拉削包括同廓式和渐成式两种，分块拉削目前常用的有轮切式和综合轮切式两种。

1. 分层拉削法

1）同廓式拉削法

按同廓式拉削法设计的拉刀，各刀齿的廓形与被加工表面的最终形状一样。它们一层层地切去加工余量，最后由拉刀的最后一个切削齿和校准齿切出工件的最终尺寸和表面，如图 6-38 所示。这种拉削方式能达到较小的表面粗糙度值，但单位切削力大，且需要较多的刀齿才能把余量全部切除，拉刀较长，刀具成本高，生产率低，并且不适合用于加工带硬皮的工件。

2）渐成式拉削法

按渐成式拉削法设计的拉刀，各刀齿可制成简单的直线或圆弧，它们一般与被加工表面的最终形状不同，被加工表面的最终形状和尺寸由各刀齿切出的表面连接而成，如图 6-39 所示。这种拉刀制造比较方便，但它不仅具有同廓式拉刀同样的缺点，而且加工出的工件表面质量较差。

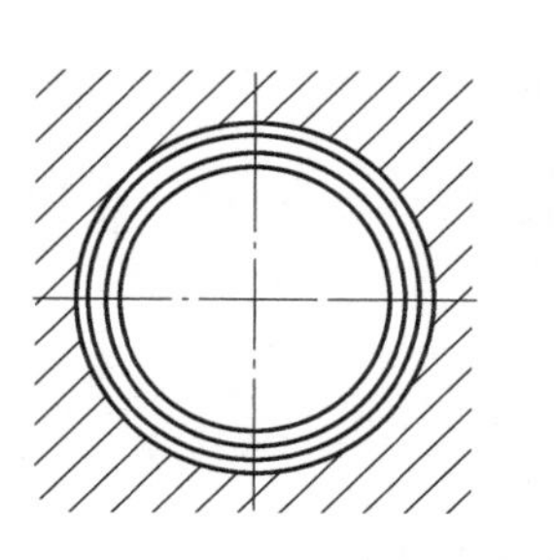

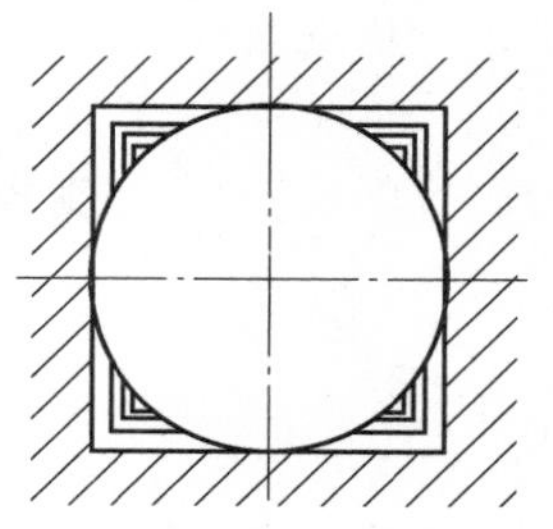

图 6-38　同廓式拉削图形

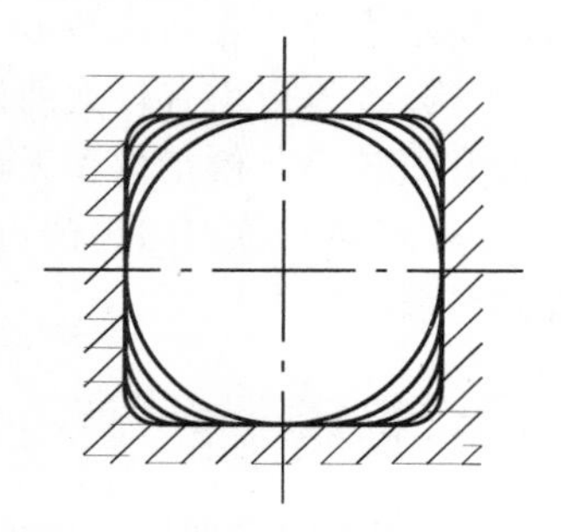

图 6-39　渐成式拉削图形

2. 分块拉削法

1) 轮切式拉削法

拉刀的切削部分由若干齿组组成。每个齿组中有 2～5 个刀齿,它们的直径相同,共同切下加工余量中的一层金属,每个刀齿仅切去一层中的一部分。图 6-40(a)所示为三个刀齿列为一组的轮切式拉刀刀齿的结构与拉削图形。前两个刀齿(1、2)无齿升量,在切削刃上磨出交错分布的大圆弧分屑槽,切削刃也呈交错分布。最后一个刀齿(3)呈圆环形,不磨出大圆弧分屑槽,但为了避免第三个刀齿切下整圈金属,其直径应较同组其他刀齿直径略小。第一个刀齿沿圆周等间隔切除一部分余量,第二个刀齿切除其余的余量,第三个圆环形刀齿切除前两刀齿交接处剩余的余量。

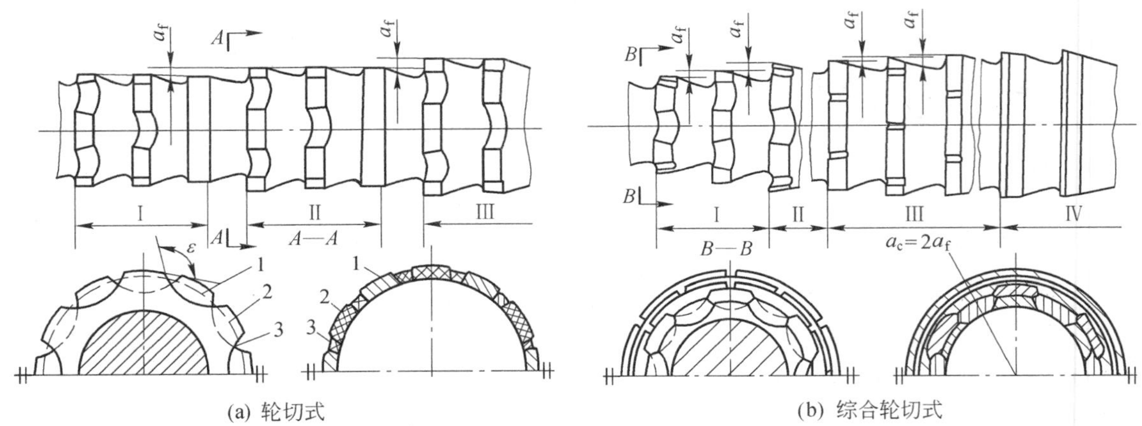

图 6-40 分块拉削方式

与分层拉削方式比较,轮切式拉削方式的优点是每一个刀齿上参加工作的切削刃的宽度较小,但切削厚度较分层拉削方式要大得多。因此,虽然每层金属要用一组(2 或 3 个)刀齿去切除,但由于切削厚度比分层拉削方式大 2～10 倍,所以在同一拉削量下,所需刀齿的总数减少了许多,拉刀长度大大缩短,不仅节省了贵重的刀具材料,生产率也大大提高。另外,在刀齿上分屑槽的转角处,强度高,散热良好,故刀齿的磨损量也较小。

轮切式拉刀主要适用于加工尺寸大、余量大的内孔,并可以用来加工带有硬皮的铸件和锻件。但轮切式拉刀的结构较复杂,拉后工件的表面粗糙度较大。

2) 综合轮切式拉削法

综合轮切式拉刀集中了同廓式拉刀与轮切式拉刀的优点,粗切齿制成轮切式结构,精切齿采用同廓式结构,这样既缩短了拉刀长度,提高了生产率,又能获得较好的工件表面质量。图 6-40(b)所示为综合轮切式拉刀刀齿的结构与拉削图形。拉刀上粗切齿Ⅰ与过渡齿Ⅱ采用轮切式刀齿结构,各刀齿均有较大的齿升量。过渡齿齿升量逐渐减小。精切齿Ⅲ采用同廓式刀齿的结构,齿升量较小。校正齿Ⅳ无齿升量。

综合轮切式拉刀刀齿的齿升量分布较合理,拉削较平稳,加工表面质量高,但综合轮切式拉刀的制造较困难。

三、拉床

按所加工的表面所处位置分类,拉床可分为内表面拉床(内拉床)和外表面拉床(外拉床)。按拉床的结构和布局形式,拉床又可分为立式拉床、卧式拉床、链条式拉床等。

图 6-41 为卧式内拉床。在床身 1 的内部有水平安装的液压缸 2,通过活塞杆带动拉刀作水

平移动，实现拉削的主运动。支承座3是工件的安装基准。拉削时，工件可以通过端面紧靠在支承座上安装（见图6-42(a)），也可以采用球面垫圈安装（见图6-42(b)）。护送夹头5及滚柱4用以支承拉刀。

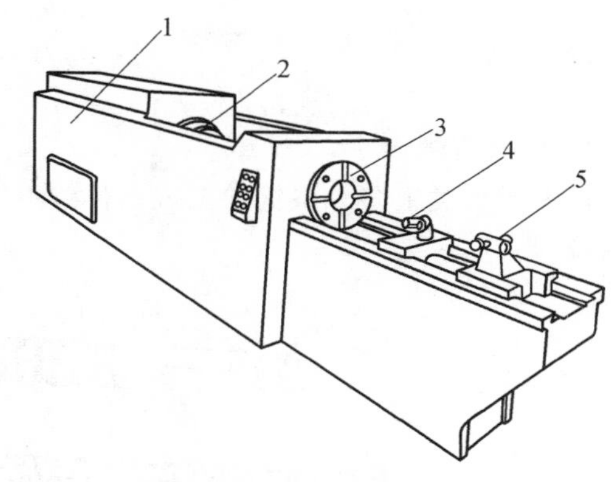

图6-41　卧式内拉床

1—床身；2—液压缸；3—支承座；4—滚柱；5—护送夹头

图6-43(a)所示为立式内拉床。这种拉床可用拉刀或推刀加工工件的内表面。用拉刀加工时，工件的端面紧靠在工作台2的上平面上，拉刀由滑座4上的支架3支承，自上向下插入工件的预制孔及工作台的孔，将其下端刀柄夹持在滑座4的下支架1上，滑座向下移动进行拉削加工。用推刀加工时，推刀支承在支架3上，自上向下移动进行加工。图6-43(b)所示为立式外拉床。固定有外拉刀7的滑板6可沿床身8的垂直导轨移动。工件固定在工作台5上的夹具上。外拉刀7随滑板6向下移动完成工件外表面的拉削加工。工作台可作横向移动，以调整切削深度，并在刀具回程时退离工件。

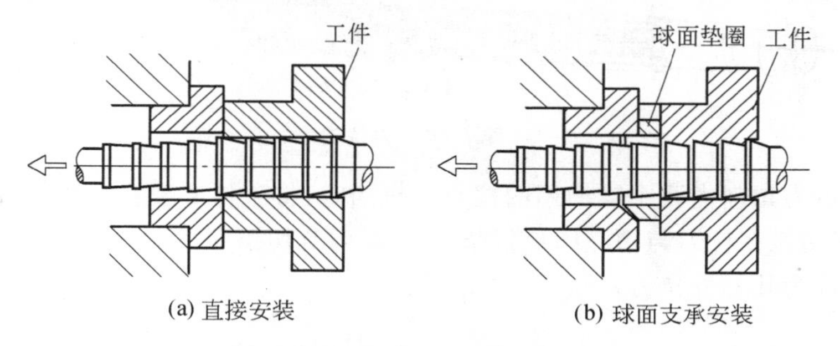

(a) 直接安装　　(b) 球面支承安装

图6-42　卧式内拉床上工件的安装

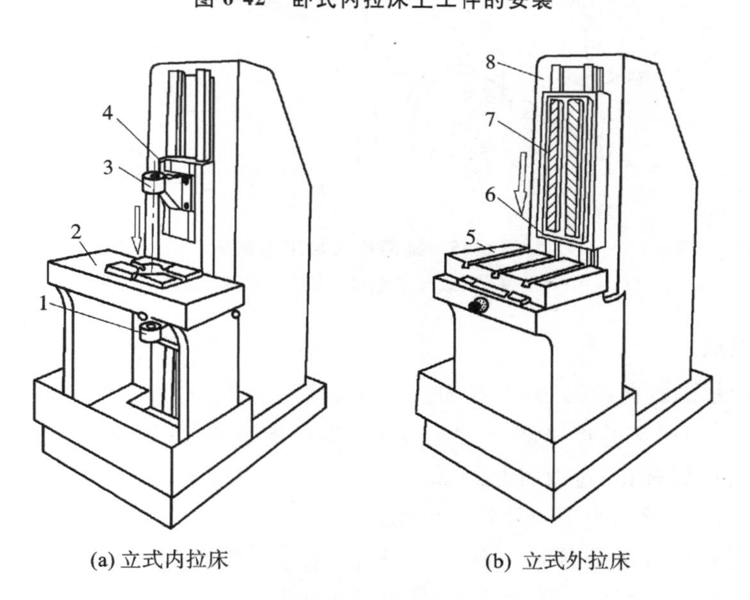

(a) 立式内拉床　　(b) 立式外拉床

图6-43　立式拉床

1—下支架；2、5—工作台；3—支架；

4—滑座；6—滑板；7—外拉刀；8—床身

四、拉刀

1. 拉刀的种类

拉刀的种类很多。根据加工表面位置不同,拉刀可分为内拉刀与外拉刀两类。图6-44所示为内拉刀。

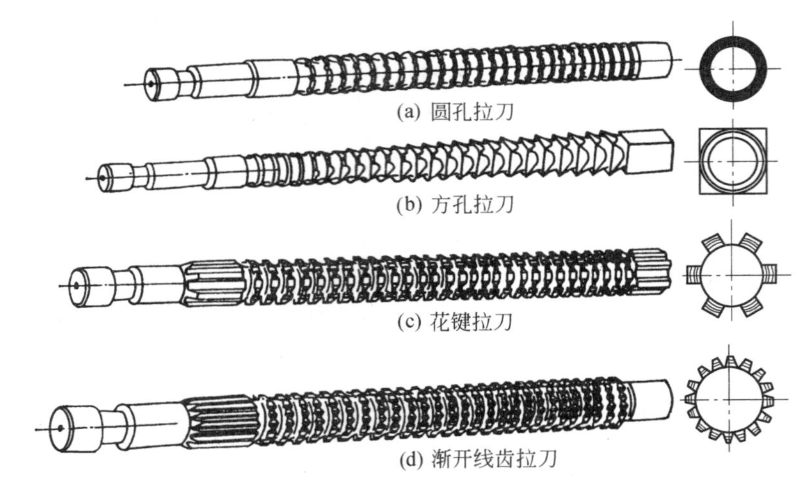

图 6-44 内拉刀

图 6-45 所示为拉削内孔中键槽用的拉刀。拉削时,将工件 2 套在导向芯轴 3 上定位,拉刀 1 在芯轴槽中移动。在拉刀与槽底间放置垫片 4,以调节切槽深度。

图 6-46 所示为几种外拉刀。

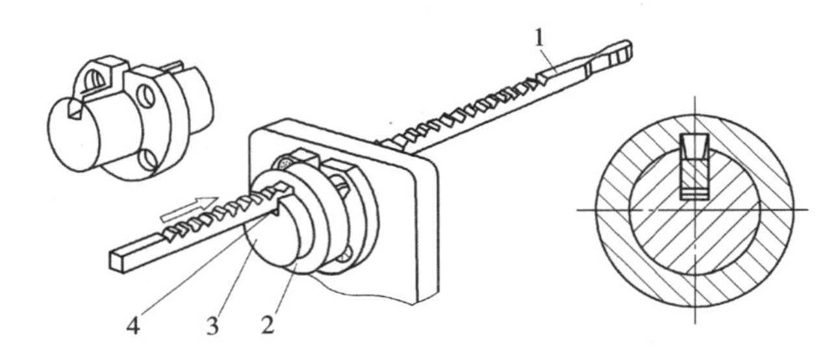

图 6-45 键槽拉刀加工示意图

1—键槽拉刀;2—工件;3—导向芯轴;4—垫片

2. 拉刀的组成

以图 6-47 所示的圆孔拉刀为例,拉刀的组成如下。

前柄部是拉刀与机床的连接部分,用以夹持拉刀、传递动力;颈部是前柄部和过渡锥之间的连接部分,此处可以打标记;过渡锥是颈部与前导部之间的锥度部分,起对准中心的作用,使拉刀易于进入工件孔;前导部用于引导拉刀的切削齿正确地进入工件孔,可防止刀具进入工件孔后发生歪斜,同时还可以检查预加工孔尺寸;切削部担负切削工作,切除工件上全部的拉削余量,由粗切齿、过渡齿和精切齿组成;校准部用以校正孔径,修光孔壁,还可以作精切齿的后备齿;后导部用以保证拉刀最后的正确位置,防止拉刀即将离开工件时,工件下垂而损坏已加工表面;后柄部用作大型拉刀的后支承,防止拉刀下垂。

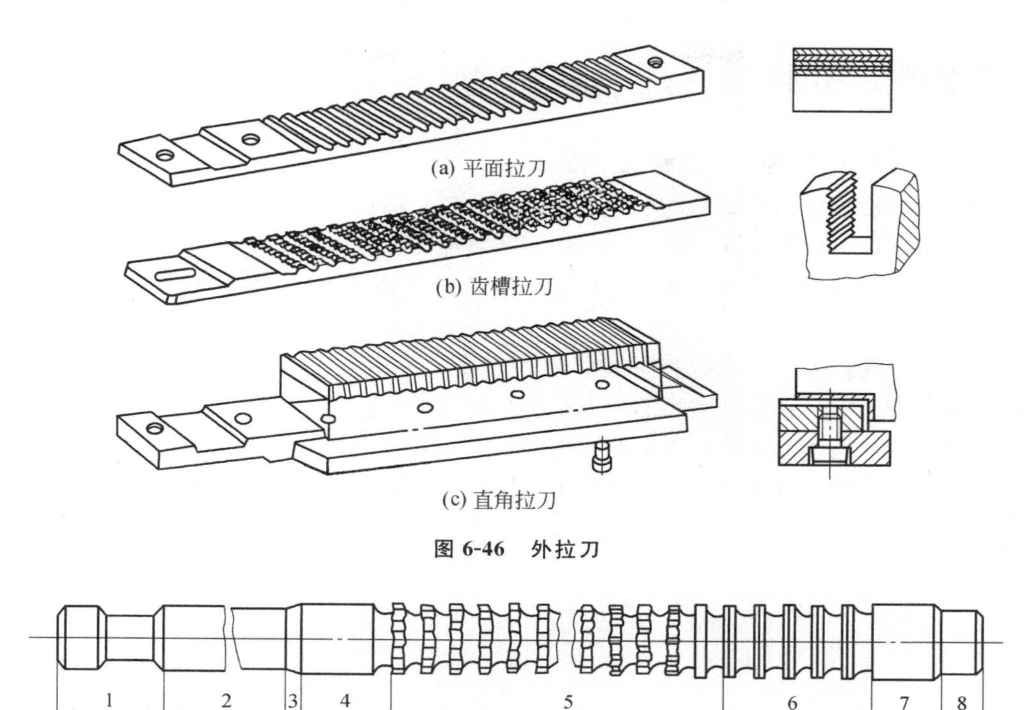

(a) 平面拉刀

(b) 齿槽拉刀

(c) 直角拉刀

图 6-46　外拉刀

图 6-47　圆孔拉刀的组成

1—前柄部；2—颈部；3—过渡锥；4—前导部；5—切削部；6—校准部；7—后导部；8—后柄部

3. 拉刀的结构要素

1）齿升量 a_f

齿升量是指前后两相邻刀齿(或两组刀齿)的高度差(或半径差)。同廓式圆孔拉刀的齿升量是相邻两个刀齿半径之差。轮切式圆孔拉刀的齿升量是相邻两组刀齿半径之差。

齿升量影响加工质量、生产效率和拉刀的制造成本。齿升量选择大些，切下全部余量所需要的刀齿数就少，拉刀的长度就较短，对拉刀制造有利，生产率也较高，但同时拉削力增大，拉刀的容屑空间也要增大，有可能因拉刀强度不够而使拉刀断裂，拉削后表面粗糙度也较大；若齿升量过小，切削厚度太薄，刀齿难以切下很薄的金属层，产生挤刮现象，加剧刀齿的磨损，降低刀具耐用度，同时也使加工表面恶化。

一般来说，只要拉刀强度许可，粗切齿应尽可能选取大的齿升量；而精切齿为了保证加工质量，其齿升量应小得多。为了使拉削负荷逐渐下降，粗切齿到精切齿间应有齿升量逐渐减小的过渡齿。粗切齿切去全部余量的 80%左右，过渡齿和精切齿各切去余量的 10%左右，校准齿起修光校准作用，没有齿升量。

2）圆孔拉刀刀齿的直径

拉刀上第一个切削齿的直径等于预加工孔的公称直径，应使其无齿升量，目的是防止在预加工孔径偏小时，不致因拉削负荷太大而使第一个刀齿过早磨损或损坏。从第二个刀齿开始，各刀齿的直径按齿升量依次递增。最后一个切削齿的直径应等于校准齿的直径。

此外，还应根据拉刀类型、切削方式、加工质量等合理地选择前角、后角、容屑槽、齿距、刃带等结构参数。设计时可查阅刀具设计手册。

思考题与习题

6-1　简述孔的类型、加工方法和加工特点。

6-2　钻床所能完成的典型加工有哪些?

6-3　标准高速钢麻花钻存在哪些问题?群钻与麻花钻相比有哪些改进?

6-4　深孔加工有哪些特点?试分析比较内排屑深孔钻、错齿外排屑深孔钻和喷吸钻的工作原理。

6-5　合理使用铰刀应注意哪些问题?

6-6　镗削加工有何特点?常用的镗刀有哪几种类型?

6-7　卧式镗床所能完成的加工主要有哪些?

6-8　拉削加工的特点是什么?拉削加工适用于什么场合?

第 7 章 磨削加工

磨削加工是用磨具(如砂轮)以较高的线速度对工件表面进行精加工和超精加工的切削加工方法。

7.1 概　　述

一、磨削加工的应用

常见的磨削加工方式如图 7-1 所示。在磨床上采用各种类型的磨具为工具,可以完成内外圆柱面、平面、螺旋面、花键表面、齿轮表面、成形面等各种表面的精加工。它除能磨削普通材料外,尤其适用于一般刀具难以切削的高硬度材料的加工,如淬硬钢、硬质合金和各种宝石等。磨削加工精度可达 IT6～IT4 级,表面粗糙度 Ra 值可达 1.25～0.02 μm。

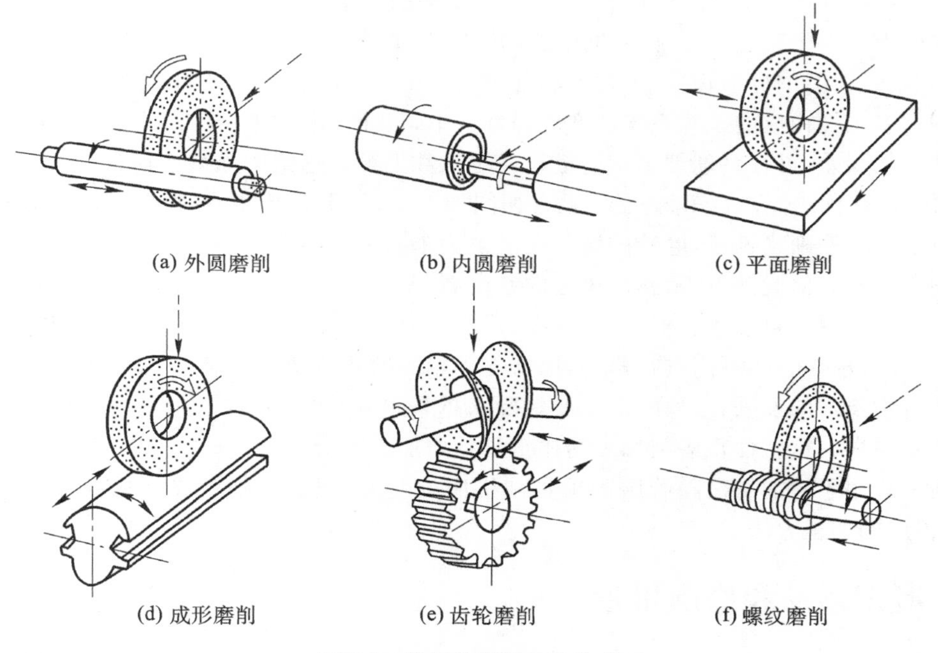

图 7-1　常见的磨削加工方式

磨削主要用于零件的精加工,目前也可以用于零件的粗加工甚至毛坯的去皮加工,可获得很高的生产率。

除了用各种类型的砂轮进行磨削加工外,还可采用做成条状、块状(刚性的)、带状(柔性的)的磨具或松散的磨料进行磨削。磨削加工方法主要有珩磨、砂带磨、研磨和抛光等。

二、磨削加工的特点

(1) 能经济地获得高的加工精度和小的表面粗糙度。磨削时的切削量极小,磨床一般具有较高的精度,并有精确控制微量吃刀的功能,所以能使工件获得高的加工精度。由于磨削的切除能力较低,因此一般要求零件在磨削之前,先用其他切削加工方法切除毛坯上的大部分加工余量。

(2) 砂轮磨料具有很高的硬度和耐热性,因此,能够磨削一些硬度很高的金属和非金属材料,如淬硬钢、硬质合金、高强度合金、陶瓷材料等。这些材料用一般金属切削刀具是难以加工,甚至是无法加工的。但是,磨削不宜加工软质材料,如纯铜、纯铝等。因为磨屑易将砂轮表面的孔隙堵塞,使之丧失切削能力。

(3) 磨削速度大、磨削温度高。磨削时砂轮的圆周速度可达 35~50 m/s,磨料对工件表面的滑擦、刻划、切削、熨压等综合作用,会使磨削区在瞬间产生大量的切削热。由于砂轮的导热性很差,热量在短时间内难以从磨削区传出,所以该处的温度可达 800~1 000 ℃,有时甚至高达 1 500 ℃。磨削时看到的火花,就是炽热的微细磨屑飞离工件时,在空气中急速氧化、燃烧的结果。

磨削区的瞬时高温会使淬硬工件表面退火,改变金相组织,从而使硬度和塑性发生变化,这种表面变质现象称为表面烧伤。磨削有时使导热差的工件表层产生很大的磨削应力,甚至由此产生细小的裂纹。因此,在磨削过程中,必须进行充分的冷却,以降低磨削温度。

(4) 径向磨削分力较大。与其他切削力一样,磨削力也可以分解为径向、轴向、切向三个互相垂直的分力。由于砂轮与工件间的接触宽度大,同时参与切削的磨料多,加之磨料的负前角切削等影响,径向磨削分力很大(为切向磨削分力的 1.5~3 倍)。在径向磨削分力的作用下,机床-夹具-砂轮-工件构成的工艺系统会产生弹性变形,从而影响加工精度。为消除这些变形所产生的工件形状误差,可在磨削加工最后进行一定次数无径向进给的光磨行程。

(5) 砂轮有自锐性。在车、铣、刨、钻等切削加工中,如果刀具磨钝,则必须重新刃磨后才能继续进行加工。磨削则不然,磨钝的磨料在磨削力的作用下会发生崩裂而形成新的锋利刃口,或是自动从砂轮表面脱落下来,露出里层的新磨料,从而保持砂轮的切削性能,继续进行磨削。砂轮的上述特性称为自锐性。但是,单纯靠自锐性不能长期保持砂轮的准确形状和切削性能,必须在工作一段时间后,专门进行修整,以恢复砂轮的形状和切削性能。

随着科学技术的发展,零件的加工质量要求越来越高,很多零件必须最后进行磨削加工才能达到质量要求。这就使得磨削加工的比重日益增加。

磨削一般用于精加工。随着磨削工具和机床的发展,现在磨削已成为从粗加工到超精加工,范围很广的加工方法。

三、磨削运动和磨削用量

由于砂轮转动只起基本切削作用,而不参与形成工件表面,因此还需有相应的形成母线及导线的形成运动和切入运动。以外圆纵向磨削为例,其磨削用量相应有以下四项。

1. 磨削速度 v_c(砂轮圆周速度)

当其他要素不变时,提高砂轮圆周速度 v_c 会使单位时间内参与切削的磨料数目增多,每一磨料切去的切屑更微细。同时,工件表面上被切出的凹痕数量增加,相邻两凹痕间的残留高度减小,从而降低了表面粗糙度。就此而言,砂轮圆周速度越高越好。但是,砂轮圆周速度不能太

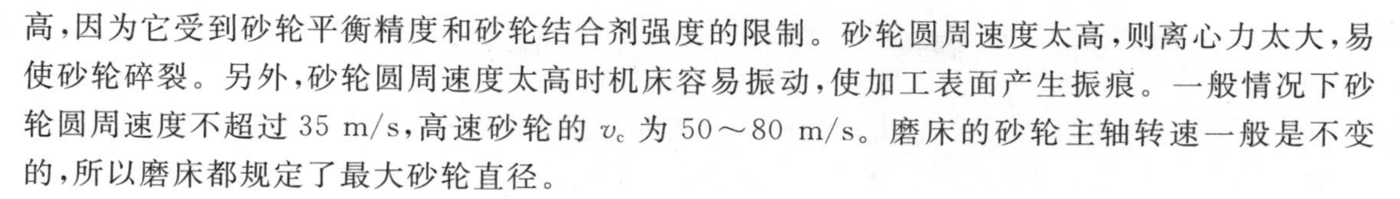

高，因为它受到砂轮平衡精度和砂轮结合剂强度的限制。砂轮圆周速度太高，则离心力太大，易使砂轮碎裂。另外，砂轮圆周速度太高时机床容易振动，使加工表面产生振痕。一般情况下砂轮圆周速度不超过35 m/s，高速砂轮的 v_c 为50～80 m/s。磨床的砂轮主轴转速一般是不变的，所以磨床都规定了最大砂轮直径。

2. 工件圆周进给速度 v_w

工件圆周进给速度 v_w 增加，生产率提高，但磨削厚度、工件表面残留高度、磨削力及工件变形增大，使加工精度和表面粗糙度变差。如果工件圆周进给速度过小，则工件表面和砂轮接触时间增长，工件表面温度上升，容易引起工件表面烧伤。

工件圆周进给速度 v_w 可按下式确定：

$$v_w=\left(\frac{1}{80}-\frac{1}{160}\right)\times 60v_c$$

粗磨时，为了提高生产率，v_w 取较大值。精磨时，为了获得小的表面粗糙度，v_w 取小些。磨削细长轴时，为避免工件因转速高、离心力大而产生弯曲变形和引起振动，v_w 应更小些。

3. 轴向进给量 f_a

轴向进给量是指工件转一周沿轴线方向相对于砂轮移动的距离，单位为mm/r。

轴向进给量对磨削加工过程的影响与 v_c 相似。一般粗磨钢件时 $f_a=(0.4\sim0.6)B$，精磨钢件时 $f_a=(0.2\sim0.3)B$，式中 B 为砂轮宽度。

4. 径向进给量 f_r（磨削深度 a_p）

径向进给量是指砂轮相对于工件在工作台每双（单）行程内径向移动的距离，单位为mm/dstr或mm/str。

磨削深度增加，磨削力增大，工件变形也大，使加工精度降低。一般粗磨时取 $a_p=0.01\sim0.06$ mm，精磨时取 $a_p=0.005\sim0.02$ mm。钢件取较小值，铸铁取较大值，短粗件取大值，细长件取小值。

7.2 磨具的特征和选用

凡在加工中起磨削、研磨、抛光作用的工具，统称磨具。根据所用的磨料不同，磨具可分为普通磨具和超硬磨具两大类。

一、普通磨具

1. 普通磨具的类型

所谓普通磨具，是指用普通磨料制成的磨具，如用刚玉类磨料、碳化硅类磨料和碳化硼磨料制成的磨具。普通磨具按照磨料的结合形式分为固结磨具、涂附磨具和研磨膏。根据不同的使用方式，固结磨具可制成砂轮、油石、砂瓦、磨头、抛磨块等，涂附磨具可制成纱布、砂纸、砂带等。研磨膏可分成硬膏和软膏。

2. 砂轮的特性和选择

砂轮是用各种类型的结合剂把磨料粘合起来，经压坯、干燥、焙烧及修整而成的，具有很多气孔，用磨料进行切削的磨削工具。因此，砂轮由磨料、结合剂及气孔组成。它的特性主要由磨料、粒度、结合剂、硬度和组织五个因素决定。

1）磨料

普通砂轮所用的磨料主要有刚玉类、碳化硅类和高硬磨料类。按照其纯度和添加的元素不同，每一类又可分为不同的品种。表 7-1 列出了常用磨料的名称、代号、主要性能及应用范围。

表 7-1　常用磨料的名称、代号、主要性能及应用范围

磨料名称		代号	显微硬度/HV	颜色	力学性能	热稳定性	适用磨削范围
刚玉类	棕刚玉	A	2 200～2 280	褐色	韧性好 硬度大	2 100 ℃熔融	碳钢、合金钢、铸铁
	白刚玉	WA	2 200～2 300	白色			淬火钢、高速钢
碳化硅类	黑碳化硅	C	2 840～3 320	黑色		>1 500 ℃氧化	铸铁、黄铜、非金属
	绿碳化硅	GC	3 280～3 400	绿色			硬质合金
高硬磨料类	氮化硼	CBN	8 000～9 000	黑色	高硬度 高强度	<1 300 ℃稳定	硬质合金、高速钢
	人造金刚石	D	10 000	乳白色		>700 ℃石墨化	硬质合金、宝石

2）粒度

粒度是指砂轮中磨料尺寸的大小。磨料按粒度分为磨粒和微粉两类，颗粒尺寸大于或等于 40 μm 的磨料称为磨粒；颗粒尺寸小于 40 μm 的磨料称为微粉。对于磨粒，用机械筛分法来区分大小，以磨粒能通过筛网上每英寸长度上的孔数来表示粒度，粒度号为 4～280，粒度号越大，磨粒的颗粒越小。对于微粉，用显微镜测量来确定粒度号，以实测到的最大尺寸，并在前面冠以“W”的符号来表示，粒度号为 W63～W0.5。例如 W7，表示此种微粉的最大尺寸为 7～5 μm，粒度号越小，则微粉的颗粒越细。

磨料粒度选择的原则如下。

精磨时，应选用磨料粒度号较大或颗粒直径较小的砂轮，以减小已加工表面粗糙度。

粗磨时，应选用磨料粒度号较小或颗粒较粗的砂轮，以提高生产率。

砂轮圆周速度较高时，或砂轮与工件接触面积较大时选用颗粒较粗的砂轮，减少同时参加切削的磨料数，以免发热过多而引起工件表面烧伤。

磨削软而韧的金属材料时，用颗粒较粗的砂轮，以免砂轮过早堵塞；磨削硬而脆的金属材料时，选用颗粒较细的砂轮，以提高同时参加磨削的磨料数，提高生产率。

常用磨料的粒度、尺寸及应用范围如表 7-2 所示。

表 7-2　常用磨料的粒度、尺寸及应用范围

类别	粒度	颗粒尺寸/μm	应用范围	类别	粒度	颗粒尺寸/μm	应用范围
磨粒	8～16	3150～1000	荒磨毛坯	微粉	W40～W28	40～28	超精磨、珩磨
	20～36	1000～400	打磨铸件毛刺		W28～W20	28～20	研磨
	46～60	400～250	粗磨		W20～W14	20～14	研磨
	70～80	250～160	半精磨、精磨		W14～W10	14～10	精细磨
	100～160	160～80	精磨、成形磨		W10～W7	10～7	超精加工
	180～240	80～50	精磨、刀具刃磨		W7～W3.5	7～3.5	镜面磨
	240～280	63～40	超精磨、珩磨		W3.5～W0.5	3.5～0.5	制作研磨膏

3）结合剂

砂轮的结合剂将磨料粘合起来，使砂轮具有一定的强度、气孔、硬度和抗腐蚀性、抗潮湿性

等性能。常用结合剂的名称、代号、性能和适用范围如表 7-3 所示。

表 7-3　常用结合剂的名称、代号、性能和适用范围

结合剂	代号	性能	适用范围
陶瓷	V	耐热、耐蚀，气孔率大，易保持廓形，弹性差	最常用，适用于各种磨削加工
树脂	B	强度较 V 高，弹性好，耐热性差	适用于高速磨削、切断、开槽等
橡胶	R	强度较 B 高，更富有弹性，气孔率小，耐热性差	适用于切断、开槽
青铜	J	强度最高，导电性好，磨耗少，自锐性差	适用于金刚石砂轮

4）硬度

砂轮的硬度是指磨料在外力作用下从砂轮表面脱落的难易程度，也反映磨料与结合剂的黏结程度。砂轮硬表示磨料难以脱落，砂轮软则与之相反。可见，砂轮的硬度主要由结合剂的黏结强度决定，而与磨料的硬度无关。一般来说，砂轮组织疏松时砂轮硬度低些，树脂结合剂的砂轮硬度比陶瓷结合剂的砂轮低些。砂轮的硬度等级及代号如表 7-4 所示。

表 7-4　砂轮的硬度等级及代号

大级名称	超软			软			中软		中		中硬			硬		超硬
小级名称	超软			软1	软2	软3	中软1	中软2	中1	中2	中硬1	中硬2	中硬3	硬1	硬2	超硬
代号	D	E	F	G	H	J	K	L	M	N	P	Q	R	S	T	Y

砂轮硬度的选用原则是：工件材料越硬，应选用越软的砂轮。这是因为硬材料易使磨料磨损，需用较软的砂轮以使磨钝的磨料及时脱落。工件材料越软，砂轮的硬度应越高，以使磨料脱落慢些，发挥其磨削作用。但在磨削有色金属、橡胶、树脂等软材料时，要用较软的砂轮，以便使堵塞处的磨料较易脱落，露出锋锐的新磨料。

磨削接触面积较大时，磨料较易磨损，应选用较软的砂轮。磨削薄壁零件及导热性差的零件，应选较软的砂轮。

与粗磨相比，半精磨需用较软的砂轮；但精磨和成形磨削时，为了较长时间保持砂轮轮廓，需用较硬的砂轮。

在机械加工时，常用的砂轮硬度等级一般为 H 至 N(软 2～中 2)。

5）组织

砂轮的组织是指磨料、结合剂和气孔三者体积的比例关系，用来表示结构紧密和疏松程度。砂轮的组织用组织号来表示，把磨料在磨具中占有的体积百分数(即磨料率)称为组织号。砂轮的组织号及适用范围如表 7-5 所示。

表 7-5　砂轮的组织号及适用范围

组织号	0	1	2	3	4	5	6	7	8	9	10	11	12	13	14
磨料率/(%)	62	60	58	56	54	52	50	48	46	44	42	40	38	36	34
疏密程度	紧密				中等				疏松					大气孔	

续表

组织号	0	1	2	3	4	5	6	7	8	9	10	11	12	13	14
适用范围	重负荷、成形、精密磨削,加工脆性材料				外圆、内孔、无心磨及工具磨,淬硬工件磨削及刀具刃磨等				磨削韧性大、硬度低的工件,以及薄壁、细长工件等					磨削有色金属及塑料橡胶等	

3. 砂轮的形状、尺寸

为了适应不同类型的磨床上磨削各种形状工件的需要,砂轮有许多形状和尺寸。常见砂轮的型号、断面形状及用途如表 7-6 所示。

表 7-6 常见砂轮的型号、断面形状及用途

砂轮名称	型号	断面形状	主要用途
平形砂轮	1		外圆磨、内圆磨、平面磨、无心磨、工具磨
薄片砂轮	41		切断及切槽
筒形砂轮	2		端磨平面
碗形砂轮	11		刃磨刀具、磨导轨
碟形 1 号砂轮	12a		磨铣刀、铰刀、拉刀,磨齿轮
双斜边砂轮	4		磨齿轮及螺纹
杯形砂轮	6		磨平面、内圆,刃磨刀具

二、超硬磨具

超硬磨具是指用金刚石、立方氮化硼等以显著高硬度为特征的磨料制成的磨具,可分为金刚石磨具、立方氮化硼磨具和电镀超硬磨具等。超硬磨具一般由基体、过渡层和超硬磨料层三个部分组成。超硬磨料层厚度为 1.5~5 mm,主要由结合剂和超硬磨料组成,起磨削作用。过渡层单由结合剂组成,其作用是使超硬磨料层与基体牢固地结合在一起,以保证超硬磨料层的使用。基体起支承超硬磨料层的作用，并通过它将砂轮紧固在磨床主轴上。基体一般用铝、钢、铜或胶木等制造。

超硬磨具的粒度、结合剂等特性与普通磨具相似。浓度是超硬磨具所具有的特殊特性。浓度是指超硬磨具超硬磨料层内每立方厘米体积内所含的超硬磨料的重量，它对磨具的磨削效率和加工成本有着重大的影响。浓度过高，很多磨料易过早脱落，导致磨料的浪费；浓度过低，磨削效率不高，不能满足加工要求。

1. 金刚石砂轮

金刚石砂轮主要用于磨削超高硬度的脆性材料，如硬质合金、宝石、光学玻璃和陶瓷等，不宜用于加工铁族金属材料。

2. 立方氮化硼砂轮

立方氮化硼砂轮由于化学稳定性好，加工一些难磨的金属材料，尤其是磨削工具钢、模具钢、不锈钢、耐热合金钢等时具有独特的优点。

立方氮化硼是超硬切削材料之一。它是氮与硼的化合物，是在约 5 000 MPa 的高压及 1 700 ℃的高温下形成的。它的硬度仅次于金刚石，但它和金刚石相比有很多优点。立方氮化硼在1 200 ℃高温下仍可保持硬度不变。它有一定的韧性，不仅可用于磨削强硬的铸铁，还可用于磨削强度大、硬度高及热敏性高的钢件或其他合金材料。另外，立方氮化硼与碳元素的亲和力小，所以十分适合用于磨削黑色金属材料，而且能保持较高的耐用度。用立方氮化硼制成的超硬磨具，可应用于金属材料的磨削，不仅可以代替普通砂轮磨削，而且可以实现铸、锻件毛坯的高速、高效一次性粗精磨，尤其适合用于成形、仿形及确定尺寸的精磨。它的磨削质量和磨削效率较高、成本较低。

国内外成熟的使用经验已证明，立方氮化硼砂轮磨削具有下述实用经济价值。

(1) 立方氮化硼砂轮的硬度相当于刚玉砂轮硬度的 2 倍，机械强度相当于碳化硅砂轮的 2 倍多，而韧性比金刚石砂轮好，可以磨削各种高强度、高硬度的钢材与铸铁，它的耐用度与磨削效率是其他各种磨具所不及的。

(2) 立方氮化硼砂轮的导热性和热稳定性好，可承受 1 300～1 500 ℃的高温，导热率是刚玉(Al_2O_3)砂轮的 45 倍，热扩散率是刚玉砂轮的 112 倍。立方氮化硼砂轮特别适合用于磨削热敏性高的超硬高速钢和高硬度合金钢等，而不产生磨削烧伤和裂纹。

(3) 立方氮化硼化学惰性强、稳定性好，特别是在磨削优质工具钢、轴承钢、钛合金、镍基合金时，立方氮化硼砂轮磨耗极小，耐用度大约是普通砂轮的 1 400 倍。

(4) 立方氮化硼砂轮磨削后的零件表面质量好，不产生磨削烧伤及龟裂等缺陷，并能提高零件的疲劳强度，可延长零件的使用寿命 30%～50%。

(5) 立方氮化硼砂轮磨削不需要频繁地修整砂轮。电镀或单层金属结合剂制成的立方氮化硼砂轮不需要修整便可直接用于磨削。

(6) 立方氮化硼砂轮适合用于高速或超高速磨削，效率是普通砂轮的 150～200 倍。

总之，采用立方氮化硼砂轮磨削虽然初始投资较大，但综合效益高。

3. 立方氮化硼油石

试验表明，立方氮化硼油石具有下述优点。

(1) 材料切除率高。用相等数量的立方氮化硼油石代替氧化铝油石，珩磨效率可提高 2 倍。

(2) 磨损慢。立方氮化硼油石的珩磨体积比(即去除材料体积与油石消耗体积之比)可达

800～1 200,而典型的油石为5～10。

(3) 孔加工精度较高。立方氮化硼油石即使在低工作压力下也能保持高速切削;而氧化铝油石由于需要高工作压力以及高速切削能力差,工件内孔容易产生喇叭口或腰鼓形。

(4) 珩磨过程均匀。立方氮化硼油石切削动作协调,故珩磨时间可预测;而氧化铝油石在油石与油石之间通常缺乏均匀性,必须经常改变珩磨条件,以适应这种不协调性。

(5) 珩磨噪声小。氧化铝油石,特别是以大切削用量珩磨时,常常产生刺耳的啸叫声,不得不采取强制性措施保护听力。

(6) 产生的热量少。即使高速珩磨,立方氮化硼油石产生的热量也比氧化铝油石少。氧化铝油石之所以产生过量的热,是因为要使油石晶粒破碎需要消耗大量的能量。使用立方氮化硼油石,全部能量都用于去除工件材料,从而减少了能量的消耗。

4. 电镀超硬磨具

电镀超硬磨具的结合剂强度高,磨料层薄,砂轮表面切削刃锋利,磨削效率高,不需要修整,经济性好。电镀超硬磨具主要用于磨削形状复杂的成形磨具、小磨头、套料刀、切割锯片、电镀铰刀以及高速磨削方式之中。

7.3 磨削加工类型

根据工件被加工表面的形状和砂轮与工件的相对运动,磨削加工有外圆磨削、内圆磨削、平面磨削、无心磨削等几种主要加工类型。此外,还可对凸轮、螺纹、齿轮等零件进行磨削。

一、外圆磨削

1. 外圆磨削加工类型

外圆磨削是用砂轮外圆周面来磨削工件的外回转表面的磨削方法。如图7-2所示,它不仅能加工圆柱面,还能加工圆锥面、端面、球面和特殊形状的外表面等。外圆磨削精度等级一般可达IT6～IT5级,表面粗糙度 Ra=1.25～0.08 μm。

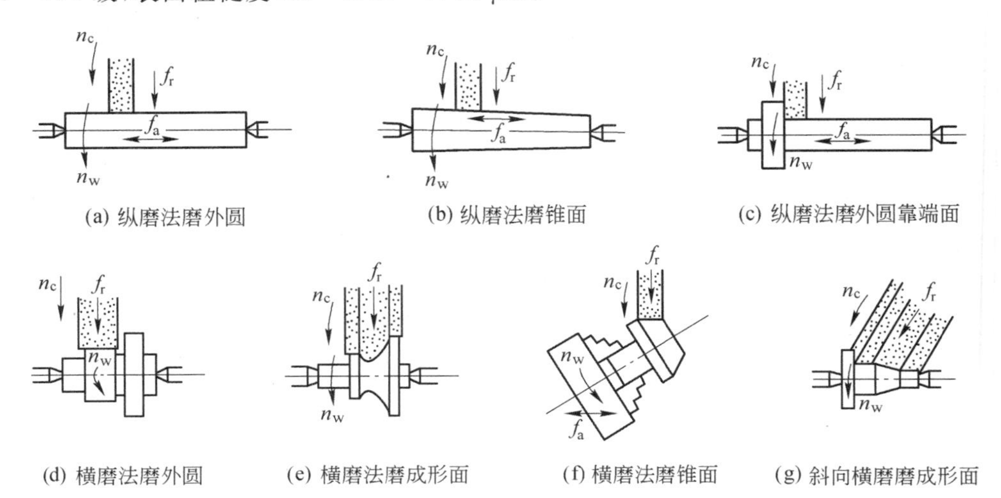

图7-2 外圆磨削加工类型

磨削中，砂轮的高速旋转运动为主运动(n_c)；磨削速度是指砂轮外圆的线速度(v_c)，单位为 m/s。进给运动有工件的圆周进给运动(n_w)、轴向进给运动(f_a)和砂轮相对于工件的径向进给运动(f_r)。工件的圆周进给速度是指工件外圆的线速度 v_w，单位为 m/s。

轴向进给量 f_a 是指工件转一周沿轴线方向相对于砂轮移动的距离，单位为 mm/r。通常 $f_a=(0.02\sim0.08)B$，其中 B 为砂轮宽度，单位为 mm。径向进给量 f_r 是指砂轮相对于工件在工作台每双(单)行程内径向移动的距离，单位为 mm/dstr 或 mm/str。

2. 外圆磨削方式

外圆磨削按照不同的进给方向可分为纵磨法和横磨法两种方式。

1) 纵磨法

磨削外圆时，砂轮的高速旋转为主运动，工件作圆周进给运动，同时随工作台沿工件轴向作纵向进给运动。每单行程或每往复行程终了时，砂轮作周期的横向进给运动，从而逐渐磨去工件的全部余量。采用纵磨法每次的横向进给量少，磨削力小，散热条件好，并且能通过光磨来提高工件的磨削精度和表面质量，是目前生产中使用最广泛的一种方式。

2) 横磨法

采用这种磨削方式，在磨削外圆时工件不需要作纵向进给运动，砂轮以缓慢的速度连续或断续地沿工件径向作横向进给运动，直至达到精度要求。因此，要求砂轮的宽度比工件的磨削宽度大，一次行程就可完成磨削加工的全过程，所以加工效率高，同时它也适用于成形磨削。然而，在磨削过程中，砂轮与工件的接触面积大，磨削力大，必须使用功率大、刚性好的机床。此外，磨削热集中，磨削温度高，势必影响工件的表面质量，必须给予充分的切削液来降低磨削温度。

3. M1432B 型万能外圆磨床

M1432B 型万能外圆磨床(见图 7-3)是普通精度级万能外圆磨床。它主要用于磨削 IT7～IT6 级精度的内外圆柱、圆锥表面，还可磨削阶梯轴的轴肩、端平面等，磨削表面粗糙度 Ra 值为 1.25～0.08 μm。

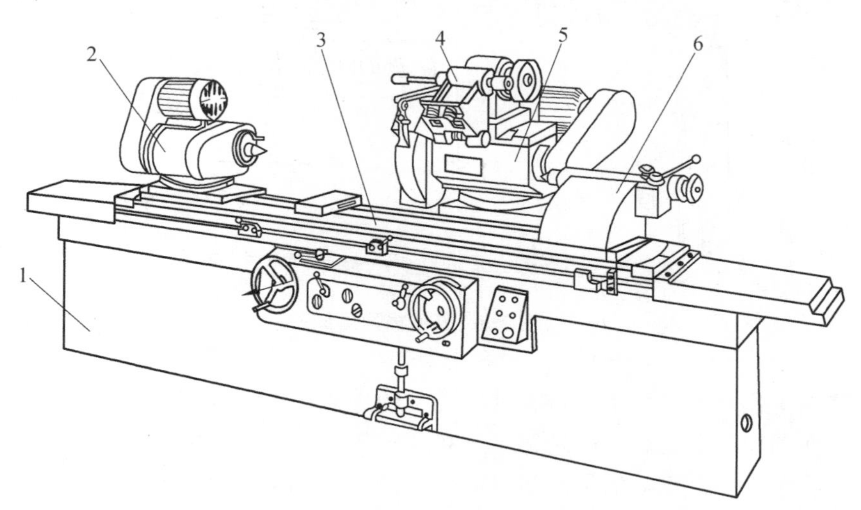

图 7-3 M1432B 型万能外圆磨床

1—床身；2—头架；3—工作台；4—内磨装置；5—砂轮架；6—尾座

二、内圆磨削

1. 内圆磨削方法

普通内圆磨削方法如图 7-4 所示。砂轮高速旋转作主运动(n_c),工件旋转作圆周进给运动(n_w),同时砂轮或工件沿其轴线往复作纵向进给运动 f_a,工件沿其径向作横向进给运动 f_r。内圆磨削精度等级一般可达 IT7～IT6 级,表面粗糙度 Ra=1.25～0.63 μm。

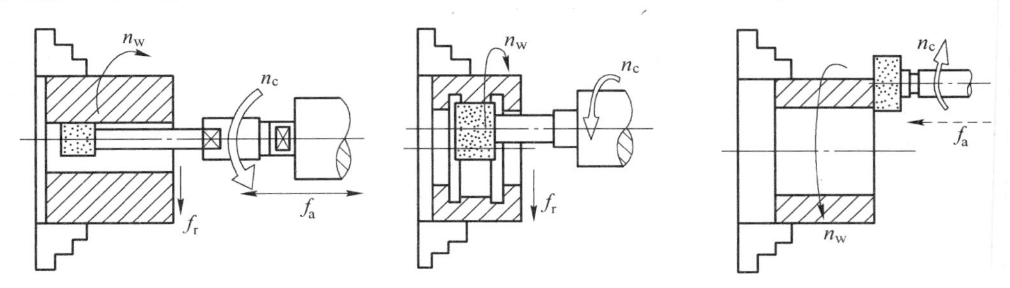

图 7-4　普通内圆磨削方法

2. 内圆磨削机床

图 7-5 所示为普通内圆磨床。

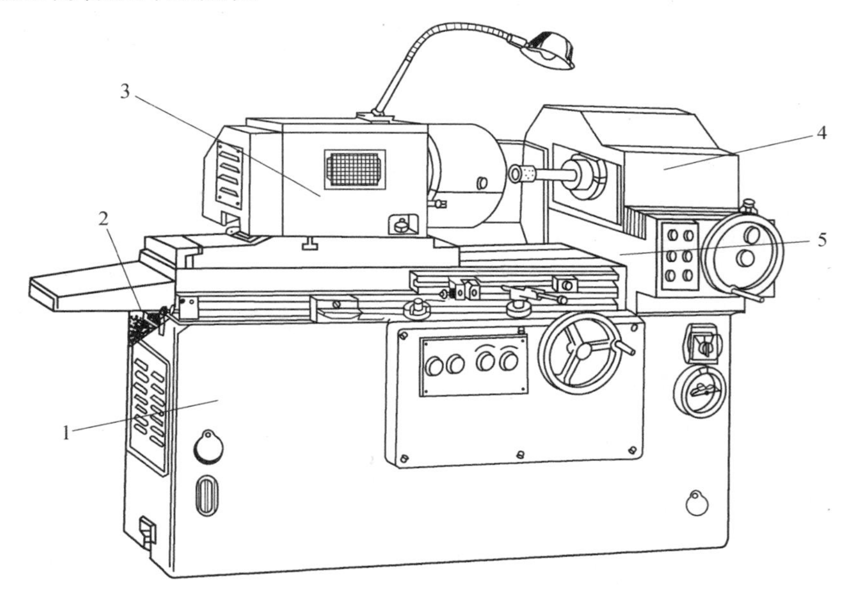

图 7-5　普通内圆磨床

1—床身;2—工作台;3—头架;4—砂轮架;5—滑鞍

头架 3 装在工作台 2 上并由它带着沿床身 1 的导轨作纵向往复运动。头架 3 的主轴由电动机经带传动作圆周进给运动。砂轮架 4 上装有磨削内孔的砂轮主轴,砂轮主轴由电动机经带传动驱动。砂轮架 4 沿滑鞍 5 的导轨作周期性的横向进给运动(液动或手动)。头架 3 可绕竖直轴调整一定的角度,以磨削锥孔。

普通内圆磨床的加工精度为:对于最大磨削孔径为 50～200 mm 的机床,试件的孔径为机床最大磨削孔径一半,磨削孔深为机床最大磨削深度的一半时,精磨后能达到圆度≤0.006 mm、圆柱度≤0.005 mm 及表面粗糙度 Ra=0.32～0.63 mm。

普通内圆磨床自动化程度不高，磨削尺寸通常是靠人工测量来加以控制的，仅适用于单件和小批生产中。

3. 内圆磨削的特点

与外圆磨削相比，内圆磨削有以下一些特点。

（1）磨孔时砂轮直径受到工件孔径的限制，直径较小。小直径的砂轮很容易磨钝，需要经常修整或更换。

（2）为了保证正常的磨削速度，小直径砂轮转速要求较高，目前生产的普通内圆磨床砂轮转速一般为 10 000～24 000 r/min，有的专用内圆磨床砂轮转速达 80 000～100 000 r/min。

（3）砂轮主轴的直径由于受孔径的限制比较小，而悬伸长度较大，刚性较差，磨削时容易发生弯曲和振动，使工件的加工精度和表面粗糙度难以控制，限制了磨削用量的提高。

三、平面磨削

平面磨削精度等级一般可达 IT7～IT5 级，表面粗糙度 $Ra=0.8\sim0.2\ \mu m$。

1. 平面磨削方式

常见的平面磨削方式如图 7-6 所示。

1）周边磨削

周边磨削如图 7-6(a)所示，砂轮的周边为磨削工作面，砂轮与工件的接触面积小，摩擦发热小，排屑及冷却条件好，工件受热变形小，且砂轮磨损均匀，所以加工精度较高。但是，砂轮主轴处于水平位置，呈悬臂状态，刚性较差，不能采用较大的磨削用量，生产率较低。

2）端面磨削

端面磨削如图 7-6(b)所示，用砂轮的一个端面作为磨削工作面。端面磨削时，砂轮主轴伸出较短，头架主要承受轴向力，所以刚性较好，可以采用较大的磨削用量；另外，砂轮与工件的接触面积较大，同时参加磨削的磨料较多，生产率较高。但是，由于磨削过程中发热量大，冷却条件差，脱落的磨料及磨屑从磨削区排出比较困难，所以工件热变形大，表面易烧伤，且砂轮端面沿径向各点的线速度不等，使砂轮磨损不均匀，因此磨削质量比周边磨削时较差。

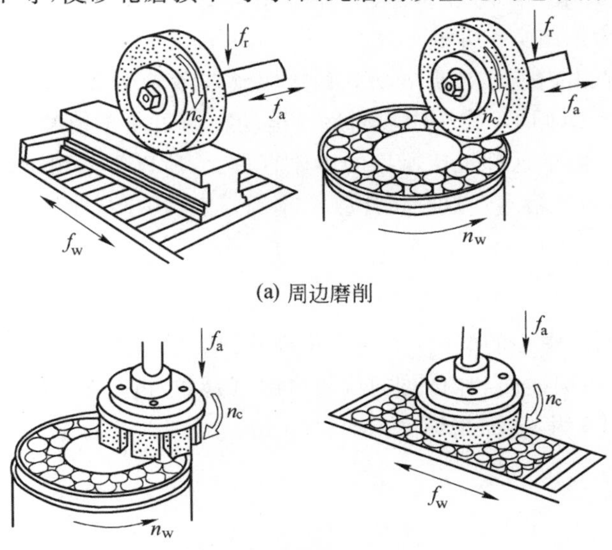

图 7-6 常见的平面磨削方式

2. 平面磨削机床

1) 卧轴矩台平面磨床

卧轴矩台平面磨床如图 7-7 所示。

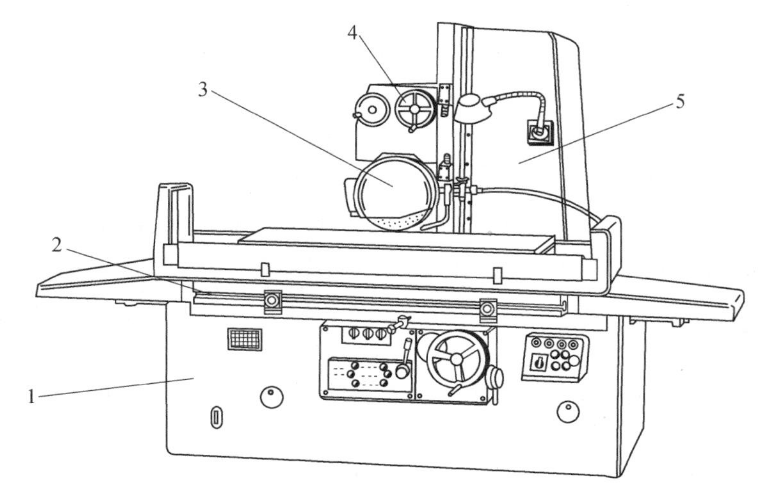

图 7-7 卧轴矩台平面磨床

1—床身;2—工作台;3—砂轮架;4—滑座;5—立柱

这种机床的砂轮主轴通常是用内连式异步电动机直接带动的。往往电机轴就是砂轮主轴,电动机的定子就装在砂轮架 3 的壳体内。砂轮架 3 可沿滑座 4 的燕尾导轨作间歇的横向进给运动(手动或液动)。滑座 4 和砂轮架 3 一起,沿立柱 5 的导轨作间歇的竖直切入运动(手动)。工作台 2 沿床身 1 的导轨作纵向往复运动(液动)。

目前我国生产的卧轴矩台平面磨床能达到的加工质量为:普通精度级,试件精磨后,加工面对基准面的平行度为 0.015 mm/1 000 mm,表面粗糙度 Ra=0.63~0.32 μm;高精度级,试件精磨后,加工面对基准面的平行度为 0.005 mm/1 000 mm,表面粗糙度 Ra=0.04~0.01 μm。

2) 立轴圆台平面磨床

立轴圆台平面磨床如图 7-8 所示。

砂轮架 3 的主轴也由内连式异步电动机直接驱动。砂轮架 3 可沿立柱 4 的导轨作间歇的竖直切入运动。工作台 2(圆形)旋转作圆周进给运动。为了便于装卸工件,工作台 2 还能沿床身 1 的导轨纵向移动。由于这种机床所用的砂轮直径大,所以常采用镶片砂轮。这种砂轮使冷却液容易冲入切削区,不易堵塞。这种机床生产率高,适合用于成批生产中。

四、无心磨削

无心磨削是工件不定中心的磨削,主要有无心外圆磨削和无心内圆磨削两种。无心磨削不仅可以磨削外圆柱面、内圆柱面和内外锥面,还可磨削螺纹和其他形状的表面。无心磨削精度等级一般可达 IT7~IT6 级,表面粗糙度 Ra<1.6 μm。

1. 无心外圆磨削

1) 工作原理

无心外圆磨削与普通外圆磨削不同,工件不是支承在顶尖上或夹持在卡盘上,而是放在砂轮(用于磨削)与导轮之间,以被磨削外圆表面作为基准,支承在托板上,如图 7-9 所示。砂轮与

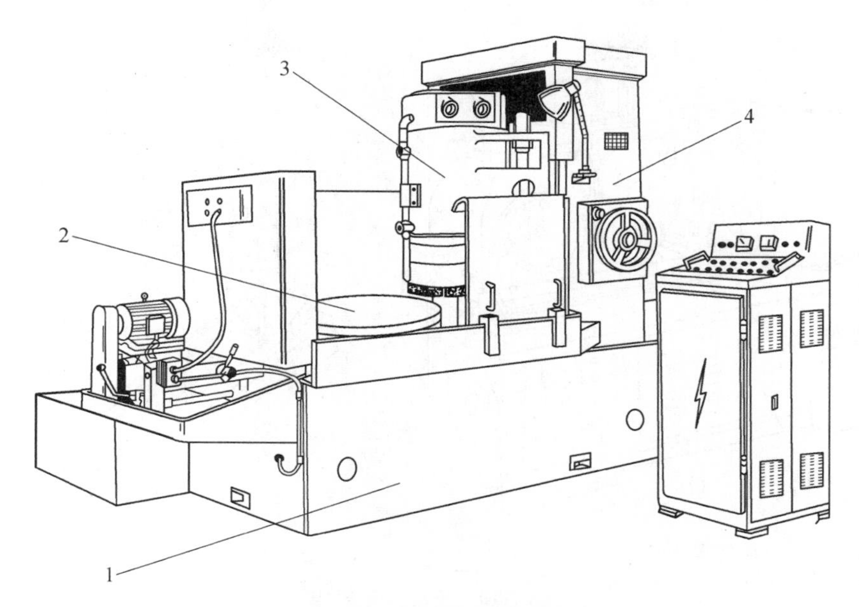

图 7-8 立轴圆台平面磨床

1—床身;2—工作台;3—砂轮架;4—立柱

导轮的旋转方向相同,砂轮由于圆周速度很大(为导轮的 70～80 倍),通过切向磨削分力带动工件旋转,导轮(用摩擦因数较大的树脂或橡胶作结合剂制成的刚玉砂轮)则依靠摩擦力限制工件的旋转,使工件的圆周速度基本等于导轮的线速度,从而在砂轮和工件间形成很大的速度差,产生磨削作用。改变导轮的转速,便可调节工件的圆周进给速度。无心外圆磨床如图 7-10 所示。

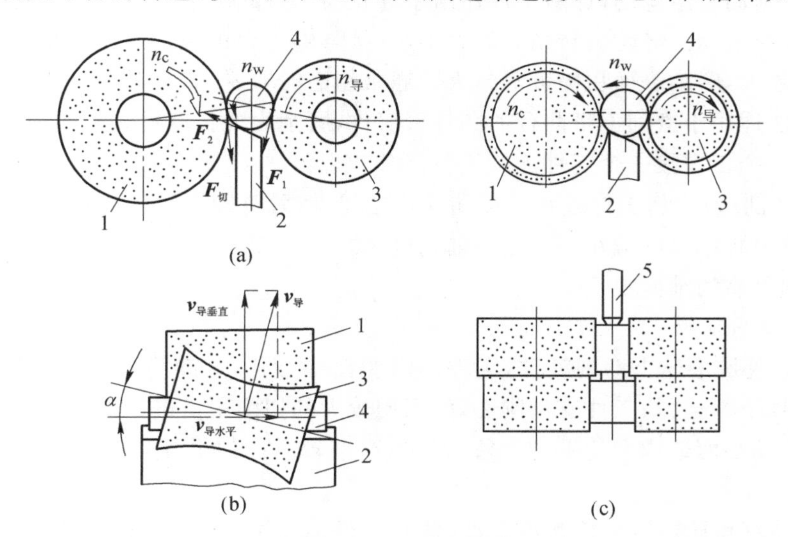

图 7-9 无心外圆磨削

1—砂轮;2—托板;3—导轮;4—工件;5—挡块

为了加快成圆过程和提高工件圆度,工件的中心线必须高于砂轮和导轮的中心连线,这样工件与砂轮和导轮的接触点不可能对称,从而使工件上凸点在多次转动中逐渐磨圆。实践证明:工件中心越高,越易获得较高圆度,磨削过程越快。但高出距离 h 不能太大,否则导轮对工件的向上垂直分力会引起工件跳动。一般取 $h=(0.15\sim0.25)d$,d 为工件直径。

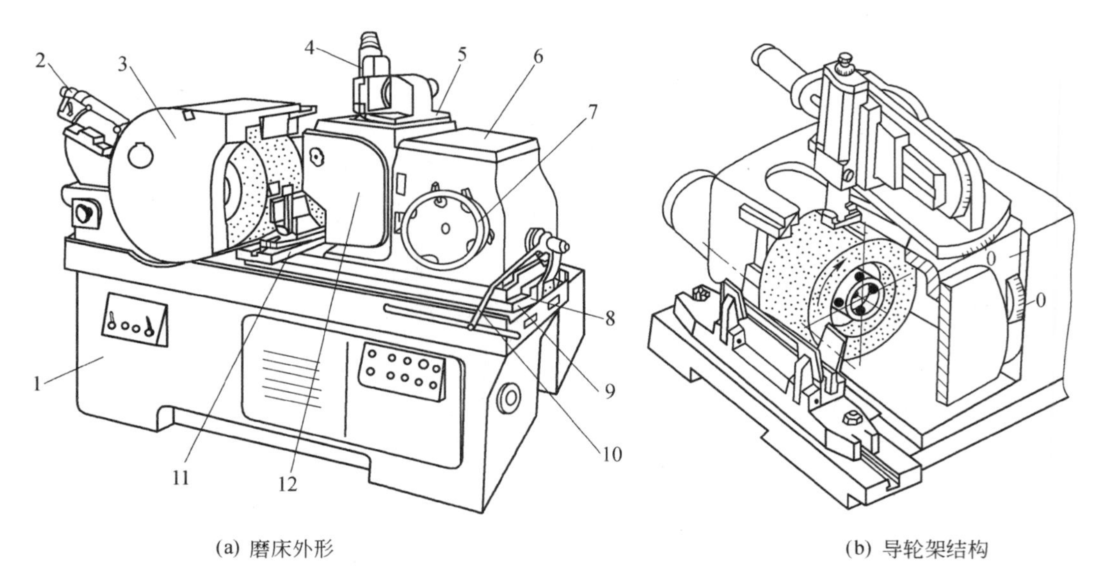

(a) 磨床外形　　　　(b) 导轮架结构

图 7-10　无心外圆磨床

1—床身;2—砂轮修整器;3—砂轮架;4—导轮修整器;5—转动体;6—座架;
7—微量进给手柄;8—回转底座;9—滑板;10—快速进给手柄;11—支座;12—导轮架

2) 磨削方式

无心外圆磨削有两种磨削方式:贯穿磨削法(纵磨法)和切入磨削法(横磨法)。

(1) 贯穿磨削法:使导轮中心线在垂直平面内倾斜一个角度 α,这样把工件从前面推入两砂轮之间,除了作圆周进给运动以外,工件还由于导轮与工件间水平摩擦力的作用,同时沿轴向移动,完成纵向进给运动。导轮偏转角 α 的大小,直接影响工件的纵向进给速度。α 越大,工件的纵向进给速度越大,磨削表面粗糙度值越大。通常粗磨时取 $\alpha=2°\sim6°$,精磨时取 $\alpha=1°\sim2°$。

贯穿磨削法适用于磨削不带凸台的圆柱形工件,磨削表面长度可大于或小于砂轮宽度。贯穿磨削加工时一个工件接一个工件连续进行,生产率高。

(2) 切入磨削法:先将工件放在托板和导轮之间,然后使砂轮横向切入进给,来磨削工件表面。这时,导轮中心线仅需偏转一个很小的角度(约 $30'$),使工件在微小轴向推力的作用下紧靠挡块,就能得到可靠的轴向定位。

3) 特点与应用范围

(1) 在无心外圆磨床上磨削外圆,工件不需要钻中心孔,装卸简单省时;用贯穿磨削法时,加工过程可连续不断运行;工件支承刚性好,可用较大的切削用量进行切削,而磨削余量可较小(没有因中心孔偏心而造成余量不均现象),故生产率较高。如果配备适当的自动卸料机构,可实现自动化。

(2) 由于导轮和托板沿全长支承工件,防止工件的受力变形,因而刚性差的工件也可用较大的切削用量进行磨削。

(3) 由于工件定位面为外圆表面,消除了工件中心孔误差、外圆磨床工作台运动方向与前后顶尖的连线不平行以及顶尖的径向跳动误差等的影响,所以磨削出来的工件尺寸精度和几何精度都比较高,表面粗糙度值也较小。

(4) 无心磨削调整费时,只适合用于成批及大量生产;又因工件的支承及传动特点,只能用来加工尺寸较小,形状比较简单的零件。

此外,无心磨削不能磨削不连续的外圆表面,如带有键槽、小平面的表面,也不能保证加工面与其他被加工面的相互位置精度。

2. 无心内圆磨削

在无心内圆磨床上加工的工件，通常是那些不宜用卡盘夹紧的薄壁且内外同心度要求又较高的工件，如轴承环类型的零件。无心内圆磨床的工作原理如图 7-11 所示。工件 4 支承在滚轮 1 和导轮 3 上，压紧轮 2 使工件 4 紧靠导轮 3，并由导轮 3 带动旋转，实现圆周进给运动(f_1)。磨削轮除完成旋转主运动(v_c)外，还作纵向进给运动(f_2)和周期的横向进给运动(f_3)。加工循环结束时，压紧轮沿箭头 A 方向摆开，以便装卸工件。磨削锥孔时，可将导轮、滚轮连同工件一起偏转一定的角度。

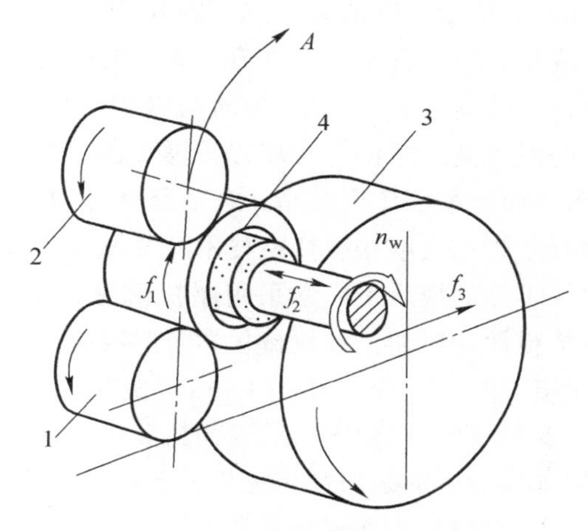

图 7-11 无心内圆磨床的工作原理

1—滚轮；2—压紧轮；3—导轮；4—工件

由于所磨零件的外圆表面已经精加工过了，所以，这种磨床具有较高的精度，且自动化程度也较高。它适用于大批大量生产中。

除上述几种磨削加工类型外，实际生产中常用的还有螺纹磨削、齿轮磨削等方法，在大批大量生产中还有许多如曲轴磨削、凸轮轴磨削等专门化和专用磨削方法。

7.4 先进磨削技术

近几十年来，随着对机械产品精度、可靠性和寿命的要求不断提高，高硬度、高强度、高耐磨性、高功能性的新型材料的应用增多，给磨削加工提出了许多亟待解决的新问题，如材料的磨削加工性及表面完整性、超精密磨削、高效磨削和磨削自动化等问题。当前，磨削加工技术正朝着使用超硬磨具，开发精密及超精密磨削，升级高速、高效磨削工艺，以及研制高精度、高刚度的自动化磨床方向发展。

一、精密及超精密磨削

精密磨削是指加工精度为 1～0.1 μm、表面粗糙度达到 Ra=0.2～0.01 μm 的磨削方法，而强调表面粗糙度 Ra 在 0.01 μm 以下，表面光泽如镜的磨削方法，称为镜面磨削。

精密磨削主要靠砂轮的精细修整，使磨料在具有微刃的状态下进行加工而得到小的表面粗糙度值。微刃的数量很多且具有很好的等高性，因此在被加工表面留下大量极微细的磨削痕迹,残留高度极小,再加上无火花磨削的阶段,在微切削、滑挤、抛光、摩擦等作用下使表面获得高精度。磨料上的大量等高微刃要通过金刚石修整工具以极低的进给速度(10～15 mm/min)精细修整而得到。

因此,在实际工作中,应选用具有高几何精度、高横向进给精度、低速稳定性好的精密磨床,用粗粒度(46～80)砂轮,经过精细修整,无火花磨削 5～6 次单行程,再用细粒度(240～W7)砂轮,无火花磨削 5～15 次,以充分发挥磨料微刃的微切削作用和抛光作用。

超精密磨削是指加工精度达到 0.1 μm 级,而表面粗糙度 Ra 在 0.01 μm 以下的磨削方法。加工精度为 10^{-2}～10^{-3} μm 时为纳米工艺。超精密磨削的关键是最后一道工序要从工件表面上除去一层小于或等于工件最后精度等级的表面层。因此,要实现超精密磨削,首先要减少磨料单刃切除量,而使用微细或超微细磨料是减少单刃切除量最有效的途径。实现超精密磨削是一项系统工程,包括研制高速高精度的磨床主轴、导轨与微进给机构,精密的磨具,开发磨具的平衡与修整技术,以及探索磨削环境的净化与冷却方式等。超精密磨削多使用金刚石或立方氮化硼微粉磨具。早期超精密镜面磨削多使用树脂结合剂磨具,借助其弹性使磨削过程稳定。近年来,随着铸铁结合剂金刚石砂轮和电解在线修整技术的开发,超精密镜面磨削技术日臻成熟。

精密块规、半导体硅片等零件的最后工序常采用超精密研磨,而软粒子研磨和抛光是属于超精密的光整工艺,通常包括弹性发射加工和机械化学研磨或抛光等两种加工方法。弹性发射加工的最小去除量可达原子级,即小于 10 Å(0.001 μm),直至切去一层原子,而且弹性发射加工能使被加工表面的晶格不变形,保证得到极小的表面粗糙度和材质极纯的表面。机械化学研磨或抛光的加工是借助研磨抛光液中的添加剂对被加工表面产生的化学作用,使工件表面产生一薄层易于被磨料或研具擦去的材料,实现超精密加工。

二、高效磨削

1. 高速磨削

高速磨削是通过提高砂轮线速度来达到提高磨削去除率和磨削质量的工艺方法。一般砂轮线速度高于 45 m/s 就属高速磨削。过去由于受砂轮回转破裂速度的限制,以及磨削温度高和工件表面易烧伤的制约,高速磨削的速度长期停滞在 80 m/s 左右。随着立方氮化硼磨料的广泛应用和高速磨削机理研究的深入,现在工业上实用磨削速度已达到 150～200 m/s,实验室中达到 400 m/s,并表现出惊人优异的磨削效果。

高速磨削是提高磨削生产率和加工质量的重要途径之一。它的特点如下。

(1) 生产率高(一般可提高 30%～300%)。砂轮速度提高后,单位时间进入磨削区的磨料数成比例地增加,如果还保持每颗磨料切去的切削厚度与普通磨削相同,则进给量可以成比例加大,磨削时间相应缩短。

(2) 提高砂轮耐用度和使用寿命(一般可提高 75%～150%)。砂轮速度提高后,若进给仍与普通磨削相同,则每颗磨料切去的切削厚度减小,每颗磨料承受的切削负荷下降,磨料切削能力相对提高,每次修整后砂轮可以磨去更多的金属。

(3) 能减小工件表面粗糙度值,提高加工精度。因为每颗磨料切去的切削厚度变小,所以表面切痕深度浅,表面粗糙度值小。另外,作用在工件上的法向磨削分力也相应减小,所以又可提高加工精度。

应当指出,高速磨削对砂轮和机床有如下特殊要求。

(1) 必须注意提高砂轮的强度,按切削速度规范选用砂轮,以免砂轮因离心力过大而破裂。

(2) 砂轮主轴的轴承间隙要适当加大，冷态间隙为0.04～0.05 mm，热态间隙为0.03 mm左右。砂轮主轴润滑油采用黏度小的油(汽轮机油加90%煤油)。

(3) 砂轮电动机功率应提高1.5～3倍，并防止振动，高速旋转部件需经仔细平衡，机床静刚度和动刚度要好。

(4) 砂轮的防护罩应加厚，开口角度减小，以确保安全。

(5) 注意改善切削液供给方式。高速磨削时，磨削温度极高，而砂轮周围高速回转形成一股强大的气流，切削液不易注入磨削区，为避免工件表面烧伤，应增大切削液的流量和压力，并采用特殊喷嘴，如图7-12所示。另外，还可采用多孔性砂轮(孔隙占34%～70%)，冷却液不是直接注入磨削区，而是从砂轮内部在离心力作用下送入磨削区，如图7-13所示。

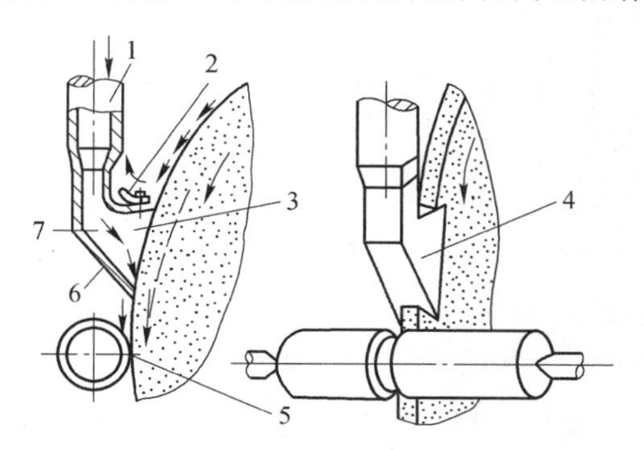

图7-12 切削液喷嘴

1—液流导管；2—可调节气流挡板；3—空腔区；4—喷嘴罩；5—磨削区；6—排屑区；7—液嘴

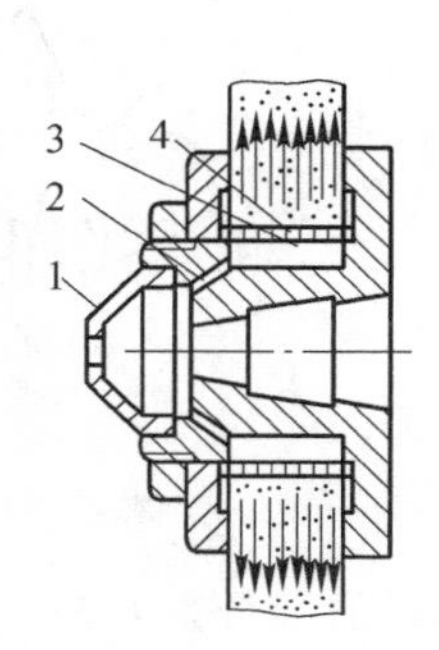

图7-13 多孔性砂轮

1—锥形盖；2—通道孔；3—砂轮中心腔；4—有径向小孔的薄壁套

2. 强力磨削

强力磨削又称缓进给大切深磨削，也称深槽磨削或蠕动磨削。它以较大的磨削深度(可达30 mm)和很低的工作台进给速度(3～300 mm/min)进行磨削，经一次或数次磨削即可达到所要求的尺寸精度，适于磨削高强度、高韧性材料，如耐热合金、不锈钢等的型面、沟槽等。随着磨削技术的发展，一种称为HEDG(high efficiency deep grinding)的超高速深磨技术出现并日臻成熟。它在磨削工艺参数上集超高速(达150～250 m/s)、大切深(0.1～30 mm)、快进给(0.5～10 m/min)于一体，采用立方氮化硼砂轮和计算机数控，工效已大大高于普通的车削和铣削。

由于强力磨削功率远大于普通磨削，故应增大电动机的功率，相应地提高砂轮主轴的刚性和精度。由于强力磨削时磨削热较大，因而必须采用高压力、大流量的冷却和冲洗措施，一般冷却压力为0.3～0.8 MPa，冲洗压力为1～2 MPa。强力磨削时要求砂轮具有足够的容屑空间、良好的自锐性和保持廓形精度的能力，因而宜选用大气孔或组织疏松多孔的砂轮。

三、砂带磨削

1. 砂带磨削设备及砂带

砂带磨削设备(见图7-14)比较简单，可自行设计制造或将购买的砂带磨头安装到通用机床刀架上进行磨削加工，亦可在专用砂带磨床上进行磨削。

砂带的结构如图7-15所示。它由基体、结合剂和磨料组成。砂带基体一般有纸基、布基、纸-布混合基等几种。纸基砂带表面平整，加工表面的粗糙度比布基砂带低，但负载能力不及布基砂带。纸-布混合基砂带具有加工表面粗糙度低和负载能力大的特性。常用的结合剂有动物

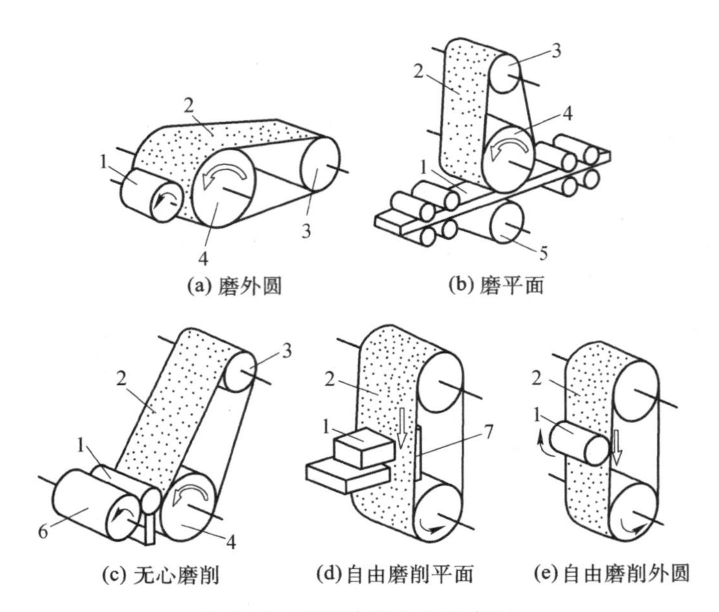

图 7-14　砂带磨削设备示意图

1—工件；2—砂带；3—张紧轮；4—压紧轮；5—承载轮；6—导轮；7—压磨板

胶、树脂和两者的混合剂，前者用于干磨，后两种用于湿磨。磨料一般采用刚玉类或碳化硅类。目前生产的砂带使用速度一般小于 35 m/s。使用有接头的环形砂带，要注意运转方向，切勿逆转，以免造成砂带断裂。砂带初运转时要间断启停，逐步加速，待运转稳定后再进行正式磨削。

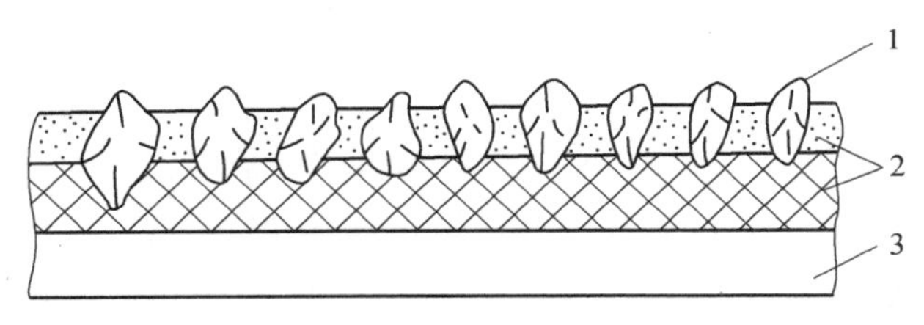

图 7-15　砂带的结构

1—磨料；2—结合剂；3—基体

2. 砂带磨削的特点

砂带磨削是根据被加工零件的形状选择相应的接触方式，在一定压力的作用下，使高速运动着的砂带与工件接触，产生摩擦，将工件加工表面的余量逐渐磨除或抛磨光滑的新工艺。它的特点如下。

(1) 弹性磨削。无论采用接触轮式、接触带式、自由式，还是采用接触气囊式，砂带磨削都属于弹性磨削，有良好的跑合与抛光作用，不易使零件表面产生“变形”和烧伤等现象，能获得较低的表面粗糙度值(Ra=0.2～0.04 μm)。

(2) 冷态切削。采用砂轮磨削，产生的热量的 90%都被工件和切削液吸收了。采用高速砂带磨削，工件吸收的热量不到 10%，炽热的磨屑以高的速度飞离，产生的热量大部分随磨屑“跑”掉了，磨过的表面仍然较冷，且容屑空间大，散热条件好。

(3) 切速稳定。接触轮(压轮)长时间运转磨损极小，所以砂带在整个有用寿命中可以长期以恒定速度进行磨削。

(4) 效率高。由于砂带构造上的特点，即磨料均匀、切削刃锋利、等高性好，有效切削面积大，切削时几乎每颗磨料均参加磨削活动，所以金属切除率高，效率比一般磨削高5～20倍，现在砂带磨削不仅可用于精加工，还可进行0.5～5 mm的重负荷磨削。

(5) 适应性强。砂带磨削可以磨削圆柱面、圆锥面，可以对直径大于25 mm的一般内孔和深孔进行磨削，还可磨削各种平面、曲面、特殊型面、部分齿轮表面等。砂带磨削适用于加工各种耐热钢、淬火钢、不锈钢及有色金属，还可加工橡胶、尼龙、陶瓷、大理石、宝石、玻璃等非金属材料，应用极为广泛。

砂带磨削的缺点是砂带消耗较快，砂带磨削不能加工小直径孔、盲孔，也不能加工阶梯外圆和齿轮。

思考题与习题

7-1 简述磨削加工的应用和特点。

7-2 砂轮的特性主要取决于哪些因素？如何进行选择？

7-3 简述外圆磨削、平面磨削的磨削方式及特点。

7-4 简述高速磨削、强力磨削和精密磨削应具备哪些基本条件。

第8章 齿形加工

在机械产品中，齿形零件主要有各种内外圆柱齿轮、圆锥齿轮、蜗轮、蜗杆、圆弧齿轮、摆线齿轮，以及各种齿形的花键、链轮等。其中以渐开线齿轮的应用最为广泛。本章主要介绍渐开线齿轮加工。

8.1 概　　述

齿形加工指的是具有各种齿形形状的零件的加工。

一、齿轮的结构特点

齿轮尽管由于在机器中的功用不同而设计成不同的形状和尺寸，但它们都可以分为齿圈和轮体两个部分。在齿圈上切出直齿、斜齿等齿面，而在轮体上有孔或带有轴。

轮体的结构形状直接影响齿轮结构工艺的制订，因此齿轮可根据轮体的结构形状来分类。常见的圆柱齿轮可分为盘类齿轮、套类齿轮、内齿轮、轴类齿轮、扇形齿轮、齿条。其中盘类齿轮的应用最为广泛。

一个圆柱齿轮可以有一个或多个齿圈。通常单齿圈齿轮的工艺性最好。

二、对传动齿轮的精度要求

齿轮传动装置包括齿轮副、轴、箱体等零件，其中齿轮的加工质量和安装精度直接影响着齿轮传动装置的传动质量。根据齿轮的使用条件，对传动齿轮提出以下要求。

1. 传动的准确性

传动的准确性要求主动轮转动一定的角度时，从动轮按给定的速比转过相应的角度。在一转中齿轮转角误差的最大值不能超过一定的限度，即传动的准确性由一转转角精度或第Ⅰ公差组来衡量。

2. 工作的平稳性

工作的平稳性要求齿轮传动平稳，无冲击，振动和噪声小。这就需要限制齿轮传动时瞬时传动比的变化，即一齿转角精度或第Ⅱ公差组。

3. 载荷的均匀性

齿轮载荷由齿面承受，两齿轮啮合时，接触面积的大小对齿轮的使用寿命影响很大。载荷的均匀性由接触精度，即第Ⅲ公差组来衡量。

4. 齿侧间隙的合理性

一对相互啮合的齿轮非工作表面间必须留有一定的间隙，该间隙即为齿侧间隙，简称侧隙，作用是储存润滑油，补偿热变形。应当根据齿轮副的工作条件，来确定合理的侧隙。

以上四项要求根据传动齿轮的用途和工作条件的不同可能有所不同。例如:分度用的蜗杆副、读数用的齿轮传动副,对传动的准确性要求高,对工作的平稳性也有一定的要求,而对载荷的均匀性的要求一般不严格。

三、齿形的加工方法

齿形的加工方法可分为无切削加工和切削加工两类。

1. 无切削加工

无切削加工方法主要有铸造、热轧、冷挤、注塑。

无切削加工方法具有生产率高、材料消耗小和成本低等优点。

2. 切削加工

对于有较高传动精度要求的齿轮来说,切削加工仍是目前主要的加工方法。通常齿轮要经过齿面的切削加工和齿面的磨削加工来获取所需的齿轮精度。前者加工效率高,也有较高的加工精度,属于粗加工和半精加工;后者属于精加工。根据加工装备的不同,齿轮的切削加工有铣齿、滚齿、插齿、刨齿、磨齿、剃齿、珩齿等多种方法。本章主要介绍齿轮的切削加工方法。

四、齿形的加工原理

按齿轮轮廓的成形原理不同,齿轮的切削加工可分为成形法和展成法两种。

1. 成形法

1) 加工原理

成形法是利用与被加工齿轮的齿槽形状一致的刀具,在齿坯上加工出齿面的方法。成形铣削一般在普通铣床上进行,如图 8-1 所示。铣削时工件安装在分度头上,铣刀旋转对工件进行切削加工,工作台作直线进给运动,加工完一个齿槽,分度头将工件转动一个齿,再加工另外一个齿槽,依次加工出所有齿槽。当加工模数大于 8 mm 的齿轮时,采用指形齿轮铣刀进行加工。铣削斜齿轮时必须在万能铣床上进行,铣削时工作台偏转一个角度(等于齿轮的螺旋角 β),工件在随工作台进给的同时,由分度头带动作附加旋转运动,以形成螺旋齿槽。

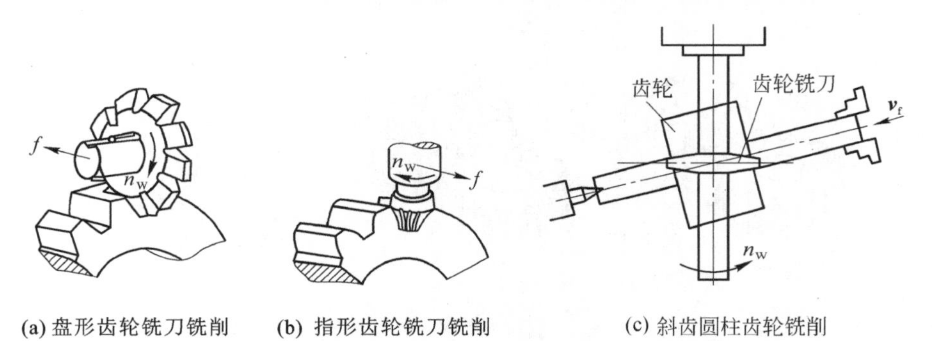

(a) 盘形齿轮铣刀铣削　(b) 指形齿轮铣刀铣削　(c) 斜齿圆柱齿轮铣削

图 8-1　圆柱齿轮的成形铣削

2) 加工特点

(1) 用成形法加工齿轮的方法主要有铣削、拉削、插削及磨削等,其中最常见的方法是在普通铣床上用成形铣刀铣削齿面。

(2) 成形法铣削齿轮所用刀具有盘形齿轮铣刀和指形齿轮铣刀,前者用于加工中小模数(m<8 mm)的直齿、斜齿圆柱齿轮;后者用于加工大模数(m=8～40 mm)的直齿、斜齿圆柱齿

轮，特别是人字齿轮。

(3) 采用成形法加工齿轮时，齿轮的齿廓形状精度由齿轮铣刀刀刃的形状来保证，因而刀具的刃形必须符合齿轮的齿形。标准渐开线齿轮的齿廓形状是由该齿轮的模数和齿数决定的。

(4) 要加工出准确的齿形，就必须要求同一模数的每一种齿数都有一把相应齿形的刀具，这将使得所需要刀具的数量非常庞大。在实际生产中，为了减少刀具的数量，同一模数的齿轮铣刀按其所加工的齿数通常分为8组(精确的分为15组)，每一组只用一把齿轮铣刀。因为每种刀号的齿轮铣刀的刀齿形状都是按加工齿数范围中最小齿数进行齿形设计的，所以，在加工其他齿数的齿轮时，会有一定的齿形误差产生。标准齿轮铣刀的模数、压力角和加工的齿数范围都标记在齿轮的端面上。盘形齿轮铣刀刀号如表8-1所示。

表8-1　盘形齿轮铣刀刀号

刀号	1	2	3	4	5	6	7	8
加工齿数范围	12～13	14～16	17～20	21～25	26～34	35～54	55～134	135以上

(5) 可以在普通铣床上加工齿轮，加工精度一般较低，为IT12～IT9级，表面粗糙度值为6.3～3.2 μm，生产率不高，一般用于单件小批量生产。

(6) 在加工斜齿圆柱齿轮且精度要求不高时，可以借用加工直齿圆柱齿轮的铣刀，但齿数应按照斜齿圆柱齿轮法向截面内的当量齿数 Z_d 来选择。

$$Z_d = \frac{Z}{\cos^3\beta}$$

式中：Z——斜齿圆柱齿轮的齿数；

β——斜齿圆柱齿轮的螺旋角。

2. 展成法

1) 加工原理

展成法是利用一对齿轮或齿轮和齿条啮合的原理进行加工的，如图8-2所示。刀具相当于一个与被加工齿轮具有相同模数的特殊齿形的齿轮。加工时，刀具和工件按照一对齿轮或齿轮和齿条的啮合传动关系作相对运动，刀具的齿形的运动轨迹逐步包络出工件的齿形。同一模数的刀具可以在不同的展成运动关系下，加工出不同的工件齿形。

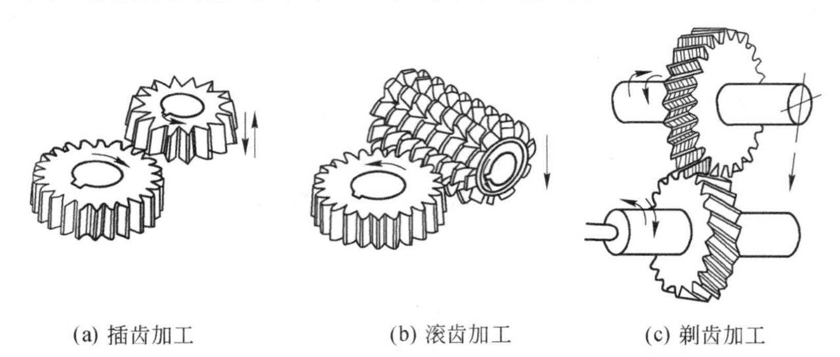

(a) 插齿加工　(b) 滚齿加工　(c) 剃齿加工

图8-2　展成法的加工原理

2) 加工特点

(1) 用展成法加工齿轮的方法主要有插齿、滚齿、剃齿和磨齿。

(2) 同一把刀具可加工出同一模数而齿数不同的各种齿轮。

(3) 刀具的齿形可以与工件的齿形不同，如可用齿条式刀具来加工渐开线齿轮等。

(4) 展成法加工齿轮时能连续分度，具有较高的加工精度和生产率。

8.2 滚齿加工

一、滚齿加工的原理

滚齿加工是按展成法的原理来加工齿轮的。滚齿加工过程实质上是一对交错轴螺旋齿轮的啮合传动过程，如图 8-3 所示。在这啮合的齿轮传动副中，其中一个斜齿圆柱齿轮的直径较小，齿数较少（通常只有一个），螺旋角很大（接近 90°），因而它就演变成一个蜗杆（称为滚刀的基本蜗杆），将蜗杆开容屑槽、磨前后面、做出切削刃，就得到一把齿轮滚刀。

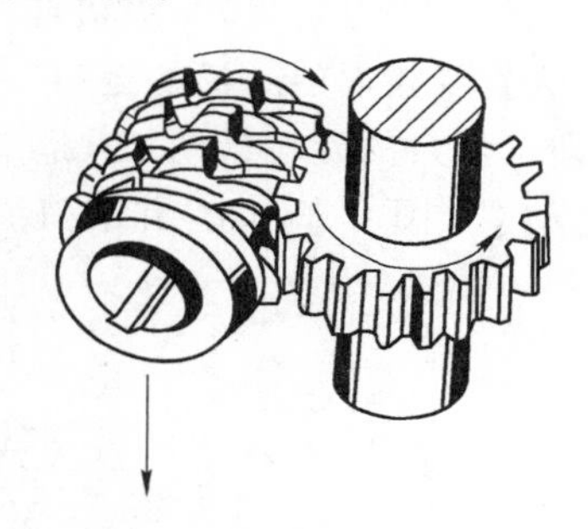

图 8-3 滚齿加工的原理

滚齿加工过程如图 8-4 所示。在旋转过程中，齿轮滚刀螺旋线的法向剖面内的刀齿，相当于一根齿条。滚刀连续转动时相当于一根无限长的齿条沿着刀具轴向连续移动。根据啮合原理，滚刀的移动速度与工件（即被加工齿轮）在啮合点的线速度相等。由此可知，滚刀的转速与工件的转速必须符合如下关系：

$$\frac{n_{刀}}{n_{工}}=\frac{Z_{工}}{k}$$

式中：$n_{刀}$、$n_{工}$——分别为滚刀和工件的转速，单位为 r/min；

$Z_{工}$——工件的齿数；

k——滚刀的头数。

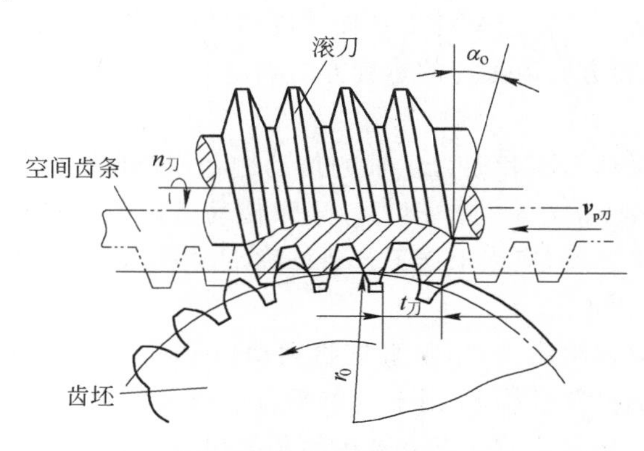

图 8-4 滚齿加工过程

显然，在加工时，滚刀和工件之间是一个具有严格传动关系要求的内联系传动链。这一传动链是形成渐开线齿形的传动链，称为展成运动传动链。其中滚刀的旋转运动是滚齿加工的主运动,工件的旋转运动是圆周进给运动。除此之外,还有切出全齿高所需的径向进给运动和切出全齿长所需的垂直进给运动。

滚齿加工的特点是:适应性好,解决了成形法铣刀过多的问题和误差问题,精度比铣齿高;滚齿加工连续分度、连续加工,无空行程,加工生产率高;由于滚刀的结构限制,存在容屑和排屑问题,加工齿面的表面粗糙度不高。

滚齿加工主要用于加工直齿、斜齿圆柱齿轮以及蜗轮,不能加工内齿轮和多联齿轮。

二、滚齿加工的应用

1. 直齿圆柱齿轮加工

由滚齿原理分析可知,滚切直齿圆柱齿轮需要两个成形运动,即形成渐开线齿廓的展成运动和形成直线齿面(导线)的运动。如图 8-5 所示,滚刀的旋转运动 B_{11} 是主运动,工件的旋转运动(也即工作台的旋转运动)B_{12} 是圆周进给运动,同时还有工件提供的切出全齿高所需的径向进给运动 C_3(图中未画出)和滚刀提供的切出全齿长所需的垂直进给运动 A_2。

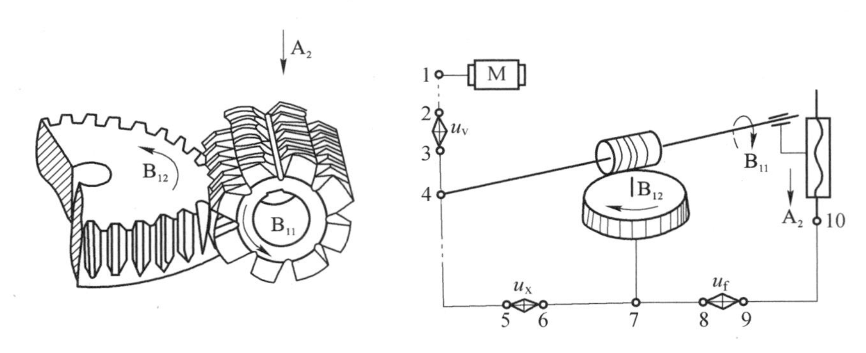

图 8-5 滚切直齿圆柱齿轮及其传动原理图

1) 展成运动传动链

联系滚刀主轴旋转运动 B_{11} 和工作台旋转运动 B_{12} 的传动链(刀具—4—5—u_x—6—7—工作台)为展成运动传动链,由它保证工件和刀具之间严格的运动关系,其中换置机构 u_x 用来适应工件齿数和滚刀头数的变化。显然,这是一条内联系传动链,不仅要求传动比准确,而且要求滚刀和工件两者的旋转方向必须符合一对交错轴螺旋齿轮啮合时的相当运动方向。当滚刀的旋转方向一定时,工件的旋转方向由滚刀的螺旋方向确定。

2) 主运动传动链

主运动传动链是联系动力源和滚刀主轴的传动链,它是外联系传动链。在图 8-5 中,主运动传动链为电动机—1—2—u_v—3—4—滚刀。这条传动链产生切削运动,其中换置机构 u_v 用于调整渐开线齿廓的成形速度,应当根据工艺条件确定滚刀转速来调整其传动比。

3) 垂直进给运动传动链

为了使刀架实现垂直进给运动,用垂直进给运动传动链"7—8—u_f—9—10"将工作台和刀架联系起来。传动链中的换置机构 u_f 用于调整垂直进给量的大小和进给方向,以适应不同加工表面粗糙度的要求。由于刀架的垂直进给运动是简单成形运动,所以,这条传动链是外联系传动链。通常以工作台(工件)每转一周刀架的位移量来表示垂直进给量的大小。

2. 斜齿圆柱齿轮加工

滚切斜齿圆柱齿轮需要两个成形运动,即形成渐开线齿廓的展成运动和形成齿长螺旋线的运动。除形成渐开线需要复合展成运动外，螺旋线的实现也需要一个复合展成运动。因此，滚刀沿工件轴线移动(垂直进给)与工作台的旋转运动之间也必须建立一条内联系传动链。要求工件在展成运动 B_{12} 的基础上再产生一个附加运动 B_{22}，以形成螺旋齿形线。

图 8-6(a)形象地说明了这个问题。设工件的螺旋线为右旋，当滚刀沿工件轴向进给 f(单位为 mm)，滚刀由 a 点到 b 点时，工件除了作展成运动 B_{12} 以外，还要再附加转动 $b'b$，才能形成螺旋齿形线。同理，当滚刀移动至 c 点时，工件应附加转动 $c'c$。依次类推，当滚刀移动至 p 点(经过了一个工件螺旋线导程 L)，工件附加转动为 $p'p$，正好转一周。附加运动 B_{22} 的旋转方向与工件展成运动 B_{12} 的旋转方向是否相同，取决于工件的螺旋方向及齿轮滚刀的进给方向。如果 B_{12} 和 B_{22} 同向，计算时附加运动取＋1 转，反之取－1 转。在滚切斜齿圆柱齿轮时，要保证 B_{12} 和 B_{22} 这两个旋转运动同时传给工件而又不发生干涉，需要在传动系统中配置运动合成机构，将这两个运动合成之后，再传给工件。工件的实际旋转运动是由展成运动 B_{12} 和形成螺旋线的附加运动 B_{22} 合成的。

由图 8-6(b)可知，滚切斜齿圆柱齿轮时，展成运动传动链、垂直进给运动传动链、主运动传动链与直齿圆柱齿轮的传动原理相同，只是在刀架与工件之间增加了一条附加运动传动链(刀架—12—13—u_y—14—15—合成机构—6—7—u_x—8—9—工作台)，以保证形成螺旋齿形线，其中换置机构 u_y 用于适应工件螺旋线导程 P 和螺旋方向的变化。

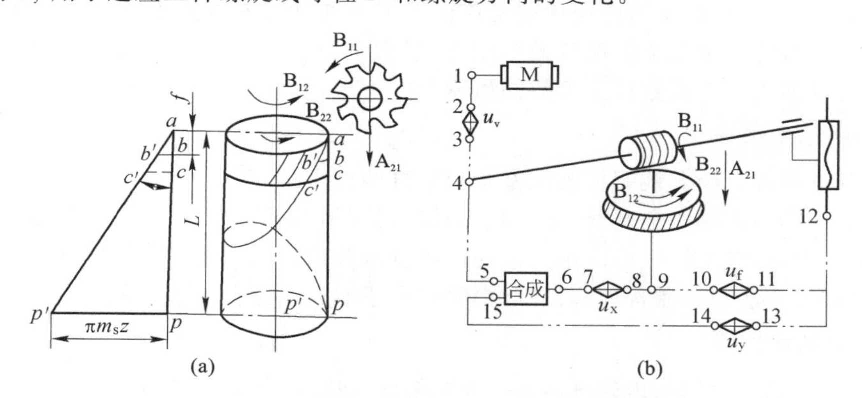

图 8-6 滚切斜齿圆柱齿轮及其传动原理图

3. 蜗轮加工

蜗轮滚刀加工蜗轮的原理是模拟蜗杆和蜗轮的啮合过程。加工蜗轮所用的滚刀与该蜗轮实际工作时的蜗杆完全相同，只是在上面做出了切削刃，这些切削刃位于原蜗杆的齿廓螺旋线上。加工时蜗轮滚刀与被加工蜗轮的相对位置、传动比也与原蜗杆与蜗轮的啮合位置和传动比相同。所以，蜗轮滚刀是一种专用刀具，每加工一种蜗轮就要设计一种专用滚刀。

由上述可知，加工蜗轮时，展成运动和主运动与加工直齿圆柱齿轮时相同。由于在蜗轮的轴向平面内蜗轮齿底部是圆弧形，滚刀轴线就在圆弧中心，所以不需要垂直进给运动。为切出全齿深，滚刀相对于蜗轮的切入运动可以有两种方式，一种是径向进给，另一种是切向进给。径向进给方式与加工直齿圆柱齿轮相同，不再赘述。这里只介绍切向进给的传动原理。

切向进给方式如图 8-7 所示。这时，为保证滚刀与蜗轮的啮合传动关系不变，必须在滚刀切向进给的同时，给蜗轮附加一个转动，保证在蜗轮的中心平面内蜗轮与滚刀保持纯滚动的关系。因此，滚刀的轴向进给运动 A_{21} 与工作台的附加圆周进给运动 B_{22} 之间就构成了一条内联系传动链，即滚刀在切向刀架的带动下沿滚刀轴线作切向进给运动，这一运动通过换置机构 u_t 使工件产生一个附加转动。展成运动中的圆周进给运动 B_{12} 与附加圆周进给运动 B_{22} 通过合成机构合成后驱动工作台旋转。

采用切向进给时，蜗轮齿面有更多的包络切线，加工表面粗糙度小。加工大螺旋升角的蜗轮时，应尽可能采用切向进给。但切向进给时，需要机床有切向进给刀架。

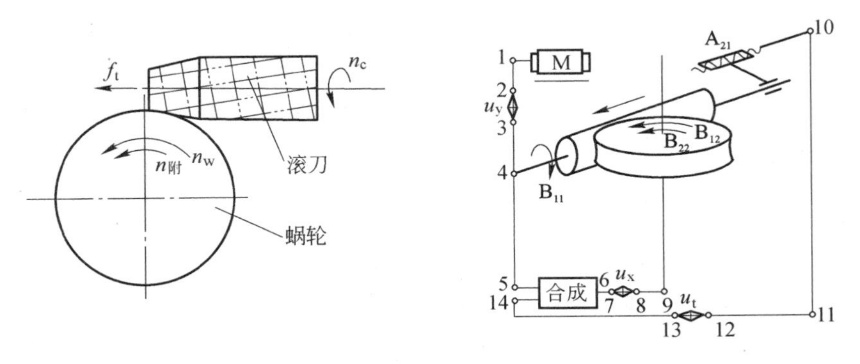

图 8-7　切向进给加工蜗轮原理

三、齿轮滚刀

在齿面的加工中，齿轮滚刀的应用非常广泛。滚刀可以用来加工外啮合的直齿轮、斜齿轮、标准齿轮及变位齿轮。滚刀加工齿轮的范围大，模数为 0.1～40 mm 的齿轮均可用滚刀加工，用一把滚刀可以加工同一模数任意齿数的齿轮。

1. 滚刀的基本蜗杆

滚刀的基本蜗杆有渐开线蜗杆和阿基米德蜗杆两种。

渐开线蜗杆端面齿廓为渐开线，加工时刀具的切削刃与基圆相切，两把刀具分别切出左、右侧螺旋面，制造困难，在实际生产中很少使用。阿基米德蜗杆端面齿廓为阿基米德螺旋线，轴向齿廓为直线，加工方法与车制普通梯形螺纹相似，便于制造、刃磨、测量，得到广泛应用。

2. 滚刀的基本结构

由齿轮的结构原理可知，齿轮滚刀是一个蜗杆形刀具。为了形成切削刃的前角和后角，在蜗杆上开出容屑槽，并经铲背形成滚刀。滚刀的顶刃正好在基本蜗杆的外圆表面上，顶刃的后面要经过铲背加工，以得到顶刃后角；滚刀的两个侧切削刃正好分布在基本蜗杆的螺旋面上，两个侧刃后面也要进行铲齿加工，以得到侧后面，两个侧后面都包含在基本蜗杆的表面之内。

滚刀分为整体式、镶齿式等类型，如图 8-8 所示。中小模数（$m=1\sim10$ mm）的滚刀做成整体式结构；大模数（$m>10$ mm）滚刀为了节约材料和便于热处理，一般做成镶齿式结构。

滚切齿轮时，滚刀安装在刀架体的心轴上，以内孔定位，并用螺母压紧滚刀的两端面。

3. 滚刀的精度

按照《齿轮滚刀　通用技术条件》(GB/T 6084—2016)，滚刀按精密程度分为 4A 级、3A 级、2A 级、A 级、B 级、C 级、D 级。其中 4A 级是最高精度级别。

4. 滚刀的安装

在加工直齿、斜齿圆柱齿轮时，为了保证加工出的齿形的正确性，应使滚刀的螺旋线方向与被加工齿轮的齿面线方向一致，因此，需将滚刀的轴线与被加工齿轮的端面安装成一定的角度，称作安装角 δ。

(1) 在加工直齿圆柱齿轮时，如图 8-9 所示，滚刀的安装角 δ 等于滚刀的螺旋升角 γ。滚刀的旋向不同，转角的方向也不同。

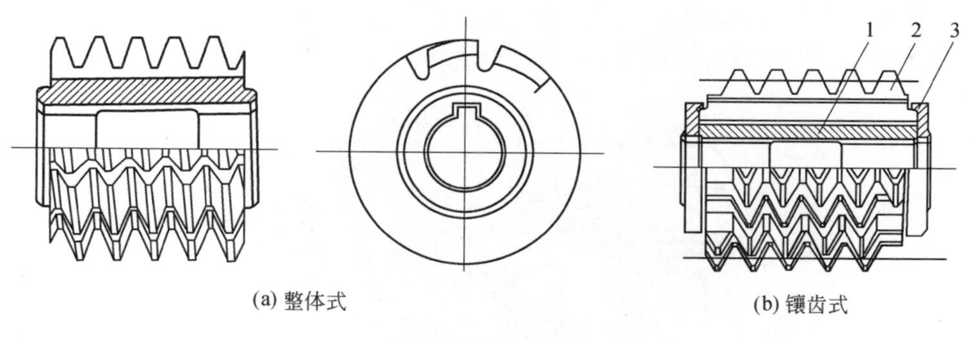

(a) 整体式　　(b) 镶齿式

图 8-8　滚刀结构

1—刀体；2—刀片；3—端盖

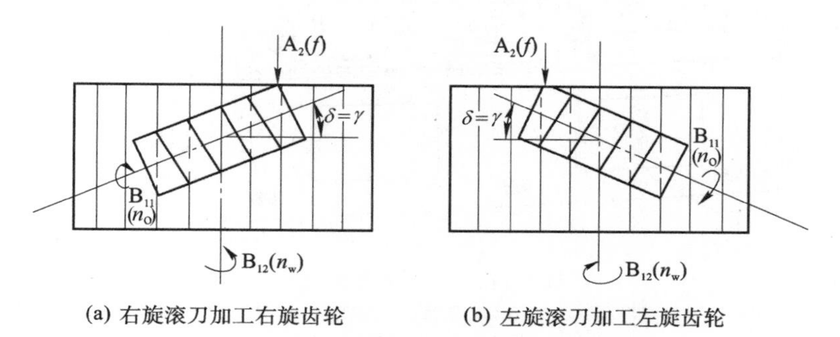

(a) 右旋滚刀加工右旋齿轮　　(b) 左旋滚刀加工左旋齿轮

图 8-9　滚切直齿圆柱齿轮时滚刀的安装角

(2) 在加工斜齿圆柱齿轮时，如图 8-10 所示，滚刀的安装角 δ 由工件的螺旋角 β 和滚刀的螺旋升角 γ 决定。当二者旋向相同(即二者都是右旋，或都是左旋)时，滚刀的安装角 δ 等于工件螺旋角 β 与滚刀的螺旋升角 γ 之差($\delta=\beta-\gamma$)；反之，为二者之和($\delta=\beta+\gamma$)。

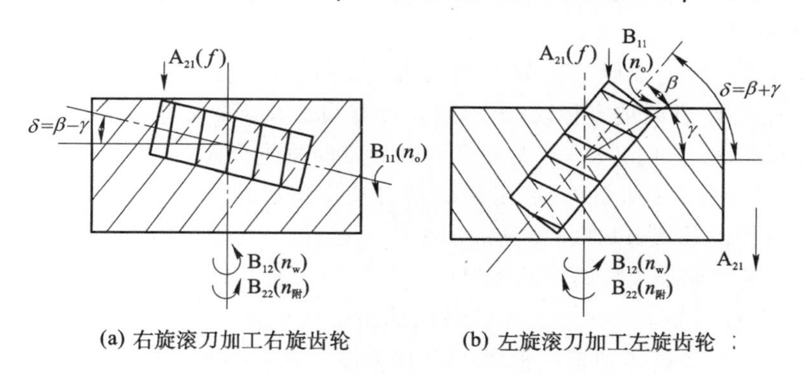

(a) 右旋滚刀加工右旋齿轮　　(b) 左旋滚刀加工左旋齿轮

图 8-10　滚切斜齿圆柱齿轮时滚刀的安装角

四、滚齿机床

1. Y3150E 型滚齿机

Y3150E 型滚齿(见图 8-11)机是一种通用滚齿机，主要用于加工直齿、斜齿圆柱齿轮，也可以采用径向切入法加工蜗轮。它可以加工最大直径为 500 mm，最大模数为 8 mm 的工件。

立柱 2 固定在床身 1 上，刀架溜板 3 可沿立柱 2 的导轨上下移动。刀架体 5 安装在刀架溜板 3 上，可绕自己的水平轴线转位。滚刀安装在刀杆 4 上作旋转运动。工件安装在工作台 9 的心轴 7 上,随同工作台 9 一起转动。后立柱 8 和工作台 9 一起装在床鞍 10 上,可沿机床水平导轨移动,用于调整工件的径向位置或作径向进给运动。

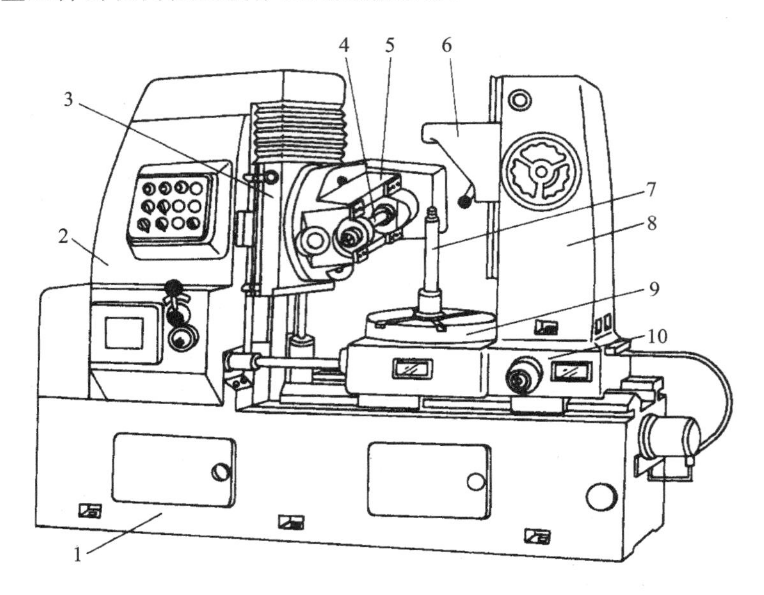

图 8-11　Y3150E 型滚齿机

1—床身;2—立柱;3—刀架溜板;4—刀杆;5—刀架体;6—支架;7—心轴;8—后立柱;9—工作台;10—床鞍

2. 数控滚齿机

由以上对普通滚齿机的分析可知,普通滚齿机传动系统非常复杂,传动链多且传动精度要求高,这给普通滚齿机的设计、计算、调整带来了很大的困难。随着数控技术的不断发展,数控滚齿机克服了普通滚齿机传动系统复杂的缺点,实现了高度自动化和柔性化控制,大大简化了普通滚齿机的机械传动。

图 8-12 所示为一台七坐标立式数控滚齿机。立柱(又称径向滑座)1 可沿 $\boldsymbol{v}_r$ 方向径向移动;垂直滑座 2 可沿 $\boldsymbol{v}_v$ 方向垂直移动;滚刀架 3 可按 Q 方向转动;切向滑座 4 可沿 $\boldsymbol{v}_t$ 方向切向移动;工作台 5 可沿 n_w 方向转动;外支架 6 可沿 $\boldsymbol{v}_v'$ 方向垂直升降;n_c 为滚刀回转方向。这种数控滚齿机的结构特点是:冷却系统、液压系统及自动排屑机构全部设置于机外,工作区域全封闭;设有油雾自动排除装置,以保持清洁的加工环境;控制系统设有空调,以保证其性能的稳定。

图 8-13 所示为数控滚齿机的传动系统图。数控滚齿机的传动系统具有以下特点。

(1) 传动系统的各个运动部分均由各自的伺服电动机独立驱动。每一运动的传动链实现了最短的传动路线,为提高传动精度提供了有利条件。数控滚齿机的加工精度可达 IT6～IT4 级。此外,数控滚齿机可设置传感器,用以监测自动补偿中心距和刀具直径的变化,保持加工尺寸精度的稳定性。

(2) 数控滚齿机的各个传动环节相互独立,完全排除了传动齿轮和行程挡块的调整,加工时通过人机对话的方式用键盘输入编程(或调用存储程序),只要把所要求的加工方式、工件和刀具参数、切削用量等输入即可,而且编程时不需要停机,工作程序可以储存以供再次加工时调用,储存容量可达 100 种之多。数控滚齿机的调整时间仅为普通滚齿机的 10%～30%。

(3) 数控滚齿机的所有内联系传动都由数控系统完成,通过优化滚齿切入时的切削速度和进给量,加大回程速度,减少了滚齿时的基本时间(亦称机动时间)。在数控滚齿机上加工与在普通滚齿机上加工比较,基本时间减少 30%。

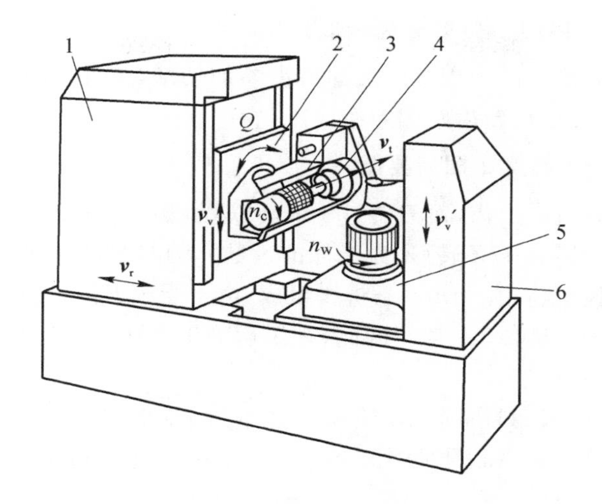

图 8-12　七坐标立式数控滚齿机

1—立柱(径向滑座);2—垂直滑座;3—滚刀架;4—切向滑座;5—工作台;6—外支架

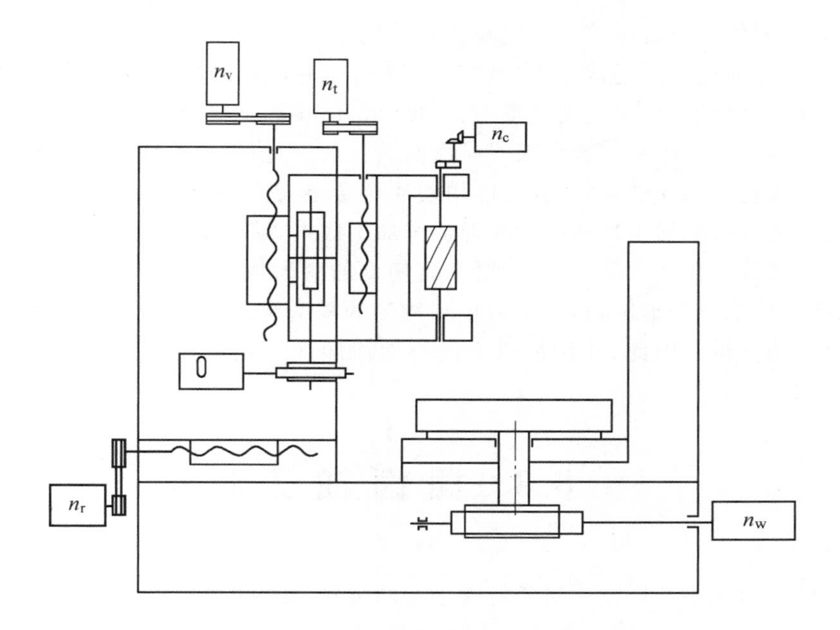

图 8-13　数控滚齿机的传动系统图

五、滚齿加工的特点

滚齿加工具有以下工艺特点。

1. 适应性好

由于滚齿加工采用展成法,因而一把滚刀可以加工与其模数和齿形角相同的不同齿数的齿轮。

2. 生产率较高

滚齿为连续切削,无空行程,可用多头滚刀来提高粗滚效率。所以,滚齿生产率一般比插齿高。

3. 被加工齿轮的一转精度高(即分齿精度高)

滚齿时,一般都只是滚刀的一周多一点的刀齿参加切削,工件上所有这些齿槽都是由这些刀齿切出来的,所以,被加工齿轮齿距偏差小。

4. 被加工齿轮的一齿精度比插齿要低

因为滚齿时,工件转过一个齿,滚刀转过 $1/k$ 转(k 为滚刀的头数),所以在工件上加工出一个完整的齿槽,工件至少需转 $1/Z$ 转(Z 为工件的齿数),刀具则相应转 $1/k$ 转。如果滚刀上开有 n 个刀槽,则工件的齿廓将由 $i=n/k$ 条折线组成,由于受滚刀强度所限,对于直径在 50~200 mm 范围内的滚刀,n 值一般取 8~12。因此,在滚齿加工中所形成工件齿廓的包络线很少,比插齿加工少得多。

滚齿加工适于加工直齿、斜齿圆柱齿轮和蜗轮,但不能加工内齿轮、扇形齿轮和相距很近的多联齿轮。目前,滚齿加工朝着以下两个方向发展:采用高速滚齿机;在滚齿机上进行硬齿面加工。

现在加工中等模数钢质齿轮的切削速度一般为 25~50 m/min,原因在于滚齿机的刚度差,滚刀耐用度低。

实践证明,只要机床具备足够的刚度和良好的抗振性,即使是现有的高速钢滚刀也可能在 80~90 m/min 的切削速度下正常工作。目前,国内外都相应研制出了一系列高速滚齿机。

如果采用硬质合金滚刀,则切削速度可达 300 m/min 甚至更高,轴向进给达 6~8 mm/r,加工效率大幅度提高。采用硬质合金滚刀对齿面进行加工,使传统的硬齿面加工工艺有了很大的改变。对于普通精度的淬硬齿轮,就可以用硬质合金滚刀直接进行精滚加工(以往这类齿轮必须在磨齿机上进行磨削加工),从而大大降低了加工成本,缩短了生产周期。这一点对于加工大中型齿轮更有其技术经济意义。此外,对于高精度的磨齿齿轮来说,可以用很高的效率代替粗磨工序,消除齿轮的热变形影响,留下很小和均匀的精磨余量,从而大大缩短磨齿工作时间,并且提高了磨齿的质量。因此,在滚齿机上进行硬齿面加工是一种很有发展前途的齿轮加工工艺。

8.3 插齿加工

插齿加工的应用也十分广泛。对于特殊结构的齿轮,如内齿轮、多联齿轮等,插齿显示出独特的优越性。

一、插齿原理

插齿的加工过程,从原理上讲,相当于一对直齿圆柱齿轮的啮合过程。插齿刀实质上是一个端面磨有前角,齿顶及齿侧均磨有后角的齿轮。插齿时,刀具沿工件轴线方向作高速的往复直线运动,形成切削加工的主运动,同时还与工件作无间隙的啮合运动,在工件上加工出全部轮齿齿廓。在加工过程中,刀具每往复一次仅切出工件齿槽的很小一部分,工件齿槽的齿面曲线是由插齿刀切削刃多次切削的包络线所形成的,如图 8-14 所示。

插齿加工时,机床必须具备以下运动。

1. 切削加工的主运动

插齿刀作上、下往复运动,向下为切削运动,向上为返回的退刀运动。

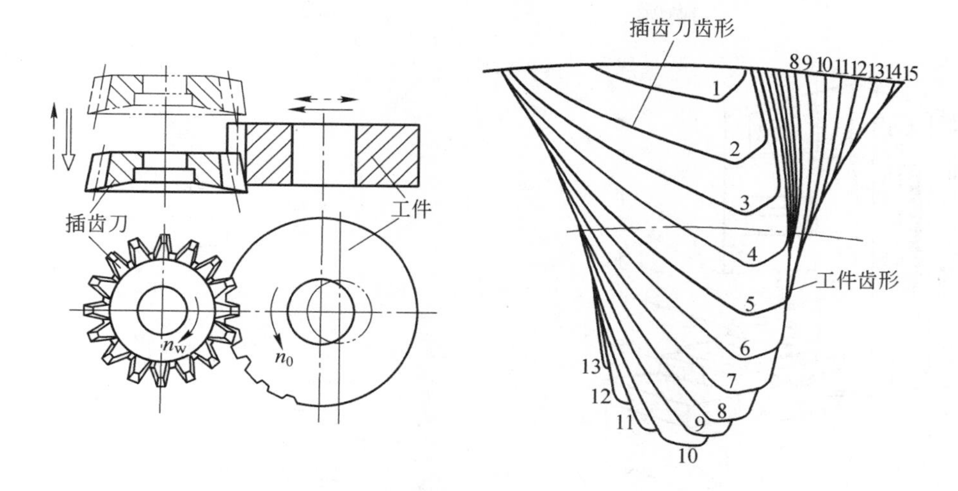

图 8-14 插齿原理

2. 展成运动

在加工过程中，必须使插齿刀和工件保持一对齿轮的啮合关系，即在刀具转过一个齿($\frac{1}{Z_{刀}}$转)时，工件也应准确地转过一个齿($\frac{1}{Z_{工}}$转)。

3. 径向进给运动

为了逐渐切至工件的全齿深，插齿刀必须有径向进给，径向进给量是插齿刀每往复一次径向移动的距离。达到全齿深后，机床便自动停止径向进给运动。工件和刀具对滚一周，才能加工出全部完整的齿面。

4. 圆周进给运动

圆周进给运动是插齿刀的旋转运动。插齿刀每往复行程一次，同时旋转一个角度。插齿刀转动的快慢直接影响每一次的切削用量和工件转动的快慢。圆周进给量用插齿刀每次往复行程中，刀具在分度圆上转过的圆周弧长表示，单位为 mm/往复行程。

5. 让刀运动

为了避免插齿刀在回程时擦伤已加工表面和减少刀具磨损，刀具和工件之间应让开一段距离，插齿刀重新开始向下运动时，应立刻恢复到原位，以便刀具向下切削工件。这种让开和恢复原位的运动称为让刀运动。一般新型号的插齿机通过刀具主轴座的摆动来实现让刀运动，这样可以减小让刀产生的振动。

二、Y5132 型插齿机

图 8-15 所示是 Y5132 型插齿机。插齿刀装在刀架上，随主轴作上下往复运动并旋转；工件装在工作台上作旋转运动，并随工作台一起作径向直线运动。该机床加工外齿轮的最大直径为 320 mm，最大厚度为 80 mm；加工内齿轮的最大直径为 500 mm，最大厚度为 50 mm。

图 8-16 是插齿机的传动原理图。其中："电动机 M—1—2—u_v—3—5—曲柄偏心盘 A—插齿刀"为主运动传动链，u_v 为换置机构，用于改变插齿刀每分钟往复行程数；"曲柄偏心盘 A—

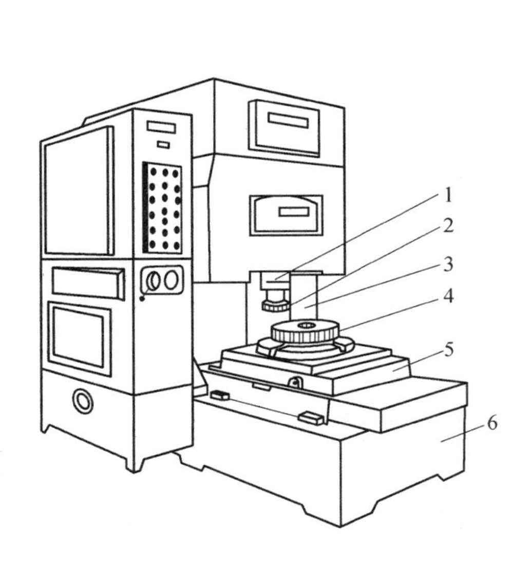

图 8-15　Y5132 型插齿机

1—主轴;2—插齿刀;3—立柱;
4—工件;5—工作台;6—床身

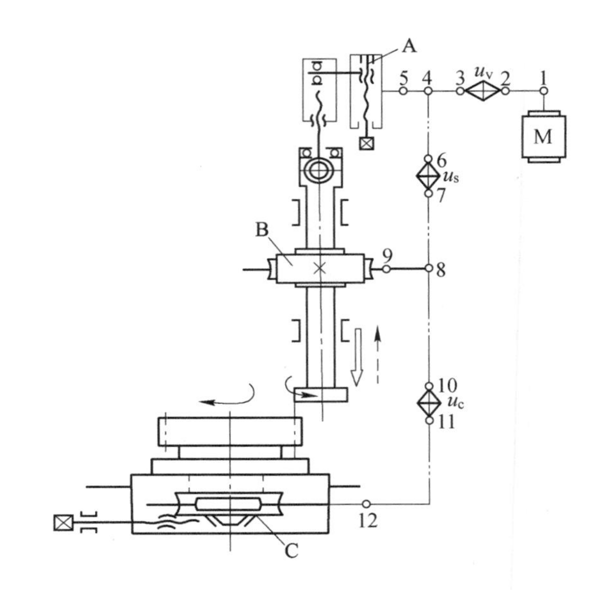

图 8-16　插齿机的传动原理图

5—4—6—u_s—7—8—9—插齿刀主轴套上的蜗杆蜗轮副 B—插齿刀”为圆周进给运动传动链，u_s 为调节插齿刀圆周进给量的换置机构;“插齿刀—蜗杆蜗轮副 B—9—8—10—u_c—11—12—蜗杆蜗轮副 C—工件”为展成运动传动链，u_c 为调节插齿刀与工件之间传动比的换置机构，当刀具转$\frac{1}{Z_{刀}}$转时，工件转$\frac{1}{Z_C}$转。

让刀运动及径向切入运动由于不直接参加工件表面成形运动，因此图中没有表示出来。

三、插齿刀

标准直齿插齿刀分为三种类型，如图 8-17 所示。

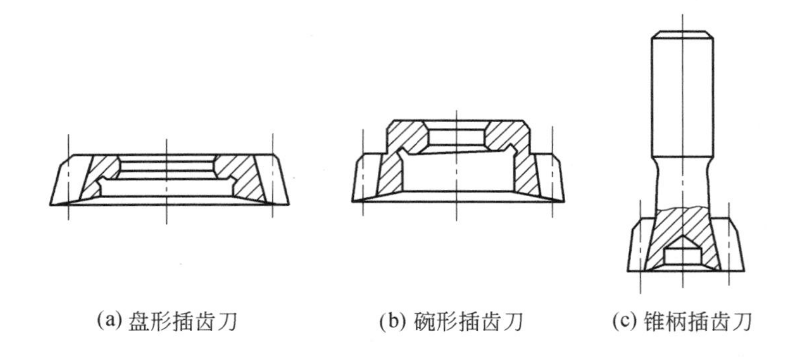

(a) 盘形插齿刀　(b) 碗形插齿刀　(c) 锥柄插齿刀

图 8-17　标准直齿插齿刀的类型

1. 盘形插齿刀

盘形插齿刀以内孔及内孔支承端面定位，用螺母紧固在机床主轴上，主要用于加工直齿外齿轮及大直径内齿轮。它的公称分度圆直径有四种，即 75 mm、100 mm、160 mm 和 200 mm。盘形插齿刀用于加工模数为 1～12 mm 的齿轮。

2. 碗形插齿刀

碗形插齿刀主要用于加工多联齿轮和带有凸肩的齿轮。它以内孔定位，夹紧用螺母可容纳在刀体内。它的公称分度圆直径也有四种，即 50 mm、75 mm、100 mm 和 125 mm。碗形插齿刀用于加工模数为 1～8 mm 的齿轮。

3. 锥柄插齿刀

锥柄插齿刀主要用于加工内齿轮。这种插齿刀为带锥柄(莫氏短圆锥柄)的整体结构，用带有内锥孔的专用接头与机床主轴连接。它的公称分度圆直径有两种，即 25 mm 和 38 mm。锥柄插齿刀用于加工模数为 1～3.75 mm 的齿轮。

四、插齿的工艺特点及应用范围

(1) 插齿的一齿精度好。因为插齿时形成工件齿面的包络线数在同等条件下比滚齿多得多，因此插齿的一齿精度好。此外，与滚刀相比，插齿刀制造较容易，刀具的精度也容易保证，装夹误差较小，故能减小齿面误差。

(2) 插齿的一转精度比滚齿差。由于插齿加工时，刀具上各个刀齿顺次切制工件的各个齿槽，因此插齿刀的齿距累积误差将直接传递给工件，影响工件的一转精度。

(3) 插齿齿向偏差比滚齿大。插齿机的主轴回转轴线与工作台回转轴线之间存在平行度误差，将直接影响工件的齿向偏差。又由于插齿刀往复运动频繁，主轴与套筒容易磨损，所以插齿的齿向偏差通常比滚齿大。

(4)插齿的生产率比滚齿低。这是因为插齿刀的切削速度受到往复运动惯性限制，难以提高。目前插齿刀每分钟往复行程次数一般只有几百次。此外，插齿有空行程损失，实际进行切削的长度只有总行程长度的 1/3 左右。

(5) 插齿非常适合用于加工内齿轮、阶梯齿轮、齿条、扇形齿轮等。

综上所述，插齿适合用于加工模数较小，齿宽较窄，一齿精度要求较高而一转精度又要求不十分高的齿轮。一般内齿轮、齿条、扇形齿轮都采用插齿法加工。

随着插齿工艺和刀具的发展，目前插齿加工朝着高速插齿和硬齿面加工两个方向发展。

一方面，现代高速插齿机的冲程数已由原来的 800～900 次/min 提高到 1 200 次/min 以上，切削速度由 30～40 m/min 提高到 60～80 m/min(使用优质合金钢插齿刀)，圆周进给量由 0.5 mm/往复行程提高到 3 mm/往复行程左右，大大提高了插齿加工的生产率。

另一方面，硬齿面的插齿加工具有以下优点：对硬齿面的直齿外齿轮、内齿轮、双联(三联)或带台肩齿轮都能方便地进行轮齿加工；在加工 IT7～IT6 级精度的一般齿轮时，与传统的磨齿工艺相比，插齿加工设备简单，操作方便，效率高，成本低。

8.4 齿面的精加工方法

对于 IT6 级精度以上的齿轮，或者淬火后的硬齿面，往往需要在滚齿、插齿之后经热处理再进行精加工。常用的齿面精加工方法有剃齿、珩齿和磨齿。以下简述这三种加工方法及其应用。

一、剃齿

剃齿常用于未淬火圆柱齿轮的精加工，生产率很高，是软齿面精加工应用最广泛的一种方法。

1. 剃齿原理

剃齿在原理上属于一对交错轴斜齿轮啮合传动过程。剃齿刀实质上是一个高精度的螺旋齿轮,并且在齿面上沿齿向开了很多锯齿刃槽。剃齿加工过程就是剃齿刀带动工件作双面无侧隙的对滚,并对剃齿刀和工件施加一定的压力。在对滚过程中,剃齿刀和工件沿齿向和齿形方向均产生相对滑移,利用剃齿刀沿齿向开出的锯齿刃槽沿工件齿向切去一层很薄的金属。在工件的齿面方向上,剃齿刀无锯齿刃槽,虽有相对滑动,但不起切削作用。

图 8-18 所示为一把左旋剃齿刀和右旋被剃齿轮相啮合。剃齿刀和齿轮在啮合点 P 处的线速度分别为 $\boldsymbol{v}_0$ 和 $\boldsymbol{v}_1$,可以分别分解得到法向速度 $\boldsymbol{v}_{0n}$ 和 $\boldsymbol{v}_{1n}$。很明显,实现正常啮合传动的必要条件为二者的法向速度相等,即

$$v_{0n}=v_0\cos\beta_0=v_{1n}=v_1\cos\beta_1$$

剃齿刀和齿轮的齿面相对滑移速度 v 也就是剃齿切削速度,为二者沿齿长方向速度之差,即

$$v=v_{1t}-v_{0t}=v_1\sin\beta_1-v_0\sin\beta_0$$

又 $v_0=\dfrac{n_0\pi D_0}{1\ 000}$,所以简化后得

$$v_0=\frac{n_0\pi D_0\sin\Sigma}{1\ 000\cos\beta_1}$$

式中:β_1、β_0——齿轮和剃齿刀的螺旋角;

Σ——剃齿刀和齿轮轴的轴交角,$\Sigma=\beta_1\pm\beta_0$,两螺旋角相同时取"+"号,异向取"−"号;

n_0——剃齿刀转速,单位为 r/mm;

D_0——剃齿刀分度圆直径,单位为 mm。

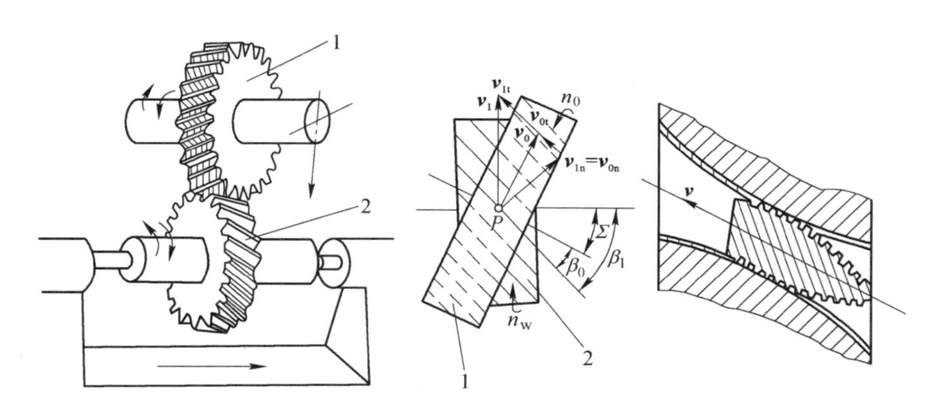

图 8-18 剃齿原理

1—剃齿刀;2—工件

从剃齿原理分析可知,两齿面是点接触,但因材料的弹、塑性变形,而成为小面积接触,工件转过一周后齿面上只留下接触点的斑迹。为了使工件整个齿面都能得到加工,工件尚需作往复运动,同时,在往复运动一次后剃齿刀还应径向进给一次,使加工余量逐渐被切除,以达到工件图样要求。所以,剃齿应具备以下运动:剃齿刀的正反旋转运动;工件沿轴向的往复运动;工件每往复一次后的径向进给运动。

2. 剃齿的工艺特点及应用

(1) 剃齿机床结构简单,调整方便,但是由于剃齿刀与工件没有强制啮合运动,因此对齿轮

切向误差的修正能力差。

(2) 剃齿加工精度主要取决于剃齿刀。只要剃齿刀本身的精度高，刃磨好，就能剃出 $Ra=1.25\sim0.32$ μm、IT8～IT6 级精度的齿轮。另外，剃齿精度还受剃齿前齿轮精度的影响。剃齿一般只能使齿轮精度提高一个等级。从保证加工精度角度考虑，在剃齿工艺前采用滚齿比采用插齿好。因为滚齿的一转精度比插齿好，虽然滚齿后的一齿精度比插齿低，但这在剃齿工序中是不难纠正的。

(3) 剃齿加工效率高，一般 2～4 min 就可完成一个齿轮的加工。剃齿刀寿命长，一次刃磨后可以加工 1 500 个齿轮，一把剃齿刀约可完成 10 000 个齿轮的加工。因此，剃齿加工成本低。但是剃齿刀的制造比较困难，而且剃齿工件齿面容易产生畸变。

剃齿加工在汽车、拖拉机及金属切削机床等行业中得到广泛应用。

二、珩齿

1. 珩齿原理

珩齿原理与剃齿是相同的，也是一对交错轴齿轮的啮合传动，所不同的只是珩齿是利用珩磨轮上的磨料，通过压力和相对滑动速度来切除金属。图 8-19 表示在齿面上任一点处的切削速度可分解为沿齿向方向的分量 $\boldsymbol{v}_t$ 和沿齿面方向的分量 $\boldsymbol{v}_n$。v_t 沿整个齿高变化，变化规律是两头(齿根、齿顶)大、中间(节圆)小；v_n 的分布规律是两头大，中间为零。因此，齿面上各点的合成速度 $\boldsymbol{v}$ 的大小和方向是不相同的。

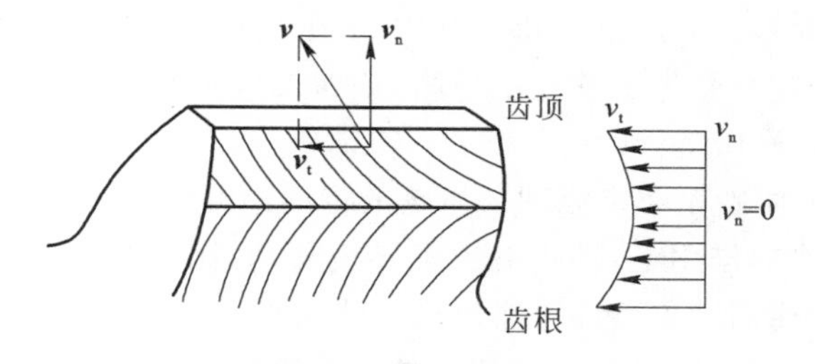

图 8-19 珩齿速度关系

根据珩齿原理，珩磨轮可以做成齿轮式珩磨轮来加工直齿、斜齿圆柱齿轮，如图 8-20 所示。珩磨轮的轮坯采用钢坯，轮齿部分是用磨料与环氧树脂等经浇铸或热压而成的具有较高精度的斜齿轮轮齿。也可以将珩磨轮做成蜗杆式结构，利用蜗轮蜗杆的传动原理加工直齿、斜齿圆柱齿轮、如图 8-21 所示。蜗杆式珩齿法目前在国外已经得到应用。蜗杆式珩磨轮的芯部由 45 钢制成，齿部由环氧树脂和磨料混合浇注成形，坯料呈螺纹状，可在专用机床如日本 KHS300 型蜗杆式珩磨轮修磨机床上进行磨削，以获得精密的蜗杆式珩磨轮。珩磨轮磨损后，可反复进行修磨，每修磨一次，可高效珩磨 3 000～4 000 个齿轮。蜗杆式珩磨轮的加工精度对齿轮加工精度是至关重要的。与齿轮式珩磨轮相比，蜗杆式珩磨轮具有精度高，珩磨速度快，使用寿命长和表面粗糙度值小等优点。

2. 珩齿的工艺特点及应用

(1) 与剃齿相比，由于珩磨轮表面有磨料，所以珩齿可以精加工淬硬齿轮。一般条件下，珩齿加工精度可达 IT7～IT6 级，表面粗糙度为 $Ra=1.6\sim0.4$ μm，可得到较小的表面粗糙度值和较高的齿面精度。

(2) 珩齿与剃齿同属齿轮自由啮合，因而修正齿轮的切向误差能力有限。所以，珩齿前的

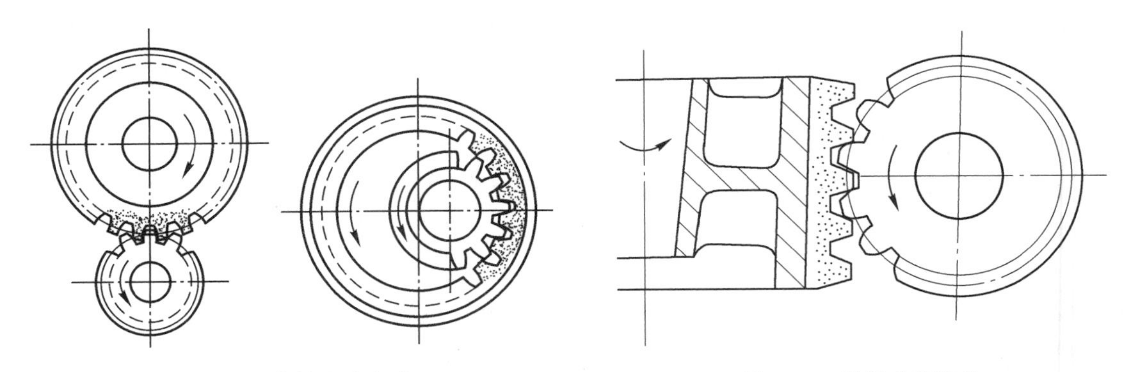

图 8-20　齿轮式珩齿法　　　　图 8-21　蜗杆式珩齿法

齿面加工应尽可能采用滚齿，来提高齿轮的一转精度(即运动精度)。

(3) 蜗杆式珩磨轮的齿面比剃齿刀简单，且易于修磨，精度可高于剃齿刀的精度。采用这种珩磨方式，能够较好地修正齿轮的齿面误差、基本偏差及齿圈径向圆跳动。因此，可以省去珩齿前的剃齿工序，工艺过程变为滚齿—热处理—珩齿，缩短了生产周期，节约了剃齿费用。

三、磨齿

1. 磨齿原理

一般磨齿机都采用展成法来磨削齿面。常见的磨齿机有大平面砂轮磨齿机、碟形双砂轮磨齿机、锥面砂轮磨齿机和蜗杆砂轮磨齿机。其中，大平面砂轮磨齿机的加工精度最高，可达 IT3 级，但效率较低；而蜗杆砂轮磨齿机的效率最高，被加工齿轮的精度为 IT6 级。

1) 大平面砂轮磨齿原理

图 8-22 所示是大平面砂轮磨齿原理。齿轮的齿面渐开线由靠模来保证。在图 8-22(a)中，靠模绕轴线转动，在挡块的作用下，轴线沿头架导轨移动，因而相当于靠模的基圆在 *CPC* 线上纯滚动。齿坯与靠模轴线同轴安装即可磨出渐开线齿形。图 8-22(b)通过将靠模转动一定的角度，可以用同一个靠模磨削不同基圆直径的齿轮。大平面砂轮磨齿精度较高，一般用于刀具或标准齿轮的磨削。

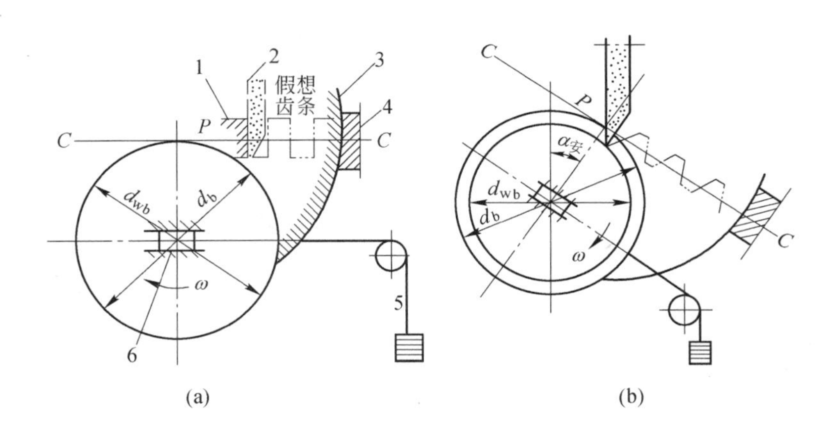

图 8-22　大平面砂轮磨齿原理

1—工件；2—砂轮；3—渐开线靠模；4—挡块；5—配重；6—头架导轨

2）蝶形砂轮磨齿原理

图 8-23 所示是双片蝶形砂轮磨齿原理和机床工作原理图。图 8-23(a)所示是采用两个碟形砂轮的工作棱边形成假想齿条的两个齿侧面。在磨削过程中，砂轮高速旋转形成磨削加工的主运动；工件则严格地按照与固定齿条相啮合的关系作展成运动，从而被砂轮磨出渐开线齿面。其中工件的展成运动是由滚圆盘的钢带机构实现的，如图 8-23(b)所示。横向滑板 11 可沿横向导轨往复移动，横向滑板上装有工件 2 和心轴 3，后端通过分度机构 4 和滚圆盘 6 连接。两条钢带 5 和 9，一端固定在滚圆盘 6 上，另一端固定在支架 7 上，并沿水平方向拉紧。当横向滑板 11 在曲柄盘 10 转动的带动下作往复直线运动时，滚圆盘 6 带动工件 2 沿假想齿条节线作纯滚动，实现展成运动。纵向溜板 8 沿床身导轨作往复直线运动，可磨出整个齿的宽度。工件 2 在完成一个或两个齿面的磨削后继续滚动至脱离砂轮 1，由分度机构 4 带动分齿再进行下一个齿槽的磨削。

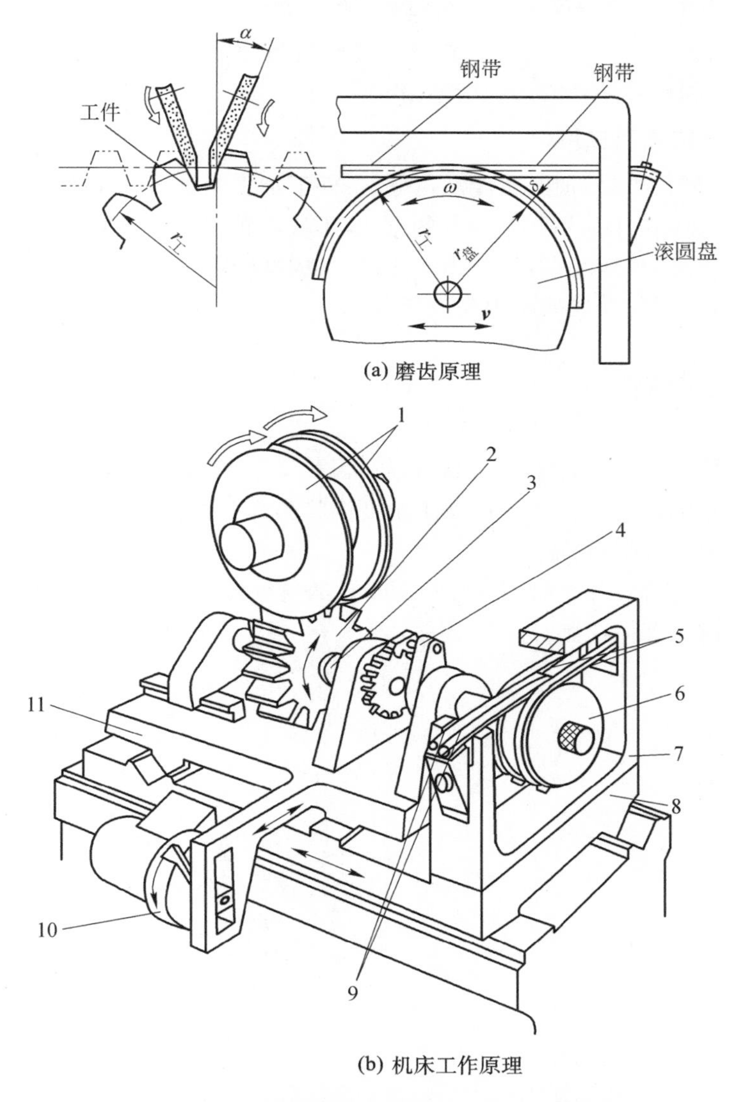

(a) 磨齿原理

(b) 机床工作原理

图 8-23　双片碟形砂轮磨齿原理和机床工作原理图

1—砂轮；2—工件；3—心轴；4—分度机构；5、9—钢带；
6—滚圆盘；7—支架；8—纵向滑板；10—曲柄盘；11—横向滑板

这种加工方法的优点是:由于滚圆盘能够制造得很精确,且传动链短,传动误差小,所以展成运动精度高,被加工齿轮的精度可高达IT4级。缺点是:砂轮的刚性差,磨削用量小,生产率较低。

3) 蜗杆砂轮磨齿原理

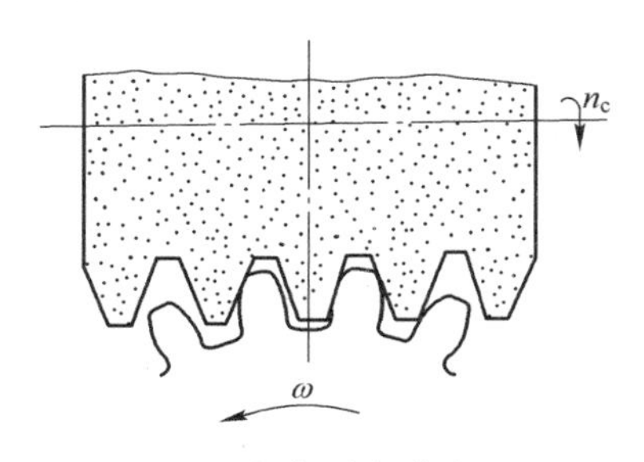

图 8-24 蜗杆砂轮磨齿原理

图8-24所示是蜗杆砂轮磨齿原理。与滚齿加工相似,它利用一对螺旋齿轮的啮合原理进行加工。

在大中批量生产中,目前广泛采用蜗杆砂轮磨齿法。这种方法的加工原理和滚齿相似,砂轮为蜗杆状,磨齿时,砂轮与工件两者保持严格的速比关系。为磨出全齿宽,砂轮还需沿工件轴线方向进给。由于砂轮的转速很高(约2 000 r/min),工件相应的转速也较高,因此,蜗杆砂轮磨齿效率高。被磨削齿轮的精度主要取决于机床传动链的精度和蜗杆砂轮的形状精度。

2. 磨齿的工艺特点及应用

磨齿加工的主要特点是:加工精度高,一般条件下加工精度可达IT6~IT5级,表面粗糙度为$Ra=0.8\sim0.2$ μm;由于采用强制啮合的方式,不仅修正误差的能力强,而且可以加工表面硬度很高的齿轮;效率低,机床复杂,调整困难,故加工成本较高。

磨齿主要应用于齿轮精度要求很高的场合。

思考题与习题

8-1 加工模数$m=4$ mm的直齿圆柱齿轮,齿数$z_1=35$,$z_2=54$,试选择盘形齿轮铣刀的刀号。在相同的切削条件下,哪个齿轮的加工精度高?为什么?

8-2 滚齿和插齿各有何特点?

8-3 剃齿、珩齿、磨齿各有何特点?各用于什么场合?

8-4 数控滚齿机有何特点?

第 9 章

铸造、锻压和焊接

9.1 铸　　造

铸造是液态成型，能制造各种尺寸不同、形状复杂的毛坯或零件。铸造具有适应性广、成本低廉的优点，一般机械中广泛采用铸件。因此，铸造是机械零件毛坯或成品零件热加工的一种重要工艺方法。本节主要介绍铸造工艺基础知识、常用铸造方法、铸造工艺设计和铸件结构工艺基础知识。

一、概述

铸造就是熔炼金属，制造与零件形状相适应的铸型，并将熔融金属浇入铸型中，待其冷却凝固后获得毛坯或零件的方法。用铸造方法制造的毛坯或零件称为铸件。铸件生产过程如图 9-1 所示。

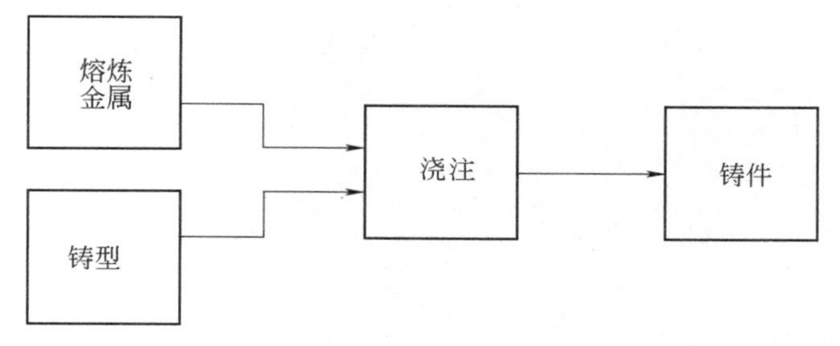

图 9-1　铸件生产过程

由上可知，铸造的实质就是材料的液态成型。由于液态金属易流动，各种金属材料都能用铸造的方法制成具有一定尺寸和形状的铸件，并使其形状和尺寸尽量与零件接近，以节省金属，减少加工余量，降低成本。因此，铸造在机械制造工业中占有重要地位。据统计，在一般的机器设备中，铸件质量占机器总质量的 45%～90%，而铸件成本仅占机器总成本的 20%～25%。但是，液态金属在冷却凝固过程中，形成的晶粒较粗大，容易产生气孔、缩孔和裂纹等缺陷，所以铸件的力学性能比相同材料的锻件差，而且存在生产工序多、铸件质量不稳定、废品率高、工作条件差、劳动强度较高等问题。随着生产技术的不断发展，铸件的性能和质量正在进一步提高，劳动条件正逐步改善。当前铸造技术发展的趋势是，在加强铸造基础理论研究的同时，发展铸造新工艺，研制新设备，在稳定提高铸件质量和精度、减小表面粗糙度的前提下发展专业化生产，积极实现铸造生产过程的机械化、自动化，减少公害，节约能源，降低成本，使铸造工艺进一步成为可与其他成形工艺相竞争的少余量、无余量成形工艺。

二、合金的铸造性能

合金的铸造性能是指在铸造生产过程中，合金铸造成型的难易程度。容易获得外形正确、内部健全的铸件,合金的铸造性能就好。应该指出,铸造性能是一个复杂的综合性能,通常用充型能力、收缩性等指标来衡量。影响铸造性能的因素很多,除合金元素的化学成分外,还有工艺因素。因此,必须掌握合金的铸造性能,以便采取工艺措施,防止铸造缺陷,提高铸件质量。

1. 合金的充型能力

熔融金属充满型腔,形成轮廓清晰、形状完整的铸件的能力叫作液态合金的充型能力。影响液态合金充型能力的因素有两个,一是合金的流动性,二是外界条件。

1)合金的流动性

铸造合金流动性的好坏,通常以螺旋形流动性试样的长度来衡量。将金属液浇入图 9-2 所示的螺旋形流动性试样的铸型中,在相同的铸型及浇注条件下,得到的螺旋形流动性试样越长,表示该合金的流动性越好。不同种类合金的流动性差别较大。铸铁和硅黄铜的流动性最好,铝硅合金次之,铸钢最差。在铸铁中,流动性随碳、硅含量的增加而提高。同类合金的结晶温度范围越小,结晶时固液两相区越窄,对内部液体的流动阻力越小,合金的流动性也越好。

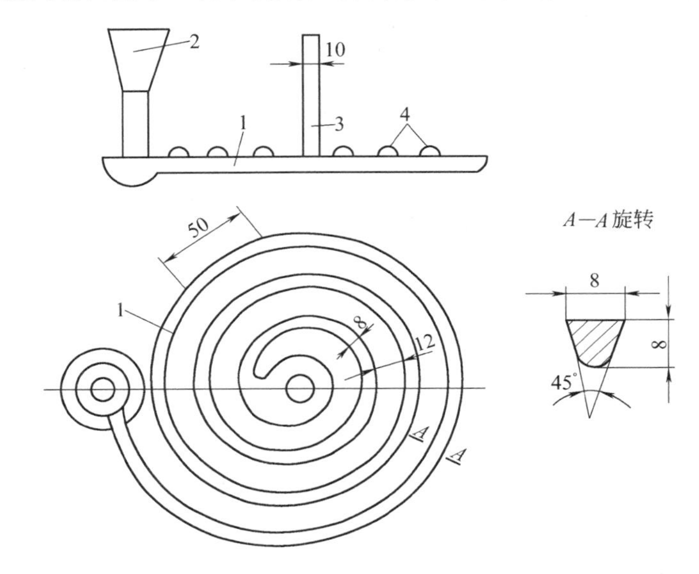

图 9-2 螺旋形流动性试样示意图

1—试样;2—浇口杯;3—冒口;4—试样凸点

流动性好的合金,充型能力强,易得到形状完整、轮廓清晰、尺寸准确、薄而复杂的铸件。反之,铸件容易产生浇不足、冷隔等缺陷。流动性好,还有利于金属液中气体、非金属夹杂物的上浮与排除,有利于补充铸件凝固过程中的收缩,以免产生气孔、夹渣以及缩孔、缩松等缺陷。

铸件的凝固方式对合金的流动性影响较大。呈逐层凝固的灰口铸铁、硅黄铜等合金,凝固前沿比较平滑,对金属的流动阻力小,因而充型能力强,如图 9-3(a)所示;而呈糊状凝固的球墨铸铁、高碳钢等,凝固前沿为发达的枝晶与液体合金互相交错,对金属液的流动阻力大,因而充型能力差,容易产生铸造缺陷,如图 9-3(b)所示。所以,从流动性角度考虑,宜选用共晶成分或窄结晶温度范围的合金作为铸造合金。

除此之外,合金液的黏度、结晶潜热、导热系数等物理性能对合金的流动性也都有影响。

2)外界条件

影响充型能力的外界因素有铸型条件、浇注条件和铸件结构等。这些因素主要是通过影响金属与铸型之间的热交换条件,从而改变金属液的流动时间,或是通过影响金属液在铸型中的

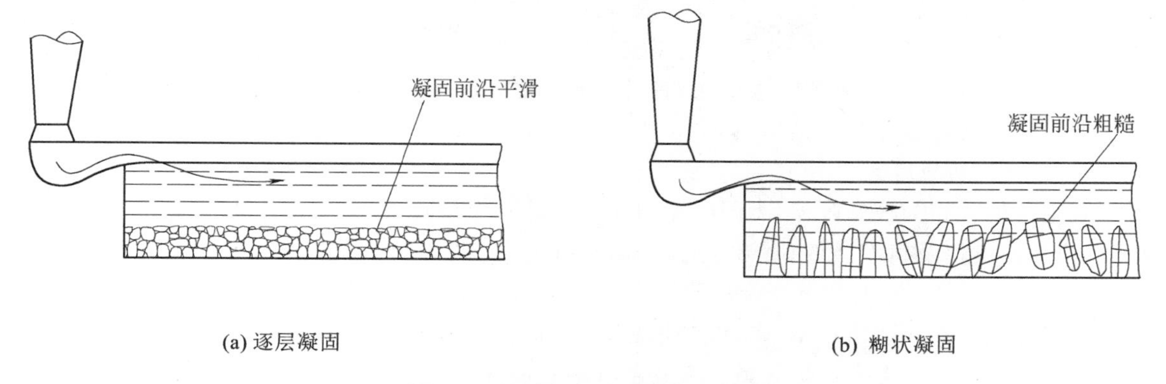

(a) 逐层凝固　　(b) 糊状凝固

图 9-3　凝固方式对流动性的影响

水动力学条件，从而改变金属液的流动速度，来影响合金充型能力的。如果能够使金属液的流动时间延长，或加快流动速度，就可以改善金属液的充型能力。

(1) 铸型条件。铸型的导热速度越快或对金属液的流动阻力越大，金属液的流动时间就短，合金的充型能力越差。例如，液态合金在金属型中的充型能力比在砂型中差。砂型铸造时，型砂中水分过多，排气不好，浇注时产生大量的气体，会增加充型的阻力，使合金的充型能力变差。

(2) 浇注条件。在一定范围内，提高浇注温度，不仅可使液态合金黏度下降，流速加快，还能使铸型温度升高，金属散热速度变慢，从而大大提高金属液的充型能力。但如果浇注温度过高，容易产生黏砂、缩孔、气孔、粗晶等缺陷。因此，在保证金属液具有足够充型能力的前提下应尽量降低浇注温度。例如，铸钢的浇注温度范围为 1 520～1 620 ℃，铸铁的浇注温度范围为 1 230～1 450 ℃，铝合金的浇注温度范围为 680～780 ℃，薄壁复杂铸件取上限，厚大铸件取下限。提高金属液的浇注速度和充型压力，如增加直浇口的高度，采用人工加压方法(压力铸造、真空吸铸及离心铸造等)，可使合金的充型能力增强。此外，浇注系统结构越复杂，流动阻力越大，合金的充型能力越弱。

(3) 铸件结构。铸件壁厚过小，壁厚急剧变化，结构复杂以及有大的水平面等结构，都使金属液的流动困难。因此，设计时铸件的壁厚必须大于最小允许壁厚值，有的铸件还需设计流动通道。

2. 合金的收缩性

在冷却过程中，铸件的体积和尺寸缩小的现象叫作收缩。合金的收缩量通常用体收缩率和线收缩率来表示。金属从液态到常温的体积改变量称为体收缩；金属在固态由高温到常温的线性尺寸改变量称为线收缩。铸件的收缩与合金成分、温度、收缩系数和相变体积改变等因素有关，除此之外还与结晶特性、铸件结构以及铸造工艺等有关。

1) 收缩三阶段

铸造合金收缩要经历三个相互联系的收缩阶段，即液态收缩、凝固收缩和固态收缩。

(1) 液态收缩是合金从浇注温度冷却至开始凝固(液相线)温度之间的收缩。金属液体的过热度越高，液态收缩越多。

(2) 凝固收缩是合金从开始凝固至凝固结束(固相线)之间的收缩。合金的结晶温度范围越宽，凝固收缩越大。

液态收缩和凝固收缩一般表现为铸型空腔内金属液面的下降，是铸件产生缩孔或缩松的基本原因。

(3) 固态收缩是合金在固态下冷却至室温的收缩。它将使铸件的形状、尺寸发生变化，是产生铸造应力，导致铸件变形，甚至产生裂纹的主要原因。

常用的金属材料中，铸钢收缩最大，有色金属次之，灰口铸铁最小。灰口铸铁收缩小是由于析出石墨而引起体积膨胀的结果。

2) 影响收缩的因素

合金总的收缩为液态收缩、凝固收缩和固态收缩三个阶段收缩之和，它和合金本身的化学成分、浇注温度以及铸型条件和铸件结构等因素有关。

(1) 化学成分。不同成分合金的收缩率不同，如碳素钢随含碳量的增加，凝固收缩率增加，而固态收缩率略减。灰铸铁中，碳、硅含量越高，硫含量越低，收缩率越小。

(2) 浇注温度。浇注温度主要影响液态收缩。浇注温度升高，使合金液态收缩率增加，总收缩量相应增大。为减少合金液态收缩及氧化吸气，并且兼顾流动性，浇注温度一般控制在高于液相线温度 50～150 ℃范围内。

(3) 铸件结构与铸型条件。铸件的收缩并非自由收缩，而是受阻收缩。铸件收缩的阻力来源于两个方面：一是由于铸件壁厚不均匀，各部分冷却速度不同，收缩先后不一致，而相互制约产生的阻力；二是铸型和型芯对收缩的机械阻力。铸件收缩时受阻越大，实际收缩率就越小。因此，在设计和制造模样时，应根据合金的种类和铸件的受阻情况，考虑收缩率的影响。

3) 收缩对铸件质量的影响

(1) 缩孔与缩松。如果铸件的液态收缩和凝固收缩得不到合金液体的补充，在铸件最后凝固的某些部位会出现孔洞。大而集中的孔洞称为缩孔，细小而分散的孔洞称为缩松。

缩孔产生的基本原因是合金的液态收缩值和凝固收缩值远大于固态收缩值。缩孔形成的条件是金属在恒温或很小的温度范围内结晶，铸件壁是以逐层凝固方式进行凝固，如纯金属、共晶成分的合金。图 9-4 所示为缩孔形成过程示意图。液态合金充满铸型型腔后，开始冷却阶段，液态收缩可以从浇注系统得到补偿，如图 9-4(a)所示。随后，由于型壁的传热，与型壁接触的合金液温度降至其凝固点以下，铸件表层凝固成一层细晶薄壳，并将内浇口堵塞，使尚未凝固的合金被封闭在薄壳内，如图 9-4(b)所示。温度继续下降，薄壳产生固态收缩，液态合金产生液态收缩和凝固收缩，而且远大于薄壳的固态收缩，致使合金液面下降，并与硬壳顶面分离，形成真空空穴，在负压及重力作用下，壳顶向内凹陷，如图 9-4(c)所示。温度再度下降，上述过程重复进行，凝固的硬壳逐层加厚，孔洞不断加大，直至整个铸件凝固完毕。这样，在铸件最后凝固的部位形成一个倒锥形的大孔洞，如图 9-4(d)所示。铸件冷至室温后，由于固态收缩，缩孔的体积略有减小，如图 9-4(e)所示。通常缩孔产生的部位一般在铸件最后凝固区域，如壁的上部或中心处，以及铸件两壁相交处，即热节处。若在铸件顶部设置冒口，缩孔将移至冒口，如图 9-4(f)所示。

缩松形成的基本原因虽然和缩孔形成的原因相同，但是形成的条件不同，它主要出现在结晶温度范围宽、呈糊状凝固方式的铸造合金中。图 9-5 所示为缩松形成过程示意图。这类合金倾向于糊状凝固或中间凝固方式，凝固区液固交错，枝晶交叉，将尚未凝固的液体合金彼此分隔成许多孤立的封闭液体区域。此时，如同形成缩孔一样，在继续凝固收缩时得不到新的液体合金补充，在枝晶分叉间形成许多小而分散的孔洞，这就是缩松。它分布在整个铸件断面上，一般出现在铸件壁的轴线区域、热节处、冒口根部和内浇口附近，也常分布在集中缩孔的下方。

不论是缩孔还是缩松，都使铸件的力学性能、气密性和物理化学性能大大降低，以致成为废品。所以，缩孔和缩松是极其有害的铸造缺陷，必须设法防止。

为了防止铸件产生缩孔、缩松，在铸件结构设计时应避免局部金属积聚。工艺上，应针对合

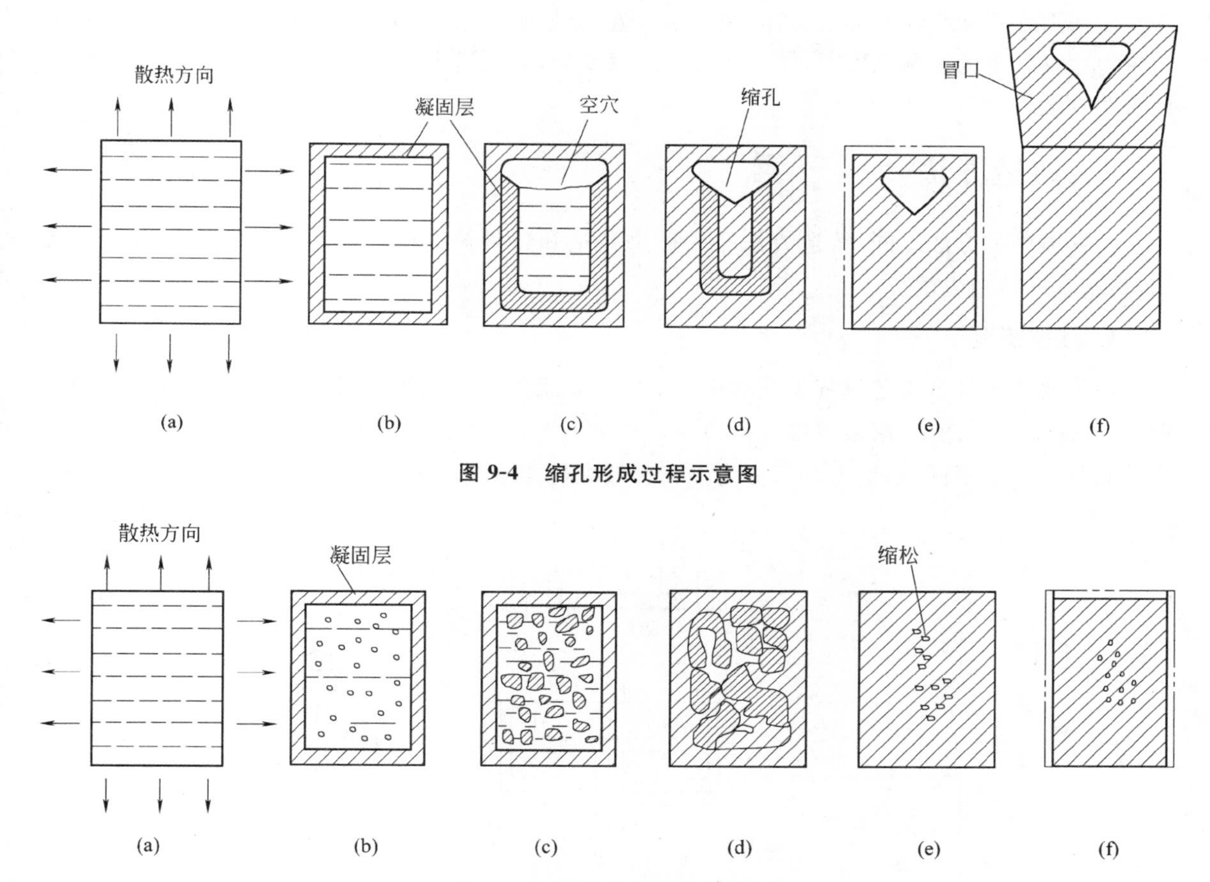

图 9-4 缩孔形成过程示意图

图 9-5 缩松形成过程示意图

金的凝固特点制订合理的铸造工艺，采取顺序凝固或同时凝固措施。

所谓顺序凝固，就是在铸件可能出现缩孔或最后凝固的部位（多数在铸件厚壁或顶部），设置冒口或将冒口与冷铁配合使用，使铸件的凝固按照远离冒口的部位先凝固，靠近冒口的部位后凝固，最后才是冒口凝固的顺序进行。这样，先凝固的收缩由后凝固部位的液体金属补缩，后凝固部位的收缩由冒口中的金属液补缩，使铸件各部位的收缩均得到金属液补缩，而缩孔则移至冒口，最后将冒口切除。顺序凝固适用于收缩大的合金铸件，如铸钢件、可锻铸铁件、铸造黄铜件等，还适用于壁厚悬殊以及对气密性要求高的铸件。顺序凝固使铸件的温差大、热应力大、变形大，容易引起裂纹，必须妥善处理。

所谓同时凝固，就是使铸件各部位几乎同时冷却凝固，以防止缩孔产生。例如，在铸件厚部或紧靠厚部处的铸型上安放冷铁。同时凝固可减轻铸件热应力，防止铸件变形和开裂，但是容易在铸件芯部出现缩松，因此适用于收缩小的合金铸件，如碳、硅含量较高的灰口铸铁件。

（2）铸造应力、变形和裂纹。铸件在冷凝过程中，由于各部分金属冷却速度不同，使得各部位的收缩不一致，再加上铸型和型芯的阻碍作用，铸件的固态收缩受到制约，从而产生铸造应力。在应力作用下铸件容易产生变形，甚至开裂。

①铸造内应力。铸件固态收缩受阻所引起的应力称为铸造内应力。它包括机械应力和热应力等。机械应力是铸件收缩受到铸型、型芯或浇冒口的阻碍而引起的应力。落砂后阻碍消除，机械应力将自行消失。热应力是因铸件壁厚不均匀，结构复杂，使各部分冷却收缩不一致，又彼此制约而引起的应力。

②铸造变形和裂纹。如前所述,当造中存在铸造内应力时,铸件处于不稳定状态。当铸造内应力超过合金的屈服强度时,铸件将发生塑性变形;当铸造内应力超过合金的抗拉强度时,铸件将产生裂纹。

三、铸造方法

根据铸型的方法不同,铸造方法分为砂型铸造和特种铸造两大类。砂型铸造是目前最常用、最基本的铸造方法。

1. 砂型铸造

砂型铸造的基本工艺过程如图 9-6 所示。主要工序有制造模样和芯盒、备制型砂和芯砂、造型、造芯、合型、浇注、落砂清理和检验等。其中造型(芯)是砂型铸造最基本的工序。按紧实型砂和起模方法不同,造型方法可分为手工造型和机器造型两种。

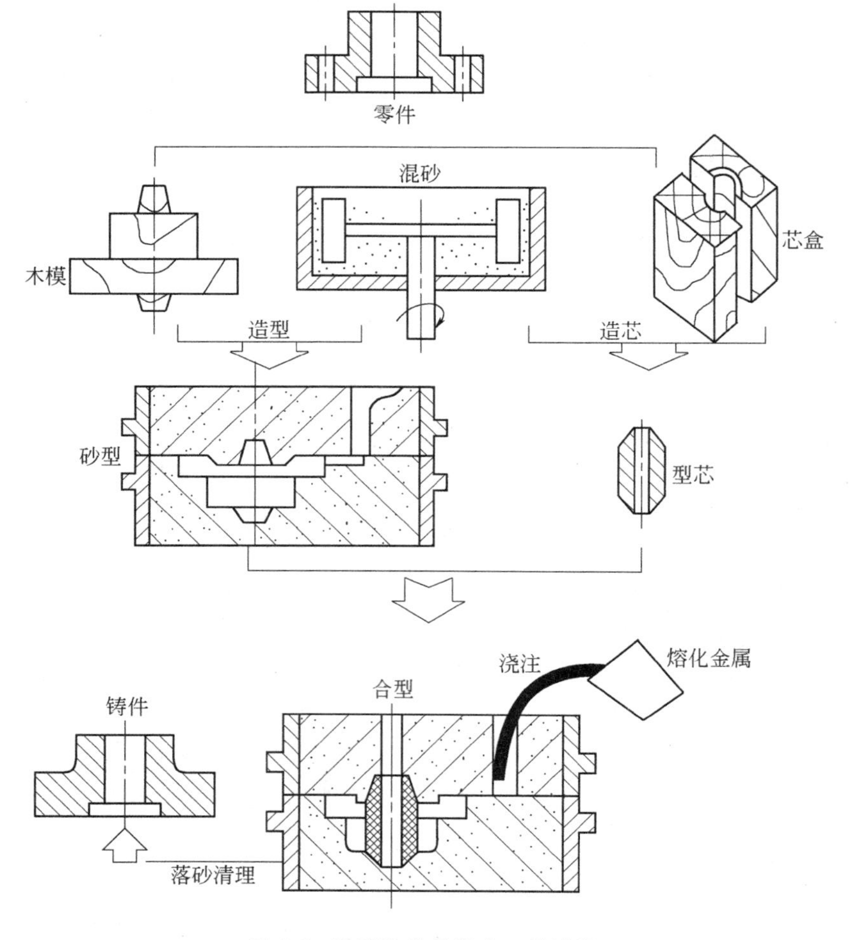

图 9-6 砂型铸造的基本工艺过程

1) 手工造型

手工造型操作灵活,工装简单,但劳动强度大,生产率低,常用于单件和小批量生产。

手工造型的方法很多,有整模造型、分模造型、挖砂造型、活块造型、刮板造型等。表 9-1 所示为常用手工造型方法的特点和应用范围。

表 9-1 常用手工造型方法的特点和应用范围

造型方法	特 点	应用范围
整模造型	整体模，分型面为平面，铸型型腔全部在一个砂箱内。造型简单，铸件不会产生错箱缺陷	铸件最大截面在一端，且为平面
分模造型	模样沿最大截面分为两半，型腔位于上、下两个砂箱内。造型方便，但制作模样较麻烦	铸件最大截面在中部，且一般为对称性铸件
挖砂造型	整体模，造型时需挖去阻碍起模的型砂，故分型面是曲面。造型麻烦，生产率低	单件小批量生产，分模后易损坏或变形的铸件
假箱造型	利用特制的假箱或型板进行造型，自然形成曲面分型。可免去挖砂操作，造型方便	成批生产的需要挖砂的铸件
活块造型	将模样上妨碍起模的部分做成活动的活块，便于造型起模。造型和制作模样都麻烦	单件小批量生产的带有凸起部分的铸件
刮板造型	用特制的刮板代替实体模样造型，可显著降低模样成本。操作复杂，要求工人技术水平高	单件小批量生产的等截面或回转体大中型铸件
三箱造型	铸件两端截面尺寸比中间部分大，采用两箱造型无法起模时铸型可由三箱组成，关键是选配高度合适的中箱。造型麻烦，容易错箱	单件小批量生产的具有两个分型面的铸件
地坑造型	在地面以下的砂坑中造型，一般只用上箱，可减少砂箱投资。造型劳动量大，要求工人技术较高	生产批量不大的大、中型铸件

2）机器造型

机器造型(芯)使紧砂和起模两个重要工序实现了机械化，因而生产率高，铸件质量好，但设备投资大，适用于中小型铸件的成批大量生产。

按紧实的方式不同，机器造型分压实造型、振击造型、抛砂造型和射砂造型四种基本方式。

(1) 压实造型。

压实造型利用压头的压力将砂箱的型砂紧实。图 9-7 所示为压实造型示意图。先把型砂填入砂箱，然后压头向下将型砂紧实。辅助框用于补偿紧实过程中型砂被压缩的高度。压实造型生产率高，但型砂沿高度方向的紧实度不够均匀，一般越接近底板，紧实度越差，因此适用于高度不大的砂箱。

(2) 振击造型。

振击造型利用振动和撞击对型砂进行紧实，如图 9-8 所示。砂箱填砂后，振击活塞将工作台连同砂箱举起一定的高度，然后下落，与缸体撞击，依靠型砂下落时的冲击力产生紧实作用。型砂紧实度分布规律与压实造型相反，越接近模底板型砂紧实度越高，因此可以将振击造型与压实造型联合使用。

(3) 抛砂造型。

图 9-9 为抛砂机工作原理。抛砂头转子上装有叶片，型砂由皮带输送机连续地送入，高速旋转的叶片接住型砂并分成一个个砂团，砂团随叶片转到出口处时，在离心力作用下，以高速抛入砂箱，同时完成填砂和紧实。

(4) 射砂造型。

射砂紧实的方法除用于造型外多用于造芯。图 9-10 为射砂机工作原理。由储气筒迅速进

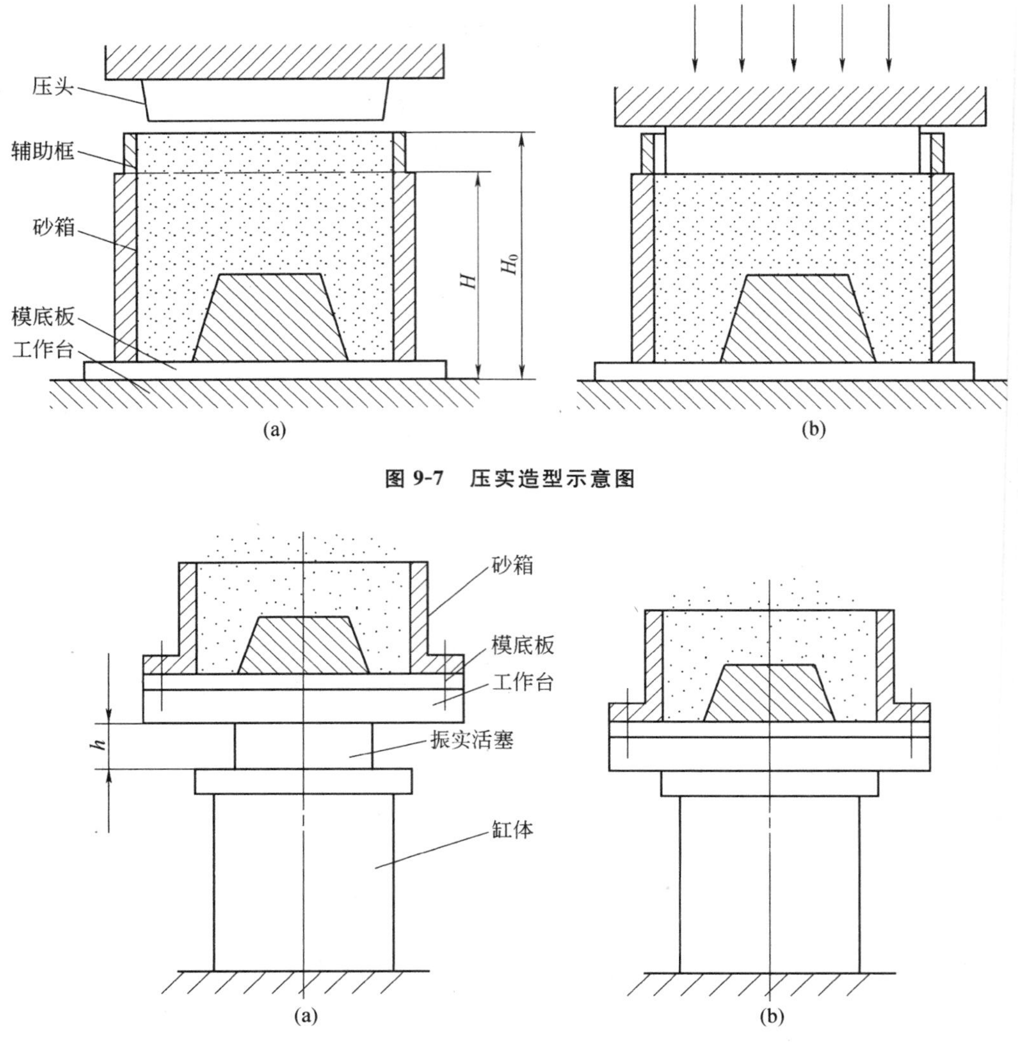

图 9-7　压实造型示意图

图 9-8　振击造型示意图

入射膛的压缩空气,将型砂由射砂孔射入芯盒的空腔中,而压缩空气经射砂板上的排气孔排出,射砂过程在较短的时间内同时完成填砂和紧实,生产率极高。

2. 特种铸造

与砂型铸造不同的其他铸造方法统称为特种铸造。各种特种铸造方法均有其突出的特点和一定的局限性,下面简要介绍常用的特种铸造方法。

1) 熔模铸造

如图 9-11 所示,熔模铸造就是先用母模制造压型,然后用易熔材料制成模样,再用造型材料将其表面包覆,经过硬化后将模样熔去,从而制成无分型面的铸型壳,最后经浇注而获得铸件。由于熔模广泛采用蜡质材料来制造,所以熔模铸造又称失蜡铸造。

熔模铸造的特点如下。

(1) 熔模铸造属于一次成型,且无分型面,所以铸件精度高,表面质量好。

(2) 可制造形状复杂的铸件,最小壁厚可达 0.7 mm,最小孔径可达 1.5 mm。

(3) 适应各种铸造合金,尤其适用于生产高熔点和难以加工的合金铸件。

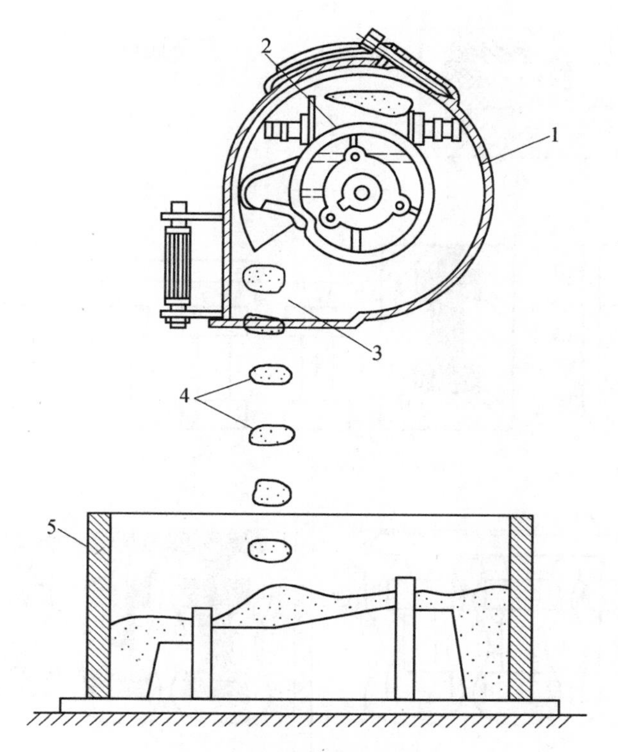

图 9-9 抛砂机工作原理

1—机头外壳；2—型砂入口；3—砂团出口；4—被紧实的砂团；5—砂箱

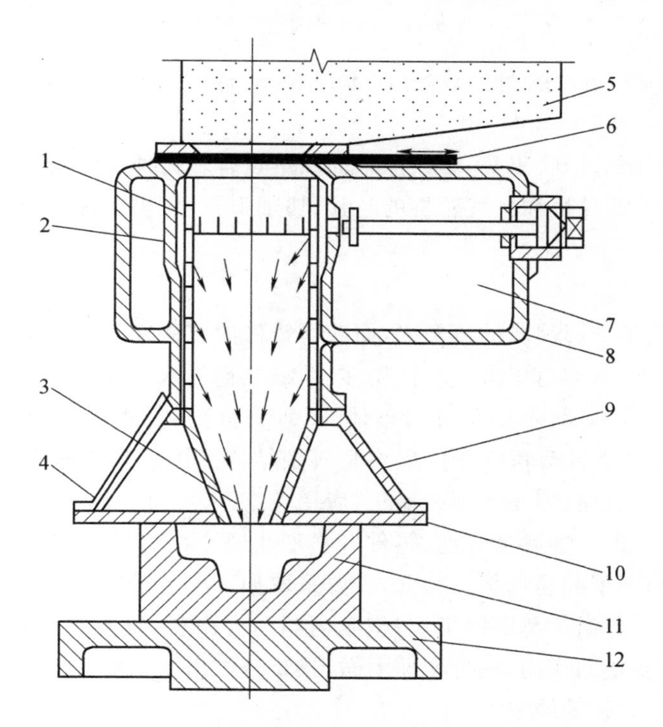

图 9-10 射砂机工作原理

1—射砂筒；2—射膛；3—射砂孔；4—排气孔；5—砂斗；6—砂闸板；7—进气阀；8—储气筒；9—射砂头；10—射砂板；11—芯盒；12—工作台

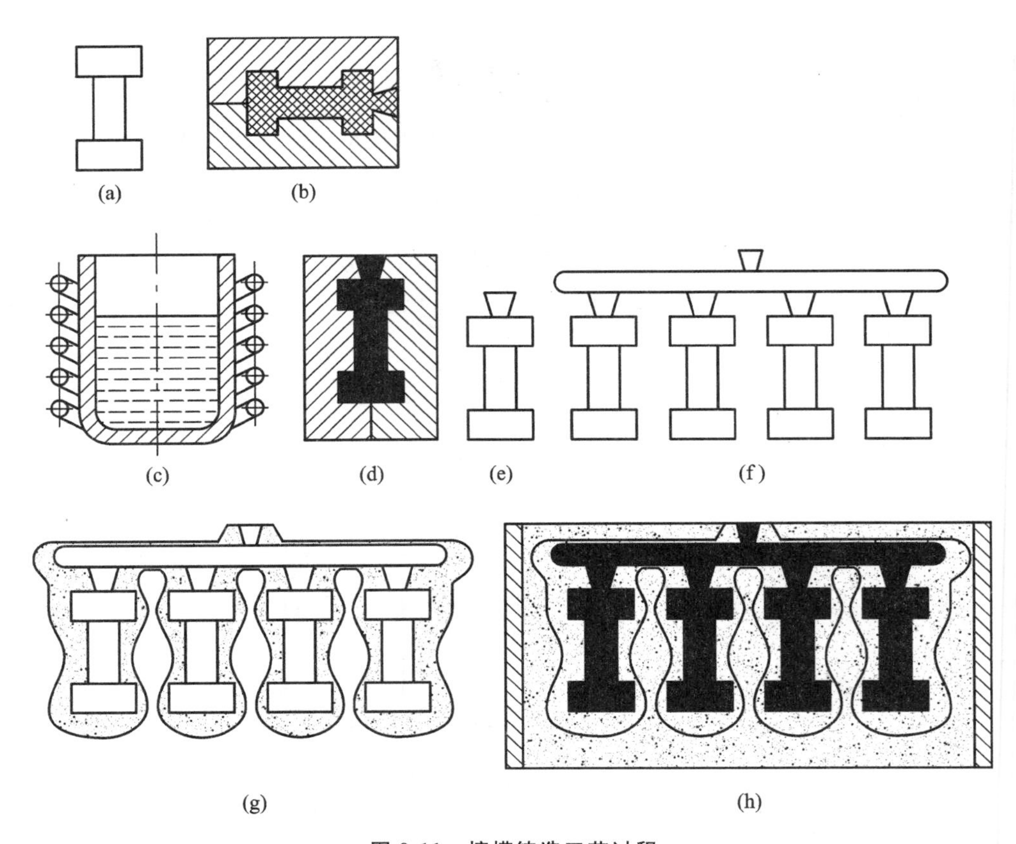

图 9-11　熔模铸造工艺过程

(4) 铸造工序复杂,生产周期长,铸件成本较高,铸件尺寸和质量受到限制(铸件质量一般不超过 25 kg)。

熔模铸造适用于制造形状复杂,难以加工的高熔点合金铸件及有特殊要求的精密铸件。目前,熔模铸造主要用于汽轮机和燃气轮机的叶片、切削刀具、仪表元件、汽车零件、拖拉机零件及机床零件等的生产。

2) 金属型铸造

把液体金属浇入用金属制成的铸型内,而获得铸件的方法称为金属型铸造。一般金属型用铸铁或耐热钢制造。金属型由于可重复使用多次,故又称为永久型。

按照分型面的位置不同,金属型分为整体式、垂直分型式、水平分型式和复合分型式。图9-12所示为水平分型式金属型和垂直分型式金属型结构简图。其中垂直分型式金属型便于布置浇注系统,铸型开合方便,容易实现机械化,应用较广。

金属型导热快,无退让性和透气性,铸件容易产生浇不足、冷隔、裂纹、气孔等缺陷。此外,在高温金属液的冲刷下型腔易损坏。为此,需要采取如下工艺措施:浇注前预热,浇注过程中适当冷却,使金属型在一定温度范围内工作;型腔内刷耐火涂料,以起到保护铸型、调节铸件冷却速度、改善铸件表面质量的作用;在分型面上做出通气槽、出气孔等;掌握好开型的时间,以利于取件和防止铸件产生裂纹等缺陷。

金属型铸造的特点如下。

(1) 铸件冷却速度快,组织致密,力学性能好。

(2) 铸件精度和表面质量较高。

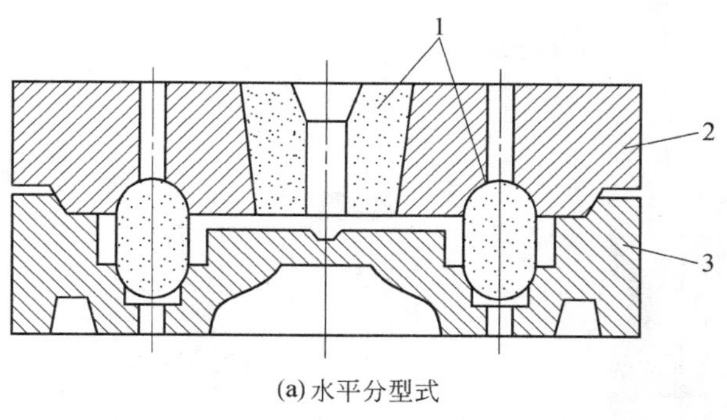

(a) 水平分型式

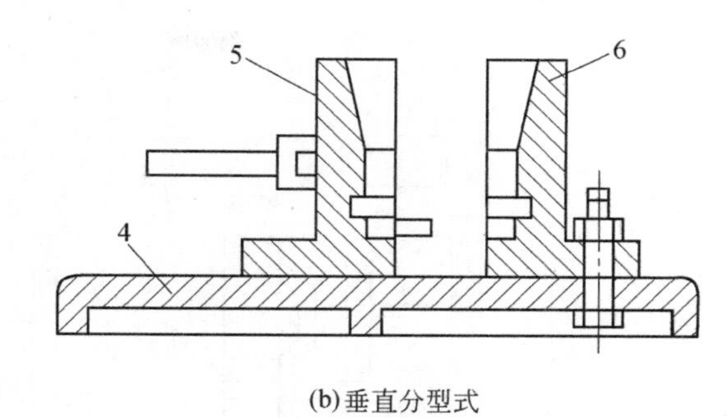

(b) 垂直分型式

图 9-12 金属型结构简图

1—型芯；2—上型；3—下型；4—模底板；5—动型；6—定型

(3) 实现了一型多铸，工序简单，生产率高，劳动条件好。

(4) 金属型成本高，制造周期长，铸造工艺规程要求严格。

金属型铸造主要适用于制造大批量生产、形状简单的有色金属铸件，如铝活塞、气缸、缸盖、泵体、轴瓦、轴套等。

3) 压力铸造

熔融金属在高压下快速填充铸型，并在压力下凝固，而获得铸件的方法称为压力铸造，简称压铸。

压力铸造是通过压铸机完成的。图 9-13 所示为立式压铸机工作过程示意图。合型后把金属液浇入压室，压射活塞向下推进，将液态金属压入型腔，保压冷凝后，压射活塞退回，下活塞上移顶出余料，动型移开，利用顶杆顶出铸件。

压力铸造的特点如下。

(1) 压铸件尺寸精度高，表面质量好，一般不需要进行机加即可直接使用。

(2) 压力铸造在快速、高压下成型，可压铸出形状复杂、轮廓清晰的薄壁精密铸件，铝合金铸件最小壁厚可达 0.5 mm，最小孔径可达 0.7 mm。

(3) 铸件组织致密，力学性能好，强度比砂型铸件提高 25%～40%。

(4) 生产率高，劳动条件好。

(5) 设备投资大，铸型制造费用高、周期长。

压力铸造主要用于大批量生产低熔点合金的中小型铸件，如铝、锌、铜等合金铸件，在汽车、拖拉机、航空、仪表、电器等领域获得广泛应用。

4) 离心铸造

离心铸造是将液体金属浇入高速旋转的铸型中，使其在离心力作用下凝固成型的铸造方法。

根据铸型旋转轴空间位置不同，离心铸造机可分为立式和卧式两大类，主要工作部分如图 9-14 所示。立式离心铸造机的铸型绕垂直轴旋转(见图 9-14(a))，由于离心力和液态金属本身重力的共同作用，铸件的内表面为一回转抛物面，造成铸件上薄下厚，而且铸件越高，壁厚差越大，因此，立式离心铸造机主要用于生产高度小于直径的圆环类铸件。卧式离心铸造机的铸型绕水平轴旋转(见图 9-14(b))，由于铸件各部分冷却条件相近，故铸件壁厚均匀。卧式离心铸造机适于生产长度较大的管、套类铸件。

离心铸造的特点如下。

(1) 铸件在离心力作用下结晶，组织致密，无缩孔、缩松、气孔、夹渣等缺陷，力学性能好。

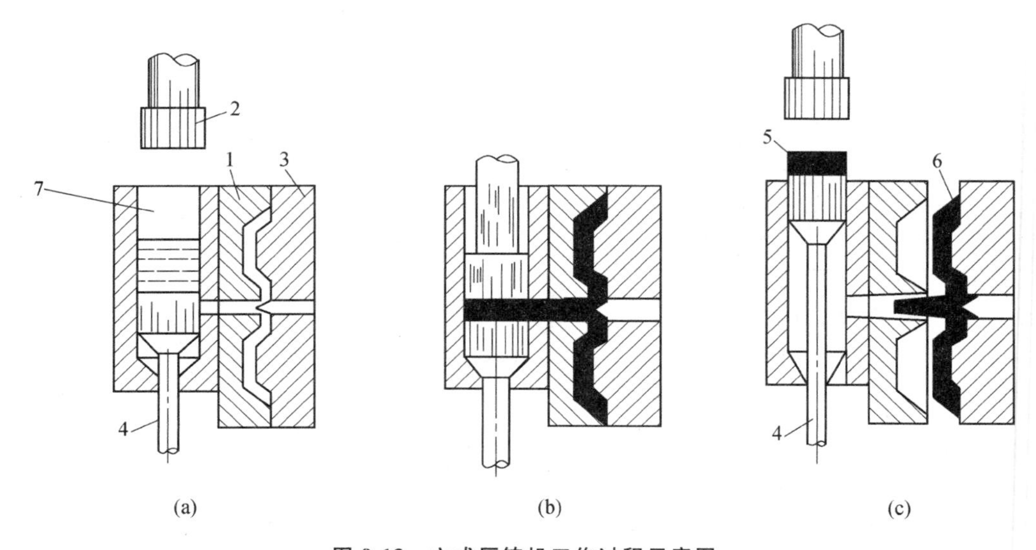

图 9-13　立式压铸机工作过程示意图

1—定型;2—压射活塞;3—动型;4—下活塞;5—余料;6—压铸件;7—压室

(2) 铸造圆形中空铸件时,可省去型芯和浇注系统,简化了工艺,节约了金属。

(3) 便于制造双金属铸件,如钢套镶铸铜衬。

(4) 离心铸造内表面粗糙、尺寸不易控制,需要增加加工余量来保证铸件质量,且不适宜生产易偏析的合金。

离心铸造是生产管、套类铸件的主要方法,如铸铁管、铜套、气缸套、双金属轧辊、滚筒等。

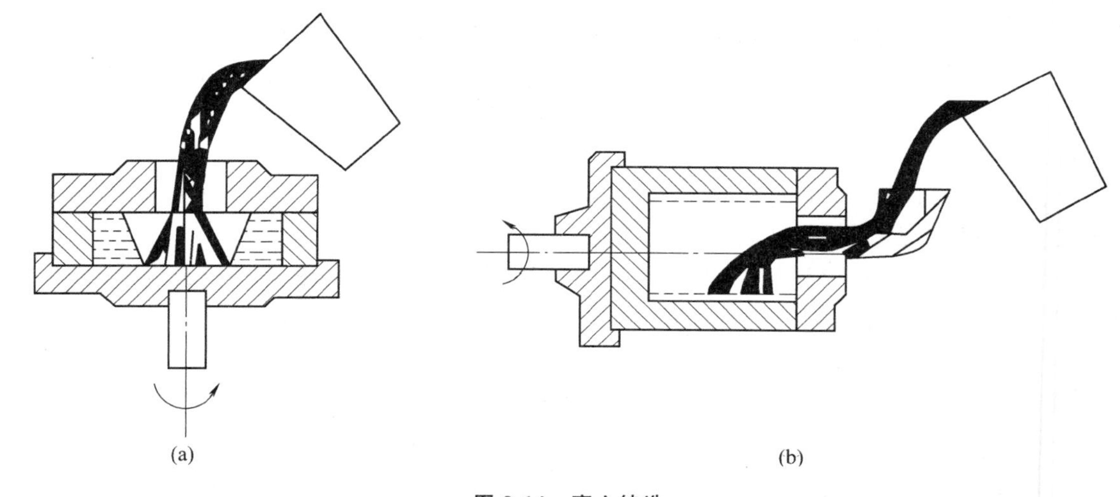

图 9-14　离心铸造

四、铸造生产常见缺陷

铸造生产工序繁多,很容易使铸件产生缺陷。为了减少铸件缺陷,首先应正确判断缺陷类型,找出产生缺陷的主要原因,以便采取相应的预防措施,表 9-2 给出了常见铸造缺陷的名称、特征以及产生的主要原因。

表 9-2 常见铸造缺陷的名称、特征以及产生的主要原因

缺陷分类	缺陷名称	图示及特征	产生原因
孔洞	气孔	铸件内部和表面的圆形或梨形孔洞,气孔内壁光滑	(1) 砂舂得太紧或铸型透气性差; (2) 型砂太湿,起模、修型时刷水过多; (3) 型芯通气孔堵塞或型芯未烘干; (4) 熔融金属温度太低或浇注速度太快,气体排不出去
	缩孔	铸件厚壁处形状不规则的孔洞,孔内表面粗糙	(1) 冒口设置不对,或冒口太小,或冷铁位置不对; (2) 熔融金属成分不合格,收缩过大; (3) 浇注温度过高; (4) 铸件设计不合理,无法进行补缩
	砂眼	铸件内部或表面上形状不规则的孔眼,孔内充塞砂粒 砂眼	(1) 型砂强度不够或局部没有舂紧,掉砂; (2) 型腔、浇口内散砂未吹净; (3) 合箱时铸型局部被挤坏,掉砂; (4) 浇注系统不合理,冲坏铸型(芯)
表面缺陷	冷隔	铸件有未完全熔合的缝隙,交接处是圆滑凹坑	(1) 浇注温度太低; (2) 浇注时断流或浇注速度太慢; (3) 浇口位置不当或浇口太小
形状不合格	浇不到	铸件形状不完整	(1) 浇注温度太低; (2) 浇口太小或未开出气孔; (3) 铸件太薄; (4) 浇注时断流或浇注速度太慢

续表

缺陷分类	缺陷名称	图示及特征	产生原因
裂纹	裂纹	热裂：铸件开裂，裂纹处表面氧化，呈蓝色。 冷裂：裂纹处表面不氧化，并发亮 裂纹	(1) 铸件设计不合理，薄厚差别大； (2) 熔融金属化学成分不当，收缩大； (3) 铸型(芯)舂得太紧，退让性差而阻碍铸件收缩； (4) 浇注系统开设不当，使铸件各部分冷却及收缩不均匀，造成过大的铸造内应力； (5) 铸件清理及去除浇冒口时操作不当

五、铸造工艺设计

铸造生产要实现优质、高产、低成本、少污染，必须根据铸件结构的特点、技术要求、生产批量、生产条件等进行铸造工艺设计，并绘制铸造工艺图。铸造工艺图就是根据零件图利用各种铸造工艺符号、各种工艺参数，把制造模样和铸型所需的资料直接绘制在图纸上的图样，图中应表示出铸件的浇注位置，分型面，型芯的形状、数量、尺寸及其固定方式，工艺参数，浇注系统等。这既是生产管理的需要，也是铸件验收和经济核算的依据。

1. 浇注位置和分型面的选择

浇注位置与分型面的选择密切相关，通常分型面取决于浇注位置。选择时，既要保证质量，又要简化造型工艺。对一些质量要求不高的铸件，为了简化造型工艺，可以先选定分型面。

1) 浇注位置的选择

所谓浇注位置，是指浇注时铸件在铸型中所处的位置。确定浇注位置应考虑以下原则。

(1) 铸件的重要表面朝下或处于侧面。气孔、夹渣等缺陷多出现在铸件上表面，而底部或侧面组织致密、缺陷少、质量好。图 9-15 所示床身的导轨面是重要受力面和加工面，浇注时朝下是合理的选择。图 9-16 所示伞齿轮的齿面质量要求高，采用立浇方案，则容易保证铸件质量。个别加工表面必须朝上时，可采用增大加工余量的方法来保证质量要求。

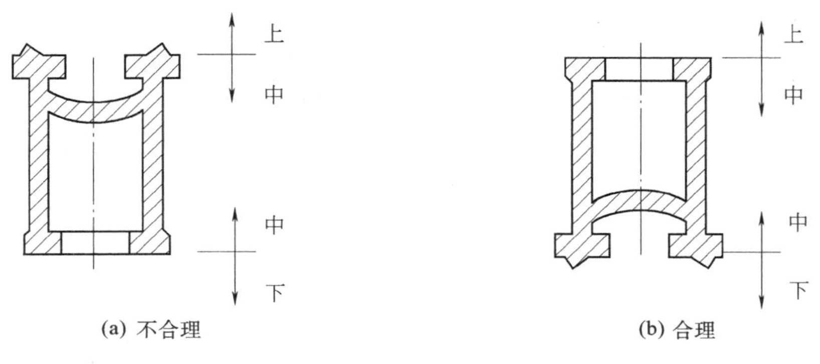

(a) 不合理　　(b) 合理

图 9-15　床身浇注位置的选择

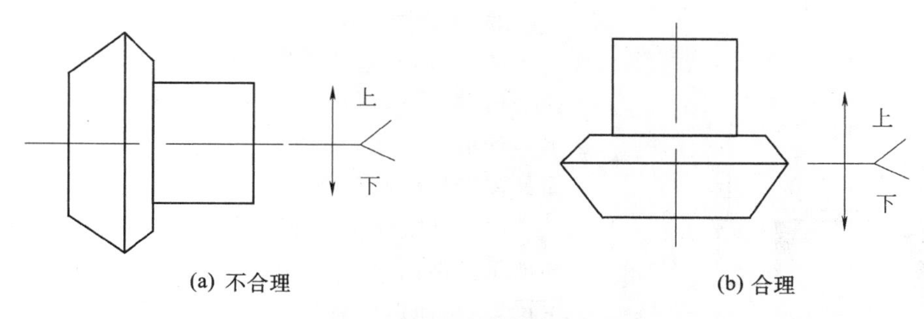

图 9-16 伞齿轮浇注位置的选择

(2) 铸件的宽大平面朝下。对于平板类铸件,使其大平面朝下(见图 9-17)既可避免产生气孔、夹渣,又可防止型腔上表面经受强烈烘烤而产生夹砂、结疤缺陷。

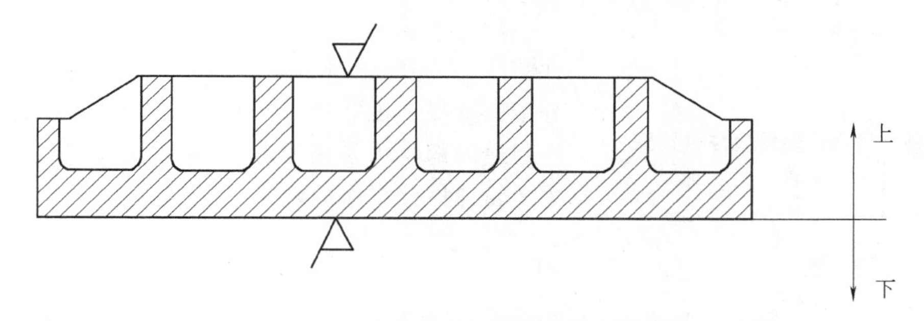

图 9-17 大平面铸件正确的浇注位置

(3) 铸件的薄壁部分朝下。与图 9-18(a)相比,按图 9-18(b)浇注,可保证铸件的充型,防止产生浇不足、冷隔缺陷。这对于流动性差的合金尤为重要。

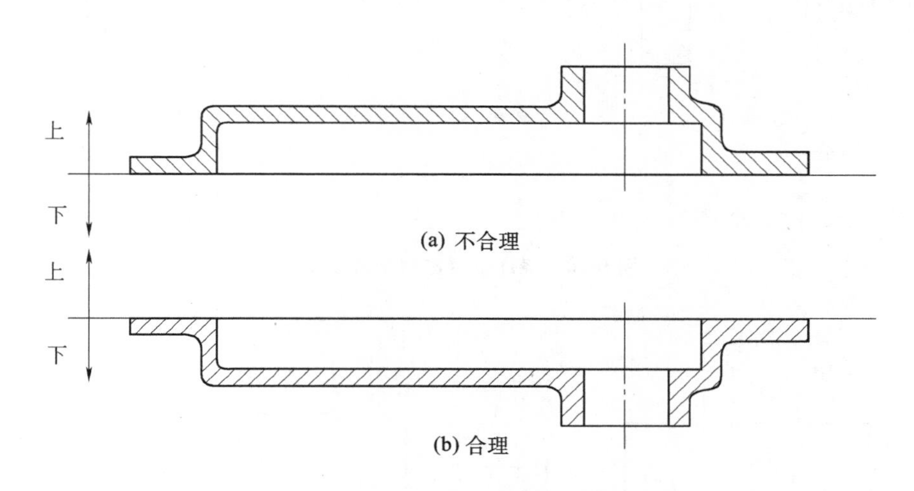

图 9-18 曲轴箱的浇注位置

(4) 铸件的厚大部分朝上,便于补缩。容易形成缩孔的铸件,厚大部分朝上,便于安置冒口,实现自下而上的定向凝固,防止产生缩孔。如图 9-19 所示,铸钢链轮的厚壁朝上,并设置冒口。

(5) 浇注位置应利于减少型芯,便于安装型芯。通常型芯用于获得内孔和内腔,有时也用于获得局部外形。采用型芯会使造型工艺复杂,增加成本,因此选择浇注位置应利于减少型芯数目,如图 9-20 所示。

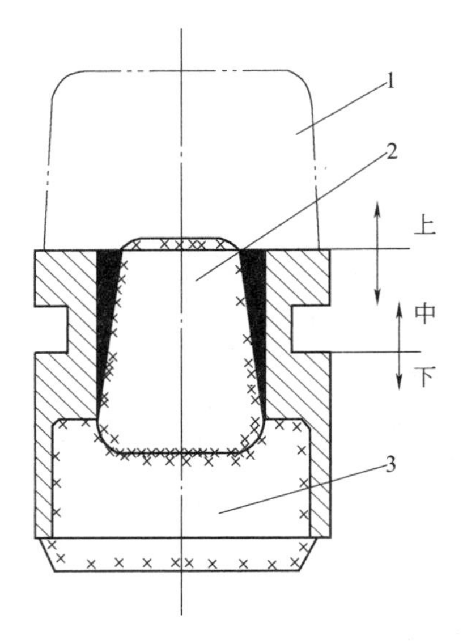

图 9-19　铸钢链轮的浇注位置图

1—冒口;2—型芯 1;3—型芯 2

2) 选择分型面

铸型时,砂箱与砂箱之间的结合面称为分型面。就同一铸件而言,可以有几种不同的分型方案,应从中选出一种最佳方案,使得起模方便、造型工艺简单。分型面具体选择原则如下。

(1) 应尽量使铸件位于同一铸型内。铸件的加工面和加工基准面应尽量位于同一砂箱,以避免合型不准产生错型,从而保证铸件尺寸精度。图 9-21 所示水管堵头是以顶部方头为基准加工管螺纹的,图 9-21(b)所示分型方案易产生错型,无法保证外螺纹加工精度,而图 9-21(a)所示分型方案更合理。

(2) 尽量减少分型面。分型面数量少,既能保证铸件精度,又能简化造型操作,如图 9-22 所示三通铸件的分型面选择。机器造型一般只允许有一个分型面,凡阻碍起模的部位均采用型芯,以减少分型面,如图 9-23 所示绳轮铸件分型面的确定。

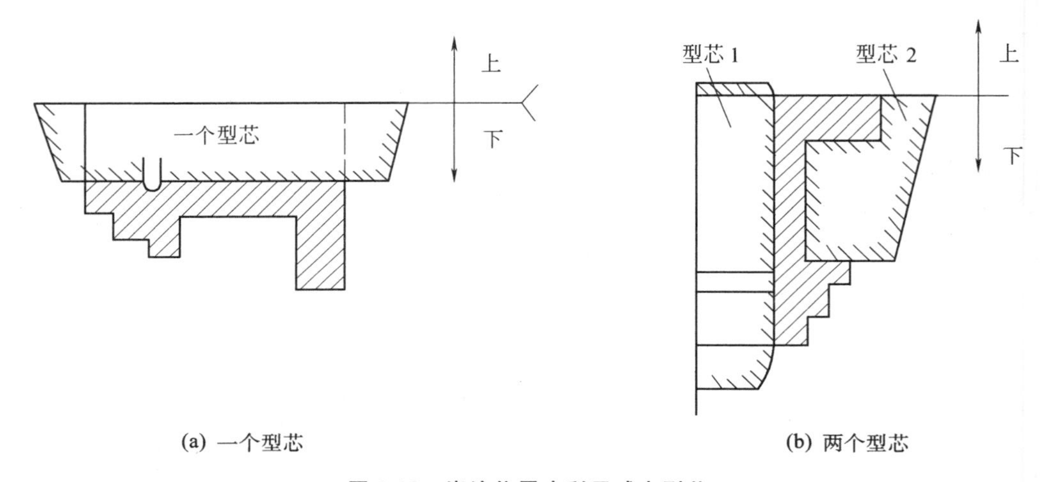

(a) 一个型芯　　(b) 两个型芯

图 9-20　浇注位置应利于减少型芯

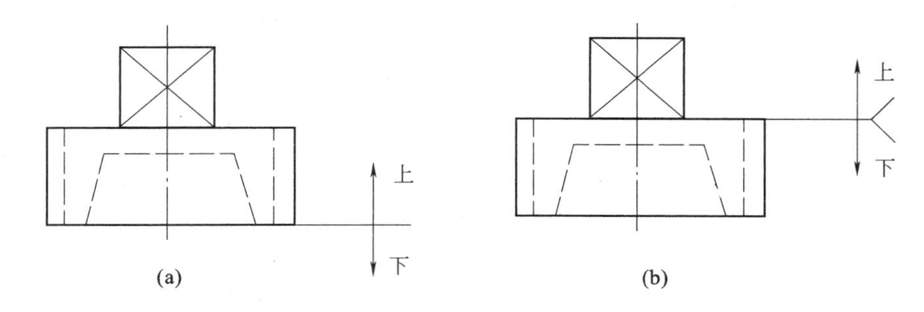

(a)　　(b)

图 9-21　水管堵头分型方案

(3) 尽量使分型面平直。平直的分型面可简化造型工艺和模板制造,容易保证铸件精度,这对于机器造型尤为重要。图 9-24 所示为起重臂分型面的确定。

(4) 尽量使型腔和主要型芯位于下砂箱。对于图 9-25 所示的铸件,若按图 9-25(a)所示方

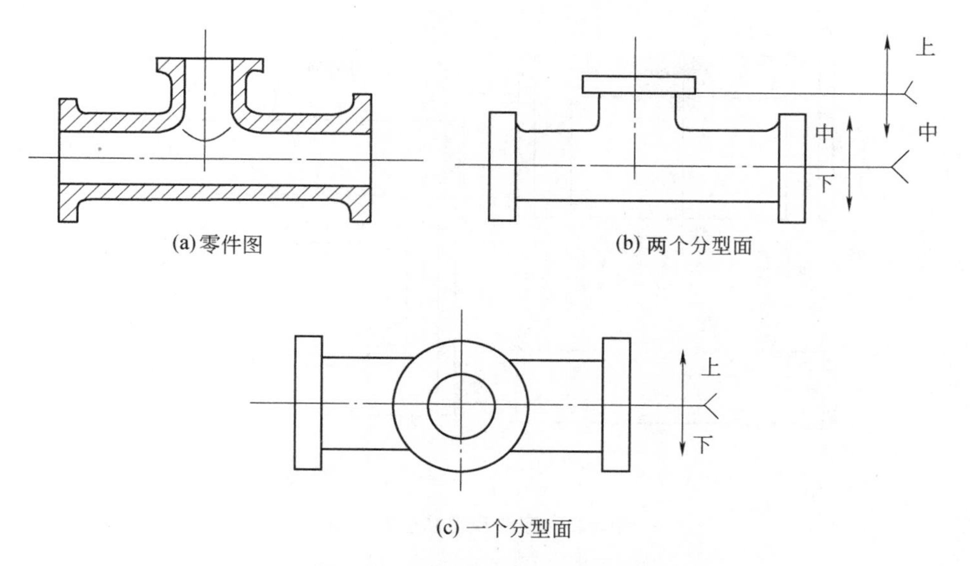

图 9-22 三通铸件的分型面选择

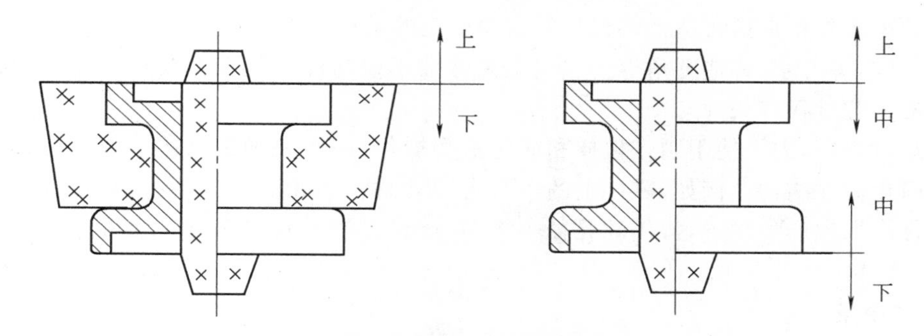

图 9-23 绳轮铸件分型面的确定

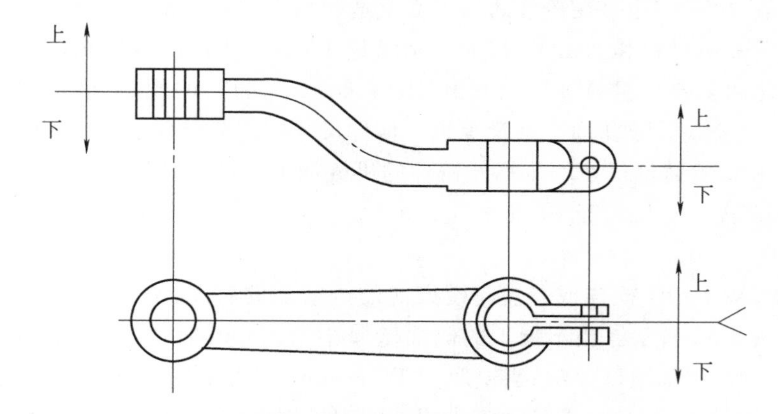

图 9-24 起重臂分型面的确定

式铸型,一方面不便于检验铸件壁厚,另一方面合型时还容易碰坏型芯;而采用图 9-25(b)所示方式铸型,既便于造型、下芯、合型,也便于检验铸件壁厚。

生产中,浇注位置和分型面的选择有时是相互矛盾和制约的,需要根据铸件特点和生产条件综合分析,以确定最佳方案。

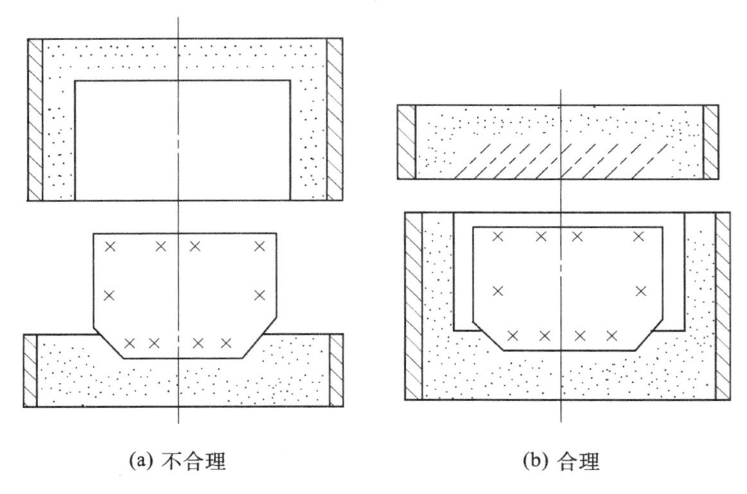

(a) 不合理　　(b) 合理

图 9-25　型腔和型芯位置分布

2. 确定铸造主要工艺参数

铸造的工艺参数是指铸造工艺设计时需要确定的某些数据，主要指加工余量、起模斜度、铸造收缩率、型芯头尺寸、铸造圆角等。这些工艺参数不仅与浇注位置及模样有关，还与造芯、下芯及合型的工艺过程有关。

在铸造过程中，为了便于制作模样和简化造型操作，一般在确定工艺参数前要根据零件的形状特征简化铸件结构。例如，零件上的小凸台、小凹槽、小孔等可以不铸出，留待以后切削加工。在单件小批生产条件下，铸件的孔径小于 30 mm、凸台高度和凹槽深度小于 10 mm 时，可以不铸出。

1）加工余量

在设计铸件工艺时预先增加而在机加工中再切去的金属层厚度，称为加工余量。在制作模样时，考虑到铸造收缩率，还要在铸件的加工面上适当增大尺寸。加工余量不能随意确定，加工余量过大，会浪费金属材料和加工工时；加工余量过小，会使铸件因残留黑皮而报废。根据《铸件　尺寸公差、几何公差与机械加工余量》(GB/T 6414—2017)的规定，确定加工余量之前，需先确定铸件的尺寸公差等级和加工余量等级。铸件尺寸公差等级代号为 DCTG，由高到低分为 16 级，它是设计和检验铸件尺寸的依据。铸件的机械加工余量等级代号为 RMAG，由精到粗分为 A、B、C、D、E、F、G、H、J、K 等 10 级。

2）起模斜度

为便于起模，在平行于模样或芯盒起模方向的侧壁上的斜度，称为起模斜度。起模斜度的形式有三种，如图 9-26 所示。当不加工的侧面壁厚小于 8 mm 时，可采用增加壁厚法；当壁厚为8～16 mm时，可采用加减壁厚法；当壁厚大于 16 mm 时，可采用减小壁厚法。当铸件侧面需要加工时必须采用增加壁厚法，而且加工表面上的起模斜度应在加工余量的基础上再给出斜度数值。

起模斜度的大小取决于模样的起模高度、造型方法、模样材料等因素。中小型木模的起模斜度通常取 30″～3°，金属模的起模斜度比木模的起模斜度小；立壁越高，起模斜度越小；机器造型的起模斜度比手工造型的起模斜度小；铸孔内壁的起模斜度应比外壁大，常取 3°～10°。

3）收缩率

因铸件收缩的影响，铸件冷却后的尺寸要比模样的尺寸小。为了保证铸件要求的尺寸，必

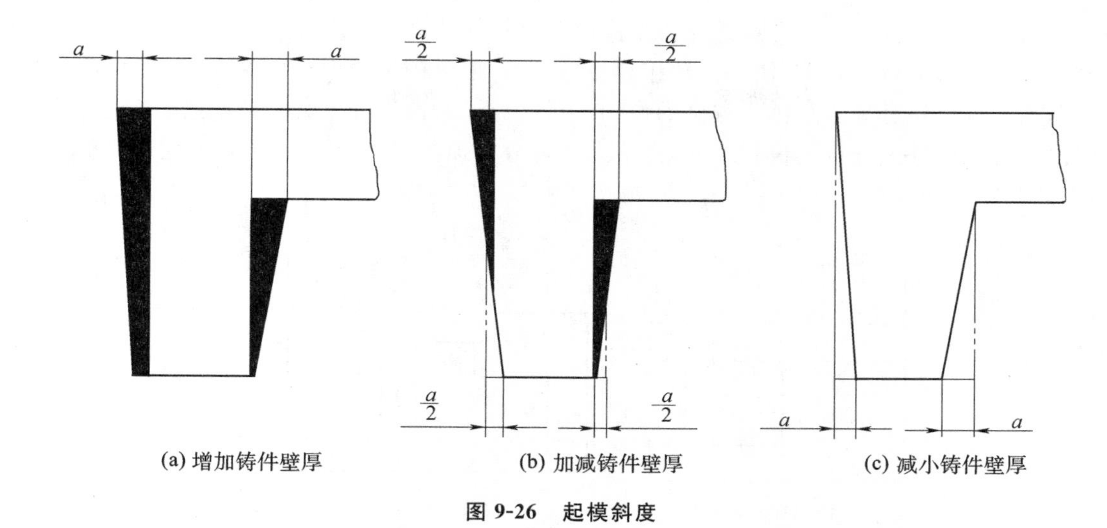

图 9-26 起模斜度

须加大模样的尺寸。铸件尺寸收缩的大小一般用铸件线收缩率 K 表示：

$$K=\frac{L_{M}-L_{J}}{L_{M}}\times 100\%$$

式中：L_{M}——模样（芯盒）尺寸；

L_{J}——铸件尺寸。

灰铸铁和碳钢的线收缩率分别为 0.7%～1%和 1.3%～2.0%。

4）确定浇注系统

为填充型腔和冒口而开设于铸型中的一系列通道称为浇注系统。浇注系统的作用是：保证液态金属平稳地流入型腔，以免冲坏铸型；防止熔渣、砂粒等杂物进入型腔；补充铸件冷凝收缩时所需的液态金属。

浇注系统由外浇道、直浇道、横浇道和内浇道四个部分组成，如图 9-27 所示。

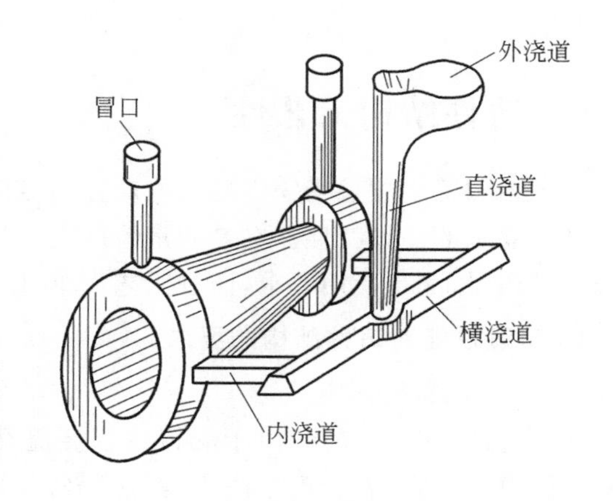

图 9-27 浇注系统

（1）外浇道：容纳浇入的液态金属并缓解液态金属对铸型的冲击，小型铸件通常为漏斗状（称浇口杯），较大型铸件为盆状（称浇口盆）。

（2）直浇道：浇注系统中的垂直通道，可以改变直浇口的高度和液态金属的流动速度，从而改善液态金属的充型能力。直浇口下面带有圆形的窝座，称为直浇道窝，用来减缓液态金属的冲击力，使其平稳地进入横浇道。

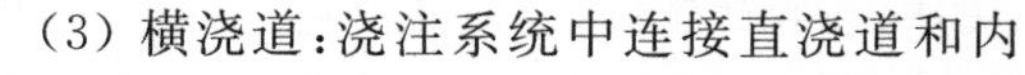

（3）横浇道：浇注系统中连接直浇道和内浇道的水平通道部分，断面形状多为梯形，一般开在铸型的分型面上。它的主要作用是分配液态金属进入内浇口并挡渣。

（4）内浇道：浇注系统中引导液态金属进入型腔的部分，控制流速和方向，调节铸件各部分冷却速度。内浇道一般在下型分型面上开设，并注意使液态金属切向流入、不要正对型腔或型芯，以免冲坏。

有些铸件的浇注系统还包括冒口。浇入铸型的金属液在冷凝过程中会产生体积收缩，在其最后凝固的部位形成缩孔。冒口是在铸型内储存供补缩铸件用液态金属的空腔,它能根据需要补充型腔中液态金属的收缩,使缩孔转移到冒口中去,最后铸件清理时去除冒口,即可消除铸件中的缩孔。冒口还有集渣和排气观察的作用。冒口应设在铸件壁厚最高处或最后凝固的部位。按照内浇道在铸件上开设的位置不同,浇注系统可分为顶注式、底注式、中间注入式和分段注入式,如图 9-28 所示。

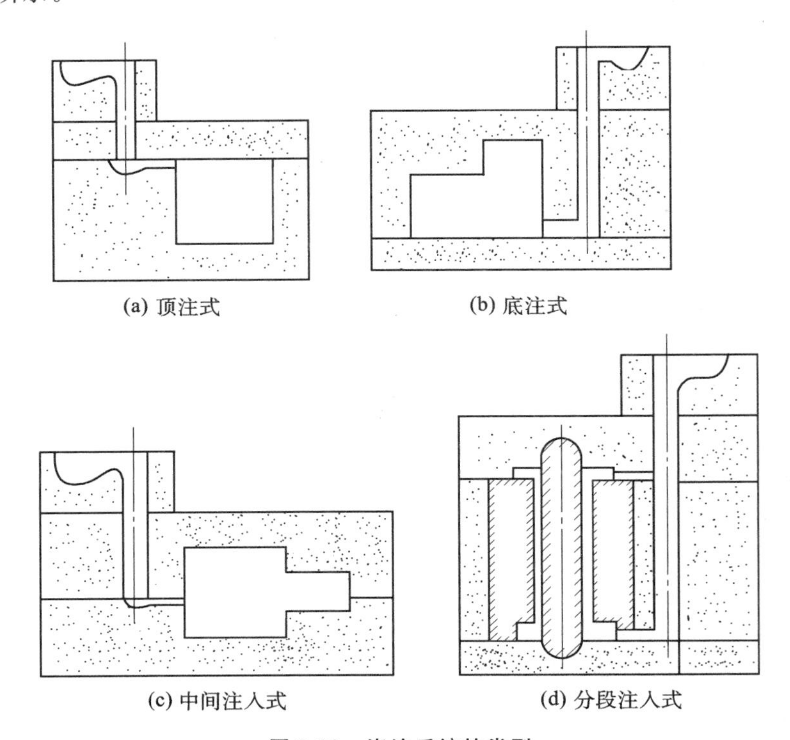

图 9-28 浇注系统的类型

六、铸件结构工艺性

铸件结构工艺性是指铸件的结构应在满足使用要求的前提下,满足铸造性能和铸造工艺对铸件结构要求的一种特性。它是衡量铸件设计质量的一个重要方面。合理的铸件结构不仅能保证铸件质量,满足使用要求,而且工艺简单、生产率高、成本低。

1. 铸造性能对铸件结构的要求

1)铸件壁厚要合理

在一定的工艺条件下,由于受铸造合金流动性的限制,能铸出的铸件壁厚有一个最小值。若实际壁厚小于它,就会产生浇不到、冷隔等缺陷。表 9-3 列出了在砂型铸造条件下常用铸造合金所允许的最小壁厚值。铸件壁厚过大,铸件壁的中心冷却较慢,会使晶粒粗大,而且容易产生缩孔、缩松缺陷,使铸件强度随壁厚增加而显著下降,因此,不能单纯用增加壁厚的方法来提高铸件强度。通常采用加强肋(见图 9-29)或合理的截面结构("丁"字形、"工"字形、槽形)来满足薄壁铸件的强度要求。一般铸件的最大临界壁厚约为最小壁厚的三倍。

表 9-3 在砂型铸造条件下常用铸造合金所允许的最小壁厚值

铸件尺寸/(mm×mm)	铸钢	灰铸铁	球墨铸铁	可锻铸铁	铝合金	铜合金
<200×200	6~8	5~6	6	5	3	3~5

续表

铸件尺寸/(mm×mm)	铸钢	灰铸铁	球墨铸铁	可锻铸铁	铝合金	铜合金
200×200～500×500	10～12	6～10	12	8	4	6～8
>500×500	15	15	—	—	5～7	—

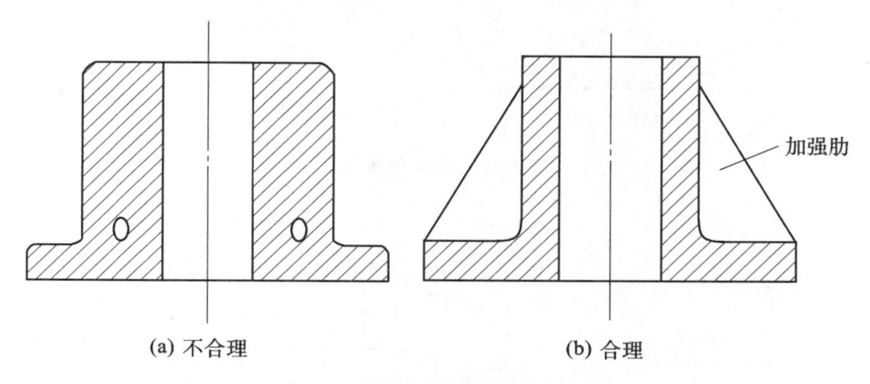

图 9-29　采用加强肋减小壁厚

2）铸件壁厚要均匀

铸件薄厚不均，必然在壁厚交接处形成金属聚集的热节而产生缩孔、缩松缺陷，并且由于冷却速度不同容易形成热应力和裂纹（见图 9-30(a)）。确定铸件壁厚，应将加工余量考虑在内（见图 9-30(b)），因为有时加工余量会使壁厚增加而形成热节。

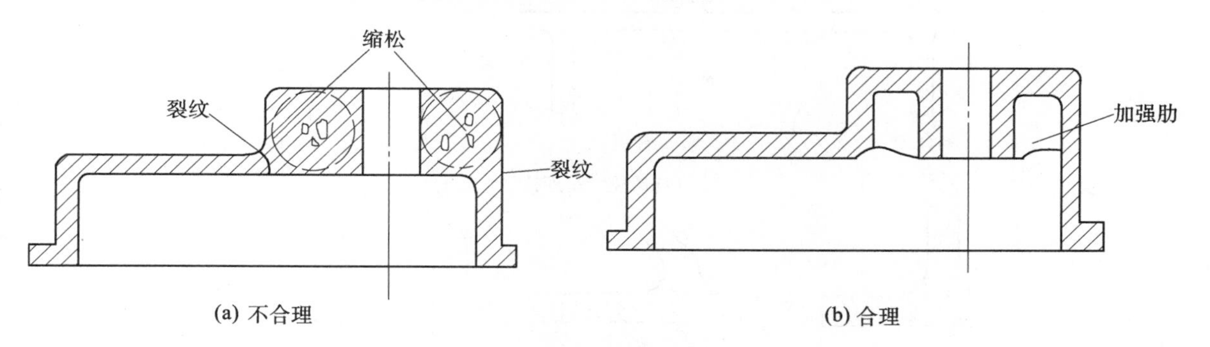

图 9-30　铸铁壁厚要均匀

3）铸件内壁应薄于外壁

铸件内壁和肋散热条件较差。铸件内壁薄于外壁，可使内、外壁均匀冷却，减小铸造内应力，防止裂纹。内、外壁厚相差值为 10%～30%。

4）铸件壁连接要合理

为了减少热节，防止缩孔，减小铸造内应力，防止裂纹，壁间连接应有铸造圆角（见图 9-31）。不同壁厚的连接应逐步过渡（见图 9-32），以防接头处热量聚集和应力集中。铸件上的肋或壁的连接应避免十字交叉和锐角连接（见图 9-33）。

5）避免铸件收缩受阻

铸件收缩受到阻碍，产生的铸造内应力超过材料的抗拉强度时将产生裂纹。图 9-34 所示为手轮铸件。图 9-34(a)所示为直条形偶数轮辐，在合金线收缩时手轮轮辐中产生的收缩力相互抗衡，容易出现裂纹。可改用奇数轮辐（见图 9-34(b)）或弯曲轮辐（见图 9-34(c)），这样可借助轮缘、轮毂和弯曲轮辐的微量变形自行减小铸造内应力，防止开裂。

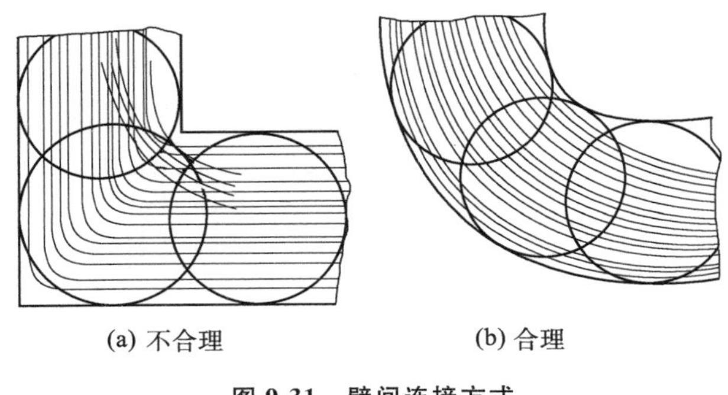

图 9-31　壁间连接方式

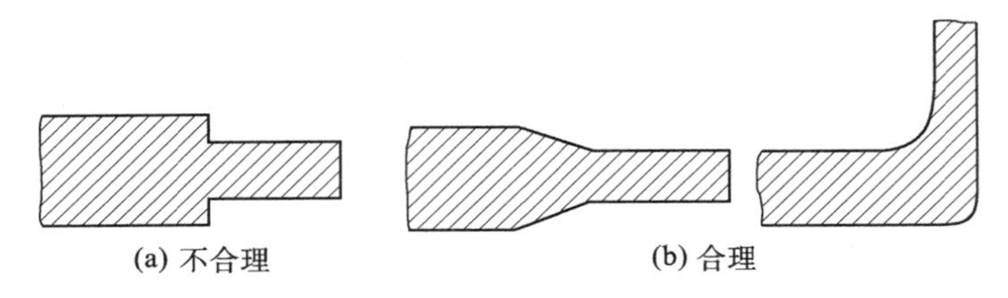

图 9-32　壁厚过渡形式

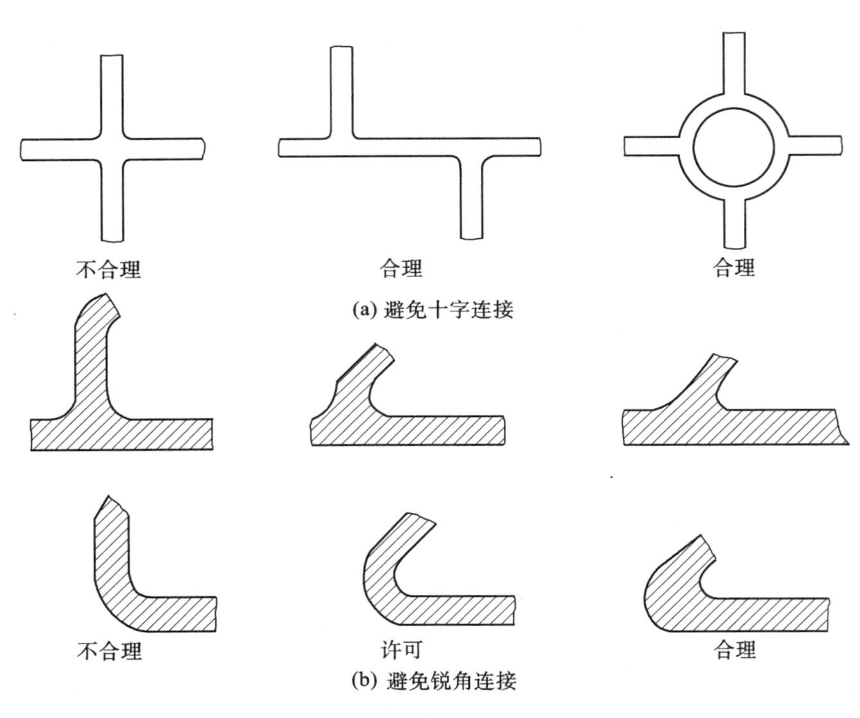

图 9-33　铸件接头结构

6）防止铸件翘曲变形

细长形或平板类铸件在收缩时易产生翘曲变形。改不对称结构为对称结构或采用加强肋，提高铸件的刚度，均可有效地防止铸件变形。

2. 铸造工艺对铸件结构的要求

从工艺上考虑，铸件的结构设计应有利于简化铸造工艺，有利于避免产生铸造缺陷，便于后续加工。

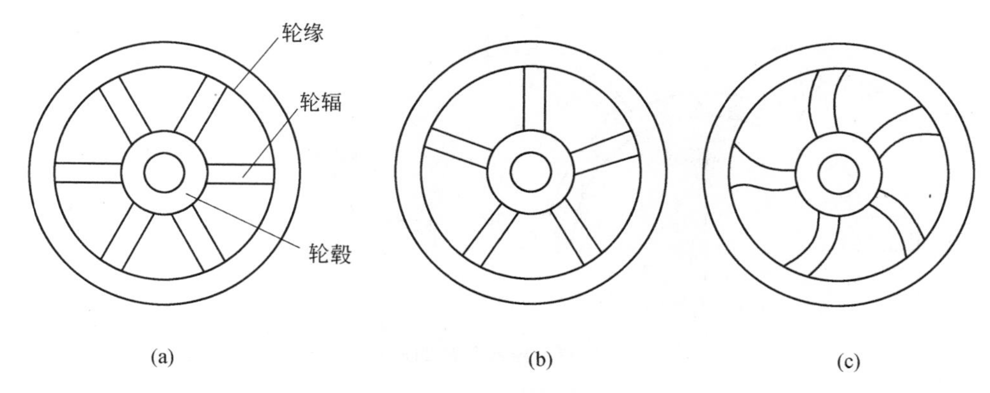

图 9-34 手轮轮辐的设计

1）铸件外形力求简单

在满足铸件使用要求的前提下，应尽量简化外形，减少分型面，以便造型。图 9-35(a)所示端盖存在侧凹，需三箱造型或增加环状型芯。若改为图 9-35(b)所示结构，可采用简单的两箱造型，造型过程大为简化。

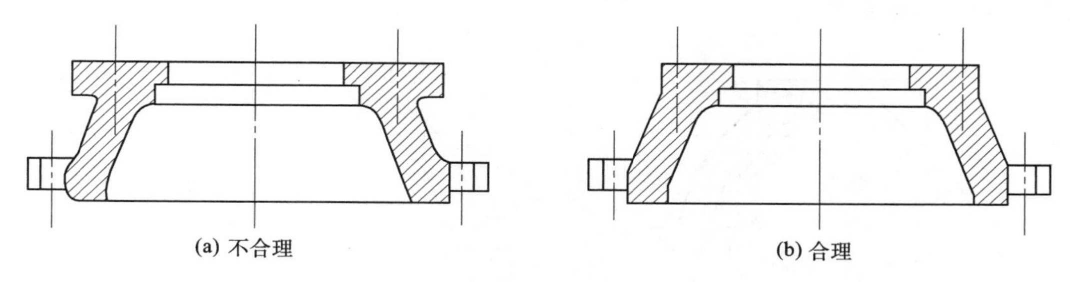

图 9-35 端盖铸件

图 9-36 所示的凸台通常采用活块(或外型芯)才能起模，若改为图 9-36(b)所示结构，可以避免活块或型芯，造型简单。采用图 9-37(a)所示结构铸件上的肋条使起模受阻，改为图 9-37(b)所示的结构后便可顺利地取出模样。

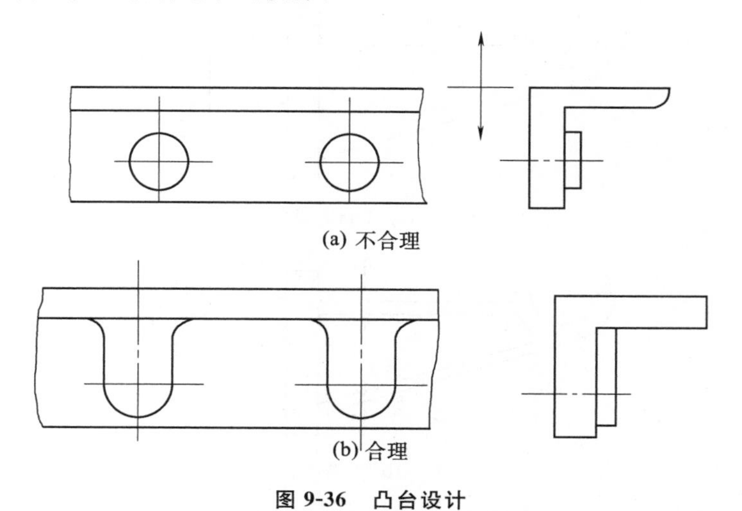

图 9-36 凸台设计

2）铸件内腔设计

铸件内腔结构采用型芯来形成，使用型芯会增加材料消耗，且工艺复杂，成本提高，因此，设

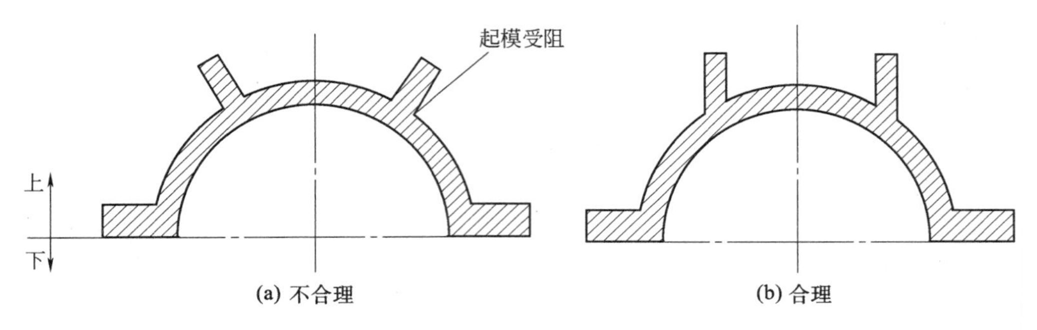

(a) 不合理　　(b) 合理

图 9-37　结构斜度的设计

计铸件内腔时应尽量少用或不用型芯。图 9-38(a)所示铸件的内腔只能用型芯来形成;若改为图 9-38(b)所示结构,铸件内腔可用自带型芯来形成。图 9-39 所示支架,用图 9-39(b)所示的开式结构代替图 9-39(a)的封闭结构,可省去型芯。在必须采用型芯的情况下,应尽量做到便于下芯、安装、固定以及排气和清理。如图 9-40 所示的轴承架,图 9-40(a)所示的结构需要两个型芯,其中较大的型芯呈悬臂状态,需用芯撑支承;若按图 9-40(b)改为整体芯,其稳定性大大提高,排气通畅,清砂方便。

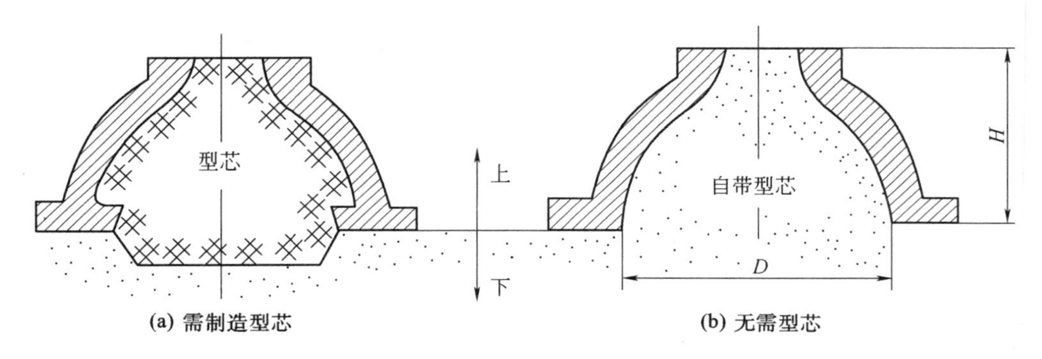

(a) 需制造型芯　　(b) 无需型芯

图 9-38　铸件内腔设计

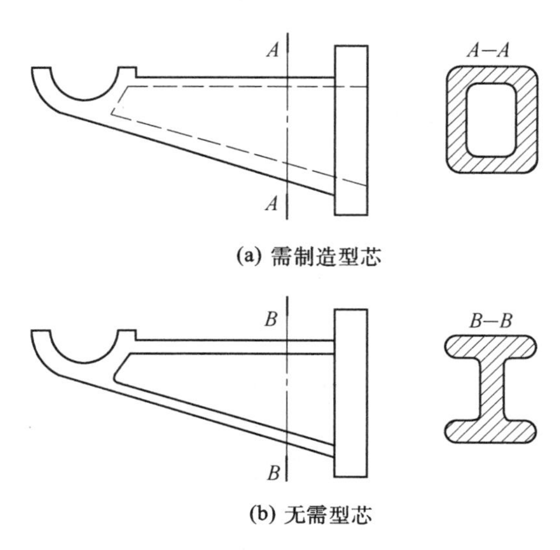

(a) 需制造型芯

(b) 无需型芯

图 9-39　支架铸件结构设计

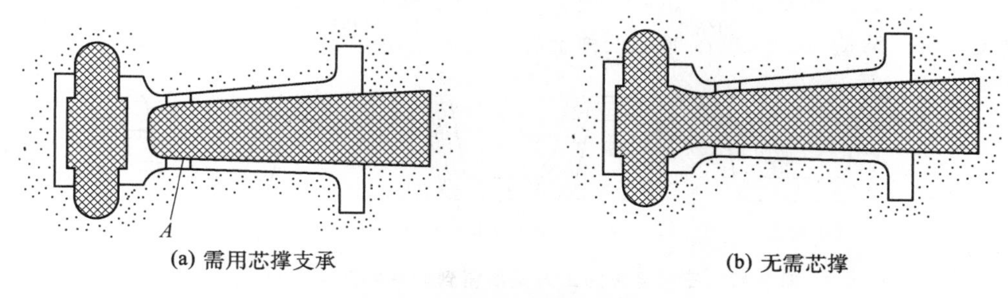

图 9-40 轴承架铸件结构设计

3）铸件的结构斜度

为了便于起模，垂直于分型面的非加工表面应设计结构斜度，图 9-41(a)、(b)、(c)、(d)不带结构斜度，不便于起模，分别改为图 9-41(e)、(f)、(g)、(h)较合理。

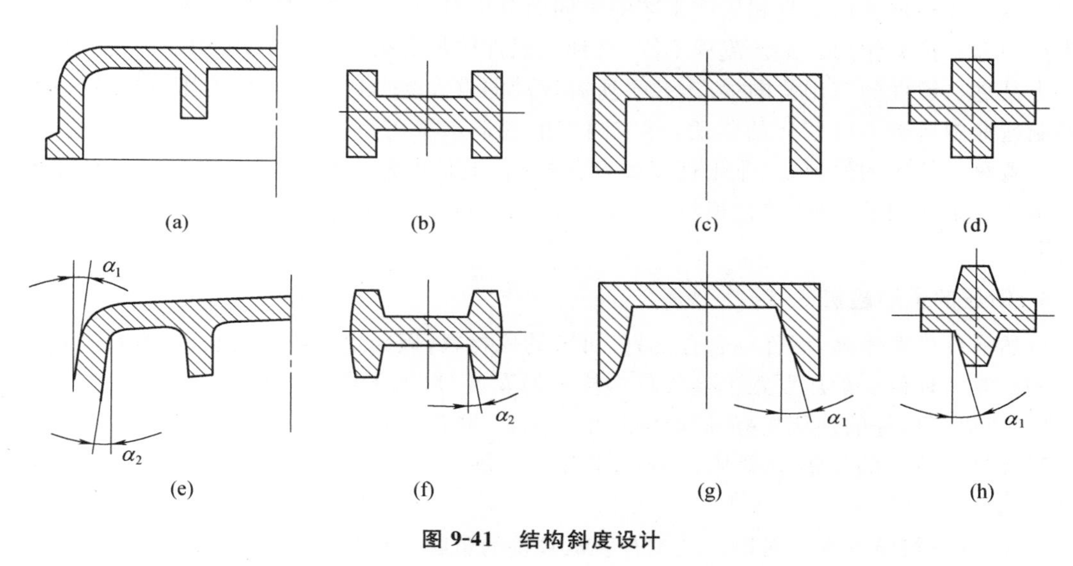

图 9-41 结构斜度设计

9.2 锻 压

锻压又称作锻造或冲压，是一种借助工具或模具在冲击或压力作用下，对金属坯料施加外力，使其产生塑性变形，改变尺寸、形状及性能，用以制造机械零件或零件毛坯的成形加工方法。

锻压具有细化晶粒、致密组织，并可具有连贯的锻压流线，从而可以改善金属的力学性能。此外，锻压还具有生产率高、节省材料的优点。因此，锻压在金属热加工中占有重要的地位。本节主要介绍自由锻、模锻及板料冲压等热加工的基础知识和成形方法。

一、概述

1. 锻压生产的特点

与其他加工方法比较，锻压具有较高的生产率，可消除零件或毛坯的内部缺陷。锻件的形状、尺寸稳定性好，并具有较高的综合力学性能。锻件的最大优势是韧性好、纤维组织合理、性能变化小。锻件的内部质量与其加工历史有关，且不会被任何一种金属加工工艺超过。图 9-42 示意地表示出了铸造、锻压、机械加工三种金属加工方法所得到的零件低倍宏观流线。

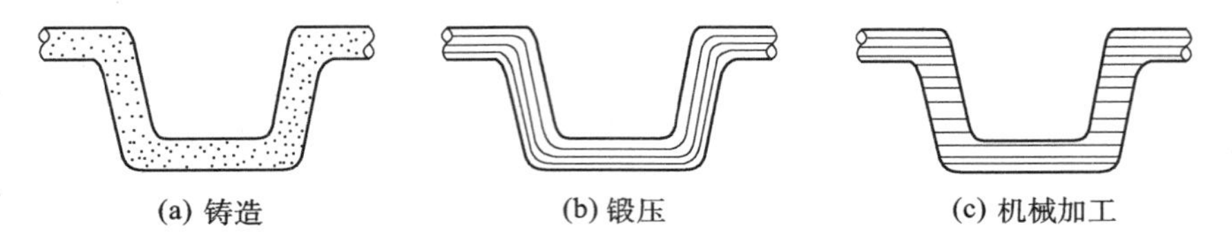

图 9-42 三种金属加工方法所得到的零件低倍宏观流线

但是锻压也存在以下缺点：不能直接锻制成形状较复杂的零件；锻件的尺寸精度不够高；锻压所需的重型的机器设备和复杂的工模具，对于厂房基础要求较高，初次投资费用大。

2. 锻压的适用范围

锻压生产根据使用工具和生产工艺的不同而分为自由锻、模锻和特种锻造。锻压工艺在锻件生产中起着重大作用。工艺流程不同，得到的锻件质量有很大的差别，使用的设备类型、吨位也相去甚远。锻件的应用范围很广，几乎所有运动的重大受力构件都是由锻压成形的。锻压在机器制造业中有着不可替代的作用，一个国家的锻造水平可反映出这个国家机器制造业的水平。随着科学技术的发展、工业化程度的日益提高，锻件的需求数量逐年增长。据预测，到 21 世纪末飞机上采用的锻压(包括板料成形)零件将占 85%，汽车将占 60%～70%，农机、拖拉机将占 70%。

3. 锻压的发展趋势

虽然锻压生产率高，锻件综合性能好，可节约原材料，但因生产周期较长、成本较高，锻压处于不利的竞争地位。锻压要跟上当代科学技术的发展，需要不断改进技术，采用新工艺和新技术，进一步提高锻件的性能指标，同时缩短生产周期、降低成本。

当代科学技术的发展对锻压本身的完善和发展有着重大影响，这主要表现在以下几个方面。

首先，材料科学的发展对锻压技术有着最直接的影响。新材料的出现必然对锻压技术提出新的要求，如高温合金、金属间化合物、陶瓷材料等难变形材料的成形问题。锻压技术只有在不断解决材料带来的问题的情况下才能得以发展。

其次，新兴科学技术的出现。当前计算机技术在锻压技术各个领域得到应用，如锻模计算机辅助设计与制造(CAD,CAM)技术，锻造过程的计算机有限元数值模拟技术等。这些技术的应用，缩短了锻件的生产周期，提高了锻模设计和生产水平。

最后，机械零件性能的更高要求。推动锻压技术发展的最大动力来自交通工具制造业——汽车制造业和飞机制造业。锻件的尺寸、质量越来越大，形状越来越复杂、精密，一些重要受力件的工作环境更苛刻，受力状态更复杂。除了更换强度更高的材料外，研究和开发新的锻压技术是必然的出路。

二、金属的锻造性能

金属的锻造性能衡量金属材料利用锻压加工方法成形的难易程度，是金属的工艺性能指标之一。金属锻造性能的优劣常用金属的塑性和变形抗力两个指标来衡量。金属塑性好，变形抗力低，则锻造性能好，反之锻造性能差。影响金属塑性和变形抗力的主要因素有以下两个方面。

1. 金属的本质

1）金属的化学成分

不同化学成分的金属，塑性不同，锻造性能也不同。一般纯金属的锻造性能较好。金属组成合金后，强度提高，塑性下降，锻造性能变差。例如，碳钢随着碳含量的增加，塑性下降，锻造性能变差。合金钢中合金元素的含量增多，锻造性能变差。

2）金属的组织状态

金属的组织结构不同，锻造性能有很大的差别。由单一固溶体组成的合金具有良好的塑性，锻造性能也较好。若含有多种合金而组成不同性能的组织结构，则塑性降低，锻造性能较差。

2. 金属的变形条件

1）变形温度

随着温度的升高，金属原子动能升高，易于产生滑移变形，从而提高金属的锻造性能。所以，加热是锻压生产中很重要的变形条件。但温度过高金属出现过热、过烧时，塑性反而显著下降。对于加热温度，需根据金属的材质不同控制在一定范围，即合适的变形温度范围内。

2）变形速度

变形速度是指金属在锻压加工过程中单位时间内的相对变形量。变形速度大，会使金属的塑性下降，变形抗力增大。但变形速度很大时，热效应会使变形金属的温度升高而提高塑性、降低变形抗力。

3）变形时的应力状态

压应力使塑性提高，拉应力使塑性降低。工具和金属间的摩擦力将使金属的变形不均匀，导致金属塑性降低，变形抗力增大。

综合上述，金属的塑性和变形抗力是受金属的本质与变形条件制约的。在选用锻压加工方法进行金属成形时，要依据金属的本质和成形要求，充分发挥金属的塑性，尽可能降低金属的变形抗力，用最少的能耗获得合格的锻件。

三、自由锻

1. 概述

自由锻是将加热好的金属坯料，放在锻造设备的上、下砧之间，施加冲击力或压力，使之产生塑性变形，从而获得所需锻件的一种加工方法。坯料在锻造过程中，除与上、下砧或其他辅助工具接触部分的表面外，都是自由表面，变形不受限制，故称自由锻。

自由锻通常可分为手工自由锻和机器自由锻。手工自由锻主要是依靠人力利用简单工具对坯料进行锻打，从而改变坯料的形状和尺寸获得所需锻件。手工自由锻生产率低，劳动强度大，锤击力小，在现代工业生产中已为机器自由锻所代替。机器自由锻主要依靠专用的自由锻设备和专用工具对坯料进行锻打，改变坯料的形状和尺寸，从而获得所需锻件。自由锻的优点是：所用工具简单、通用性强、灵活性大，适合单件和小批锻件，特别是特大型锻件的生产。自由锻的缺点是：锻件精度低、加工余量大、生产率低、劳动强度大等。

2. 自由锻设备

根据自由锻设备的不同，自由锻又分为锤锻自由锻和水压机自由锻两种。前者用于锻造中小型锻件，后者主要用以锻造大型锻件。

1）锤锻自由锻

锤锻自由锻的通用设备是空气锤和蒸汽-空气自由锻锤。空气锤由自身携带的电动机直接驱动，落下部分质量为40～1 000 kg，锤击能量较小，只能锻造100 kg以下的小型锻件。空气锤的结构和工作原理如图9-43所示。它主要由以下几个主要部分组成。

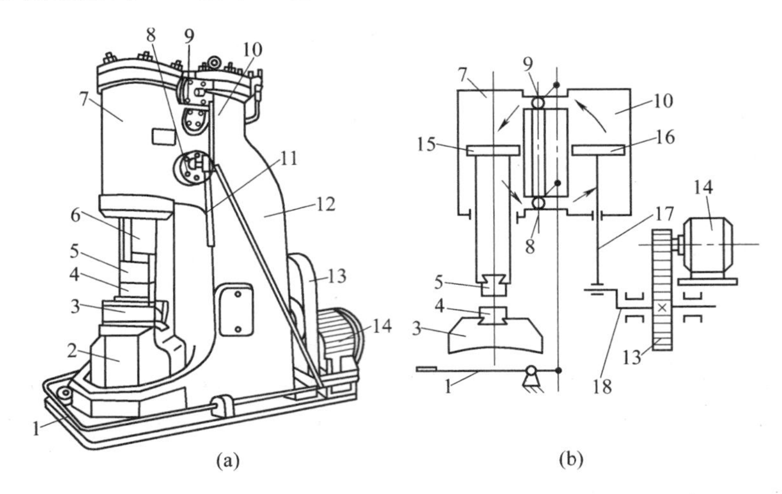

图9-43 空气锤的结构和工作原理

1—踏杆；2—砧座；3—砧垫；4—下砧；5—上砧；6—锤杆；7—工作缸；8—下旋阀；9—上旋阀；10—压缩气缸；11—手柄；12—锤身；13—减速器；14—电动机；15—工作活塞；16—压缩活塞；17—连杆；18—曲柄

(1) 机架：又称锤体，由工作缸、压缩气缸、锤身和底座组成。

(2) 传动部分：由电动机、减速器、曲柄连杆及压缩活塞等组成。

(3) 操纵部分：由上旋阀、下旋阀、旋阀套和踏杆(操纵手柄)等组成。

(4) 工作部分包括落下部分(工作活塞、锤杆和上砧)和锤砧(下砧、砧垫、砧座)。

为满足锻压的稳定性，砧座的质量要求不小于落下部分质量的12～15倍。砧座安装在坚固的钢筋水泥基础上，而且在砧座与基础之间垫有垫木，以消除打击时产生的振动。

蒸汽-空气自由锻锤利用压力为0.6～0.9 MPa的蒸汽或压缩空气作为动力，蒸汽或压缩空气由单独的锅炉或空气压缩机供应，投资比较大。常用的双柱式蒸汽-空气自由锻锤的构造如图9-44所示。

2）水压机自由锻

自由锻水压机是锻压大型锻件的主要设备。大型水压机的制造和拥有量是一个国家工业水平的重要标志。水压机是根据液体的静压力传递原理(即帕斯卡定律)设计制造的。水压机主要由本体和附属设备组成。

水压机的附属设备主要有水泵、蓄压器、充水罐和水箱等。

在水压机上锻压时，以压力代替锤锻时的冲击力，大型水压机能够产生数万千牛甚至更大的锻造压力，坯料变形的压下量大，锻透深度大，从而可改善锻件内部的质量，这对于以钢锭为坯料的大型锻件是很必要的。此外，水压机在锻压时振动和噪声小，工作条件好。

3. 自由锻工序

根据作用与变形要求不同，自由锻的工序分为基本工序、辅助工序和修整工序三类。

1）基本工序

改变坯料的形状和尺寸，以使锻件基本成形的工序，称为基本工序。基本工序包括镦粗、拔

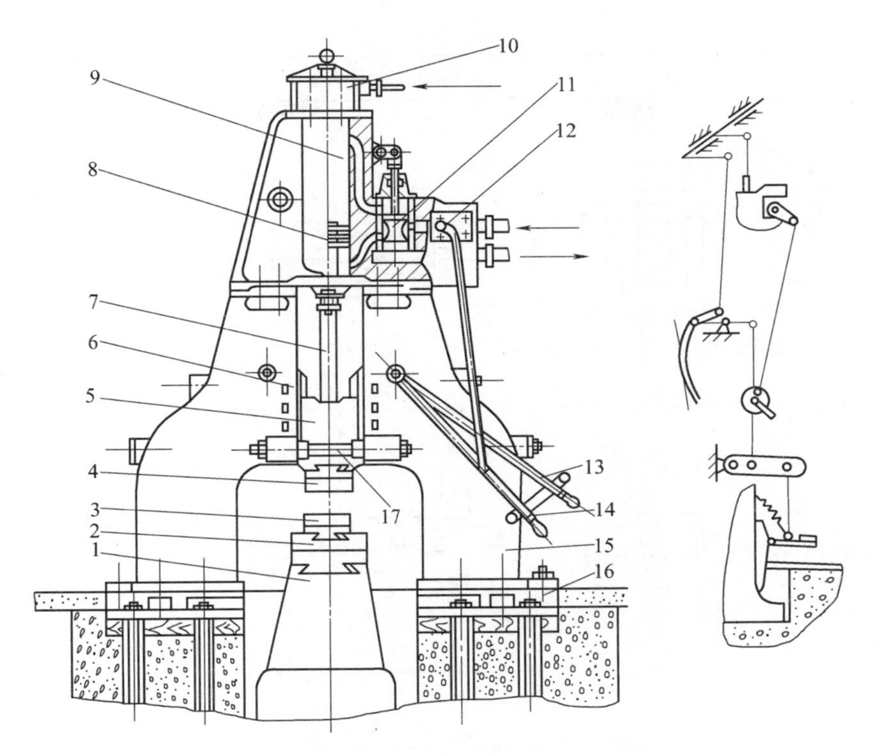

图 9-44 双柱式蒸汽-空气自由锻锤的构造

1—砧座；2—砧垫；3—下砧；4—上砧；5—锤头；6—导轨；7—锤杆；8—活塞；9—气缸；10—缓冲缸；11—滑阀；12—节气阀；13—滑阀操纵杆；14—节气阀操纵杆；15—立柱；16—底座；17—拉杆

长、冲孔、弯曲、切割、扭转、错移等工步。

2）辅助工序

为了方便基本工序的操作，而使坯料预先产生某些局部变形的工序称为辅助工序。辅助工序包括倒棱、压痕等工步。

3）修整工序

修整锻件的最后尺寸和形状，提高锻件表面质量，使锻件达到图纸要求的工序称为修整工序。修整工序包括修整鼓形、平整端面、校直弯曲等工步。

对于一个自由锻件的成形过程，上述三类工序中的各工步可以按需要单独使用或进行组合。

自由锻各工序和所包含的工步如表 9-4 所示。

表 9-4 自由锻各工序和所包含的工步

工序	所包含的工步		
基本工序	镦粗	拔长	冲孔

续表

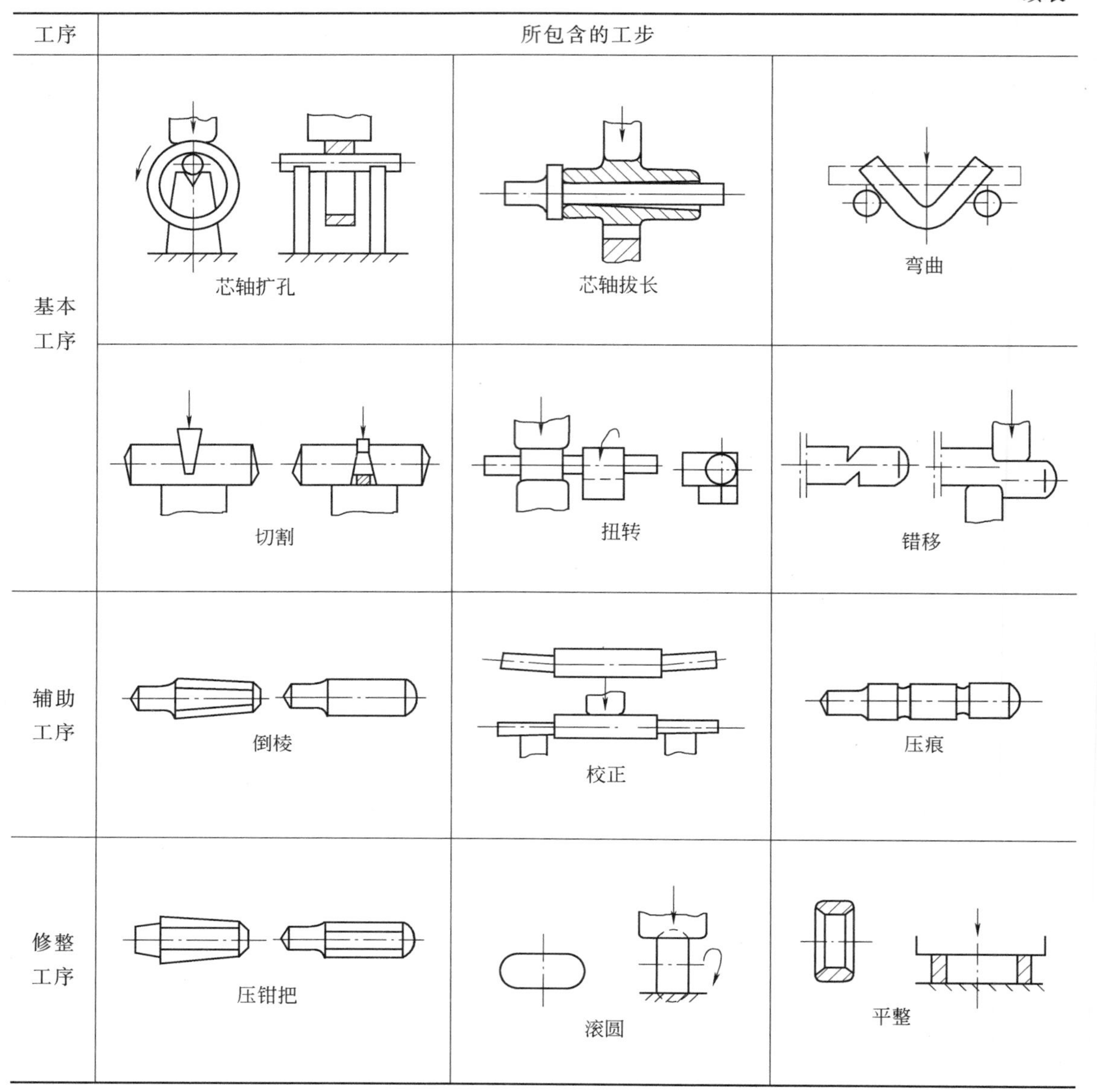

工序	所包含的工步		
基本工序	芯轴扩孔	芯轴拔长	弯曲
	切割	扭转	错移
辅助工序	倒棱	校正	压痕
修整工序	压钳把	滚圆	平整

4. 自由锻件的分类和锻压过程

按自由锻件的外形和成形力法，可将自由锻件分为六类：饼块类、空心类、轴杆类、曲轴类、弯曲类和复杂形状类。自由锻件分类简图如图 9-45 所示。

1）饼块类锻件

饼块类锻件主要有圆盘、叶轮、齿轮等零件的毛坯。饼块类锻件所采用的基本工序是镦粗工步，随后的辅助工序和修整工序有倒棱、滚圆、平整等工步。饼块类锻件齿坯的锻压过程如图 9-46 所示。

2）空心类锻件

空心类锻件主要有各种圆环、齿圈、轴承环、缸体、空心轴等零件的毛坯。空心类锻件所采用的基本工序有镦粗、冲孔、扩孔或芯轴拔长等工步，辅助工序和修整工序有倒棱、滚圆、校正等工步。空心类锻件的锻压过程如图 9-47 所示。

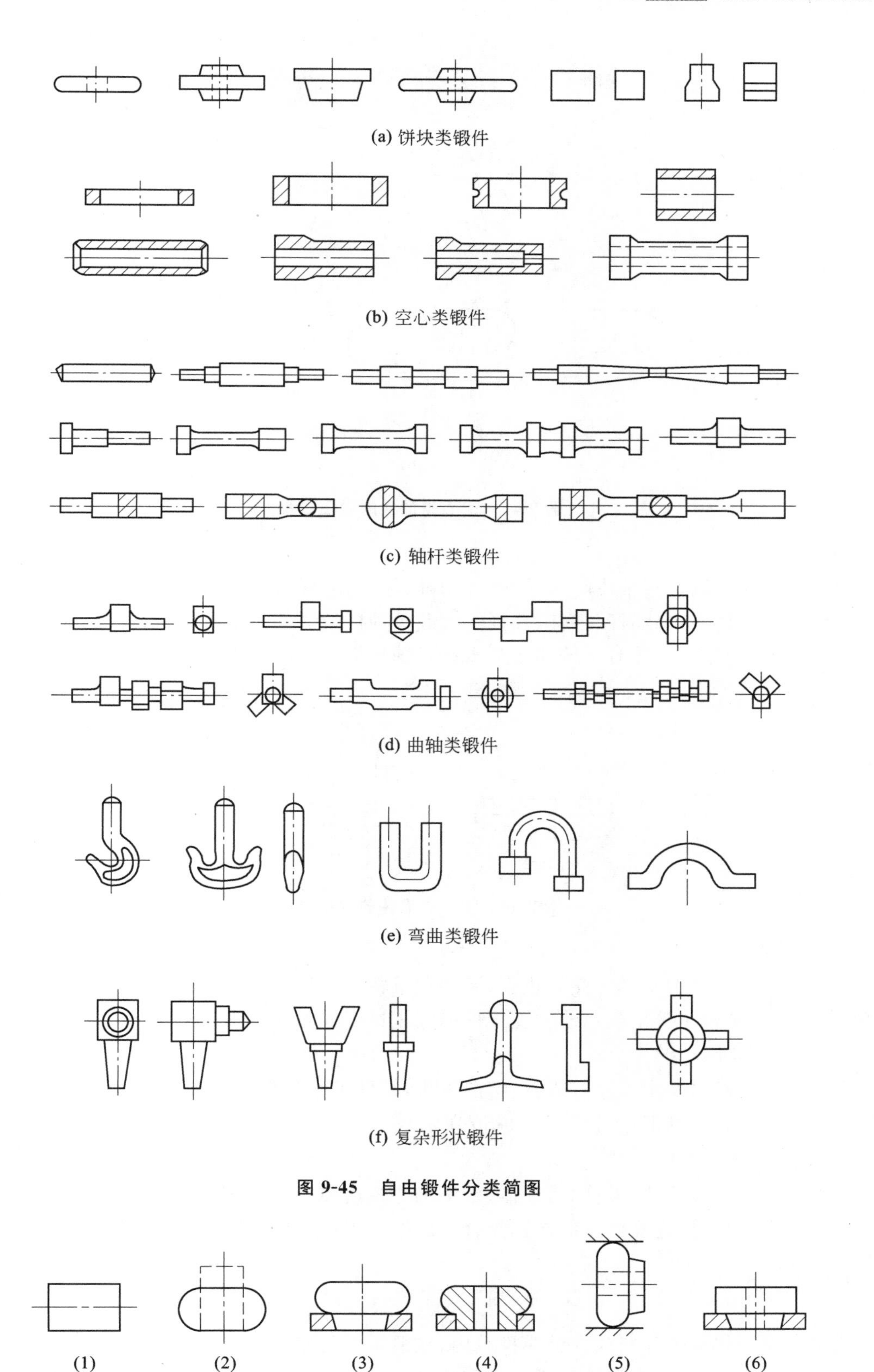

(a) 饼块类锻件

(b) 空心类锻件

(c) 轴杆类锻件

(d) 曲轴类锻件

(e) 弯曲类锻件

(f) 复杂形状锻件

图 9-45　自由锻件分类简图

(1)　(2)　(3)　(4)　(5)　(6)

图 9-46　饼块类锻件齿坯的锻压过程

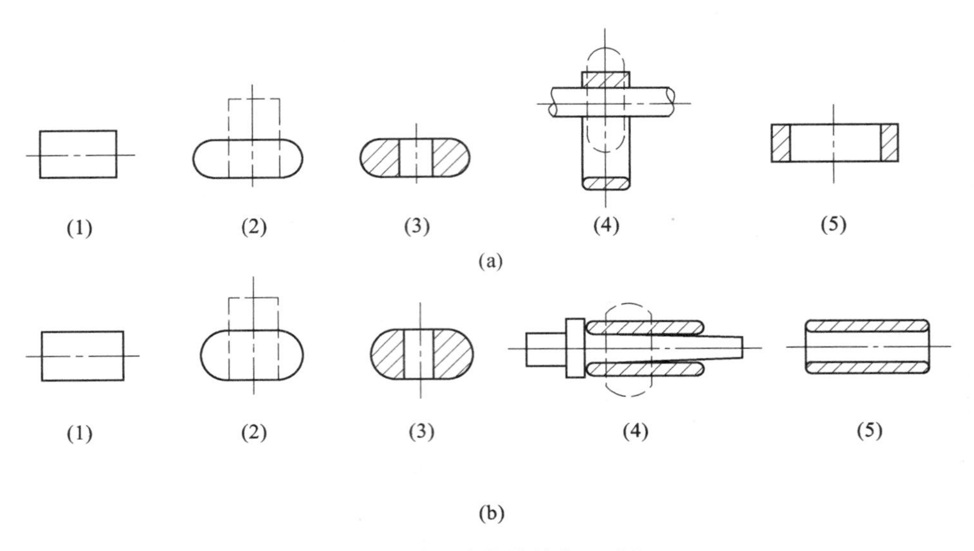

图 9-47 空心类锻件的锻压过程

3）轴杆类锻件

轴杆类锻件可以是直轴或阶梯轴，如传动轴、轧辊、立柱、拉杆等；也可以是矩形、方形、工字形或其他截面的杆件，如连杆、摇杆、杠杆等。锻压轴杆类锻件的基本工序有拔长或镦粗＋拔长工步，辅助工序和修整工序有倒棱和滚圆工步。轴杆类零件的锻压过程如图 9-48 所示。

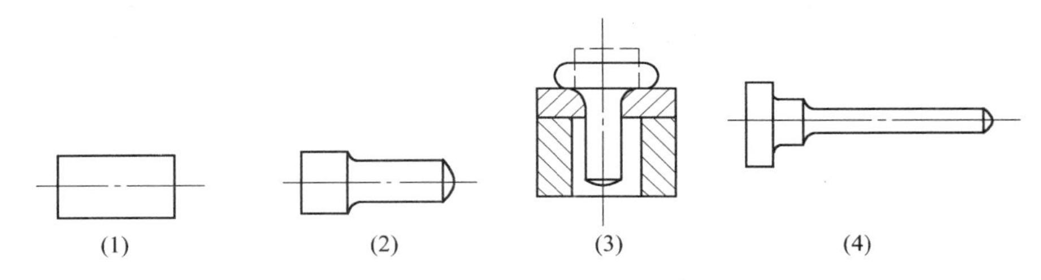

图 9-48 轴杆类锻件的锻压过程

4）曲轴类锻件

锻压曲轴类锻件的基本工序有拔长、错移和扭转等工步；辅助工序和修整工序有分段压痕、局部倒棱、滚圆和校正等工步。曲轴类零件的锻压过程如图 9-49 所示。

5）弯曲类锻件

锻造这类锻件的基本工序有拔长、弯曲工步，辅助工序和修整工序有分段压痕、滚圆和平整等工步。弯曲类锻件的锻压过程如图 9-50 所示。

6）复杂形状类锻件

这类锻件主要有阀体、叉杆、吊环体、十字轴等。这类锻件形状较复杂，锻压难度比较大，所用辅助工具也较多，因此在锻压时应选择合理的锻压工序，保证锻件顺利成形。

四、模锻

模锻是将加热后的坯料放在锻模模膛内，在锻压力的作用下使坯料变形而获得锻件的一种加工方法。坯料变形时，金属的流动受到模膛的限制和引导，从而获得与模膛形状一致的锻件。与自由锻相比，模锻的优点如下。

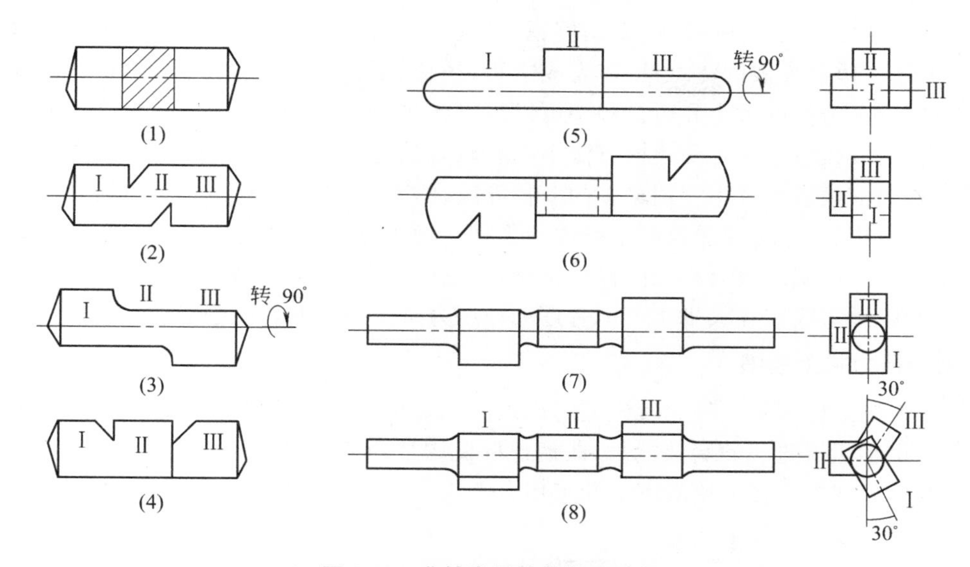

图 9-49 曲轴类零件的锻压过程

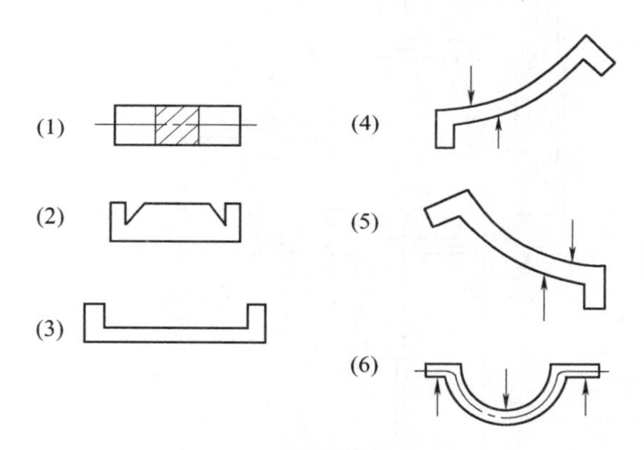

图 9-50 弯曲类锻件的锻压过程

(1) 由于有模膛引导金属的流动,锻件的形状可以比较复杂。

(2) 锻件内部的锻造流线按锻件轮廓分布,从而提高了零件的机械性能和使用寿命。

(3) 锻件表面光洁、尺寸精度高,并可节约材料和切削加工工时。

(4) 生产率较高。

(5) 操作简单,易于实现机械化。

但是,由于模锻是整体成形,并且金属流动时与模膛之间产生很大的摩擦阻力,因此模锻所需设备吨位大,设备费用高。加之锻模加工工艺复杂、制造周期长、费用高,模锻只适用于中小型锻件的成批或大量生产。不过随着计算机辅助设计/制造(CAD/CAM)技术的飞速进步,锻模的制造周期将大大缩短。

按使用的设备类型不同,模锻又分为锤上模锻、曲柄压力机上模锻、平锻机上模锻、摩擦压力机上模锻、液压机上模锻等。

1. 锤上模锻

锤上模锻是在自由锻基础上最早发展起来的一种模锻生产方法,即在模锻锤上的模锻。它是将上、下模块分别固紧在锤头与砧座上,将加热透的金属坯料放入下模型腔中,借助于上模向下的冲击作用,迫使金属在锻模型槽中塑性流动和填充,从而获得与型腔形状一致的锻件。

模锻锤包括蒸汽-空气模锻锤、无砧座锤、高速锤和螺旋锤。其中蒸汽-空气模锻锤是普遍应用的模锻锤。锤上模锻的优点是：能完成镦粗、拔长、滚挤、弯曲、成形、预锻和终锻等各变形工步的操作；锤击力量的大小和锤击频率可以在操作中自由控制和变换；可完成各种长轴类锻件和短轴类锻件的模锻；在各种模锻方法中具有较好的适应性；设备费用比其他模锻设备相对较低，是我国当前模锻生产中应用最多的一种方法；模锻锤结构简单、造价低、操作简单、使用灵活，目前广泛应用于汽车、船舶及航空锻件的生产。锤上模锻的缺点是：工作时振动和噪声大，劳动条件较差；难以实现较高程度的操作机械化；完成一个变形工步要经过多次锤击，生产率仍不太高。因此，锤上模锻在大批生产中有逐渐被压力机上模锻取代的趋势。

2. 曲柄压力机上模锻

曲柄压力机上模锻是一种比较先进的模锻方法。曲柄压力机的结构和传动原理简图如图9-51所示。电动机通过飞轮释放能量，曲柄连杆机构带动滑块沿导轨作上下往复运动，进行锻压工作。锻模分别安装在滑块的下端和工作台上。

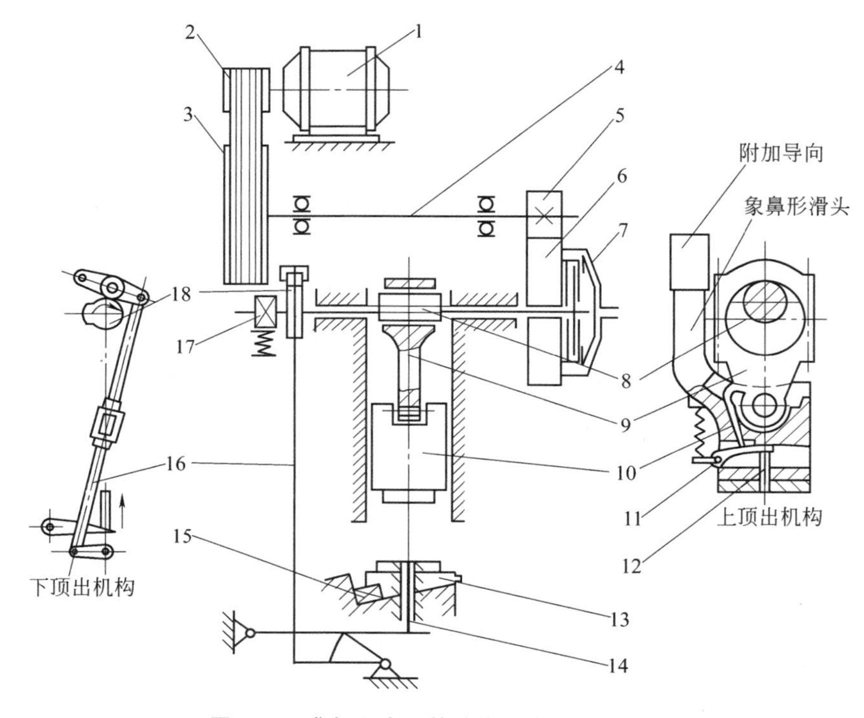

图 9-51 曲柄压力机的结构和传动原理简图

1—电动机；2—小皮带轮；3—飞轮；4—传动轴；5—小齿轮；6—大齿轮；7—圆盘摩擦离合器；8—曲柄；9—连杆；10—滑块；11—上顶出机构；12—上顶杆；13—楔形工作台；14—下顶杆；15—斜楔；16—下顶出机构；17—带式制动器；18—凸轮

与锤上模锻相比，曲柄压力机上模锻具有以下优点。

(1) 作用于坯料上的锻造力是压力，不是冲击力，工作时振动和噪声小，劳动条件得到改善。

(2) 坯料的变形速度较低。这对于低塑性材料的锻造有利，某些不适于在模锻锤上锻造的材料，如耐热合金、镁合金等，可在曲柄压力机上锻造。

(3) 锻造时滑块的行程不变，每个变形工步在滑块的一次行程中即可完成，并且便于实现机械化和自动化，具有很高的生产率。

（4）滑块运动精度高，并有锻件顶出装置，使锻件的模锻斜度、加工余量和锻造公差大大减小，因而锻件精度比锤上模锻锻件高。

这种模锻方法的主要缺点是：设备费用高，模具结构也比锤上锻模复杂，仅适用于大批量生产的条件；对坯料的加热质量要求高，不允许有过多的氧化皮；由于滑块的行程和压力不能在锻造过程中调节，因而不能进行拔长，滚挤等工步的操作。

3. 平锻机上模锻

平锻机是曲柄压力机的一种，又称卧式锻造机。它沿水平方向对坯料施加锻造压力，按照分模面的位置可分为垂直分模平锻机和水平分模平锻机。

平锻机上模锻在工艺上有以下特点。

（1）锻造过程中坯料水平放置，坯料都是棒料或管材，并且只进行局部（一端）加热和局部变形加工。因此，可以完成在立式锻压设备上不能锻造的某些长杆类锻件，也可用长棒料连续锻造多个锻件。

（2）锻模有两个分模面，锻件出模方便，可以锻出在其他设备上难以完成的在不同方向上有凸台或凹槽的锻件。

（3）需配备对棒料局部加热的专用加热炉。

与曲柄压力机上模锻类似，平锻机上模锻也是一种高效率、高质量、容易实现机械化的锻造方法，劳动条件也较好，但平锻机是模锻设备中结构较复杂的一种，价格贵、投资大，仅适用于锻件的大批量生产。目前平锻机已广泛用于大批量生产气门、汽车半轴、环类锻件等。

4. 摩擦压力机上模锻

摩擦压力机靠飞轮旋转所积蓄的能量转化成金属的变形能进行锻造，如图 9-52 所示。摩擦压力机属于锻锤锻压设备，行程速度介于模锻锤和曲柄压力机之间，有一定的冲击作用，滑块行程和冲击能量都可自由调节，坯料在一个模膛内可以多次锻击，因而工艺性能广泛，既可完成镦粗、成形、弯曲、预锻、终锻等成形工序，也可进行校正、精整、切边、冲孔等后续工序的操作，必要时，还可作为板料冲压的设备使用。

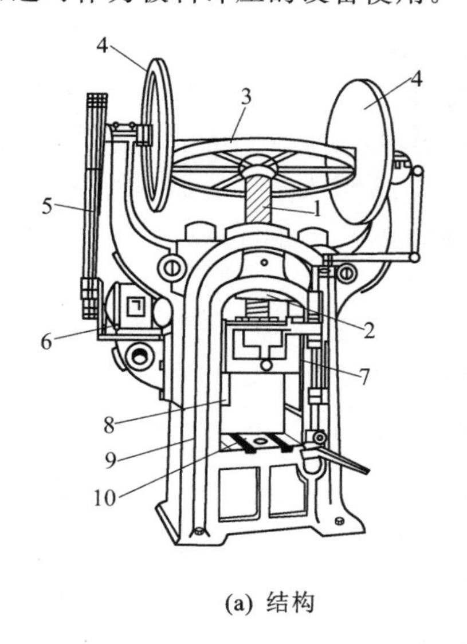

(a) 结构

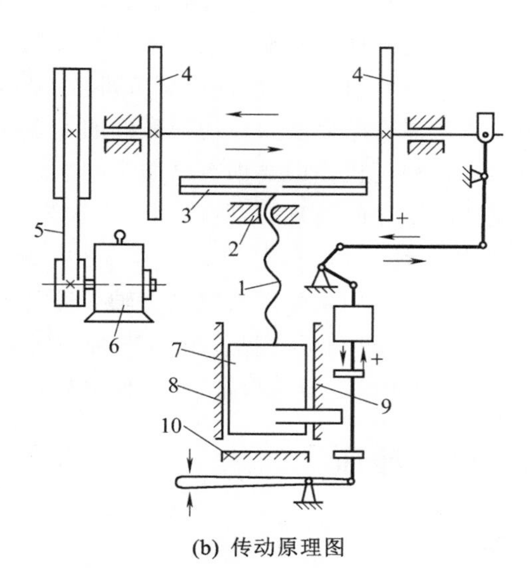

(b) 传动原理图

图 9-52 摩擦压力机的结构和传动原理图

1—螺杆；2—螺母；3—飞轮；4—摩擦轮；5—传动带；6—电动机；7—滑块；8—导轨；9—机架；10—机座

摩擦压力机的飞轮惯性大,单位时间内的行程次数比其他设备低得多,这对于再结晶速度较低的塑性材料的锻造是有利的,但也因此生产率较低。由于采用摩擦传动,摩擦压力机的传动效率低,因而,设备吨位的发展受到限制,通常不超过 10 000 kN。

摩擦压力机上模锻适用于小型锻件的批量生产。摩擦压力机结构简单、性能广泛、使用和维护方便,是中小型工厂普遍采用的锻造设备。近年来,许多工厂还把摩擦压力机与自由锻锤、辊锻机、电镦机等配成机组或组成流水线,承担模锻锤、平锻机的部分模锻工作,有效地扩大了它的使用范围。

5. 其他模锻设备

1) 螺旋压力机

螺旋压力机一般适用于锻造中小批量生产的各种形状的模锻件,尤其适用于锻造轴对称的锻件。螺旋压力机按结构分类可分为摩擦螺旋压力机、液压螺旋压力机和电动螺旋压力机。

随着技术的进步,后来还出现了气液螺旋压力机和离合器式高能螺旋压力机。它们共同的特点是飞轮在外力驱动下储备足够的能量,再通过螺杆传递给滑块来打击毛坯做功。螺旋压力机同时具有模锻锤和曲柄压力机的特点,可进行模锻、冲压、镦锻、挤压、精压、切边、弯曲和校正等工作。而且该设备结构简单、振动小、基础简单,可大大减少设备和厂房的投资。

2) 液压机

液压机是一种利用液体压力来传递能量的锻造设备。它包含以油作工作介质的油压机和以水为工作介质的水压机。液压机有自由锻液压机、模锻液压机和切边液压机之分。模锻液压机又有通用模锻液压机和专用模锻液压机两类。

此类设备的特点是:行程和锻造能力较大,工作台台面大,工作液体的压力高,在整个工作过程中压力和速度变化不大,在静压条件下金属变形均匀,锻件组织均匀,应用范围广,对于铝镁合金、钛合金或高温合金锻件更为适用。

3) 精压机

精压机是一种工作行程小、刚度大、变形力较大的锻造设备。它的特点是:滑块行程小,曲柄连杆机构通过短而粗的肘杆机构带动滑块上、下运动。精压机在结构上与其他压力机最大的差别是滑块、肘杆机构及装模高度调节机构不同,大部分工作变形力由两肘杆承受,连杆受力较小。精压机模锻件的公差为普通模锻件的 1/3 左右。在飞机结构和发动机中,精压机模锻件的应用较多。但精压机模锻要求有高质量的毛坯、精确的模具、少或无氧化的加热条件、良好的润滑和较复杂的工序间清理等,所以生产成本较高,在一定的批量下才能降低成品零件的总成本。

4) 楔横轧机

楔横轧机主要用来生产大批量的轴类锻件或预制毛坯。它按结构可分为单辊弧形式楔横轧机、辊式楔横轧机和板式楔横轧机三种,如图 9-53 所示。其中辊式楔横轧机由于生产率较高,轧制产品尺寸精度容易保证,能方便准确地实现径向、轴向的调整而得到广泛应用。

五、板料冲压

1. 概述

板料冲压是利用装在冲床上的冲模对金属板料加压,使之产生变形或分离,从而获得零件或毛坯的加工方法。板料冲压的坯料通常都是较薄的金属板料,而且冲压时不需要加热,故板料冲压又称为薄板冲压或冷冲压,简称冷冲或冲压。

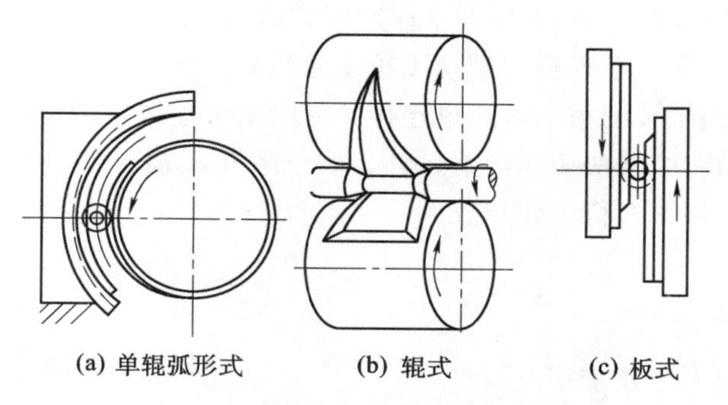

图 9-53 三种基本类型的楔横轧机

1）板料冲压的特点和应用

与其他加工方法相比，板料冲压具有下列特点。

(1) 它是在常温下通过塑性变形对金属板料进行加工的，因而原材料必须具有足够的塑性，并应有较低的变形抗力。

(2) 金属板料经过塑性变形的冷变形强化作用，并获得一定的几何形状后，具有结构轻巧、强度和刚度较高的优点。

(3) 冲压件尺寸精度高、质量稳定、互换性好，一般不再进行切削加工，即可作为零件使用。

(4) 冲压生产操作简单，生产率高，便于实现机械化和自动化。

(5) 冲压模具结构复杂、精度要求高、制造费用高，只有在大批量生产的条件下采用冲压加工方法在经济上才是合理的。

板料冲压是机械制造中的重要加工方法之一，它在现代工业的许多部门得到广泛的应用，特别是在汽车制造、拖拉机、电机、电器、仪器仪表、兵器及日用品生产等工业部门中占有重要的地位。

2）板料冲压设备

板料冲压设备主要是剪床和冲床。

(1) 剪床。剪床用于把板料切成需要宽度的条料，以供冲压工序使用。剪床的外形及传动机构如图 9-54 所示。电动机 1 通过带轮使轴 2 转动，再通过齿轮传动及离合器 3 使曲轴 4 转动，于是带有刀片的滑块 5 便上下运动，进行剪切工作。

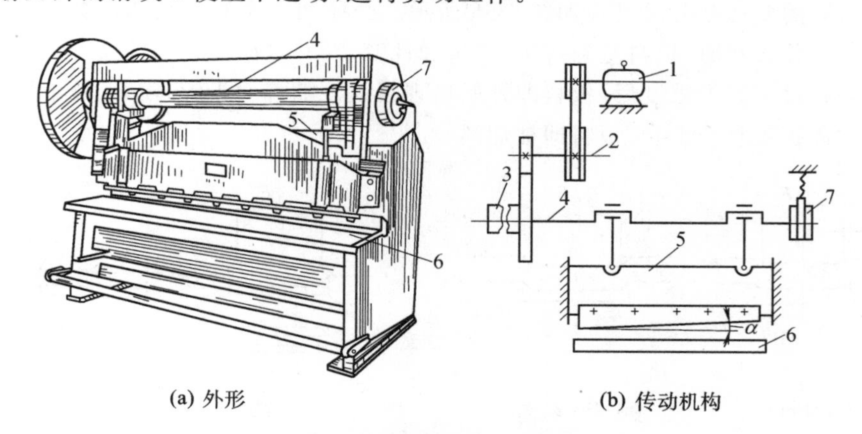

图 9-54 剪床的外形及传动机构

1—电动机；2—轴；3—离合器；4—曲轴；5—滑块；6—工作台；7—滑块制动器

(2) 冲床。冲床的种类很多,主要有单柱冲床、双柱冲床、双动冲床等,图 9-55 所示是单柱冲床的外形及传动示意图。电动机 5 带动飞轮 4 通过离合器 3 与单拐曲轴 2 相接,飞轮 4 可在曲轴 2 上自由转动。曲轴 2 的另一端通过连杆 8 与滑块 7 连接。工作时,踩下踏板 6,离合器 3 将使飞轮带动曲轴 2 转动,滑块 7 作上下运动。放松踏板 6,离合器 3 脱开,制动闸 1 立即停止曲轴 2 的转动,滑块 7 停留在待工作位置。

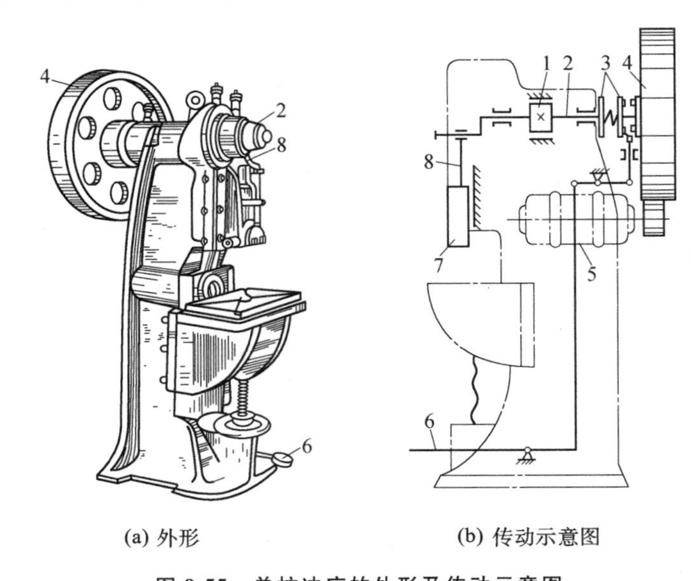

(a) 外形　　(b) 传动示意图

图 9-55　单柱冲床的外形及传动示意图

1—制动闸;2—曲轴;3—离合器;4—飞轮;5—电动机;6—踏板;7—滑块;8—连杆

2. 板料冲压的基本工序

板料冲压的基本工序有冲裁、弯曲、拉深、成形等。

1) 冲裁

冲裁是使板料沿封闭的轮廓线分离的工序,包括冲孔和落料。这两个工序的坯料变形过程和模具结构都是一样的,二者的区别在于:冲孔是在板料上冲出孔,被分离的部分为废料,而周边是带孔的成品;落料是被分离的部分是成品,周边是废料。

冲裁时板料的变形和分离过程如图 9-56 所示。凸模和凹模的边缘都带有锋利的刃口。当凸模向下运动压住板料时,板料受到挤压,产生弹性变形,并进而产生塑性变形,上、下刃口附近材料内的应力超过一定的限度后,板料即开始出现裂纹。随着冲头(凸模)继续下压,上、下裂纹逐渐向板料内部扩展直至汇合,板料即被切离。

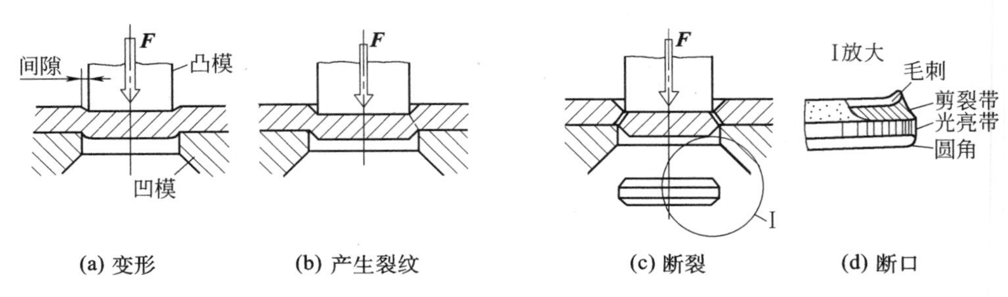

(a) 变形　　(b) 产生裂纹　　(c) 断裂　　(d) 断口

图 9-56　冲裁过程

冲裁后的断面可明显地区分为光亮带、剪裂带、圆角和毛刺四个部分。其中:光亮带具有最好的尺寸精度和光洁的表面;其他三个区域,尤其是毛刺降低冲裁件的质量。这四个部分的尺寸比例与材料的性质、板料厚度、模具结构和尺寸、刃口锋利程度等冲裁条件有关。为了提高冲裁质量,简化模具制造,延长模具寿命及节省材料,设计冲裁件及冲裁模具时应考虑以下几个因素。

(1) 冲裁件的尺寸和形状。在满足使用要求的前提下,应尽量简化,多采用圆形、矩形等规则形状,以便于使用通用机床加工模具,并减少钳工修配的工作量。线段相交处必须以圆弧过渡。冲圆孔时,孔径不得小于板料厚度 δ;冲方孔时,孔的边长不得小于 0.9δ;孔与孔之间或孔与板料边缘的距离不得小于 δ。

(2) 模具尺寸。冲裁件的尺寸精度依靠模具精度来保证。凸凹模间隙对冲裁件断面质量具有重要影响。在设计冲孔模具时,应使凸模刃口等于所要求孔的尺寸,凹模刃口尺寸是孔尺寸加上两倍的间隙值。设计落料模具时,应使凹模刃口尺寸为成品尺寸,凸模则减去两倍的间隙值。

(3) 冲压件的修整。修整工序是利用修整模沿冲裁件的外缘或内孔,切去一薄层金属,以除去塌角、剪裂带和毛刺等,从而提高冲裁件的尺寸精度和降低表面粗糙度。只有当对冲裁件的质量要求较高时,才需要增加修整工序。修整在专用的修整模上进行,模具间隙为 0.006~0.01 mm。修整时单边切除量为 0.05~0.2 mm,修整后的切面粗糙度 Ra 值可达 1.25~0.63 μm,尺寸精度可达 IT7~IT6 级。

2) 弯曲

弯曲是将平直板料弯成一定角度和圆弧的工序,如图 9-57 所示。弯曲时,坯料外侧的金属受拉应力作用,发生伸长变形;坯料内侧的金属受压应力作用,产生压缩变形。在这两个应力-应变区之间存在一个不产生应力和应变的中性层(在板料的中心部位)。当外侧的拉应力超过材料的抗拉强度时,将产生弯裂现象。坯料越厚、内弯曲半径 r 越小,坯料的压缩和拉应力越大,越容易弯裂。为防止弯裂,弯曲模的弯曲半径要大于限定的最小弯曲半径 r_{min},通常取 $r_{min}=(0.25\sim1)\delta$。此外,弯曲时,应尽量使弯曲线和坯料纤维方向垂直,这样不仅能防止弯裂,也有利于提高零件的使用性能。

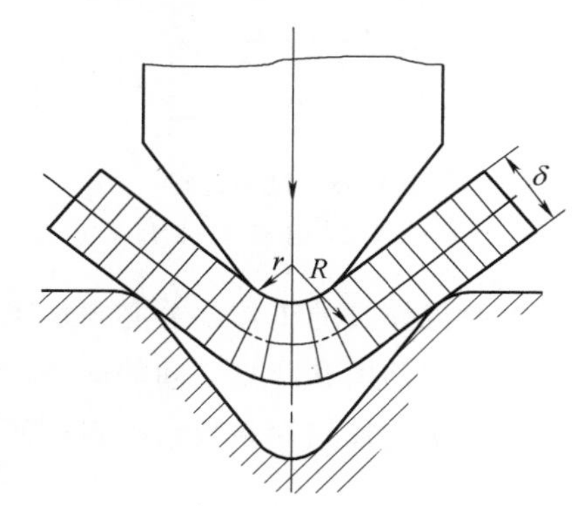

图 9-57 弯曲过程

塑性弯曲和任何的塑性变形一样,在外加载荷的作用下,板料产生的变形由弹性变形和塑性变形两个部分组成。当外载荷去除后,塑性变形保留下来,而弹性变形部分则要恢复,从而使板料产生与弯曲方向相反的变形,这种现象称为弹复,又称回弹。弹复后,弯曲半径增大。

为了克服弹复现象对弯曲零件尺寸的影响,通常采取的措施是:利用弹复规律,增大凸模压下量,或适当改变模具尺寸,使弹复后达到零件要求的尺寸。此外,也可通过改变弯曲时的应力状态,把弹复现象限制在最小的范围内。

3) 拉深

拉深是利用拉深模使平面板料变为开口空心件的冲压工序,又称拉延。拉深可以制成筒形、阶梯形、球形及其他复杂形状的薄壁零件。

拉深过程如图 9-58 所示。原始直径为 D 的板料,经拉深后变成外径为 d 的杯形零件。凸模压入过程中,伴随着坯料变形和厚度的变化,拉深件的底部一般不变形,厚度基本不变。其余环形部分坯料经变形成为空心件的侧壁,厚度有所减小。侧壁与底之间的过渡圆角部位被拉薄得最严重。拉深件的法兰部分厚度有所增加。拉深件的成形是金属材料产生塑性流动的结果,坯料直径越大,空心件直径越小,变形程度就越大。

拉深件最容易产生的缺陷是拉裂和起皱。最容易产生拉裂的部位是侧壁与底的过渡圆角处。为使拉深过程正常进行,必须把底部和侧壁的拉应力限制在不使材料发生塑性变形的限度内,而环形区内的径向拉应力应达到和超过材料的屈服极限,并且,任何部位的应力总和都必须小于材料的强度极限,否则,就会造成如图 9-59(a)所示的拉穿缺陷。起皱是拉深时坯料的法兰部分受到切向压应力的作用,使整个法兰产生波浪形的连续弯曲现象。环形变形区内的切向压应力很大,很容易使板料产生如图 9-59(b)所示的皱褶现象,从而造成废品。为此,必须采取以下措施。

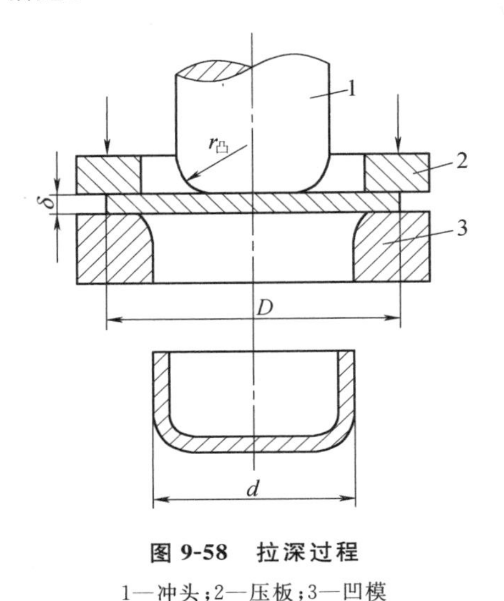

图 9-58　拉深过程

1—冲头;2—压板;3—凹模

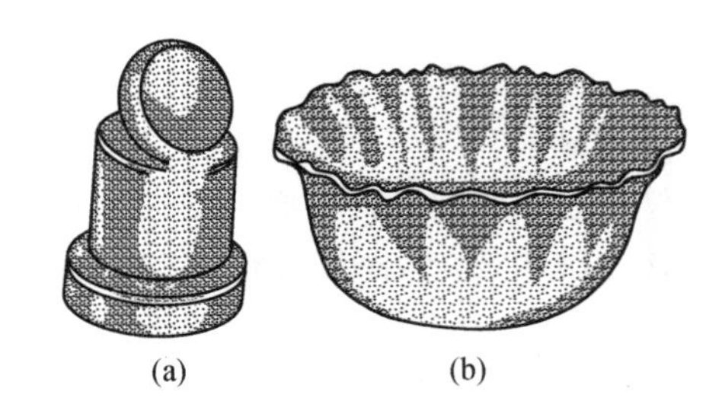

图 9-59　拉深废品

(1) 拉深模具的工作部分必须加工成圆角。

(2) 控制凸模和凹模之间的间隙。间隙过小,容易擦伤工件表面,降低模具寿命。

(3) 正确选择拉深系数。板料拉深时的变形程度通常以拉深系数 m 表示:

$$m=\frac{d}{D}$$

式中:d——拉深后的工件直径;

D——坯料直径。

拉深系数越小,拉深件直径越小,变形程度越大,越容易产生废品。拉深系数一般不小于 0.5～0.8,塑性好的材料可取下限值。

(4) 为了减少由于摩擦引起的拉深件内应力的增加及减少模具的磨损,拉深前要在工件上涂润滑剂。

(5) 为防止产生皱褶现象,通常都用压边圈将工件压住。压边圈上的压力不宜过大,能压住工件不致起皱即可。

4) 成形

成形是使板料或半成品改变局部形状的工序,包括压肋、压坑、胀形、翻边等。

(1) 压肋和压坑(包括压字、压花):压制出各种形状的凸起和凹陷的工序,采用的模具有刚模和软模两种。图 9-60 所示是刚模压坑。与拉深不同,此时只有冲头下的这一小部分金属在拉应力作用下产生塑性变形,其余部分的金属并不发生变形。图 9-61 所示是软模压肋。软模是用橡胶等柔性物体代替一半模具。这样,可以简化模具制造,冲制形状复杂的零件。但软模块使用寿命低,需经常更换。此外,也可采用气压或液压成形。

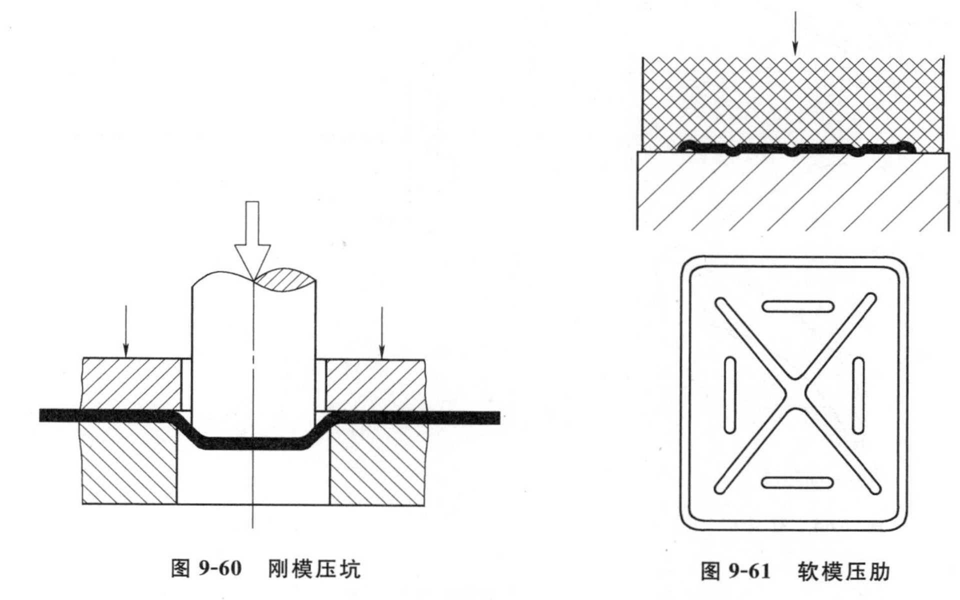

图 9-60　刚模压坑　　　　图 9-61　软模压肋

(2) 胀形:将拉深件轴线方向上局部区段的直径胀大,可采用刚模进行(见图 9-62),也可采用软模进行(见图 9-63)。刚模胀形时,由于芯子 2 的锥面作用,分瓣凸模 1 在压下的同时沿径向扩张,使工件 3 胀形。顶杆 4 将分瓣凸模 1 顶回起始位置后,即可将工件 3 取出。显然,刚模的结构和冲压工艺都比较复杂,而采用软模则简便得多。因此,软模胀形得到广泛应用。

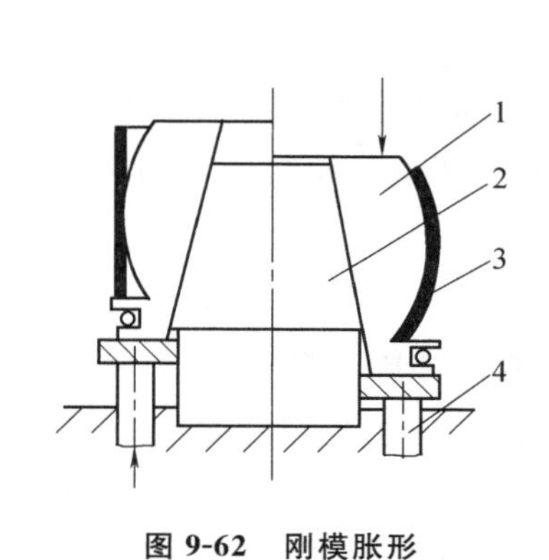

图 9-62　刚模胀形

1—分瓣凸模;2—芯子;3—工件;4—顶杆

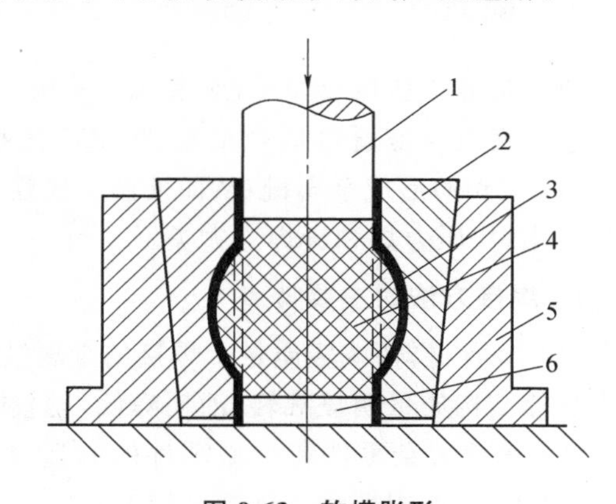

图 9-63　软模胀形

1—凸模;2—凹模;3—工件;4—橡胶;5—外套;6—垫块

(3) 翻边:在板料或半成品上沿一定的曲线翻起竖立边缘的冲压工序。按变形的性质,翻边可分为伸长翻边和压缩翻边。当翻边在平面上进行时,称平面翻边;当翻边在曲面上进行时,又称曲面翻边,如图 9-64 所示。孔的翻边是伸长类平面翻边的一种特定形式,又称翻孔。翻孔过程如图 9-65 所示。

成形工序使冲压件具有更好的刚度和更加合理的空间形状。

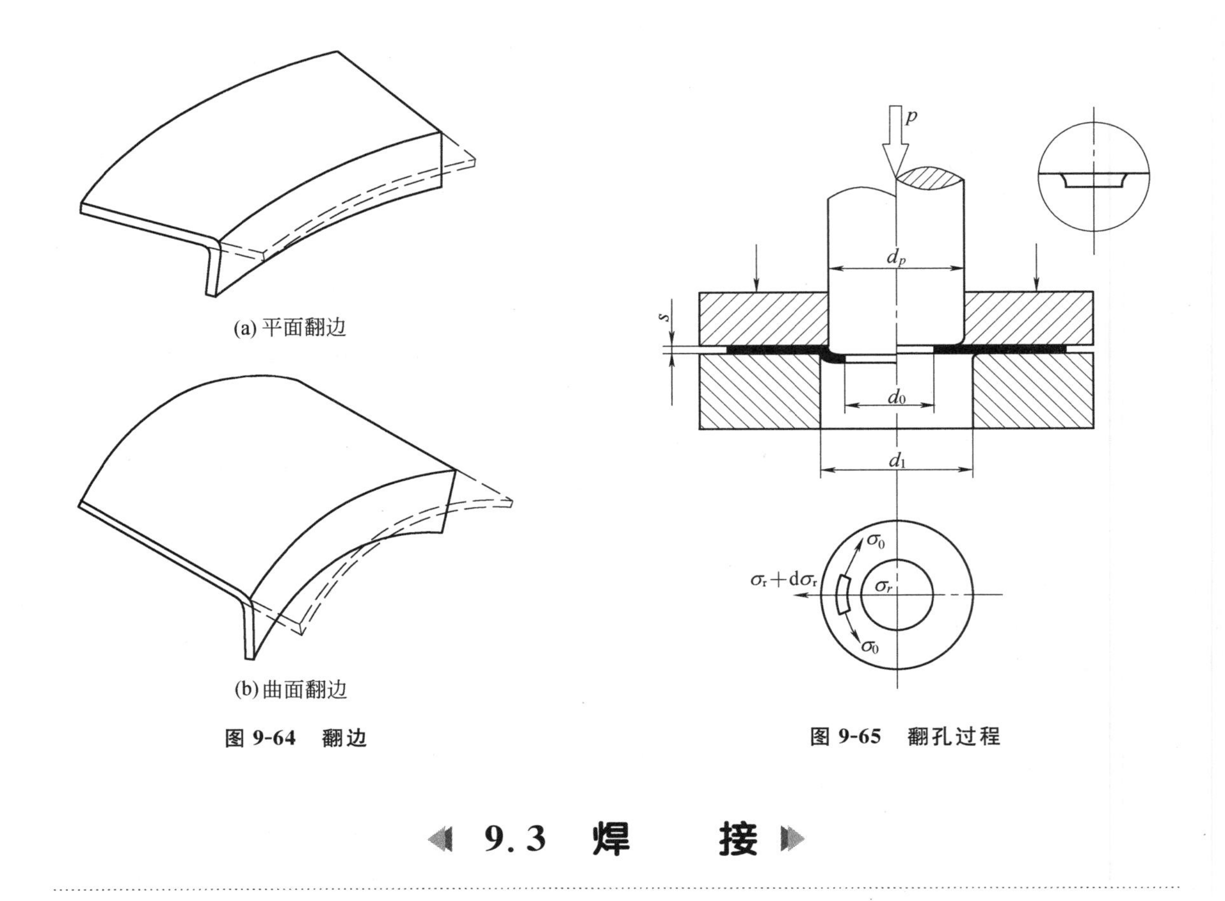

图 9-64　翻边

图 9-65　翻孔过程

9.3　焊　　接

一、概述

焊接是通过加热或加压,或者两者并用,以及用或不用填充材料,使工件达到结合的一种方法。它的实质就是通过适当的物理-化学过程,使两个分离表面的金属原子接近到晶格距离(0.3～0.5 nm)形成金属键,从而使两金属连为一体。焊接根据金属原子间结合方式的不同可分为熔化焊、压力焊和钎焊三大类。

1. 焊接方法的主要特点

(1) 节省材料,减轻质量。焊接的金属结构件可比铆接件节省材料 10%～25%;采用点焊的飞行器结构质量明显减轻,油耗降低,运载能力提高。

(2) 简化复杂零件和大型零件的制造过程。焊接方法灵活,可化大为小,以简拼繁,加工快,工时少,生产周期短。许多结构都以铸焊、锻焊的形式组合,简化了加工工艺。

(3) 适应性强。多样的焊接方法几乎可焊接所有的金属材料和部分非金属材料,可焊范围较广,而且连接性能较好。焊接接头可达到与工件金属等强度或相应的特殊性能。

(4) 满足特殊连接要求。不同材料焊接在一起,能使零件的不同部分或不同位置具备不同的性能,达到使用要求,如防腐容器的双金属筒体焊接、钻头工作部分与柄的焊接、水轮机叶片耐磨表面的堆焊等。

(5) 降低劳动强度,改善劳动条件。

尽管如此,焊接加工在应用中仍存在某些不足。例如,不同焊接方法的焊接性能有较大的差别，焊接接头的组织不均匀，焊接热过程所造成的结构应力与变形以及各种裂纹问题等，都有待进一步研究和解决。

2. 焊接方法在工业生产的应用

（1）制造金属结构件。焊接方法广泛应用于各种金属结构件的制造，如桥梁、船舶、压力容器、化工设备、机动车辆、矿山机械、发电设备及飞行器等。

（2）制造机器零件和工具。焊接件具有刚性好、改型快、周期短、成本低的优点，适于单件或小批量生产加工各类机器零件和工具，如机床机架和床身、大型齿轮和飞轮、各种切削工具。

（3）修复。采用焊接方法修复某些有缺陷、失去精度或有特殊要求的工件，可延长工件的使用寿命，提高工件的使用性能。

近年来，焊接技术迅速发展，新的焊接方法不断出现，在应用了计算机技术后，焊接的功能大增。焊接的精密化和智能化必将效力无比。

二、手工电弧焊

手工电弧焊是熔化焊中最基本的一种焊接方法。它利用电弧产生的热熔化被焊金属，使之形成永久结合。由于所需要的设备简单、操作灵活，可以对不同焊接位置、不同接头形式的焊缝方便地进行焊接，因此手工电弧焊是目前应用最为广泛的焊接方法。

手工电弧焊按电极材料的不同可分为熔化极手工电弧焊和非熔化极手工电弧焊（如手工钨极惰性气体保护焊）。熔化极手工电弧焊是以金属焊条作电极，电弧在焊条端部和母材表面燃烧的焊接方法。

图9-66所示是手工电弧焊示意图。图中的电路是以弧焊电源为起点，通过焊接电缆、焊钳、焊条、工件、接地电缆形成回路。在有电弧存在时形成闭合回路，形成焊接过程。焊条和工件在这里既作为焊接材料，也作为导体。焊接开始后，电弧的高热瞬间熔化了焊条端部和电弧下面的工件表面，使工件表面形成熔池，焊条端部的熔化金属以细小的熔滴状过渡到熔池中去，与母材熔化金属混合，凝固后成为焊缝。

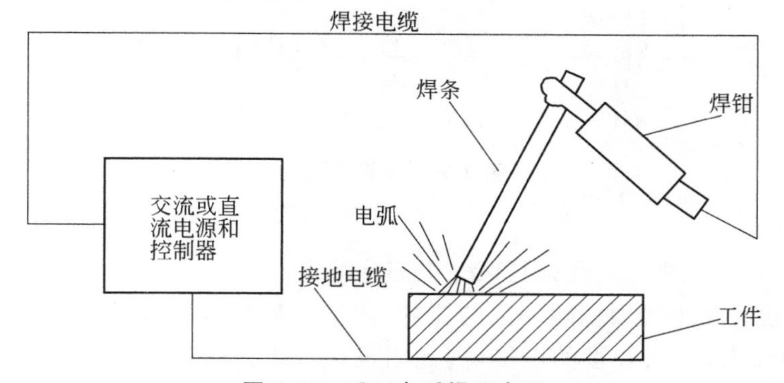

图9-66 手工电弧焊示意图

手工电弧焊所用的设备需根据焊条和被焊材料选取。电源分为交流电源和直流电源两种。使用酸性焊条焊接低碳钢一般构件时，应优先考虑选用价格低廉、维修方便的交流弧焊机；使用碱性焊条焊接高压容器、高压管道等重要钢结构，或焊接合金钢、有色金属、铸铁时，应选用直流弧焊机。购置能力有限而焊件材料的类型繁多时，可考虑选用通用性强的交直流两用弧焊机。当采用某些碱性焊条时，如结507时，必须选用直流电源，而且要注意此时应将弧焊机的负极接工件、正极接焊条，这称为直流反接法；反之称为直流正接法。采用直流电焊接的极性接法如图9-67所示。

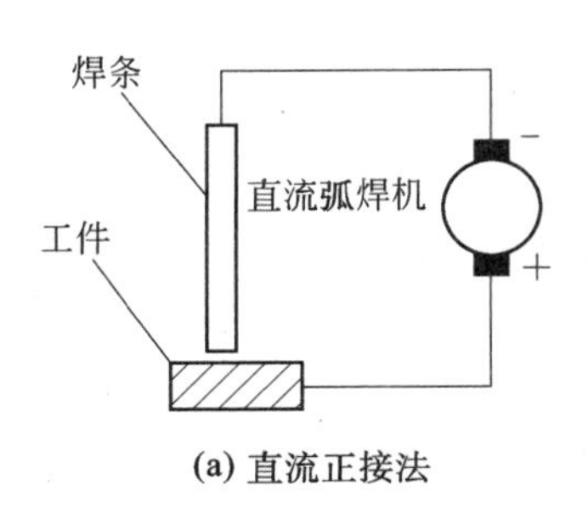

(a) 直流正接法

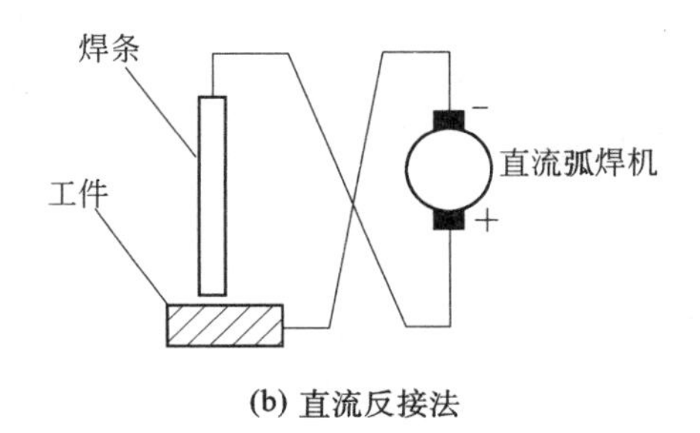

(b) 直流反接法

图 9-67　采用直流电焊接的极性接法

1. 焊接电弧

焊接电弧是指发生在电极与工件之间的强烈、持久的气体放电现象。

1) 电弧引燃

常态下的气体由中性分子或原子组成，不含带电粒子。要使气体导电，首先要有一个使其产生带电粒子的过程。操作中一般采用接触引弧。先将电极(钨棒或焊条)和工件接触形成短路(见图 9-68(a))，此时在某些接触点上产生很大的短路电流，温度迅速升高，为电子的逸出和气体电离提供能量条件，而后将电极提起一定距离(<5 mm，见图 9-68(b))。在电场力的作用下，被加热的阴极有电子高速逸出，撞击空气中的中性分子和原子，使空气电离成阳离子、阴离子和自由电子。这些带电粒子在外电场作用下定向运动，阳离子奔向阴极，阴离子和自由电子奔向阳极。它们在运动过程中不断碰撞和结合，产生大量的光和热，形成电弧(见图 9-68(c))。电弧的热量与焊接电流和电压的乘积成正比，电流越大，电弧产生的总热量就越大。

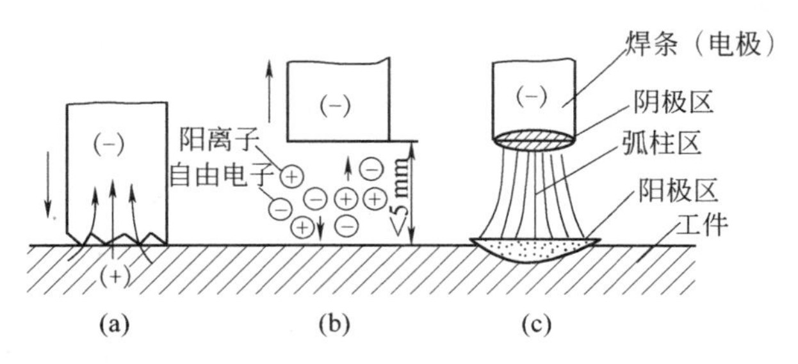

图 9-68　电弧的引燃

2) 电弧的组成

焊接电弧由阴极区、阳极区和弧柱区三个部分组成(见图 9-68(c))。

阴极区因发射大量电子而消耗一定的能量，产生的热量较少，约占电弧热的 36%；阳极表面受高速电子的撞击，传入较多的能量，因此阳极区产生的热量较多，占电弧热的 43%；其余 21%左右的热量在弧柱区产生。

电弧中阳极区和阴极区的温度因电极的材料(主要是电极熔点)不同而有所不同。用钢焊条焊接钢材料时，阳极区热力学温度约 2 600 K，阴极区热力学温度约 2 400 K，弧柱区热力学温度高达 5 000～8 000 K。正接时，电弧热量主要集中在工件(阳极)上，有利于加快工件熔化，保证足够的熔深。正接适用于焊接较厚的工件。反接时，焊条接阳极。反接适用于焊接有色金属及薄钢板，以避免烧穿工件。

2. 焊接接头

焊缝以及其周围受不同程度加热和冷却的母材是焊缝的热影响区，统称为焊接接头。

1）焊缝形成过程

熔焊焊缝的形成经历了局部加热熔化，使分离工件的结合部位产生共同熔池，再经凝固结晶成为一个整体的过程。

图9-69所示为电弧焊焊缝形成示意图。在电弧的高温作用下，焊条和工件同时产生局部熔化，形成熔池。熔化的填充金属呈球滴状过渡到熔池。电弧在沿焊接方向移动过程中，熔池前部（②—①—②区）不断参与熔化，并依靠电弧吹力和电磁力的作用，将熔化金属吹向熔池后部（②—③—②区），逐步脱离电弧高温而冷却结晶。所以，电弧的移动形成动态熔池，熔池前部的加热熔化与后部的顺序冷却结晶同时进行，形成完整的焊缝。

焊条药皮在电弧高温下一部分分解为气体，包围电弧空间和熔池，形成保护层；另一部分直接进入熔池，与熔池金属发生冶金反应，并形成渣而浮于焊缝表面，构成渣保护。

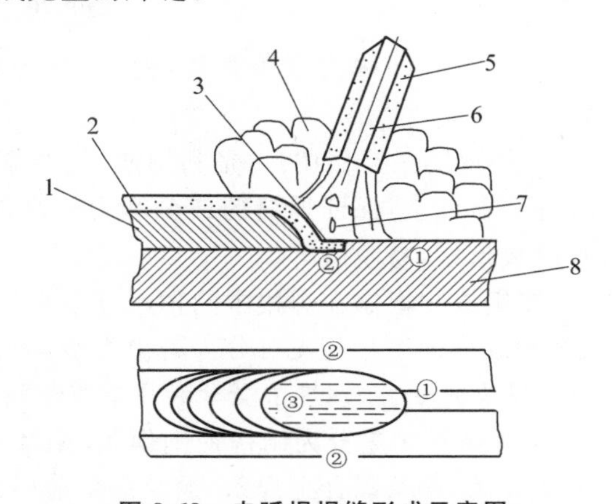

图9-69　电弧焊焊缝形成示意图

1—已凝固的焊缝金属；2—熔渣；3—熔化金属（熔池）；4—焊条药皮燃烧产生的保护气体；5—焊条药皮；6—焊条芯；7—金属熔滴；8—母材

2）焊接冶金过程

电弧焊时，焊接区内各种物质在高温下相互作用，产生一系列变化的过程称为冶金过程。像在小型电弧炼钢炉中炼钢一样，熔池中进行着熔化、氧化、还原、造渣、精炼和渗合金等一系列物理化学过程。与一般的冶炼过程相比较，焊接的冶金过程有以下特点：温度远高于一般冶炼温度，因此金属元素强烈蒸发，并使电弧区的气体分解成原子状态，使气体的活性大为增强，导致金属元素烧损或形成有害杂质；冷却速度快，熔池体积小，四周又是冷的金属，溶池处于液态时间很短，一般在10 s左右，各种化学反应难以达到平衡状态，致使化学成分不均匀，气体和杂质来不及浮出，从而产生气孔和夹渣等缺陷。

由于上述特点，所以在焊接过程中如果不加以保护，空气中的氧、氮和氢等气体就会侵入焊接区，并在高温作用下分解出原子状态的氧、氮和氢，与金属元素发生一系列物理化学作用。其结果是，钢中的一些元素被氧化，形成熔渣，使焊缝中C、Mn、Si等大量烧损。在熔池迅速冷却后，一部分氧化物熔渣残存在焊缝金属中，形成夹渣，显著降低焊缝的力学性能。

氢和氮在高温时能溶解于液态金属内，冷却后，一部分氮保留在钢的固溶体中，Fe_4N则呈片状夹杂物留存在焊缝中，使焊缝的塑性和韧性下降。氢的存在引起氢脆性，促进冷裂纹的形成，并且易造成气孔。

为了保证焊缝质量，焊接过程中必须采取必要的工艺措施，来限制有害气体进入焊缝区，并补充一些烧损的合金元素。手工电弧焊焊条的药皮、埋弧自动焊的焊剂等均能起到这类作用。气体保护焊的保护气体虽不能补充金属元素，但也能起到保护作用。

3. 焊条

1）焊条的组成和作用

焊条是由焊芯和药皮两个部分组成的，结构如图9-70所示。

(1) 焊芯的主要作用：一是传导焊接电流；二是焊芯本身熔化作为填充材料。焊芯在焊缝中占 50%～70%。熔化焊的钢丝牌号和化学成分应符合国家标准《熔化焊用钢丝》(GB/T 14957—1994)规定，其中常用钢号有 H08A、H08E、H08C、H08MnA、H15A、H15Mn 等。

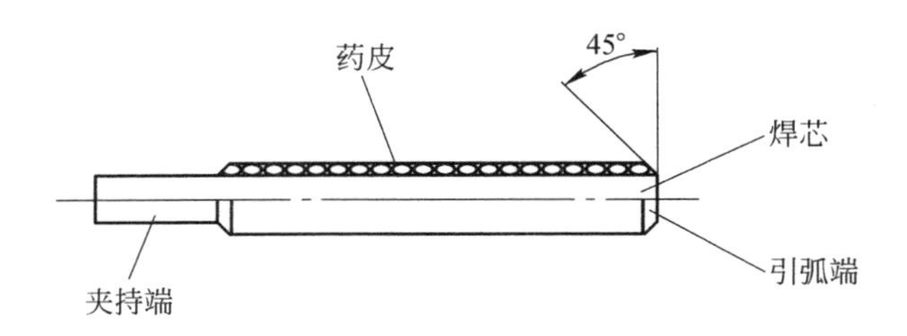

图 9-70　焊条的结构

焊芯的直径即称为焊条直径，为 1.6～8 mm，生产中用量最多的是 ϕ3.2 mm、ϕ4 mm 和 ϕ5 mm。

(2) 药皮的主要作用：一是利用渣、气对焊接熔池起机械保护作用；二是进行物、化反应除杂质，补有益元素，保证焊缝的成分和力学性能；三是具有良好的工艺性能，能稳定燃烧，飞溅少，焊缝成形好，易脱渣等。

药皮组成物根据在焊接中的作用可分为稳弧剂、造气剂、造渣剂、脱氧剂、合金剂、增塑剂、黏结剂和成形剂等。药皮可分为若干类型，如钛钙型、低氢钠型、低氢钾型等。

2) 焊条的分类、钢焊条型号和焊条牌号编制方法

(1) 焊条按用途分为结构钢钢焊条、钼及铬钼耐热焊条、低温钢焊条、不锈钢焊条、堆焊焊条、铸铁焊条、镍及镍合金焊条、铜及铜合金焊条、铝及铝合金焊条、特殊用途焊条等。

(2) 焊条型号是国家标准中规定的焊条代号。根据《非合金钢及细晶粒钢焊条》(GB/T 5117—2012)和《热强钢焊条》(GB/T 5118—2012)标准规定，焊条型号根据熔敷金属力学性能、药皮类型、焊接位置和电流类型、熔敷金属化学成分等进行划分。

非合金钢及细晶粒钢焊条的型号由以下五个部分组成：第一部分用字母“E”表示焊条；第二部分为字母“E”后面的近邻两位数字，表示熔敷金属的最小抗拉强度代号；第三部分为字母“E”后面的第三、第四两位数字，表示药皮类型、焊接位置和电流类型；第四部分为熔敷金属的化学成分分类代号，可为“无标记”或短划“-”后的字母、数字或字母和数字的组合；第五部分为熔敷金属的化学成分分类代号后的焊后状态代号，其中“无标记”表示焊态，“P”表示热处理状态，“AP”表示焊态和焊后热处理两种状态均可。除上述强制分类代号外，根据供需双方协商，可在型号后一次附加可选代号：字母“U”，表示在规定试验温度下，冲击吸收能量可以达到 47 J 以上；扩散氢代号“HX”，其中“X”代表 15、10 或 5，分别表示每 100 g 熔敷金属中扩散氢含量的最大值(mL)。非合金钢及细晶粒钢焊条型号示例如图 9-71 所示。

(3) 焊条牌号是焊条生产企业统一的焊条代码。焊条牌号一般以一个或两个字母后加三个数字表示。前面的字母：J——结构钢钢焊条、R——钼及铬钼耐热焊条、W——低温钢焊条、G 和 A——不锈钢焊条、D——堆焊焊条、Z——铸铁焊条、Ni——镍及镍合金焊条、T——铜及铜合金焊条、L——铝及铝合金焊条、TS——特殊用途焊条。前两位数字表示焊缝金属的抗拉强度等级，末位数字表示电流种类和药皮类型。

3) 焊条的选择原则

(1) 碳钢和低合金结构钢一般用于制造受力构件，无特殊性能要求，所以，选择焊条时主要考虑焊缝的抗拉强度不低于被焊构件的抗拉强度即可。例如，工件材料 Q235A 钢的抗拉强度

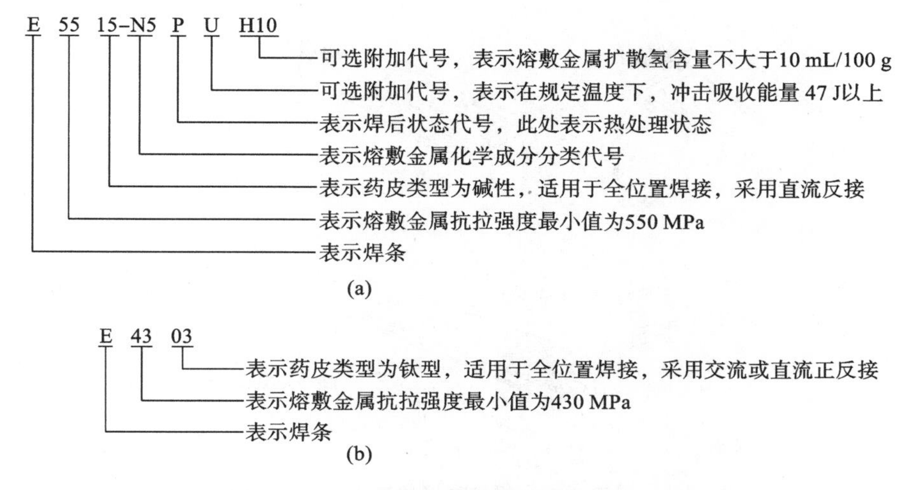

图 9-71　非合金钢及细晶粒钢焊条型号示例

为 420 MPa，焊条应选用 E43 系列的焊条。

(2) 焊条药皮类型的选择主要取决于焊接结构的重要性、复杂程度、板厚、对焊缝抗裂性能的要求、载荷性质、使用温度等因素。例如，焊缝要求塑性好、冲击韧度高、抗裂性能好、低温性能好，应选用碱性焊条。此外，选用酸性焊条，可使焊接成本降低。

(3) 低碳钢和低合金结构钢焊接或不同强度等级的低合金结构钢焊接，一般选用与较低强度等级钢材的焊条。

(4) 按焊接生产率及设备等条件选择焊条。

4. 焊接应力与变形

金属构件在焊接以后，总要发生变形和产生焊接应力，且二者是伴生的。

焊接应力的存在，对构件质量、使用性能和焊后机械加工精度都有很大的影响，甚至导致整个构件断裂；焊接变形不仅给装配工作带来很大的困难，还会影响构件的工作性能。变形量超过允许数值时必须进行矫正，矫正无效时只能报废。因此，在设计和制造焊接结构时，应尽量减小焊接应力和变形。

(1) 焊接过程中，对焊接件进行不均匀加热和冷却，是产生焊接应力和变形的根本原因。

(2) 常见的焊接变形有收缩变形、角变形、弯曲变形、扭曲变形和波浪变形等五种形式，如图 9-72 所示。

收缩变形是由于焊缝金属沿纵向和横向的焊后收缩而引起的；角变形是由于焊缝截面上下不对称，焊后沿横向上下收缩不均匀而引起的；弯曲变形是由于焊缝布置不对称，焊缝较集中的一侧纵向收缩较大而引起的；扭曲变形常常是由于焊接顺序不合理而引起的；波浪变形则是由于薄板焊接后焊缝收缩时，产生较大的收缩应力，使工件丧失稳定性而引起的。

(3) 减少焊接应力与变形的措施。除了设计时应考虑之外，可采取一定的工艺措施，如预留变形量法、反变形法、刚性固定法、锤击焊缝法、加热"减应区"法等。重要的是，选择合理的焊接顺序，尽量使焊缝自由收缩。焊前预热和焊后缓冷也很有效，详细可参阅有关资料。

三、其他焊接方法

1. 埋弧自动焊

埋弧焊又称焊剂层下电弧焊。它通过保持在光焊丝和工件之间的电弧将金属加热，与被焊

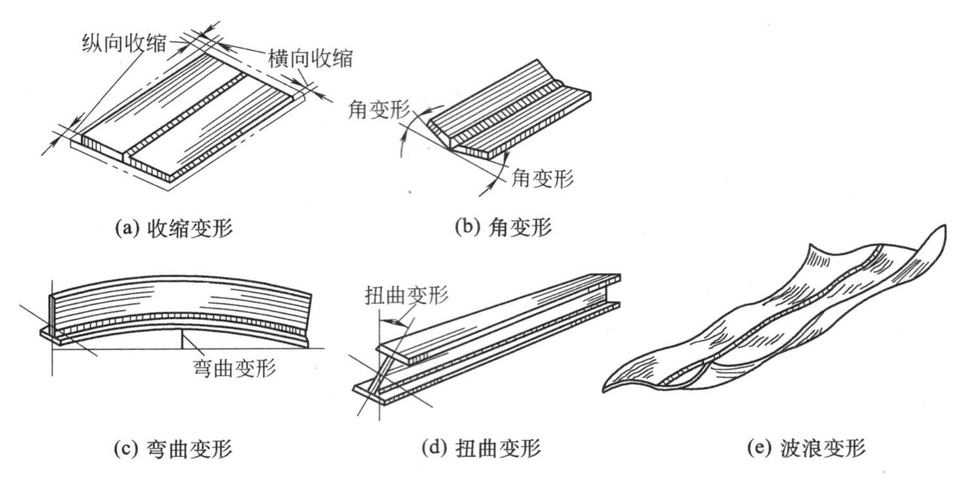

图 9-72　焊接变形的基本形式

件之间形成刚性连接。按自动化程度的不同，埋弧焊分为半自动焊(移动电弧是手工操作)和自动焊。这里所指的埋弧焊都是指埋弧自动焊，半自动焊已基本上被气体保护焊代替。

1）埋弧自动焊的焊接过程

如图 9-73 所示，埋弧自动焊时，焊剂从给送焊剂管流出，均匀地堆敷在装配好的焊件(母材)表面。焊丝由自动送丝机构自动送进，经导电嘴进入电弧区，焊接电源分别接在导电嘴和焊件上，以便产生电弧，给送焊剂管、自动送丝机构及控制盘等通常都装在一台电动小车上。小车可以按调定的速度沿着焊缝自动行走。

颗粒状焊剂层上的焊丝末端与母材之间产生电弧，电弧热使邻近的母材、焊丝和焊剂熔化，并有部分被蒸发。焊剂蒸气将熔化的焊剂(熔渣)排开，形成一个与外部空气隔绝的封闭空间，这个封闭空间不仅很好地隔绝了空气与电弧和熔池的接触，而且可完全阻挡有害电弧光的辐射。电弧在这里继续燃烧，焊丝便不断地熔化，呈滴状进入熔池并与母材中熔化的金属以及焊剂提供的合金元素相混合，熔化的焊丝不断地被补充，送入电弧中，同时不断地添加焊剂。随着焊接过程的进行，电弧向前移动，焊接熔池随之冷却而凝固，形成焊缝。密度较小的熔化焊剂浮在焊缝表面形成熔渣层。未熔化的焊剂可回收再用。

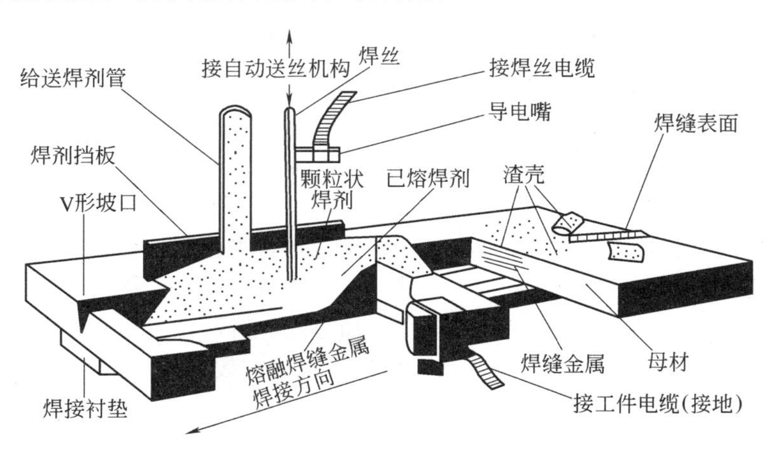

图 9-73　埋弧自动焊方法

2）埋弧自动焊的特点及应用

（1）焊接质量好。

焊接过程能够自动控制；各项工艺参数可以调节到最佳数值；焊缝的化学成分比较均匀和稳定；焊缝光洁平整，有害气体难以侵入，熔池金属冶金反应充分，焊接缺陷较少。

（2）生产率高。

焊丝从导电嘴伸出长度较短，可用较大的焊接电流，而且连续施焊的时间较长，这样就能提高焊接速度。同时，工件厚度在 14 mm 以内的对接焊缝可不开坡口，不留间隙，一次焊成，故埋弧自动焊生产率高。

（3）节省焊接材料。

工件可以不开坡口或开小坡口，可减少焊缝中焊丝的填充量，也可减少因加工坡口而浪费掉的工件材料。同时，焊接时金属飞溅少，又没有焊条头的损失，所以可节省焊接材料。

（4）易实现自动化，劳动条件好，强度低，操作简单。

埋弧自动焊的缺点是：适应性差，通常只适用于焊接水平位置的直缝和环缝，不能焊接空间焊缝和不规则焊缝，对坡口的加工、清理和装配质量要求较高。

埋弧自动焊通常用于碳钢、低合金结构钢、不锈钢和耐热钢等中厚板结构的长直缝、直径大于 300 mm 环缝的平焊。此外，它还用于耐磨、耐腐蚀合金的堆焊，大型球墨铸铁曲轴以及镍合金、铜合金等材料的焊接。

2. 气体保护焊

气体保护焊是气体保护电弧焊的简称，是指用外加气体作为电弧介质并保护电弧和焊接区的电弧焊。

气体保护焊是明弧焊接，焊接时便于监视焊接过程，故操作方便，可实现全位置自动焊接，焊后还不用清渣，可节省大量辅助时间，大大提高了生产率。另外，由于保护气流对电弧有冷却压缩作用，电弧热量集中，因而焊接热影响区窄，工件变形小。气体保护焊特别适合用于薄板焊接。

1）氩弧焊

氩弧焊是以氩（Ar）气作为保护气体的气体保护焊。氩气是一种惰性气体。在高温下，它不与金属和其他任何元素起化学反应，也不溶于金属，因此保护效果良好，所焊接头质量高。

按使用的电极不同，氩弧焊可分为非熔化极氩弧焊即钨极氩弧焊（TIG 焊）和熔化极氩弧焊（MIG 焊）两种，如图 9-74 所示。

（1）钨极氩弧焊（TIG 焊）。

它常采用熔点较高的钍钨棒或铈钨棒作为电极，焊接过程中电极本身不熔化，故属非熔化极电弧焊。钨极氩弧焊又分为手工焊和自动焊两种。焊接时填充焊丝在钨极前方添加。当焊接薄板时，一般不需要开坡口和加填充焊丝。

钨极氩弧焊的电流种类与极性的选择原则是：焊接铝、镁及其合金时，采用交流电；焊其他金属（低合金钢、不锈钢、耐热钢、钛及钛合金、铜及铜合金等）时，采用直流正接法。由于钨极的载流能力有限，其电功率受到限制，所以钨极氩弧焊一般只适于焊接厚度小于 6 mm 的工件。

（2）熔化极氩弧焊（MIG 焊）。

熔化极氩弧焊以连续送进的焊丝作为电极，电弧产生在焊丝与工件之间，焊丝不断送进，并熔化过渡到焊缝中去，因而焊接电流可大大提高。

熔化极氩弧焊可分为半自动焊和自动焊两种，一般采用直流反接法。

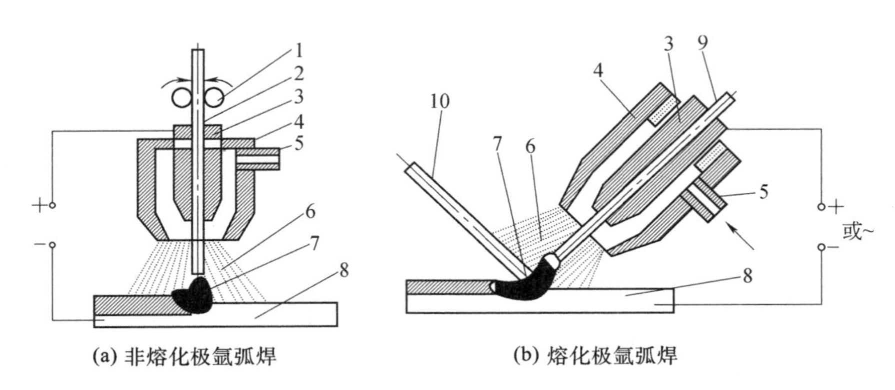

(a) 非熔化极氩弧焊　　(b) 熔化极氩弧焊

图 9-74　氩弧焊示意图

1—送丝轮;2—焊丝;3—导电嘴;4—喷嘴;5—进气管;6—氩气流;7—电弧;8—工件;9—钨极;10—填充焊丝

与钨极氩弧焊相比,熔化极氩弧焊可采用高密度电流,母材熔深大,填充金属熔敷速度快,生产率高。

与钨极氩弧焊一样,熔化极氩弧焊几乎可焊接所有的金属,尤其适合用于焊接铝及铝合金、铜及铜合金以及不锈钢等材料。熔化极氩弧焊主要用于中、厚板的焊接。目前采用熔化极脉冲氩弧焊可以焊接薄板,进行全位置焊接、实现单面焊双面成型以及封底焊。

2) CO_2 气体保护焊

CO_2 气体保护焊是利用廉价的 CO_2 作为保护气体的电弧焊。CO_2 气体保护焊的焊接装置如图 9-75 所示。它利用焊丝作电极,焊丝由送丝机构通过软管经导电嘴送出。电弧在焊丝与工件之间产生。CO_2 气体从喷嘴中以一定的流量喷出,包围电弧和熔池,从而防止空气对液体金属的有害作用。CO_2 气体保护焊可分为自动焊和半自动焊。目前应用较多的是半自动焊。

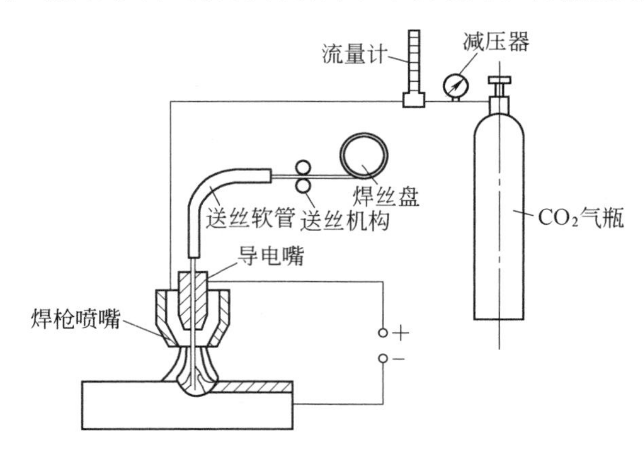

图 9-75　CO_2 气体保护焊示意图

CO_2 气体保护焊除具有前述气体保护焊的那些优点外,还有以下优点:焊缝含氢量低,抗裂性能好;CO_2 气体价格便宜、来源广泛,生产成本低。

CO_2 气体是氧化性气体,高温时可分解成 CO 和氧原子,易造成合金元素烧损,焊缝吸氧,导致电弧稳定性差、飞溅较多、弧光强烈、焊缝表面成形不够美观等缺点。若控制或操作不当,还容易产生气孔。为保护焊缝的合金元素,须采用含锰、硅较高的焊接钢丝或含有相应合金元素的合金钢焊丝。

常用的 CO_2 气体保护焊焊丝是 H08Mn2SiA 焊丝,它适合用于焊接低碳钢和普通低合金结构钢(δ_b<600 MPa)。

还可使用 Ar 和 CO_2 气体混合保护，焊接强度级别较高的普通低合金结构钢。为了稳定电弧，减少飞溅，CO_2 气体保护焊采用直流反接法。

CO_2 气体保护焊由于优点较多，目前已广泛应用于机械制造业各部门中。

3. 气焊和气割

1) 气焊

气焊是利用气体火焰作热源的焊接方法。最常用的气焊是氧-乙炔焊。它利用氧-乙炔焰进行焊接。乙炔(C_2H_2)为可燃气体，氧气为助燃气体。乙炔和氧气在焊炬中混合均匀后从焊嘴喷出燃烧，将工件和焊丝熔化形成熔池，冷却凝固后形成焊缝，如图 9-76 所示。氧-乙炔焊时气体燃烧，产生的大量 CO_2、CO、H_2 气体笼罩熔池，起到保护作用。氧-乙炔焊使用不带药皮的光焊丝作填充金属。

氧-乙炔焊设备简单、操作灵活方便、无需电源，但氧-乙炔焊火焰温度较低(最高约 3 150 ℃)，且热量较分散，生产率低，工件变形大，所以应用不如电弧焊广泛。气焊主要用于焊接厚度在 3 mm 以下的薄钢板，铜、铝等有色金属及其合金，低熔点材料以及铸铁焊补等。

氧-乙炔焊设备由氧气瓶、乙炔瓶、减压器、回火防止器及焊炬等组成。氧-乙炔焊设备及其连接如图 9-77 所示。焊炬如图 9-78 所示。

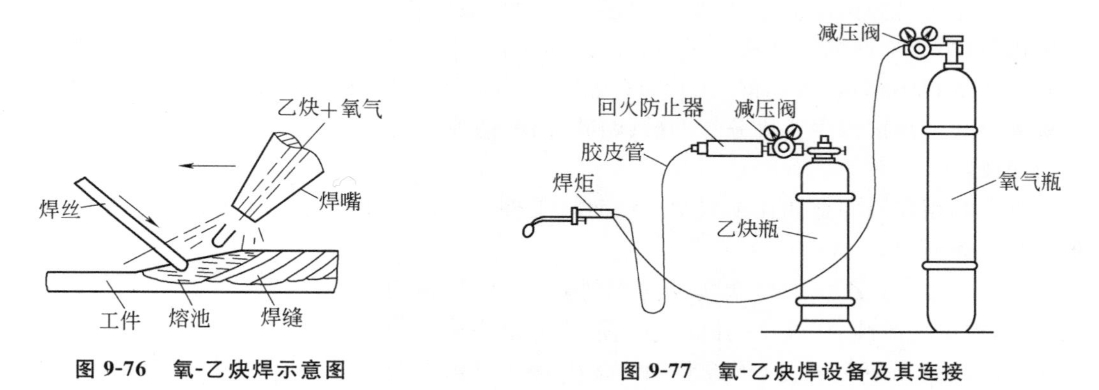

图 9-76 氧-乙炔焊示意图　　**图 9-77 氧-乙炔焊设备及其连接**

图 9-78 焊炬

(1) 氧-乙炔焊火焰的种类及应用。

氧-乙炔焊时通过调节氧气阀和乙炔阀，可以改变氧气和乙炔的混合比例，从而得到三种不同的气焊火焰，即中性焰、碳化焰和氧化焰，如图 9-79 所示。

中性焰(正常焰)是指在一次燃烧区内既无过量氧又无游离碳的火焰(最高温度为 3 100～3 200 ℃)。中性焰中氧气和乙炔的比例为 1～1.2。中性焰由焰芯、内焰、外焰三个部分组成。焰心呈清晰明亮的亮白色圆锥形；内焰呈淡橘红色；外焰为橙黄色，不甚明亮。中性焰使用较多，如焊接低碳钢、中碳钢、低合金钢、紫铜、铝合金等。

碳化焰是当氧气和乙炔的比例小于 1 时得到的火焰。由于向火焰中提供的氧气量不足而

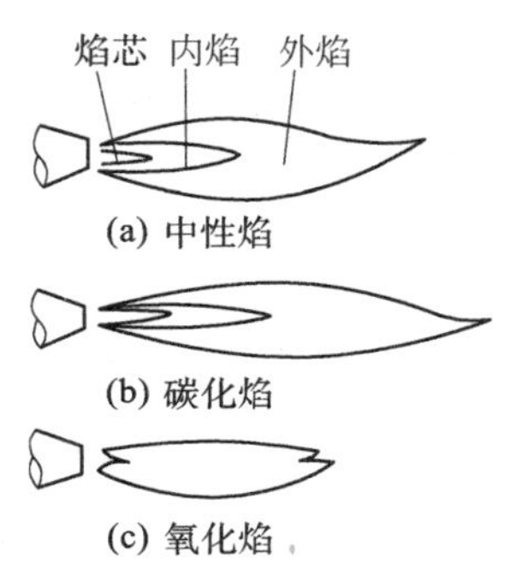

图 9-79　氧-乙炔焊火焰

乙炔过剩,使火焰焰芯拉长,白炽的碳层加厚呈羽翅状延伸入内焰区中。整个火焰燃烧软弱无力,冒黑烟。用此种火焰焊接金属能使金属增碳。碳化焰通常用于焊接高碳钢、高速钢、铸铁及硬质合金等。

氧化焰是当氧气和乙炔的比例大于 1.2 时得到的火焰。氧化焰中有过量的氧,焰芯变短变尖,内焰区消失,整个火焰长度变短,燃烧有力并发出响声。用此种火焰焊接金属能使熔池氧化沸腾,钢性能变脆,故除焊接黄铜之外,这种火焰一般很少使用。

(2) 接头形式和焊接准备。

气焊可以进行平、立、横、仰等各种空间位置的焊接。气焊的接头形式有对接接头、搭接接头、角接接头和 T 形接头等。在气焊前,必须彻底清除焊丝和工件接头处表面的油污、油漆、铁锈以及水分等,否则不能进行焊接。

(3) 焊丝与焊剂。

在焊接时,气焊的焊丝作为填充金属,与熔化的母材一起形成焊缝,因此焊丝质量对工件性能有很大的影响。焊接时常根据工件材料选择相应的焊丝。

焊剂的作用是保护熔池金属,除去焊接过程中形成的氧化物,增加液态金属的流动性。焊接低碳钢时,由于中性焰本身具有相当的保护作用,可不用焊剂。我国气焊焊剂的主要牌号有 CJ101(用于焊接不锈钢、耐热钢)、CJ201(用于焊接铸铁)、CJ301(用于焊接铜合金)、CJ401(用于焊接铝合金),焊剂的主要成分有硼酸、硼砂、碳酸钠等。

2) 气割

气割是利用高温的金属在纯氧中燃烧而将工件分离的加工方法。气割使用的气体和供气装置可与气焊通用。

气割时,先用氧-乙炔焰将金属加热到燃点,然后打开切割氧阀门,放出一股纯氧气流,使高温金属燃烧。燃烧后生成的液体熔渣被高压氧流吹走,形成切口,如图 9-80 所示。金属燃烧放出大量的热,又预热了待切割的金属。所以,气割是预热—燃烧—吹渣形成切口不断重复进行的过程。气割所用的割炬与焊炬有所不同,多了一个氧气管和一个氧阀门。

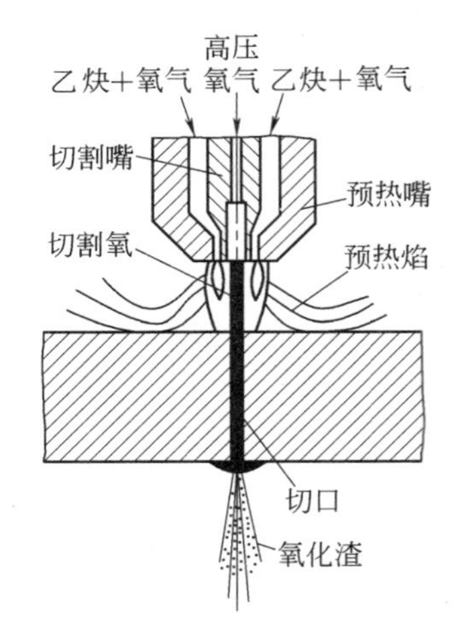

图 9-80　气割

金属进行气割应符合的条件如下。

(1) 金属的燃点应低于本身的熔点,否则气割变为熔割,使气割质量降低,甚至不能气割。

(2) 金属氧化物的熔点应低于金属本身的熔点,否则高熔点的氧化物会阻碍着下层金属与氧气流接触,使气割无法继续进行。另外,气割时所产生的氧化物应易于流动。

(3) 金属的导热性不能太高,否则使气割处的热量不足,造成气割困难。

(4) 金属在燃烧时所产生的大量热能应能维持气割的进行。

碳素钢和低合金结构钢具有很好的气割性能;气割铸铁时,因铸铁的燃点高于熔点,且渣中有大量黏稠的 SiO_2,妨碍气割进行;铝和不锈钢由于气割时存在高熔点 Al_2O_3 和 Cr_2O_3 膜,不能用一般气割方法切割。

4. 电渣焊

电渣焊是利用电流通过液态熔渣时所产生的电阻热熔化母材和填充金属进行焊接的方法。它与电弧焊不同，除引弧外，焊接过程中不产生电弧。

电渣焊一般在立焊位置进行，焊前将边缘经过清理、侧面经过加工的工件装配成相距 20～40 mm 的接头，如图 9-81 所示。电渣焊示意图如图 9-82 所示。

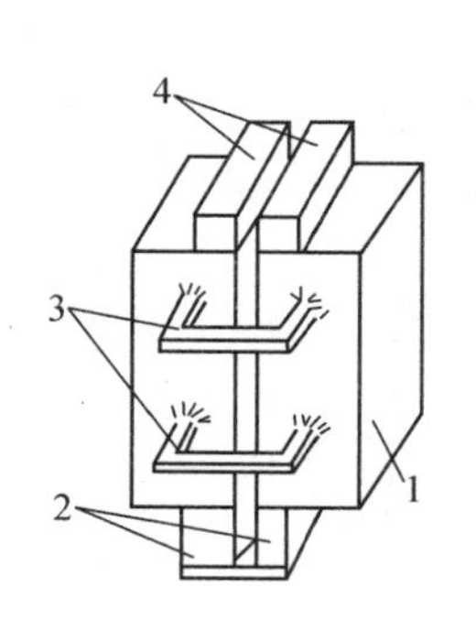

图 9-81　电渣焊工件装配图

1—工件；2—引弧板；
3—门形板；4—引出板

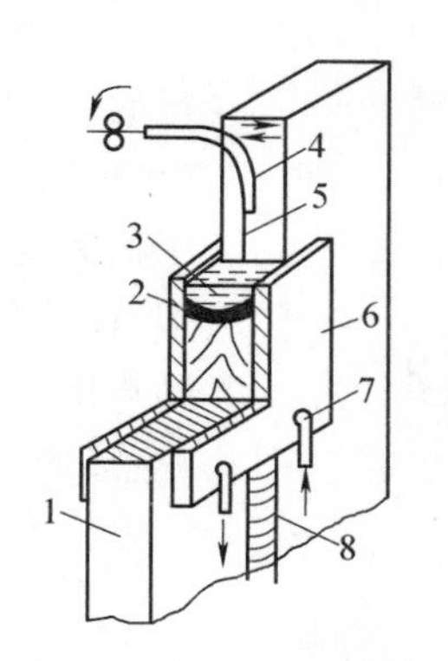

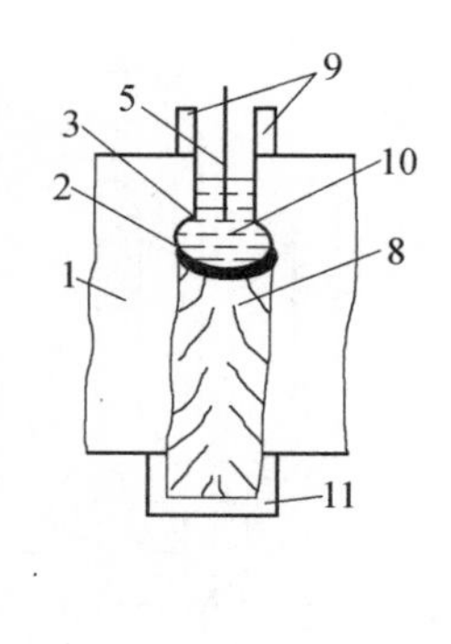

图 9-82　电渣焊示意图

1—工件；2—金属熔池；3—熔渣；4—导丝管；
5—焊丝；6—强制成形装置；7—冷却水管；8—焊缝；
9—引出板；10—金属熔滴；11—引弧板

工件与填充焊丝接电源两极，在接头底部焊有引弧板，顶部装有引出板。在接头两侧还装有强制成形装置即冷却滑块（一般用铜板制成，并通水冷却），以利于熔池冷却结晶。焊接时将焊剂装在由引弧板、强制成形装置围成的盒状空间里，送丝机构送入焊丝，焊丝同引弧板接触后引燃电弧。电弧高温使焊剂熔化，形成液态熔渣池。当渣池液面升高淹没焊丝末端后，电弧自行熄灭，电流通过熔渣，进入电渣焊过程。由于液态熔渣具有较大的电阻，电流通过时产生的电阻热将使熔渣温度升高达 1 700～2 000 ℃，使与之接触的那部分工件边缘及焊丝末端熔化。熔化的金属在下沉过程中，同熔渣进行一系列冶金反应，最后沉积于渣池底部，形成金属熔池。以后随着焊丝不断送进与熔化，金属熔池不断升高并将渣池上推，强制成形装置也同步上移，渣池底部逐渐冷却凝固成焊缝，将两工件连接起来。比重轻的渣池浮在上面既作为热源，又隔离空气，保护熔池金属不受侵害。

电渣焊的特点如下。

(1) 对于厚大截面的工件可一次焊成，生产率高。工件不开坡口，焊接同等厚度的工件，焊剂消耗量只是埋弧自动焊的 1/50～1/20。电能消耗量是埋弧自动焊的 1/3～1/2、焊条电弧焊的 1/2，因此，电渣焊的经济效果好，成本低。

(2) 由于熔渣对熔池保护严密，避免了空气对金属熔池的有害影响，而且熔池金属保持液态时间长，有利于冶金反应充分，焊缝化学成分均匀和气体杂质上浮被排除，因此焊缝金属比较纯净，质量较好。

(3) 焊接速度慢，工件冷却慢，因此焊接应力小，但焊接热影响区比其他焊接方法的宽，造成接头晶粒粗大，力学性能下降。所以电渣焊后，工件要进行正火处理，以细化晶粒。

电渣焊主要用于焊接厚度大于 30 mm 的厚大工件。由于焊接应力小，它不仅适合用于低碳钢的焊接，还适合用于中碳钢和合金结构钢的焊接。目前电渣焊是制造大型铸-焊、锻-焊复合结构，如水压机、水轮机和轧钢机上大型零件的重要工艺方法。

5. 等离子弧焊

等离子弧焊原理图如图 9-83 所示。电极与工件之间加一高压,经高频振荡器的激发,气体电离形成电弧,电弧通过细孔喷嘴时,弧柱截面缩小,产生机械压缩效应;向喷嘴内通入高速保护气流(如氩气、氮气等),此冷气流均匀地包围着电弧,使弧柱外围受到强烈冷却,于是弧柱截面进一步缩小,产生热压缩效应。

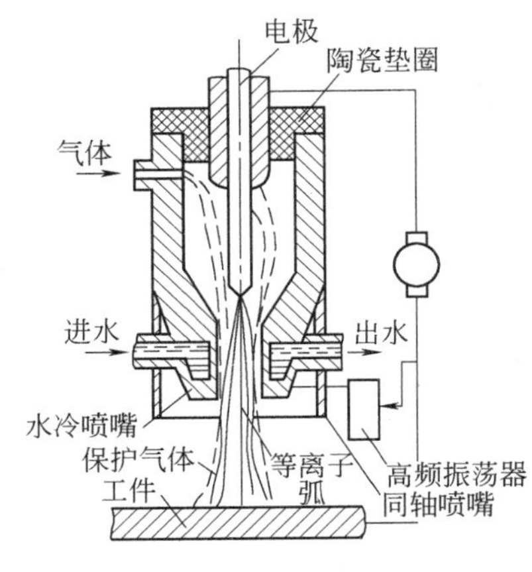

图 9-83　等离子弧焊原理图

此外,带电离子在弧柱中的运动可看成无数根平行的通电“导体”,其自身磁场所产生的电磁力使这些“导体”互相吸引靠拢,电弧进一步受到压缩。这种作用称为电磁压缩效应。这三种压缩效应作用在弧柱上,使弧柱被压缩得很细,电流密度极大提高,能量高度集中,弧柱区内的气体完全电离,从而获得等离子弧,这种等离子弧的热力学温度可高达 15 000～16 000 K,能够用于焊接和切割。

利用等离子弧作为热源的焊接方法称为等离子弧焊。焊接时,在等离子弧周围还要喷射保护气体以保护熔池。一般保护气体和等离子气体相同,通常为氩气。

按焊接电流大小,等离子弧焊分为微束等离子弧焊和大电流等离子弧焊两种。微束等离子弧的电流一般为 0.1～30 A,可用于厚度为 0.025～2.5 mm 箔材和薄板的焊接。大电流等离子弧主要用于焊接厚度大于 2.5 mm 的工件。

等离子弧焊的优点有:能量集中,穿透能力强,电弧稳定;焊接 12 mm 厚的工件可不开坡口,能一次单面焊透双面成形;焊接热影响区小,工件变形小;焊接速度快,生产率高。但等离子弧焊设备复杂,气体消耗大,焊接成本较高,并且只适合用于室内焊接,因此应用范围受到一定限制。

现在等离子弧焊已广泛应用于化工、原子能、精密仪器仪表及尖端技术领域不锈钢、耐热钢、铜合金、铝合金、钛合金及钨、钼、钴、铬、镍、钛的焊接。

此外,利用高温高速的等离子弧还可以切割任何金属和非金属材料,包括氧-乙炔焰不能切割的材料,而且切口窄而光滑,切割效率比氧-乙炔焰高 1～3 倍。

6. 压焊与钎焊

1) 压焊

利用加压(或同时加热)的方法使两工件的结合面紧密接触并产生一定的塑性变形,借用原子之间的结合力将它们牢固地连接起来。这类焊接方法称为压焊。根据加热加压的方式不同,压焊可分为电阻焊、摩擦焊、超声波焊、扩散焊和爆炸焊等。

(1) 电阻焊。

电阻焊是利用电流通过工件及其接触面产生的电阻热作热源,将工件局部加热到塑性或熔融状态,然后在压力下形成焊接接头的一种焊接方法。工件在极短的时间(从十毫秒至几秒)内迅速加热到焊接温度,以减少散热损失,必须采用很大的焊接电流(10^3～10^4 A),因此电阻焊设备的特点就是低电压、大功率。

电阻焊分为点焊、缝焊、对焊三种形式,如图 9-84 所示。

与其他焊接方法相比,电阻焊具有生产率高、工件变形小、劳动条件好、无需填充材料和易

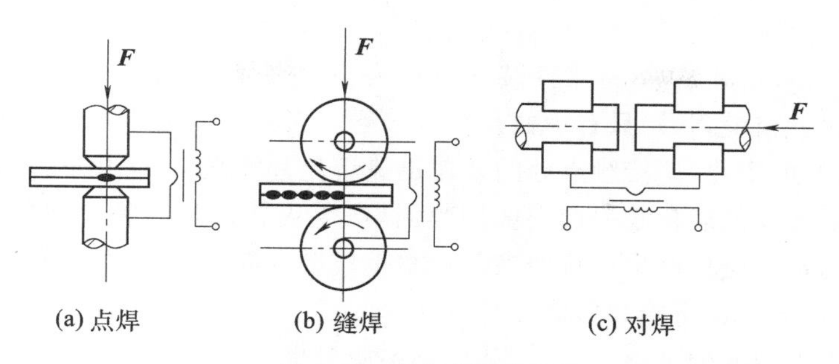

图 9-84 电阻焊示意图

于实现自动化等优点。但电阻焊设备较一般熔化焊复杂,耗电量大,适用的接头形式和可焊工件厚度受到一定的限制,且焊前清理要求高。

①点焊。如图 9-84(a)所示,点焊是利用柱状电极在两块搭接工件接触面之间形成焊点而将工件焊在一起的焊接方法。点焊的焊接过程分为预压、通电加热和断电冷却三个阶段。

a. 预压:将表面已清理好的工件叠合起来,置于两电极之间预压夹紧,使工件欲焊处紧密接触。

b. 通电加热:由于电极内部通水,电极与被焊工件之间所产生的电阻热被冷却水带走,故热量主要集中在两工件接触处,将该处金属迅速加热到熔融状态而形成熔核,熔核周围的金属被加热到塑性状态,在压力作用下发生较大塑性变形。

c. 断电冷却:塑性变形量达到一定程度后,切断电源,并保持压力一段时间,使熔核在压力作用下冷却结晶,形成焊点。

焊完一点后,移动工件焊第二点,这时候有一部分电流流经已焊好的焊点,这种现象称为分流。分流会使第二点处电流减小,影响焊接质量,因而两点间应有一定的距离。被焊材料的导电性越好,工件厚度越大,分流现象越严重,因此两点间的间距就应该越大。

点焊主要用于焊接薄板结构,板厚一般在 4 mm 以下,特殊情况下可达 10 mm。这种焊接方法广泛用来制造汽车车厢、飞机外壳等轻型结构。

②缝焊。缝焊过程与点焊基本相似。缝焊焊缝是由许多焊点相互依次重叠而形成的连续焊缝。由于缝焊机的电极是两个可以旋转的盘状电极,所以缝焊又称滚焊。

如图 9-84(b)所示,当两工件的搭接处被两个圆盘电极以一定的压力夹紧并反向转动时,自动开关按一定的时间间隔断续送电,两工件接触面间就形成许多连续而彼此重叠的焊点,这样就获得缝焊焊缝,焊点相互重叠率在 50%以上。

缝焊在焊接过程中分流现象严重,因此缝焊只适于焊接 3 mm 以下的薄板工件。

缝焊焊缝表面光滑美观,气密性好。缝焊已广泛应用于家用电器(如电冰箱壳体)、交通运输(如汽车、拖拉机油箱)及航空航天(如火箭燃料贮箱)等领域要求密封的工件的焊接。

③对焊。对焊是利用电阻热将两工件端部对接起来的一种压焊方法。根据焊接过程不同,对焊又可分为电阻对焊和闪光对焊。

a. 电阻对焊。把工件装在对焊机的两个电极夹具上对正、夹紧,并施加预压力,使两工件的端面挤紧,然后通电。由于两工件接触处实际接触面积较小,因而电阻较大,当电流通过时,就会在此产生大量的电阻热,使接触面附近金属迅速加热到塑性状态,然后增大压力,切断电源,使接触处产生一定的塑性变形而形成接头。

电阻对焊具有接头光滑、毛刺小、焊接过程简单等优点,但接头的机械性能较低。焊前必须对工件端面进行除锈、修整,否则焊接质量难以保证。电阻对焊主要用于截面尺寸小且截面形状简单(如圆形、方形等)的金属型材的焊接。

b. 闪光对焊。闪光对焊时,将工件装在电极夹头上夹紧,先接通电源,然后逐渐靠拢。由于工件接头端面比较粗糙,开始只有少数几个点接触。当强大的电流通过接触面积很小的几点时,就会产生大量的电阻热,使接触点处的金属迅速熔化甚至汽化,熔化的金属在电磁力和气体爆炸力作用下连同表面的氧化物一起向四周喷射,产生火花四溅的闪光现象。继续推进工件,闪光现象便在新的接触点处产生。待两工件的整个接触端面有一薄层金属熔化时,迅速加压并断电,两工件便在压力作用下冷却凝固而焊接在一起。

闪光对焊对工件端面的平整度要求不高,接头质量也较电阻对焊好,但操作比较复杂,对环境也会造成一定的污染。

(2) 摩擦焊。

摩擦焊是利用两工件焊接端面之间的相互摩擦力产生的热量将工件接合端加热到塑性状态后,在压力作用下使它们连接起来的一种压焊方法。

①摩擦焊的过程。

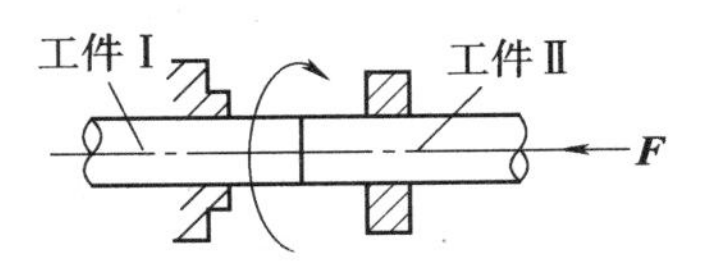

图 9-85　摩擦焊工作原理

如图 9-85 所示,将工件Ⅰ、Ⅱ分别夹持在焊机的旋转夹头和移动夹头上,加上预压力,使两工件紧密接触,然后使工件Ⅰ高速旋转,工件Ⅱ在一定的轴向压力作用下不断向工件Ⅰ方向缓缓移动。于是两工件接触端面强烈摩擦而发出大量的热并被加热到塑性状态,同时在轴向压力作用下逐步发生塑性变形,变形的结果使覆盖在端面上的氧化物和杂质迅速破碎并被挤出焊接区,露出纯净的金属表面。

随着焊接区金属塑性变形的增加,接触端部很快被加热到焊接温度,这时立即刹车,停止工件Ⅰ的旋转并加大轴向压力,使两工件在高温高压下焊接起来。

②摩擦焊的特点。

a. 焊接接头质量高且稳定。由于工件接触表面强烈摩擦,使工件接触表面的氧化膜和杂质挤出焊缝之外,因而接头质量好,工件尺寸精度高。

b. 不仅可以实现同种金属的焊接,还可实现异种金属的焊接,如高速钢与 45 钢焊接、铜合金与铝合金焊接等。

c. 生产率高。焊好一个接头所需时间一般不超过 1 min。与闪光焊相比,生产率可提高几倍甚至几十倍。

d. 摩擦焊操作技术简单,容易实现自动控制,且没有火花和弧光,劳动条件好。

e. 焊机所需功率小,省电。与闪光焊相比,可节约电能 5～10 倍甚至更多。

③摩擦焊的接头形式。

摩擦焊接头一般是等截面的,也可以是不等截面的。

2) 钎焊

钎焊是通过加热,使被焊工件接头处温度升高但不熔化,同时使熔点较低的钎料熔化并渗入被焊工件的间隙之中,通过原子扩散和相互相熔解,冷却凝固后将两工件连接起来的一种焊接方法。

与一般焊接方法相比,钎焊的加热温度较低,工件的应力和变形较小,对材料的组织和性能影响很小,易于保证工件尺寸。钎焊还能实现异种金属甚至金属与非金属的连接。因此,钎焊在电工、仪表、航空等机械制造业中得到广泛应用。

①钎料。

按熔点不同，钎料可分为易熔钎料和难熔钎料两大类。

a. 易熔钎料熔点在 450 ℃以下，又称软钎料。常用的易熔钎料有锡基钎料和铅基钎料。易熔钎料的焊缝强度较低，用于强度要求低或无强度要求的工件，如电子产品和仪表中线路的焊接。

b. 难熔钎料熔点高于 450 ℃，又称硬钎料。常用的难熔钎料有银基钎料和铜基钎料。难熔钎料的接头强度较高，常用于受力较大或工作温度较高的工件焊接，如车刀上硬质合金刀头与刀杆的焊接。

②钎焊方法。

a. 工件去膜。大气中的金属表面都覆盖着一层氧化膜。氧化膜的存在会使液态钎料不能浸润工件而难以焊接，因此必须设法清除。常用的去膜法有钎剂去膜法（如锡焊时采用松香、铜焊时采用硼酸或硼砂）和机械去膜法（如利用器械刮除）。

b. 接头形式。钎焊接头的强度往往低于钎焊金属的强度，因此钎焊常采用搭接接头形式。依靠增大搭接面积，可以在接头强度低于钎焊金属强度的条件下，达到接头与工件具有相等的承载能力的目的。另外，它的装配要求也比较简单。

③加热方法。

a. 烙铁加热：利用烙铁头积聚的热量来熔化钎料并加热工件钎焊部位。烙铁钎焊只适用于用易熔钎料焊接薄件和小件，多用于电工、仪表等线路连接。烙铁钎焊一般采用钎剂去膜。

b. 火焰加热：利用可燃性气体或液体燃料燃烧所形成的火焰来加热工件和熔化钎料。这种加热方法常用于难熔钎料，钎焊碳钢、低合金钢、不锈钢、铜及铜合金的薄壁和小型工件。火焰钎焊主要由手工操作，对工人的技术水平要求较高。

c. 电阻加热：依靠电阻热加热工件和熔化钎料，并在压力作用下完成焊接过程。电阻钎焊加热迅速、生产率高，易于实现自动化，但接头尺寸小能太大。目前电阻钎焊主要用于钎焊刀具、带锯、导线端、各种电触点，以及集成电路块和晶体管等元件的焊接。

d. 感应加热：将工件的钎焊部分置于交变磁场中，通过工件在磁场中产生的感应电流的电阻热来实现钎焊焊接。感应加热的速度快，生产率高，便于实现自动化，特别适用于管件套接。

四、焊接结构工艺改计

1. 焊接结构生产工艺过程概述

各种焊接结构主要的生产工艺过程为：备料—装配—焊接—焊接变形矫正—质量检验—表面处理（油漆、喷塑或热喷涂等）。

1）备料

备料包括型材选择，型材外形矫正，按比例放样、画线，下料切割，边缘加工，成形加工（折边、弯曲、冲压、钻孔等）。

2）装配

利用专用卡具或其他紧固件装置将加工好的零件或部件组装成一体，进行定位焊，准备焊接。

3）焊接

根据工件材质、尺寸、使用性能要求、生产批量及现场设备情况选择焊接方法，确定焊接工艺参数，按合理顺序施焊。

2. 焊接结构工艺设计

焊接结构件种类各式各样,在焊接结构件的材料确定以后,对焊接结构件进行工艺设计主要包括三方面内容:焊缝布置、焊接方法选择和焊接接头设计等。

1) 焊缝布置

焊缝布置是否合理,直接影响焊接结构件的焊接质量和生产率。设计焊缝位置时应考虑下列原则。

(1) 焊缝应尽量处于平焊位置。

各种位置的焊缝,操作难度不同。以手工电弧焊焊缝为例,其中平焊操作最方便,易于保证焊接质量,是焊缝位置设计中的首选方案,立焊、横焊位置次之,仰焊位置施焊难度最大,不易保证焊接质量。

(2) 焊缝要布置在便于施焊的位置。

手工电弧焊时,焊条要能伸到焊缝位置,如图 9-86 所示。点焊、缝焊时,电极要能伸到待焊位置,如图 9-87 所示。埋弧自动焊时,要考虑焊缝所处的位置能否存放焊剂。设计时若忽略了这些问题,则无法施焊。

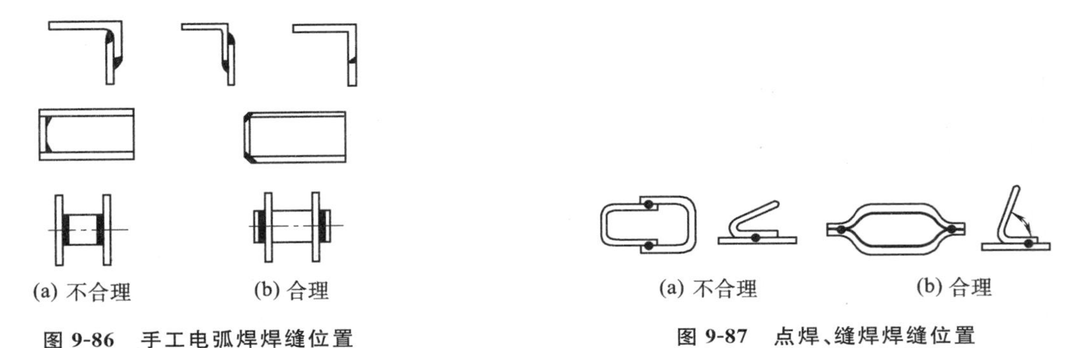

图 9-86 手工电弧焊焊缝位置

图 9-87 点焊、缝焊焊缝位置

(3) 焊缝布置要有利于减少焊接应力与变形。

①尽量减少焊缝数量及长度,缩小不必要的焊缝截面尺寸。设计工件结构时,可通过选取不同形状的型材、冲压件来减少焊缝数量。如图 9-88 所示的箱式结构,若用平板拼焊则需四条焊缝,若改用槽钢拼焊则需两条焊缝。焊缝数量的减少,既可减少焊接应力和变形,又可提高生产率。

焊缝截面尺寸的增大会使焊接变形量随之加大,但过小的焊缝截面尺寸又可能降低工件结构强度,且焊缝截面过小,焊缝冷速过快,易产生缺陷,因此在满足工件使用性能的前提下,应尽量减小不必要的焊缝截面尺寸。

②焊缝布置应避免密集或交叉。焊缝密集或交叉,会使接头处严重过热,导致焊接应力与变形增大,甚至开裂。因此,两条焊缝之间应隔开一定的距离,一般要求大于三倍的板材厚度,且不小于 100 mm,如图 9-89 所示。处于同一平面焊缝转角的尖角处相当于焊缝交叉,易产生应力集中,应尽量避免,改为平滑过渡结构。即使焊缝不处于同一平面,若密集堆垛或排布在一列,也会降低工件的承载能力。

③焊缝布置应尽量对称。焊缝对称于工件截面中心轴或接近中心轴布置时,可使焊接中产生的变形相互抵消而减小焊后总变形量。焊缝在梁、柱、箱体等结构中对称分布尤其重要。图 9-90(a)中焊缝布置在工件的非对称位置,会产生较大的弯曲变形,不合理;图 9-90(b)将焊缝对称布置,均可减小弯曲变形。

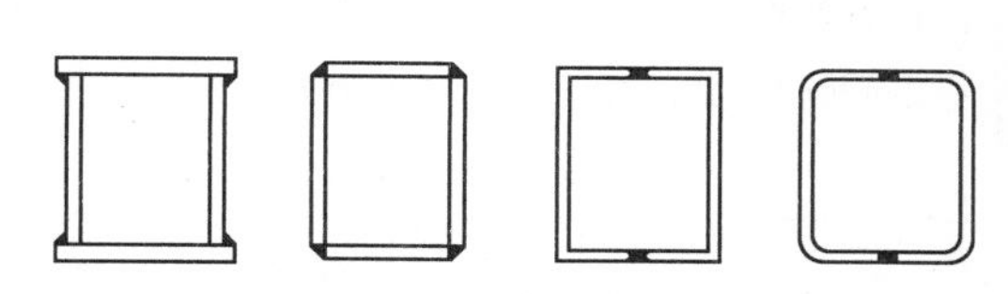

图 9-88 减少焊缝数量示例

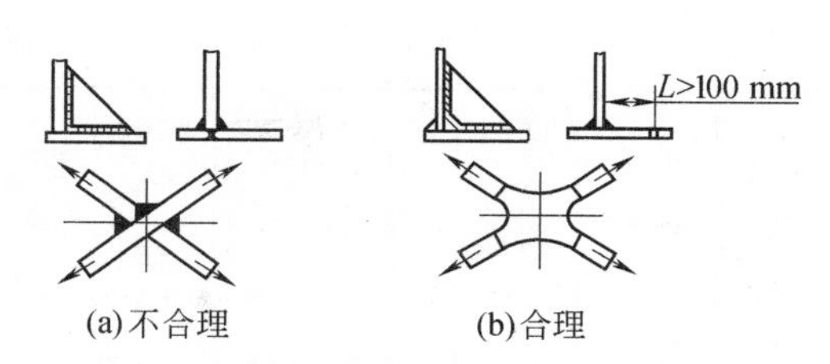

图 9-89 焊缝布置应避免密集和交叉

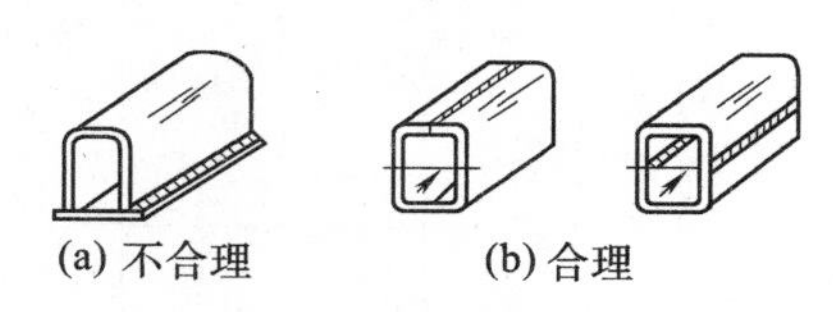

图 9-90 焊缝布置应对称

④焊缝布置应尽量避开最大应力位置或应力集中位置。尽管优质的焊接接头能与母材等强度,但焊接时难免出现程度不同的焊接缺陷,使结构的承载能力下降。所以,在设计受力的焊接结构时,最大应力和应力集中的位置不应布置焊缝。在图 9-91 中,大跨度钢梁的最大应力处在钢梁中间,若整个钢梁结构由两段型材焊成,焊缝正布置在最大应力处(见图 9-91(a)),整个结构的承载能力下降;若改用图 9-91(b)所示结构,钢梁由三段型材焊成,虽增加了一条焊缝,但焊缝避开了最大应力处,提高了钢梁的承载能力。对于压力容器结构设计,为使焊缝避开应力集中的转角处,不应采用图 9-91(c)所示无折边封头结构,应采用图 9-91(d)所示有折边封头结构。

⑤焊缝布置应避开机械加工表面。有些工件某些部位需切削加工,如采用焊接结构制造的零件(如轮毂)等,如图 9-92 所示。为方便机械加工,先车削内孔后焊接轮辐,为避免内孔加工精度受焊接变形影响,必须采用图 9-92(a)右图所示结构,焊缝布置得离加工面远些。对机械加工表面要求高的零件,由于焊后接头处的硬化组织影响加工质量,焊缝布置应避开机械加工表面,图 9-92(b)右图所示结构比图 9-92(b)左图所示结构合理。

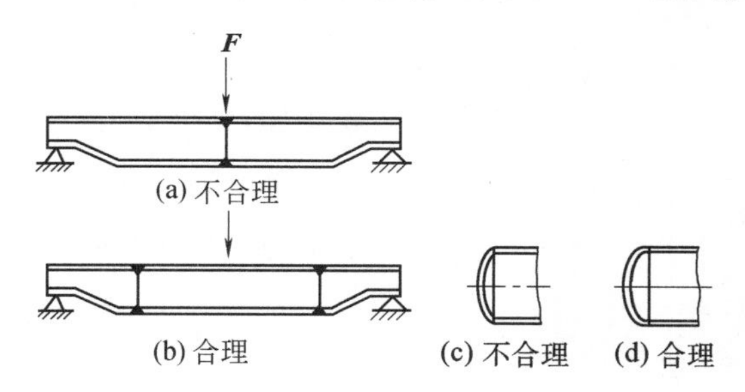

图 9-91 焊缝布置应避开应力集中处

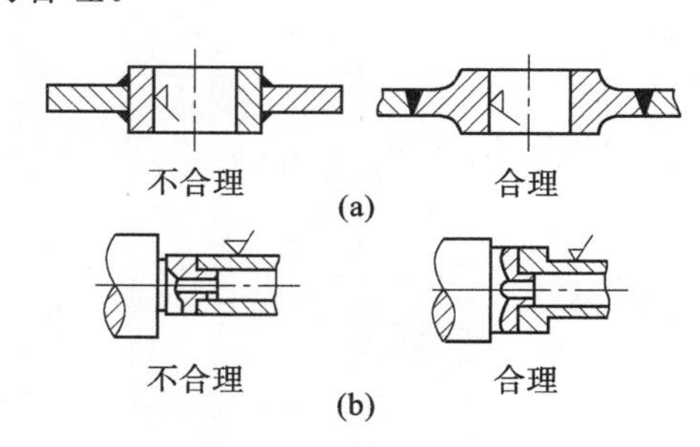

图 9-92 焊缝布置应避开机械加工表面

2）焊接方法选择

各种焊接方法都有其各自特点及适用范围。选择焊接方法时,要根据工件的结构形状及材质、焊接质量要求、生产批量和现场设备等,在综合分析工件质量、经济性和工艺可能性之后,确定最适宜的焊接方法。

常用焊接方法的比较如表 9-5 所示。

选择焊接方法时应依据下列原则。

(1) 焊接接头使用性能及质量要符合结构技术要求。选择焊接方法时既要考虑工件能否达到力学性能要求,又要考虑接头质量能否符合技术要求。例如,点焊、缝焊都适用于薄板轻型结构焊接,缝焊才能焊出有密封要求的焊缝。又例如,虽然氩弧焊和气焊都能焊接铝材容器,但接头质量要求高时,应采用氩弧焊。又例如,焊接低碳钢薄板,要求焊接变形小时,应选用 CO_2 气体保护焊或点(缝)焊,而不宜选用气焊。

表 9-5　常用焊接方法的比较

<table>
<tr><th>焊接方法</th><th>焊接热源</th><th>可焊空间位置</th><th>适用钢板厚度/mm</th><th>焊缝成形性</th><th>生产率</th><th>设备费用</th><th>可焊材料</th><th>适用范围和/或特点</th></tr>
<tr><td>气焊</td><td>氧-乙炔气体或其他可燃气体</td><td>全位置</td><td>1～3</td><td>较差</td><td>低</td><td>低</td><td>碳钢、低合金钢、铸铁、铝及铝合金、铜及铜合金</td><td>薄板、薄管工件，灰铸铁补焊，铝、铜及其合金薄板结构件的焊接、补焊。工件变形大，焊接质量较差</td></tr>
<tr><td>手工电弧焊</td><td>电弧</td><td>全位置</td><td>>1
常用 2～10</td><td>较好</td><td>中等</td><td>较低</td><td>碳钢、低合金钢、不锈钢、铸铁等</td><td>成本较低，适应性强，可焊各种空间位置的短、曲焊缝</td></tr>
<tr><td>埋弧自动焊</td><td>电弧</td><td>平焊</td><td>常用 4～60</td><td>好</td><td>高</td><td>较高</td><td>碳钢、低合金钢等</td><td>成批生产、中厚板长直焊缝和直径大于 250 mm 的环焊缝</td></tr>
<tr><td>氩弧焊</td><td>电弧</td><td>全位置</td><td>0.5～25</td><td>好</td><td>中等</td><td>较高</td><td>铝、铜、钛、镁及其合金，不锈钢，耐热钢</td><td>焊接质量好，成本高</td></tr>
<tr><td>CO_2 气体保护焊</td><td>电弧</td><td>全位置</td><td>0.8～50
常用于薄板</td><td>较好</td><td>高</td><td>较高</td><td>碳钢、低合金钢</td><td>生产率高，无渣壳，成本低，宜焊薄板，也可焊中厚板，长直或短曲焊缝</td></tr>
<tr><td>电渣焊</td><td>电阻热</td><td>立焊</td><td>25～1 000
常用 40～450</td><td>好</td><td>高</td><td>高</td><td>碳钢、低合金钢、铸铁</td><td>较厚工件立焊缝</td></tr>
<tr><td>点焊</td><td rowspan="3">电阻热</td><td>全位置</td><td>常用 0.5～6</td><td rowspan="3">好</td><td>很高</td><td>较低～较高</td><td rowspan="3">碳钢、低合金钢、铝及铝合金</td><td>焊接薄板，接头为搭接接头</td></tr>
<tr><td>缝焊</td><td rowspan="2">平焊</td><td><3</td><td></td><td>较高</td><td>焊接有密封要求的薄板容器和管道，接头为搭接接头</td></tr>
<tr><td>对焊</td><td>—</td><td>高</td><td>较低～较高</td><td>焊接杆状零件，接头为对接接头</td></tr>
<tr><td>钎焊</td><td>各种热源(常用烙铁和氧-乙炔焰)</td><td>平焊、立焊</td><td>—</td><td>好</td><td>高</td><td></td><td>一般为金属材料</td><td>常用于电子元件、仪器、仪表及精密机械零件的焊接，还可完成其他焊接方法难以完成的异种金属间焊接。接头强度较低，接头多为搭接接头</td></tr>
</table>

(2) 提高生产率,降低成本。板材为中等厚度时,选择手工电弧焊、埋弧自动焊和气体保护焊均可。如果是平焊长直焊缝或大直径环焊缝,批量生产,应选用埋弧自动焊。如果是位于不同空间位置的短曲焊缝,单件或小批量生产,采用手工电弧焊为好。氩弧焊几乎可以焊接各种金属材料,但成本较高,所以主要用于焊接铝、镁、钛合金结构及不锈钢等重要焊接结构。焊接铝合金工件,板厚大于 10 mm 采用熔化极氩弧焊为好,板厚小于 6 mm 采用钨极氩弧焊为宜。若是板厚大于 40 mm 钢材直立焊缝,采用电渣焊最适宜。

(3) 焊接现场设备条件及工艺可能性。选择焊接方法时,要考虑现场是否具有相应的焊接设备,野外施工有没有电源等。此外,要考虑拟订的焊接工艺能否实现。例如,无法采用双面焊工艺又要求焊透的工件,采用单面焊工艺时,若先用钨极氩弧焊(甚至钨极脉冲氩弧焊)打底焊接,更易于保证焊接质量。

3) 焊接接头设计

焊接接头设计包括接头形式设计和坡口形式设计。设计接头形式主要考虑工件的结构形状和板厚、接头使用性能要求等因素。设计坡口形式主要考虑焊缝能否焊透、坡口加工难易程度、生产率、焊条消耗量、焊后变形大小等因素。

(1) 焊接接头形式设计。

焊接接头按其结合形式分为对接接头、盖板接头、搭接接头、T 形接头、十字形接头、角接接头和卷边接头等,如图 9-93 所示。其中常见的焊接接头形式有对接接头、搭接接头、角接接头和 T 形接头。

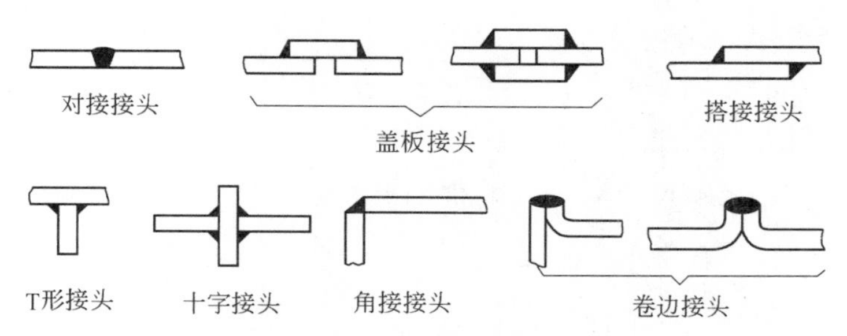

图 9-93 焊接接头形式

对接接头应力分布均匀,节省材料,易于保证质量,是焊接结构中应用较多的一种,但对下料尺寸和焊前定位装配尺寸要求精度高。锅炉、压力容器等焊件常采用对接接头。搭接接头不在同一平面,接头处部分相叠,应力分布不均匀,会产生附加弯曲力,降低了疲劳强度,多耗费材料,但对下料尺寸和焊前定位装配尺寸要求精度不高,且接头结合面大,提高了承载能力,所以薄板、细杆工件,如厂房金属屋架、桥梁、起重机吊臂等桁架结构常用搭接接头。点焊、缝焊工件的接头为搭接接头,钎焊也多采用搭接接头,以增大结合面。角接接头和 T 形接头根部易出现未焊透现象,引起应力集中,因此接头处常开坡口,以保证焊接质量。角接接头多用于箱式结构。对于厚度为 1~2 mm 的薄板,气焊或钨极氩弧焊时为避免接头烧穿并节省填充焊丝,可采用卷边接头。

(2) 焊接接头坡口形式设计。

开坡口的根本目的是使接头根部焊透,同时也使焊缝成形美观。此外,通过控制坡口大小,能调节焊缝中母材金属与填充金属的比例,使焊缝金属达到所需的化学成分。加工坡口的常用方法有气割、切削加工(车或刨)和碳弧气刨等。

手工电弧焊的对接接头、角接接头和 T 形接头中有各种形式的坡口,坡口形式选择主要取决于焊件板材厚度。

①对接接头坡口形式设计。对接接头的坡口基本形式有I形坡口、Y形坡口、双Y形坡口、带钝边U形坡口、带钝边双U形坡口、单边V形坡口、双单边V形坡口、带钝边J形坡口、带钝边双J形坡口等。图9-94中列出其中六种坡口形式。此外,还有带垫板的I形坡口等。

②角接接头坡口形式设计。角接接头的坡口基本形式有I形坡口、错边I形坡口、Y形坡口、带钝边单边V形坡口、带钝边双单边V形坡口等,如图9-95所示。

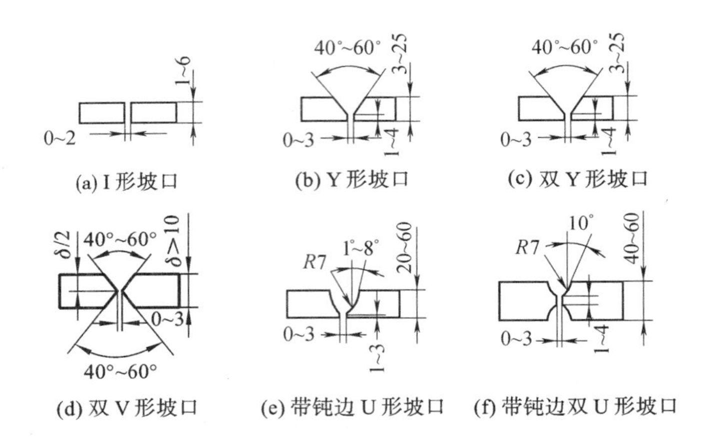

图9-94 几种对接接头坡口形式

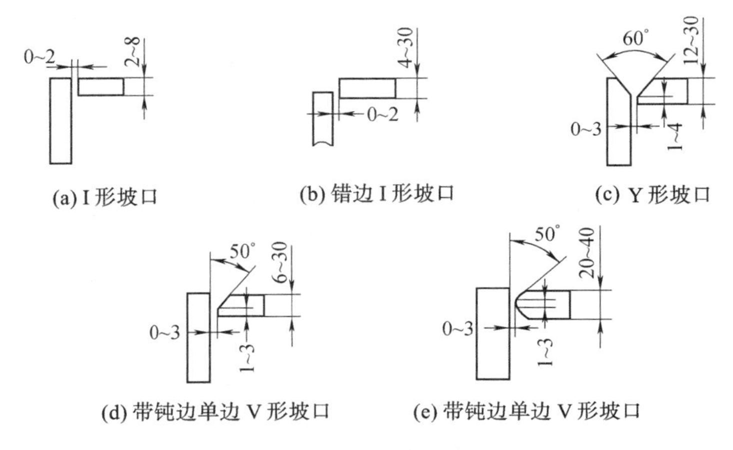

图9-95 几种角接接头坡口形式

③T形接头坡口形式设计。T形接头的坡口基本形式有I形坡口、带钝边单边V形坡口、带钝边双单边V形坡口等,如图9-96所示。

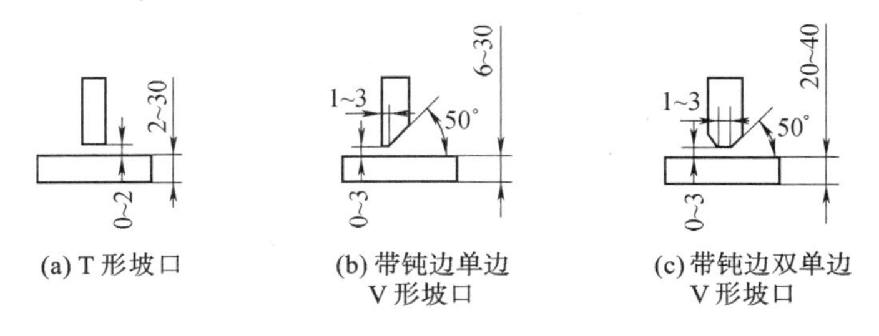

图9-96 三种T形接头坡口形式

焊条电弧焊板厚小于6 mm时,一般采用I形坡口;但重要结构件板厚大于3 mm就需开坡口,以保证焊接质量。板厚为 6～26 mm 可采用 Y 形坡口。这种坡口加工简单,但焊后角变形大。板厚为 12～60 mm 可采用双 Y 形坡口。同等板厚情况下,双 Y 形坡口需要的填充金属量比 Y 形坡口需要的填充金属量约少 1/2,且焊后角变形小,但需双面焊。带钝边 U 形坡口比 Y 形坡口省焊条,省焊接工时,但坡口加工麻烦,需切削加工。

埋弧自动焊焊接较厚板采用 I 形坡口时,为使焊剂与工件贴合,接缝处可留一定的间隙。

坡口形式的选择既取决于板材厚度,也要考虑加工方法和焊接工艺性。例如要求焊透的受力焊缝,能双面焊尽量采用双面焊,以保证接头焊透、变形小,但生产率下降,不能双面焊时才开单面坡口焊接。

对于不同厚度的板材,为保证焊接接头两侧加热均匀,接头两侧板厚截面应尽量相同或相近,如图 9-97 所示。

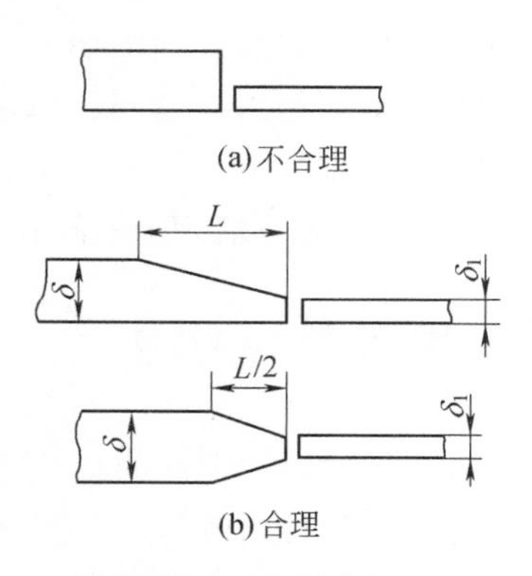

图 9-97　不同板厚对接

3. 焊接结构工艺设计实例

图 9-98(a)所示低压储气罐壁厚为 8 mm,压力为 10 MPa,温度为常温,介质为压缩空气,大批量生产。

焊接结构工艺设计要求如下。

(1) 图 9-98(b)所示为低压储气罐装配焊接图,筒节、封头Ⅰ、封头Ⅱ焊合成筒体。低压储气罐由筒体及四个法兰管座焊合而成。

(2) 选择母材材料。根据技术参数,考虑到封头拉深、筒节卷圆、焊接工艺及成本,筒节、封头及法兰选用塑性和焊接性好的普通碳素结构钢 Q235-A,短管选用优质碳素结构钢。

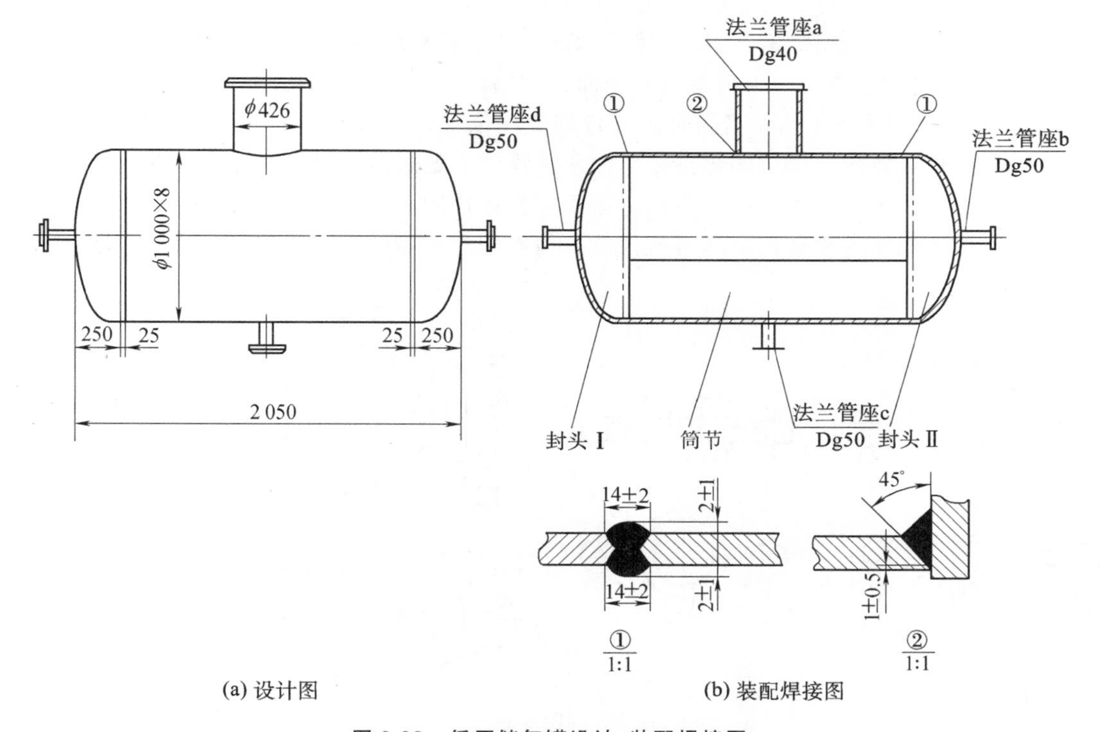

图 9-98　低压储气罐设计、装配焊接图

(3) 设计焊缝位置及焊接接头、坡口形式。筒节的纵焊缝和筒节与封头相连处的两条环焊缝均采用对接Ⅰ形坡口双面焊，法兰与短管焊合采用不开坡口角焊缝，法兰管座与筒体焊合采用开坡口角焊缝。

(4) 选择焊接方法和焊接材料。由于各条角焊缝长度均较短，且大部分焊缝在弧面上，故采用手工电弧焊方法，焊条选用 E4303(J422)，选用弧焊变压器(因用酸性焊条)。焊接三条纵、环焊缝时，为了保证质量，提高生产率，采用埋弧自动焊方法，焊丝选用 H08A，配合焊剂 HJ431。

(5) 主要工艺流程如下。

封头：气割下料—拉深—切边—开管座孔 b、d。

法兰管座：下料—切削加工—钻孔—焊接。

筒节：剪切下料—卷圆—焊接内纵缝—焊接外纵缝—射线探伤—开管座孔 a、c。

低压储气罐：筒节与封头Ⅰ、Ⅱ组对—焊接内环缝—焊接外环缝—射线探伤—法兰、短管、筒体装配与焊接—清理—水压试验—气密性试验。

思考题与习题

9-1　试述铸造生产的特点，并举例说明其应用情况。

9-2　试分析比较整模造型、分模造型、挖砂造型、活块造型和刮板造型的特点和应用情况。

9-3　典型浇注系统由哪几部分组成？各部分有何作用？

9-4　什么是合金的铸造性能？试比较铸铁和铸钢的铸造性能。

9-5　什么是合金的流动性？合金的流动性对铸造生产有何影响？

9-6　铸件为什么会产生缩孔、缩松？如何防止或减少它们的危害？

9-7　熔模铸造、金属型铸造、压力铸造和离心铸造各有何特点？应用范围如何？

9-8　砂型铸造时铸型中为何要有分型面？举例说明选择分型面应遵循的原则。

9-9　试确定题图 9-1 所示各灰铸铁零件的浇注位置和分型面。

9-10　为什么要规定铸件的最小壁厚？灰铸铁件的壁过薄或过厚会出现哪些问题？

9-11　为什么钢制机械零件需要锻造而不宜直接选用型材进行加工？

9-12　锻造流线的存在对金属机械性能有何影响？在零件设计中应注意哪些问题？

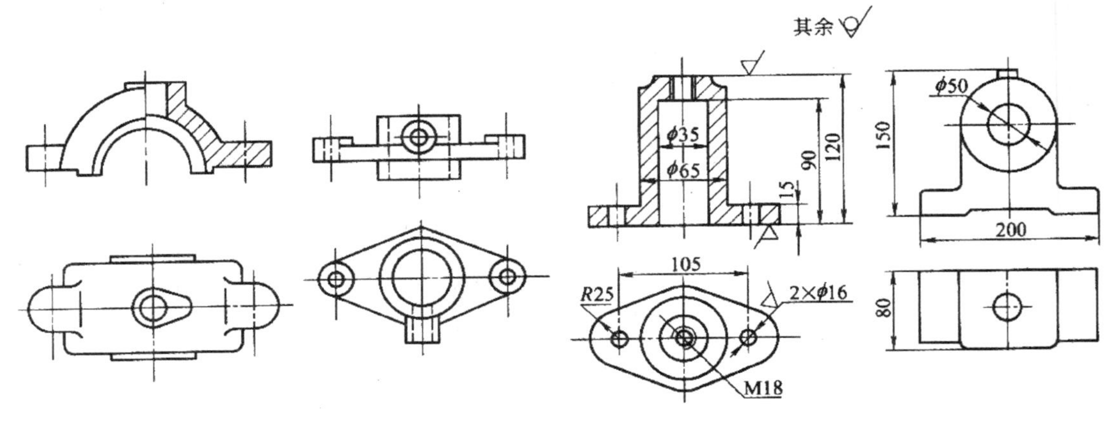

题图 9-1

9-13　为什么要规定锻造加热温度范围？

9-14　金属在加热时可能会出现哪些缺陷？如何预防止？

9-15　自由锻有哪些主要工序？并叙述其应用范围。

9-16　设计自由锻零件时应注意哪些问题？

9-17　试确定题图 9-2 所示零件的锻造工艺。

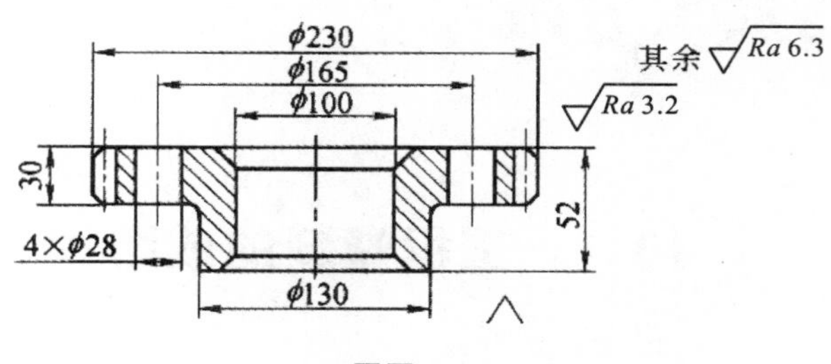

题图 9-2

9-18　试比较各种模锻方法的工艺特点及应用。

9-19　生活用品中有哪些产品是通过板料冲压制成的？举例说明其冲压工序。

9-20　弯曲时，工件受力和变形的过程如何？易产生什么缺陷？如何防止？

9-21　拉深时，工件受力和变形的情况如何？拉深时常见的废品有哪些？如何防止？

9-22　焊接电弧是如何产生的？电弧中各区的温度有多高？用直流电焊接和用交流电焊接效果一样吗？

9-23　焊接时为什么要进行保护？各电弧焊方法中的保护方式和保护效果有什么不同？

9-24　焊芯的作用是什么？其化学成分有何特点？焊条药皮有哪些作用？

9-25　如何防止焊接变形？减少焊接应力的工艺措施有哪些？

第10章 其他加工方法

10.1 工程塑料的成型

塑料按受热后的性质可分为热塑性塑料和热固性塑料。热塑性塑料的特点是受热时软化并熔融，成为可流动的黏稠液体，冷却后便固化成型，这一过程可反复进行。热固性塑料的特点是：在一定的温度下能软化或熔融，冷却后便固化（或加入固化剂）成型；一旦成型后，便不能溶解于溶剂中；再度加热，不会再度熔融，温度再高时只能分解而不能软化。所以，热固性塑料只能塑制一次。

塑料制品的生产主要由成型、机械加工、修配和装配等过程组成。其中成型是塑料制品或成型材料生产最重要的基本工序。

一、挤出成型

挤出成型亦称挤塑，主要用于热塑性塑件成型。挤出成型可连续化生产，生产效率高，应用范围广。挤出成型能加工大多数热塑性塑料和一些热固性塑料及塑料与其他材料的复合材料，广泛用于生产塑料管材、板材、棒材、薄膜、单丝、电缆护层、中空制品、异型材等。

挤出成型在挤出机上进行，按加压方式不同可分为连续式（螺杆式）和间歇式（柱塞式）两种。螺杆式挤出机借助螺杆旋转产生的压力和剪切力，与加热滚筒共同作用使物料充分熔融、塑化并均匀混合，通过机头处口模具有一定截面形状的间隙并经冷却定型而成型；柱塞式挤出机主要借助柱塞压力，将事先塑化好的物料挤出口模并成型。通用的卧式单螺杆式挤出机结构简图如图10-1所示。

挤出成型工艺过程包括物料的干燥、物料成型、制品的定型与冷却、制品的牵引与卷取（或切割），有时还包括制品的后处理等。

二、注射成型

注射成型也称注塑，是利用注塑机的螺杆或活塞，使料筒内的塑化熔融的塑料，经喷嘴、浇注系统，注入闭合的模具型腔而固化成型。注塑制品品种繁多，如日用塑料制品、机械设备和电器的塑料配件等。除氟塑料外，几乎所有的热塑性塑料都可采用注射成型。另外，注射成型还可以用于某些热固性塑料。注射成型具有生产周期短、生产率高、易于实现自动化生产和适应性强的特点。目前，注塑制品占热塑性塑料制品的20%～30%。

注射成型工艺过程包括成型前的准备、注射过程、制品的后处理等。

1. 成型前的准备

成型前的准备工作包括：原料的检验，原料的染色和造粒；原料的预热及干燥，嵌件的预热和安放；试模、清洗料筒及试车等。

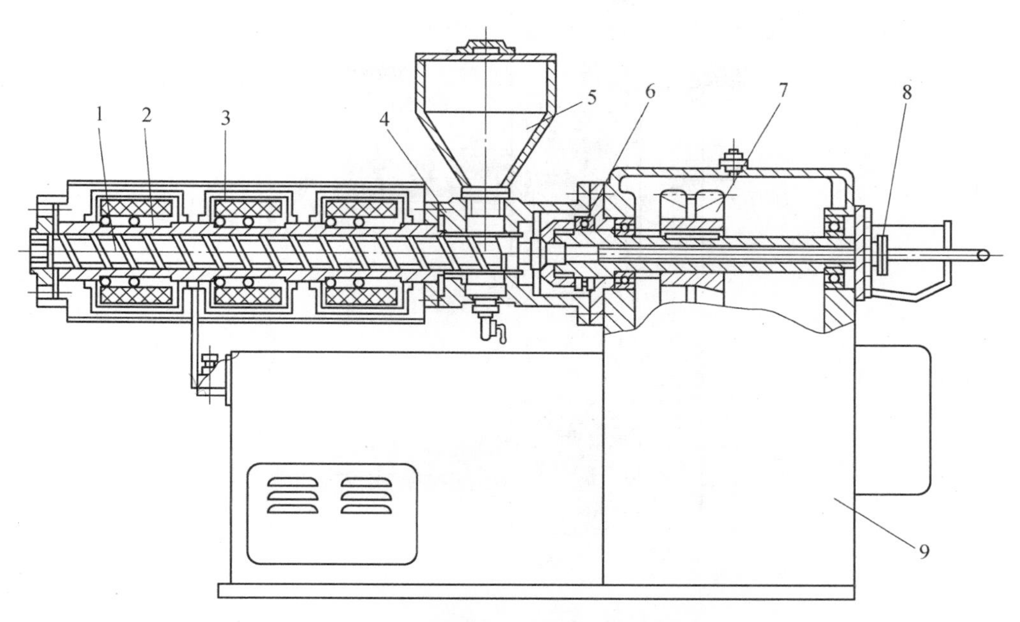

图 10-1　卧式单螺杆式挤出机结构简图

1—螺杆；2—机筒；3—加热器；4—料斗支座；5—料斗；6—止推轴承；7—传动系统；8—螺杆冷却系统；9—机身

2. 注射过程

注射过程包括加料、塑化、注射、冷却和脱模等工序，如图 10-2 所示。塑料在料筒中加热，由固态粒子转变成熔体，经过混合和塑化后，熔体被柱塞或螺杆推挤至料筒前端，经过喷嘴、模具浇注系统进入并填满型腔，这一阶段称为充模。熔体在模具中冷却收缩时，柱塞或螺杆继续保持加压状态，迫使浇口和喷嘴附近的熔体不断补充进入模具中(补塑)，使模腔中的塑料能形成形状完整而致密的制品，这一阶段称为保压。卸除料筒内塑料上的压力，同时通入水、油或空气等冷却介质，进一步冷却模具，这一阶段称为冷却。制品冷却到一定温度后，即可用人工或机械的方式脱模。

3. 制品的后处理

注塑制品经脱模或机械加工后，常需进行适当的后处理以改善性能，提高尺寸稳定性。制品的后处理主要是指退火和调质处理。退火处理是把制品放在恒温的液体介质或热空气循环箱中静置一段时间。一般退火温度应控制在高于制品使用温度 10～20 ℃。退火时间视制品厚度而定。退火后制品缓冷至室温。调质处理是在一定的温度环境中让制品预先吸收一定的水分，使其尺寸稳定，以免制品在使用过程中因吸水而发生变形。

三、模压成型

模压成型也称压塑，主要用于热固性塑料的成型。将原料倒入已加热的模具型腔内，通过压机给模具加压，塑料在模腔内加热塑化(熔化)流动并在压力下充满模腔，同时发生化学反应而固化，得到塑料制品。

在热塑性塑料方面，模压成型仅用于 PVC 唱片生产和聚四氟乙烯制品的预压成型。与挤出成型和注射成型相比，模压成型设备、模具和生产过程控制比较简单，并易于生产大型制品，但生产周期长，效率低，较难实现自动化，工人劳动强度大，难以成型厚壁制品及形状复杂的制品。

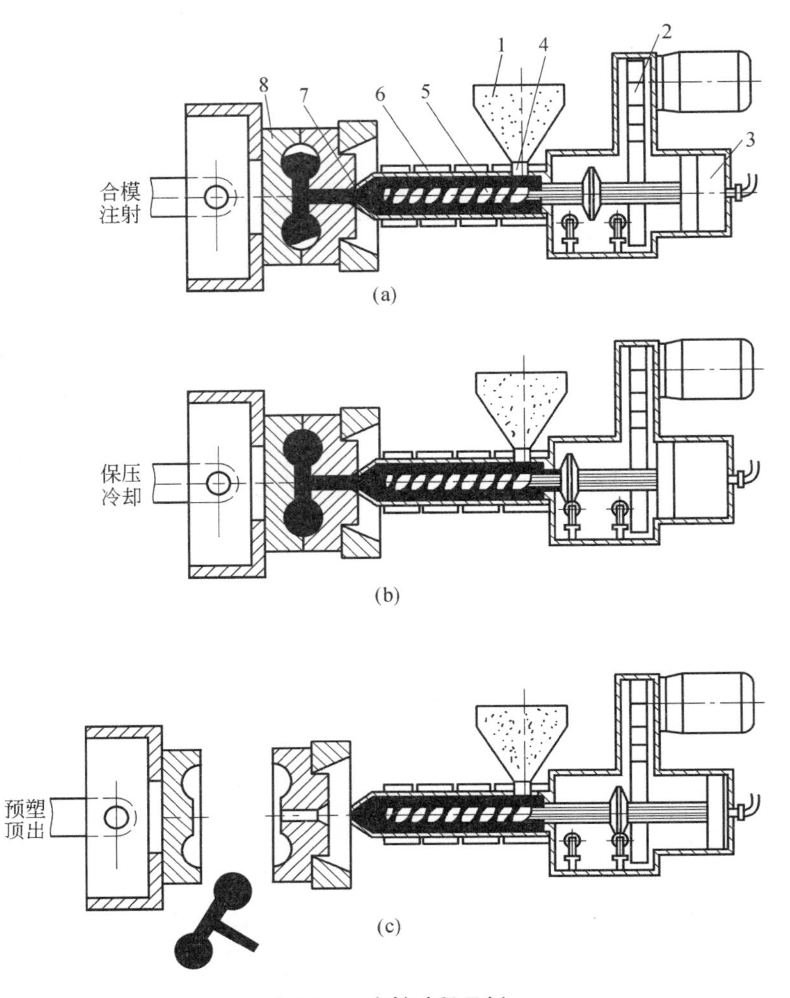

图 10-2 注射过程示例

1—料斗;2—螺杆传动装置;3—注射油缸;4—计量装置;5—螺杆;6—加热装置;7—喷嘴;8—模具

模压成型工艺过程包括加料、闭模、排气、固化、脱模和吹洗模具等步骤。

图 10-3 所示为多工位旋转式塑料液压机示意图。此机是在旋转台上设置若干个合模装置(压机),每个合模装置内各有一副模具,按合模装置的数目划分压缩成型工序。图中工位 1 进行加料,工位 2 闭模,工位 3~8 为进行加热,工位 9 起模,工位 10 取出塑件。旋转台按控制系统设定的时间间隔旋转。

四、吹塑成型

吹塑成型也称中空成型,属于塑料的二次加工,是制造空心塑料制品的方法。吹塑成型生产过程是先用挤塑、注塑等方法制成管状型坯,然后把保持适当温度的型坯置于对开的阴模模膛中,将压缩空气通入其中将其吹胀,紧紧贴于阴模内壁,两半阴模构成的空间形状即制品形状。吹塑成型工艺过程如图 10-4 所示。

吹塑成型主要用于成型热塑性塑件,通常用于制造连续型材的塑件,广泛应用于生产口径不大的瓶、壶、桶等容器及儿童玩具等。吹塑成型最常用的塑料有聚乙烯、聚氯乙烯、聚苯乙烯、聚碳酸酯等。

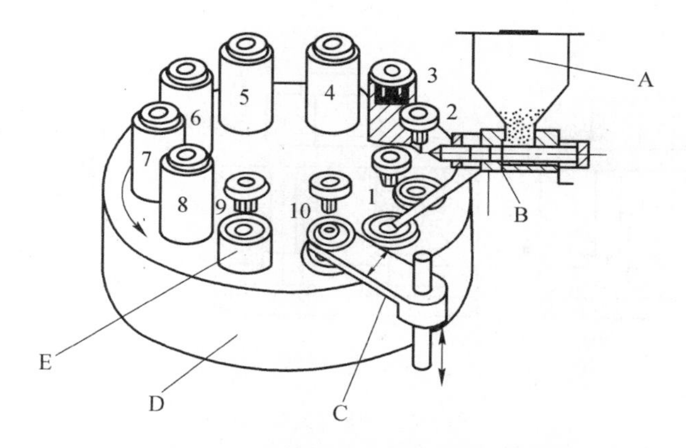

图 10-3 多工位旋转式塑料液压机示意图

A—料斗；B—加料装置；C—塑料取出装置；D—旋转台；E—压模

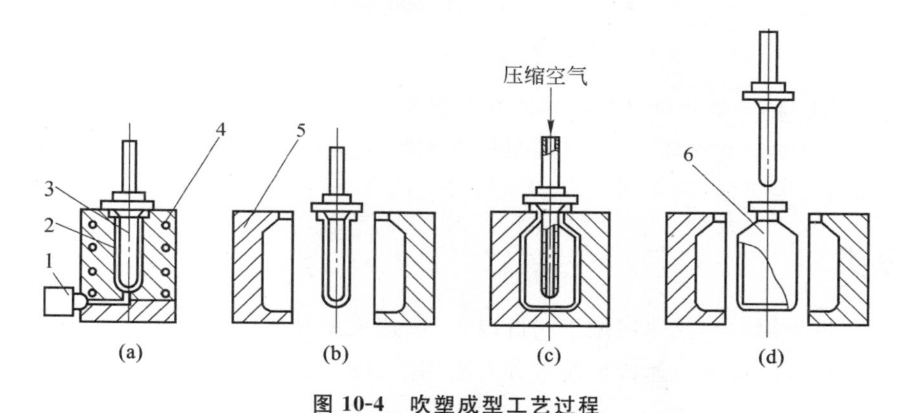

图 10-4 吹塑成型工艺过程

1—注射机；2—注射型坯；3—空心凸模；4—加热器；5—吹塑模；6—制品

五、压注成型

压注成型（注射压制）是注塑和压制相结合的工艺，主要用于成型热固性塑料。它先将在加料腔内受热塑化熔融的塑料，经过浇注系统，压入被加热的闭合型腔内，当熔料进入模腔时，模具在其压力的作用下打开少许，熔料充满模腔后，用高压合紧模具制得所需的制品，如图 10-5 所示。由于熔料在模具微量开启状态下进入模腔，故所需的充模压力较小。在成型时，螺杆已不再向模腔内注料，而靠高压合紧模具缩小其型腔，从而加压于熔料，使之成型。所以，塑料的取向性小，制品内应力较小。压制法特别适合成型面积小、透明度要求高的制品。例如，加工成型面积为 1.35 m^2、质量为 7.7 kg 的照明用球形罩，若用一般注射机至少需 30 000 kN 合模力，但用此法，因模腔压力相当小（在 10 MPa 左右），所以仅用 13 000 kN 合模力就够了。

用注塑法不能成型的热固性塑件，可用压制法成型。压制法的特点是模具损耗小，能够成型薄壁或精度要求较高的塑件，但塑件的机械强度稍差。

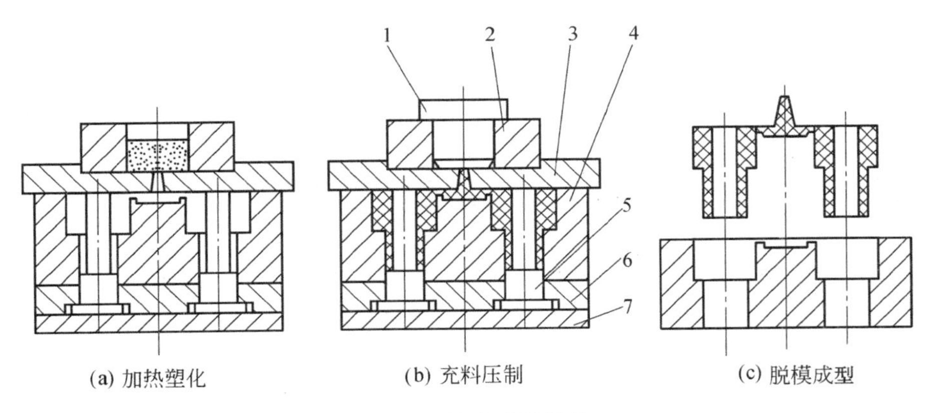

图 10-5　压注成型原理

1—加料螺杆;2—料腔;3、6、7—模板;4—模具;5—压制柱塞

10.2　快速成型技术

快速成型(RP)技术是 20 世纪 90 年代发展起来的应用于制造业的高新技术。它为制造工业开辟了一条全新的制造途径,不用刀具而制造各类零部件。它的本质是用积分法通过材料逐层添加直接制造三维实体。

一、分类

从 1987 年世界第一台快速成型机问世以来,快速成型技术的具体工艺方法已发展出很多种。按原料种类来分,可将快速成型技术分为固相法、液相法、气相法以及固-气相法四类,如表 10-1 所示。

表 10-1　部分快速成型技术

类　　型	工　　艺	原　　料
固相法	选区烧结	粉末材料
	片层添加	薄片材料
	选区黏结	粉末材料加添加剂
	选区挤塑	丝状热敏材料
液相法	光敏液相固化	光敏固化高分子材料
气相法	选区沉积	气体
固-气相法	选区反应烧结	气体+粉末材料

二、基本原理

零件是三维空间的实体,它可以由某个坐标方向上的若干个面叠加而成。利用离散、堆积成型的概念,可以将一个三维实体分解为若干个二维实体并制造出来,再把二维实体堆积就构成了所需的三维实体,这就是快速成型制造的基本原理。快速成型制造系统如图 10-6 所示。

首先要在计算机中产生一个产品的三维 CAD 实体模型或曲面模型文件。将该文件转换成 STL 文件格式，用一个软件从 STL 文件“切”(slice)出设定厚度的一系列的片层。然后将上述每片层的资料传到快速成型机中。最后用材料添加法依次将每层做出来并同时连接各层，直到完成整个零件。

目前，常见的快速成型方法有选区烧结法、分层实体制造法和立体印刷法等。下面以选区激光烧结(selective laser sintering，SLS)法为例介绍快速成型工作过程。

选区激光烧结法属于固相法。它的优点是原材料广泛，原则上任何受热后黏结的粉末都可用作选区激光烧结的原料。塑料粉末、蜡粉末、陶瓷粉末、金属粉末及它们的复合粉末均可作为选区激光烧结的原料。选区激光烧结成型过程如图 10-7 所示。

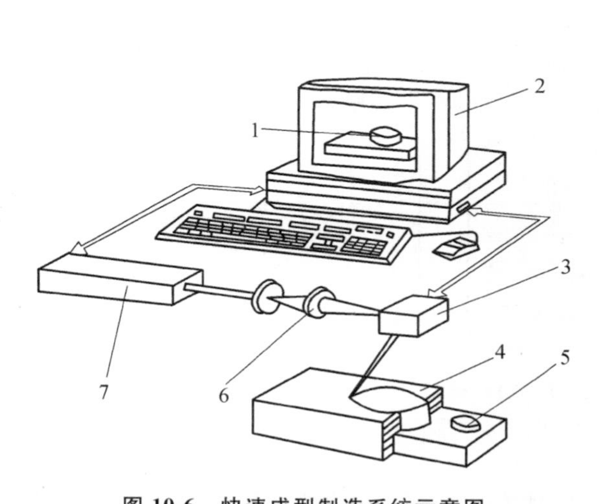

图 10-6 快速成型制造系统示意图

1—CAD 模型；2—计算机；3—激光头；
4—成型材料；5—零件；6—激光器；7—控制器

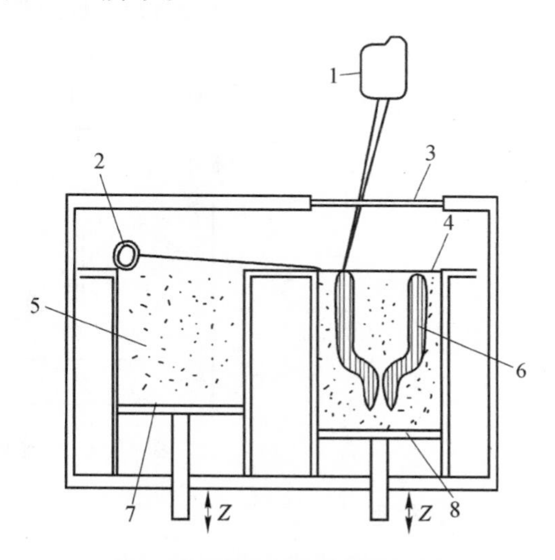

图 10-7 选区激光烧结成型过程

1—激光器；2—铺粉滚筒；3—激光窗口；4—加工平面；
5—原料粉末；6—生成工件；7—供粉活塞；8—成型活塞

在烧结过程中，激光束在计算机控制之下透过激光窗口以一定的速度和能量密度扫描，其能量在选定的区域作用于原料粉末，使原料粉末逐层黏结固化，激光束的开关与零件的每层形状信息有关，最终得到零件。

在一个封闭成型室中装有活塞筒，用于供应原料粉末的活塞称为供粉活塞，用于控制每次成型的切片厚度的活塞称为成型活塞。每次前者上移一定的距离；而后者下移一定的距离，且下移的距离与零件的切片厚度一致。

成型过程如下：供粉活塞上移一定的距离，铺粉滚筒将粉末均匀地铺在加工平面(成型活塞上部)上，激光束按照零件在第一层的形状扫描，扫过之处，粉末烧结成一定厚度的片层，形成零件的第一层；成型活塞下移一定的距离，供粉活塞上移一定的距离，铺粉滚筒再次将粉末铺平，激光束开始依照设计零件新一层的信息扫描，随之，新形成的片层同时也烧结在前一层上。重复上述过程，直到一个三维实体成型。

图 10-8 所示是快速成型分层实体制造原理图。图 10-9 所示是快速成型立体印刷原理图。

三、主要用途

快速成型技术的用途归纳起来有三大类。

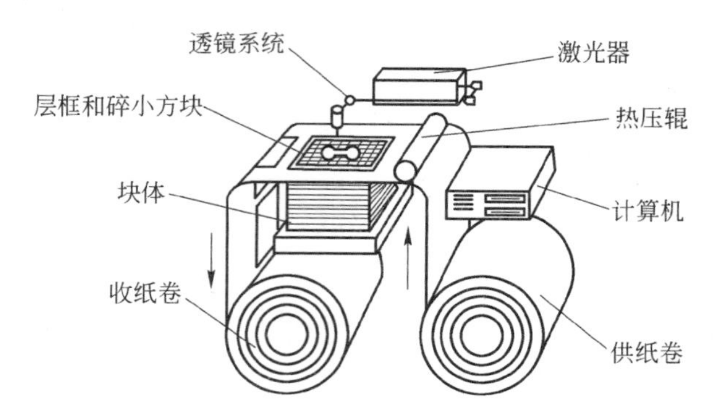

图 10-8　快速成型分层实体制造原理图

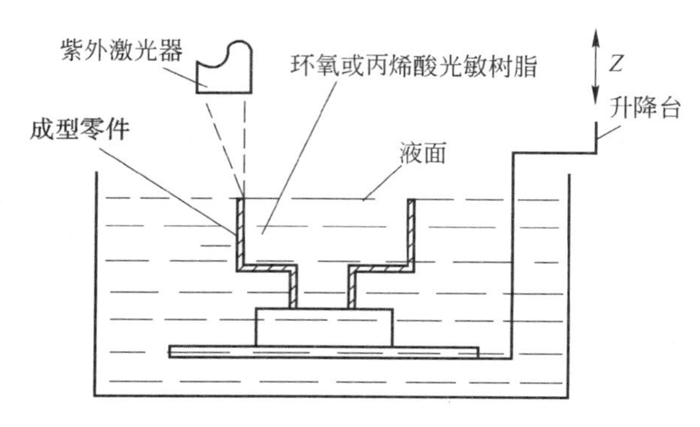

图 10-9　快速成型立体印刷原理图

1. 设计模型的制造

这是快速成型技术应用最多的领域。通过对原型外观制造工艺的评估和某些性能参数的实际测试，工程师能迅速修改设计，加快产品开发进程。

2. 小批量零件生产

对于那些小批量生产的零件，如机械设备中的特殊零件，利用快速成型机来制造，成本会大大降低。

3. 模具加工

用快速成型法，可以制造塑料模以取代传统木制模，也可以生产精密铸造用的熔模。把三维原型实体成型法与金属喷涂技术结合起来，还可以制造高质量的注塑模。例如，采用选区激光烧结法可以直接生产陶瓷模具，甚至金属模具。

10.3　精密加工技术

一、精密加工和超精密加工的范畴

机械加工可分为一般加工、精密加工与超精密加工。精密加工是指在一定的发展时期，加工精度和表面质量达到较高程度的加工工艺。超精密加工是指加工精度和表面质量超过当前施行的公差标准中最高程度的加工工艺。随着科学进步，加工方法不断完善，精密加工与超精密加工的等级不断提高。例如，19世纪完成加工精度为1 μm的加工被称为超精密加工，如今加工精度1 μm的加工只能称为精密加工，超精密加工已指0.1 μm以下的加工。目前，一般加工、精密加工和超精密加工大致可以按以下方法进行划分。

1. 一般加工

一般加工指加工精度在9 μm左右，相当于IT7～IT5级精度，表面粗糙度Ra=0.8～0.2 μm的加工方法。它适用于汽车制造、拖拉机制造和机床制造等制造行业。

2. 精密加工

精密加工指加工精度为1～0.1 μm，相当于IT5级精度和IT5级精度以上，表面粗糙度Ra在0.1 μm以下的加工方法。它适用于精密机床、精密测量仪器等制造业中的关键零件加工，如精密丝杠、精密齿轮、精密蜗轮、精密导轨、精密轴承等。

3. 超精密加工

超精密加工指工件的加工精度高于0.1 μm，表面粗糙度Ra小于0.025 μm的加工方法。它用于精密元件制造，如大规模和超大规模集成电路制造和计量标准元件制造等方面。目前，超精密加工的水平已达到纳米级，甚至向更高水平发展。它是国家制造工业水平的重要标志之一。

二、精密加工和超精密加工的特点

1. 加工对象

精密加工和超精密加工都是以精密元件为加工对象，与精密元件密切结合而发展起来的，因此不能脱离精密元件搞精密加工。精密加工的方法、设备和对象是互相关联的。例如，金刚石刀具切削机床多用来加工天文、激光仪器中的一些零件等。

2. 加工环境

它们必须具有超稳定的加工环境，因为加工环境极微小的变化都可能影响加工精度。超稳定的加工环境满足恒温、防振、超净三个方面的要求。

3. 切削性能

精密加工和超精密加工时必须能均匀地切去不大于工件加工精度要求的极薄的金属层，因而对刀具刃磨、砂轮修整和机床均有很高的要求。这是精密加工和超精密加工的重要特点之一。

4. 加工机床

精密加工和超精密加工必须依靠高精密加工设备。高精密加工机床应具备的条件是：机床的主轴应具有极高的回转精度及很高的刚性和热稳定性；机床的进给系统应能提供超精确的匀速直线运动，保证在低速条件下进给均匀，不爬行；机床应能实现微量进给；机床广泛采用微机控制系统、自适应控制系统，避免手动操作产生的随机误差。

5. 工件材料

选择材料不仅要从强度、刚度方面考虑，更要注重材料的加工工艺性。材料本身必须具有均匀性和性能的一致性，不允许存在内部和外部的微观缺陷。

6. 与测量技术配套

精密测量是精密加工和超精密加工的必要条件，有时采用在线检测、在位检测以及在线补偿等技术，以保证加工精度。

三、常用光整加工方法

随着科学技术的发展，对产品加工精度和表面粗糙度的要求越来越高，零件表面质量既影响机器性能，也涉及机器的寿命。为此，零件表面精加工后常常进行光整加工以提高零件的加工精度和表面质量。光整加工的方法有高精度磨削、珩磨、超精加工、研磨、滚压、抛光等。现将常用的方法介绍如下。

1. 珩磨

1）珩磨的工作原理和工艺特点

珩磨是利用珩磨工具对工件表面施加一定的压力，珩磨工具同时作相对旋转和直线往复运动，切除工件上极小余量的一种光整加工方法。珩磨后工件圆度和圆柱度一般可控制在0.003～0.005 mm 范围内；尺寸精度可达 IT6～IT5 级；表面粗糙度值 Ra 在 0.2～0.025 μm 范围内。

珩磨的工作原理如图 10-10 所示。它利用安装在珩磨头圆周上的若干条细粒度油石，由涨开机构将油石沿径向涨开，使其压向工件孔壁，以便产生一定的面接触，同时珩磨头作旋转和轴向往复运动，实现对孔的低速磨削。油石上的磨料在已加工表面上留下的切削痕迹呈交叉而不相重复的网纹，如图 10-10 所示，有利于润滑油的储存和油膜的保持。

由于珩磨头和机床主轴是浮动连接，因此机床主轴回转运动误差对工件的加工精度没有影响。珩磨头的轴向往复运动以孔壁为导向，按孔的轴线进行，故不能修正孔的位置偏差。孔轴线的直线度和孔的位置精度必须由前道工序(精镗或精磨)来保证。

珩磨时，虽然珩磨头的转速较低，但往复速度较高，参加切削的磨料又多，因此珩磨能很快地切除金属，生产率较高，应用范围广。珩磨可以加工铸铁、淬硬或不淬硬的钢件，但不宜加工易堵塞油石的韧性金属零件。珩磨可加工直径为 50～500 mm 的孔，也可以加工 L/D 在 9 以上的深孔。珩磨工艺广泛用于汽车、拖拉机、矿山机械、机床行业等。

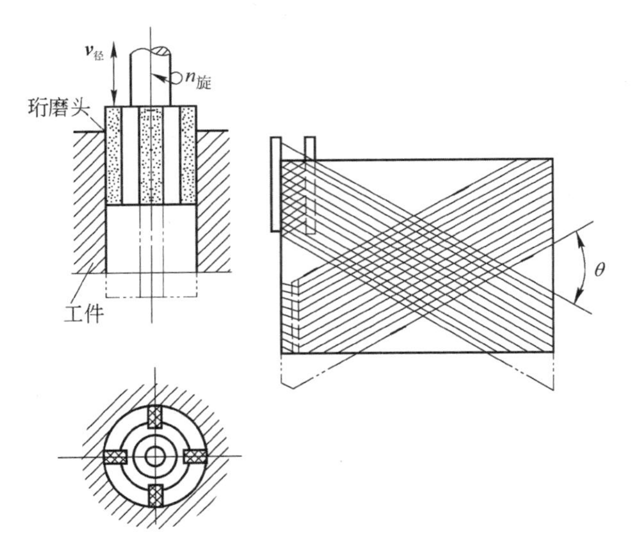

图 10-10　珩磨原理及磨料运动轨迹

2）珩磨头的结构

珩磨头的结构形式很多。图 10-11 所示是一种机械加压的珩磨头。本体 5 通过浮动联轴器与机床主轴相连接。油石条 4 黏结在垫块 6 上，装入本体 5 的槽中，垫块 6 两端由弹簧箍 8 箍紧，使油石条 4 有向内缩的趋向。珩磨头的直径靠调整锥 3 来调节，当向下旋转螺母 1 时，调整锥 3 下移，其锥面通过顶块 7 将垫块 6 连同油石条 4 一起沿径向向外顶出，直径即加大；把螺母 1 向上拧，压力弹簧 2 将调整锥 3 向上推移，油石条 4 因弹簧箍 8 的作用而向内收缩，直径即减小。

3) 珩磨主要工艺参数的选择

珩磨工艺参数选择得是否正确，将影响到珩磨表面质量及生产率。珩磨主要工艺参数简介如下。

(1) 油石的选择。油石的选择包括材质、粒度、长度、数量等几个方面。

①油石的材质与工件材料有关，一般对于钢件选刚玉，对于铸铁、不锈钢和有色金属选择碳化硅。

②油石的粒度与孔的表面质量要求有关，表面粗糙度值要求越小，粒度应越细。

③油石的长度对所珩孔母线的直线度影响较大。为了加工出直径一致、圆柱度好的孔，必须调整好油石的工作行程及相应的越程量。油石的越程量一般取油石长度的 1/5～1/3。越程量过大，被加工孔易出现喇叭口；越程量过小，被加工孔易出现腰鼓形；两端的越程量相差较大时，被加工孔会出现锥度。

④油石的数量在保证珩磨头本体一定刚度的前提下，尽可能多选一些，但也不能过多，否则会影响切削液的流入，磨屑难以清除。

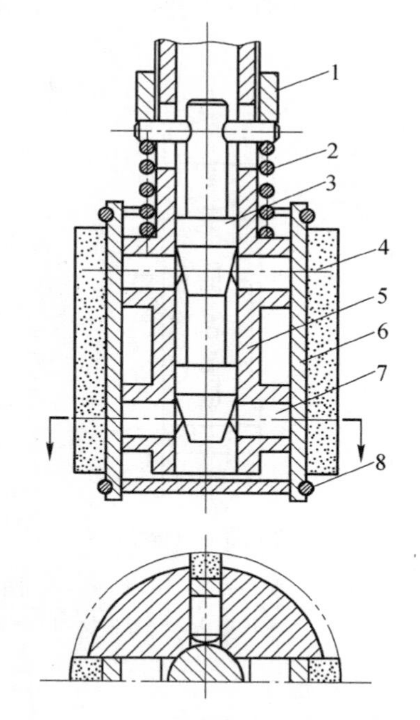

图 10-11 机械加压的珩磨头

1—螺母；2—压力弹簧；3—调整锥；4—油石条；5—本体；6—垫块；7—顶块；8—弹簧箍

(2) 珩磨切削参数的选择。珩磨切削参数的选择包括网纹交叉角(θ)、珩磨头的圆周速度 $v_{旋}$、珩磨头的往复速度 $v_{往}$、油石工作压力、珩磨加工余量、珩磨切削液等几个方面。

①网纹交叉角 θ 是影响表面粗糙度和生产率的主要因素。θ 角增大后，切削效率高，但表面粗糙度变大，所以粗珩时应提高 $v_{往}$，使 θ 角增大，一般取 $\theta=40°\sim60°$；精珩时应降低 $v_{往}$，使 θ 角减小，一般取 $\theta=20°\sim40°$。

珩磨头的周圆速度 $v_{旋}$，建议采用下列数值：未淬硬钢为 36～49 m/min，淬硬钢为 23～36 m/min，铸铁为 60～70 m/min，铝合金为 70～76 m/min。

②油石工作压力是指油石上单位面积的压力。通常油石工作压力可参照下列数据选择：粗加工铸铁 0.5～1.0 N/mm^2，粗加工钢 0.8～2 N/mm^2，精加工铸铁 0.2～0.5 N/mm^2，精加工钢0.4～0.8 N/mm^2。

③珩磨加工余量对珩磨质量和生产率有很大的影响。珩磨加工余量一般为前工序形状误差及表面变形层综合误差的 2～3 倍，通常不超过 0.1 mm。

④珩磨切削液的使用目的是冲去磨屑和脱落的磨料，使表面粗糙度值变小。加工钢和铸铁时，通常用 60%～90%的煤油，加入 10%～40%的硫化油或其他动物性油；加工青铜时用水或干珩磨。

4) 珩磨孔尺寸的自动控制

珩磨的自动测量装置通常可分机械式和气动式两种。图 10-12(a)为气动式自动测量装置。

珩磨头上有固定测量喷嘴，珩磨达到规定尺寸后，气压即发生变化，触发控制信号使珩磨头退出工件。图 10-12(b)所示为环规式自动测量装置。塑料接头的外径与珩磨油石的外径一致，当被加工孔径与环规孔径和珩磨油石的外径相同时，靠塑料接头摩擦力带动环规旋转，触发信号，使珩磨工作停止。图 10-12(c)所示为塞规式自动测量装置。珩磨每往复一次，塞规测量一次，达到尺寸后，塞规即进入孔内，触发控制信号，使机床停止工作。

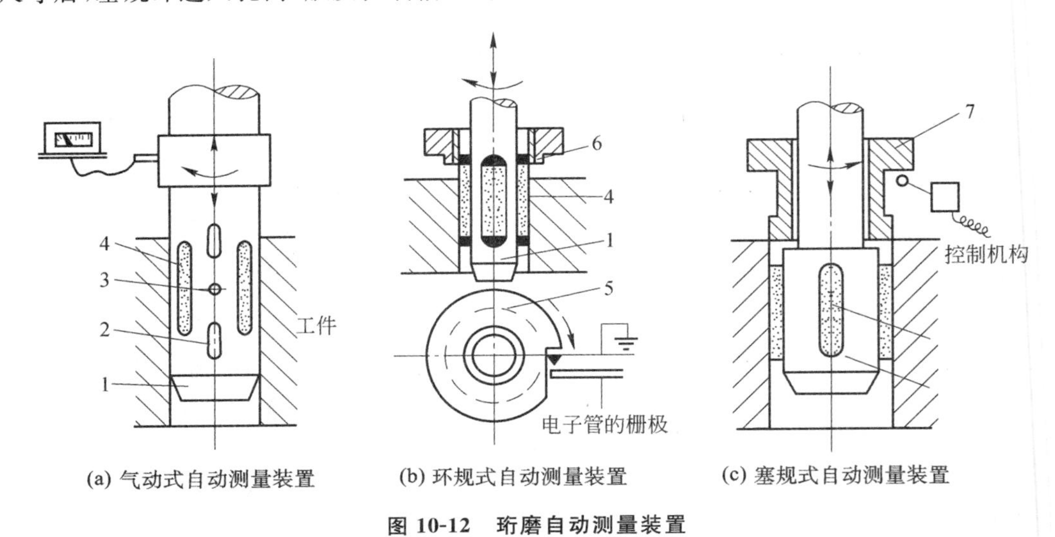

(a) 气动式自动测量装置　(b) 环规式自动测量装置　(c) 塞规式自动测量装置

图 10-12　珩磨自动测量装置

1—珩磨头；2—导向块；3—固定测量喷嘴；4—珩磨油石；5—环规；6—塑料接头；7—塞规

2. 超精加工

超精加工(见图 10-13)是在良好的润滑冷却条件和较低的压力条件下，用细粒度油石以快而短促的往复振动频率，对低速旋转的工件进行光整加工。它是一种用以降低工件表面粗糙度值的简单而高生产率的方法。

如图 10-13(a)所示，超精加工时有三种运动，即工件的低速旋转运动、磨头的轴向进给运动、油石的往复振动运动。有时为增加切削效果，又增加了径向振动。这三种运动的合成使磨料在工件表面上形成不重复的轨迹。如果暂不考虑磨头的轴向进给运动，则磨料在工件表面上形成的轨迹是正弦曲线，如图 10-13(b)所示。

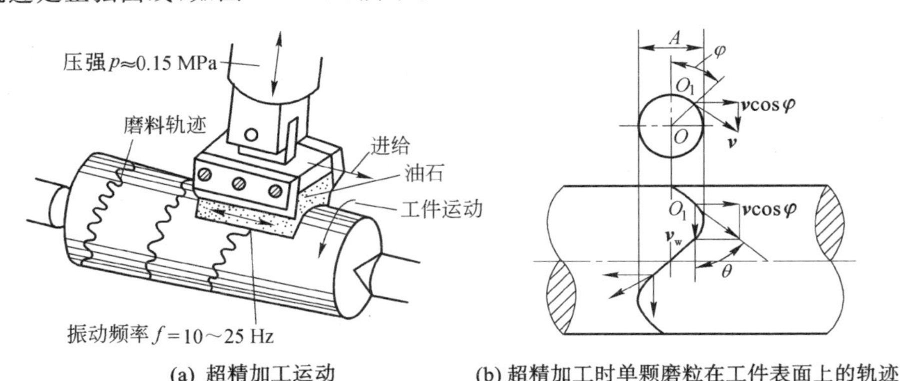

(a) 超精加工运动　(b) 超精加工时单颗磨粒在工件表面上的轨迹

图 10-13　超精加工

图 10-13 中：v_w——工件表面的线速度，一般为 6～30 m/min；A——油石振幅，为 1～5 mm；f——油石振动频率，为 10～25 Hz；p——油石在工件上的压强，约为 0.15 MPa；v——油

石往复振动速度。

超精加工的切削过程与磨削、研磨不同，在工件粗糙表面磨去之后，油石能自动停止切削。超精加工大致分为以下四个阶段。

1）初期切削阶段

当油石开始同比较粗糙的工件表面接触时，虽然压力不大，但实际接触面积小，压强较大，因而工件与油石之间不能形成完整的润滑油膜；加之油石磨料的切削方向经常变化，磨料破碎的机会较多，油石的自励性好，所以切削作用较强。

2）正常切削阶段

少数凸峰磨平后，接触面积增大，压强降低，油石磨料不再破碎、脱落而进入正常切削阶段。

3）微弱切削阶段

随着接触面积逐渐增大，压强进一步降低，油石磨料已经变钝，切削作用微弱，细小的磨屑形成氧化物而嵌入油石的气孔内，使油石表面逐渐变光滑，油石从微弱的切削过渡到对工件表面起研磨抛光作用。

4）停止切削阶段

油石和工件表面已很光滑，接触面积大为增加，压强很小，磨料已不能穿破工件表面的油膜，工件与油石之间有油膜，不再接触，切削作用停止。

如果光滑的油石表面再一次与新的工件表面接触，由于较粗糙的工件表面破坏了油石的光滑表面，油石恢复了自励性，又能重新起切削作用。

由于油石与工件之间无刚性运动联系，从总体上说，油石切除金属的能力较弱，加工余量很小（一般为 3～10 μm），所以，超精加工修正尺寸误差和形状误差的作用较差，不能改善表面间相互位置精度。超精加工一般用来对工件表面进行光整加工，并能获得表面粗糙度 Ra＝0.1～0.01 μm 的加工表面。

目前，超精加工广泛用于加工内燃机的曲轴、凸轮轴、刀具、轧辊、轴承、精密量仪及电子仪器等精密零件，能对不同的材料（如钢、铸铁、黄铜、磷青铜、铝、陶瓷、玻璃、花岗岩等）进行加工，能加工外圆、内孔、平面及特殊轮廓表面等。

3. 研磨

研磨是用研磨工具和研磨剂从工件表面上研去一层极薄金属的光整加工方法。除了采用一定的设备进行研磨外，还可以采用简单的工具，如研磨芯棒、研磨套、研磨平板等对工件表面进行手工研磨。研磨后工件的尺寸精度可达 0.001 mm，表面粗糙度值可达 Ra＝0.025～0.006 μm。

现以手工研磨外圆为例，说明研磨的工作原理。如图 10-14 所示，工件支承在机床两顶尖之间，作低速旋转。研具套在工件上，在研具与工件之间加入研磨剂，然后用手推研具作轴向往复运动，对工件进行研磨。研磨外圆所用的研具如图 10-15 所示。图 10-15(a)所示是粗研套，孔内有油槽，可存研磨剂；图 10-15(b)所示是精研套，孔内无油槽。

研磨加工的主要目的是获得很高的表面质量和很高的加工精度，它的金属去除率很低，所以研磨余量通常很小，为 10～20 μm。

研磨可以在研具精度不太高的情况下修正工件的尺寸和形状误差，使工件达到很高的加工精度。如果要通过研磨来修正工件的尺寸和形状误差，则应该分为几个工步进行，即从粗研逐步过渡到精研，此时研磨余量应稍大，但通常不超过 0.1 mm。

通常，刚玉类磨料适用于碳素工具钢、合金工具钢、高速钢和铸铁工件的研磨；碳化硅类磨

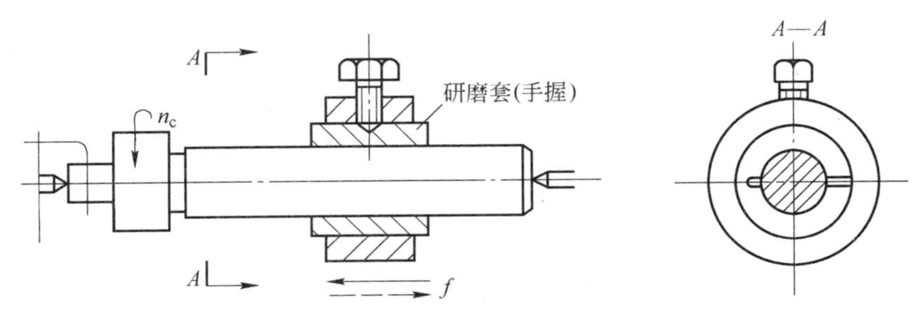

图 10-14　在车床上研磨外圆

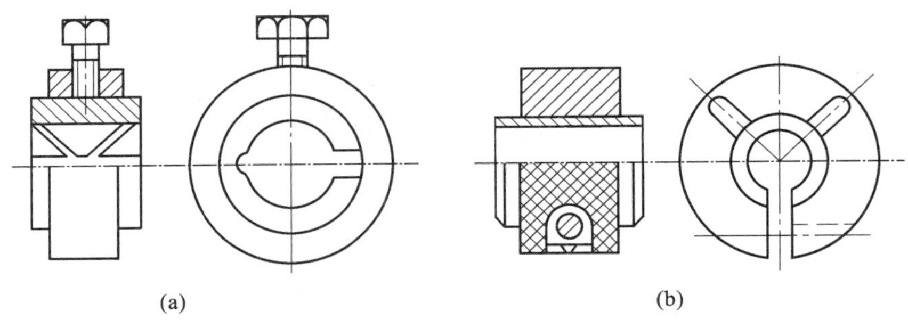

图 10-15　外圆研具

料和金刚石适用于硬质合金、硬铬等高硬度工件的研磨。

此外，常用的光整加工方法还有高精密磨削、滚压、抛光等。各种光整加工方法的特点及应用如表 10-2 所示。

表 10-2　各种光整加工方法的特点及应用

名　　称	精度范围	特　　点	应　　用
高精密磨削	尺寸精度为 1～0.1 μm，表面粗糙度 Ra=0.16～0.01 μm	(1) 对机床设备的精度要求很高； (2) 生产率高； (3) 能够部分地修正上道工序留下来的形状误差和位置误差； (4) 要求砂轮表面具有很好的微刃性和微刃等高性	适用于关键轴套类零件内、外回转面的光整加工
珩磨	尺寸精度为 IT5～IT6 级，表面粗糙度为 Ra=0.2～0.025 μm	(1) 对机床设备的精度要求较低； (2) 生产率高； (3) 不能修正上道工序留下来的位置误差	常用于各种圆柱形孔的光整加工
超精加工	表面粗糙度为 Ra=0.1～0.01 μm	(1) 设备要求简单，可在卧式车床上进行； (2) 切削速度低，表面无烧伤； (3) 切削余量小，不能修正上道工序留下来的形状误差和位置误差	适用于轴类零件表面的光整加工
研磨	尺寸精度为 1～5 μm，表面粗糙度 Ra=0.025～0.006 μm	(1) 方法简单可靠，对设备要求低； (2) 能部分纠正形状误差，不能纠正位置误差； (3) 生产效率低，工人劳动强度大	适用于轴类、套类、平面类零件的光整加工

续表

名称	精度范围	特点	应用
滚压	尺寸精度为IT7～IT6级，表面粗糙度为Ra=0.63～0.08 μm	（1）对机床设备的精度要求较低； （2）既可对零件表面进行光整加工，又可对零件表面进行强化加工； （3）滚压后的精度取决于零件滚压前的精度、表面粗糙度和材料性质	适用于外圆、内孔或平面等规则表面加工
抛光	表面粗糙度为Ra=0.1～0.01 μm	（1）设备要求简单； （2）零件表面不易烧伤、退火和热变形； （3）生产效率低	适用各种类零件的光整加工

四、超精密切削

超精密切削是指用金刚石车刀加工工件表面，获得尺寸精度为0.1 μm数量级和表面粗糙度Ra值为0.01 μm数量级的一种精密切削方法。

1. 金刚石车刀超精密切削机理

一般来讲，超精密切削加工切屑极薄，当背吃刀量在1 μm以下时，背吃刀量可能小于工件材料晶粒的尺寸，因此切削就在晶粒内进行，这样切削力一定要超过晶粒内部非常大的原子结合力才能切除切屑，于是刀具上的切削应力就变得非常大，刀具的切削刃必须能够承受这个巨大的切应力和由此产生的很大的热量，这对于一般的刀具或磨料材料来说是无法承受的。因为，普通材料的刀具切削刀的刀口不可能刃磨得非常锐利，平刃性也不可能足够好，这样在高温高应力下就会快速磨损和软化。而一般磨料当经受高温高应力时，也会快速磨损，切削刃可能被剪切，平刃性被破坏，产生随机分布的峰谷，因此不能得到真正的镜面切削表面。金刚石车刀不仅有很高的高温强度和高温硬度，而且由于金刚石材料本身质地细密，经过精细研磨，切削刃钝圆半径可达0.02～0.005 μm，同时切削刃的平刃性可以加工得很好，表面粗糙度可以很低，因此金刚石车刀能够进行Ra为0.05～0.008 μm的镜面切削，达到比较理想的效果。

2. 实现超精密切削的关键技术

1）超精密机床

超精密切削的实施必须具有超精密机床。超精密机床具备的条件如下。

（1）机床主轴具有极高的回转精度及很高的刚性和热稳定性。现在，许多国家的超精密机床的主轴主要有两种类型，即空气静压轴承支承的主轴和液体静压轴承支承的主轴。静压轴承具有回转精度高、刚性好的优点，而且，由于是流体摩擦，因而阻尼大，抗振性也很好。一般认为，在转速高、载荷小的情况下，应采用空气静压轴承；而在转速较低和要求承载能力大时，则宜选用液体静压轴承。

（2）机床的进给系统应能提供超精确的匀速直线运动，保证在超低速条件下进给均匀，不发生爬行现象。目前，超精密机床主要采用液体静压导轨和空气静压导轨等两种形式的精密导轨来保证机床的运动精度。

（3）为了在超精密加工时实现微量进给，超精密机床必须配备位移精度极高的微量进给机构。微量进给机构目前主要有以下几种类型：利用力学原理的微量进给机构，如斜面微动机构、差动丝杠副微动机构、弹性变形微动机构等;利用热胀冷缩的热力学原理的精密微动机构;利用磁致伸缩原理的精密微位移机构;利用机电耦合效应(逆压电效应)的精密微位移机构等。关于这方面的详细内容可参阅有关的专业资料。

(4) 超精密机床广泛采用微机控制系统、自适应控制系统,以避免手工操作引起的随机误差。

2) 金刚石车刀

(1) 金刚石车刀的几何角度。用金刚石车刀切削含碳的钢铁金属材料时,会产生亲和作用,产生碳化磨损(扩散磨损),不仅使刀具易于磨损,而且影响加工质量,切削效果不理想。目前金刚石车刀主要用来切削铜、铝及其合金。金刚石车刀常用结构和几何角度如图 10-16 所示。

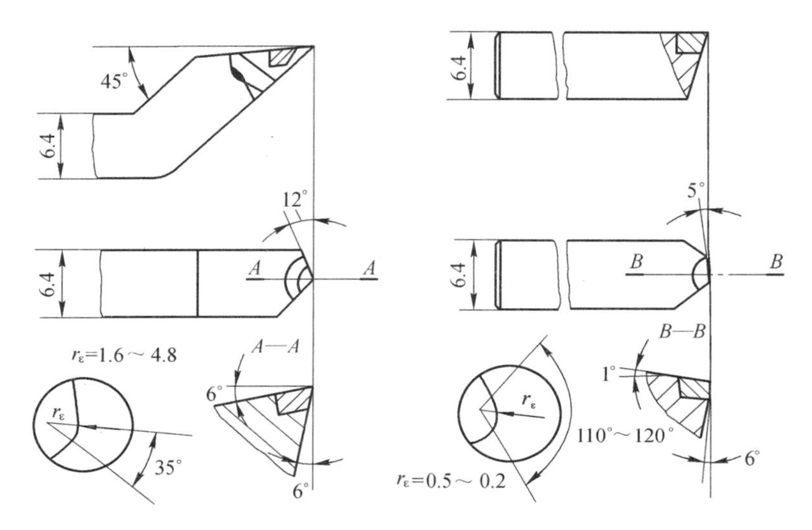

图 10-16　金刚石车刀常见结构和几何角度

(2) 金刚石车刀的刃磨。从表面粗糙度的成因可知,除刀具的几何参数外,刀刃棱面的表面粗糙度、刃口的微观缺陷对工件表面粗糙度也有很大的影响,所以金刚石车刀要求精细研磨,在 400 倍显微镜下检查,刀口平直、无裂纹、无缺陷时才能使用。

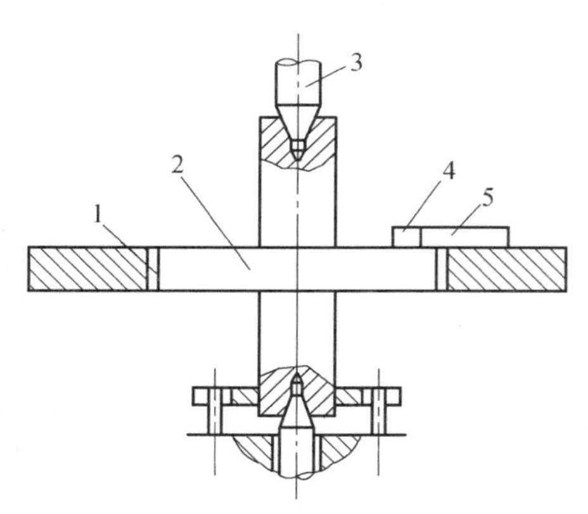

图 10-17　金刚石车刀的刃磨

1—工作台;2—高磷铸铁研磨盘;3—红木顶尖;4—金刚石车刀;5—刀夹

金刚石车刀的研磨方法是选择好晶向后将金刚石车刀固定在一个夹具上,在高磷铸铁研磨盘上研磨。研磨设备如图 10-17 所示。高磷铸铁研磨盘在两个红木制成的顶尖中由电动机带动回转,这样就保证了高磷铸铁研磨盘具有较高的回转精度及稳定性。研磨剂一般用 320 号金刚石粉与 L-AN15 全损耗系统用油相拌而成。

(3) 切削参数的选择。金刚石车刀精密切削时,通常选用很小的背吃刀量、进给量和很高的切削速度。切削铜和铝时,常选择切削速度 v_c = 200～500 m/min,背吃刀量 a_p = 0.002～0.003 mm,进给量 f=0.01～0.04 mm/r。

超精密切削过程中,为了防止切屑擦伤已加

工表面，常采用吸尘器及时吸走切屑，用煤油或橄榄油对切削区进行润滑和冲洗，或采用净化的压缩空气喷射经过雾化的润滑剂，对刀具进行冷却、润滑并清除切屑。

3）工件材质

由于金刚石车刀超精密切削的背吃刀量很小，甚至是在晶粒内部切削，因此工件材料的均匀性和微观缺陷对工件加工质量影响很大。工件表面和内层的微观缺陷若比工件的加工余量大，加工后必然会暴露在工件表面上，形成凹坑。因此，材料的选择不仅要从强度、刚性方面考虑，而且要注重材料本身必须具有均匀性和性能的一致性，不允许存在内部和外部的微观缺陷。

4）超稳定的加工环境

超稳定的加工环境主要满足恒温、防振、超净三个方面的要求。

(1) 恒温。温度增加 1 ℃时，90 mm 长的钢件就会产生 1 μm 的伸长，精密加工和超精密加工的加工精度要求一般都在微米级、亚微米级或更高，因此，必须保证加工区极高的热稳定性。

超精密加工必须在严密的多层恒温条件下进行，即不仅放置机床的房间应保持恒温，还要对机床采取特殊的恒温措施。例如，美国 LLL 实验室的一台双轴超精密车床安装在恒温车间内，机床外部罩有透明塑料罩，罩内设有油管，用以对整个机床喷射恒温油流，加工区温度可以保持在(20±0.6)℃的范围内。

(2) 防振。机床振动对精密加工和超精密加工有很大的危害。为了提高加工系统的动态稳定性，除了在机床设计和制造上采取各种措施外，还必须用隔振系统来保证机床不受或少受外界振动的影响。例如，某精密刻线机安装在工字钢和混凝土防振床上，再用四个气垫支承约 7.5 t 的机床和防振床，气垫由气泵供给恒定压力的氮气，这种隔振方法能有效地隔离频率为 6～10 Hz、振幅在 0.1 μm 以上的外来振动。

(3) 超净。在未经净化的一般环境下，尘埃数量极大，绝大部分尘埃的直径小于 1 μm，但也有不少直径在 1 μm 以上甚至超过 10 μm 的尘埃。这些尘埃如果落在加工表面上，则可能将表面拉伤；如果落在量具测量表面上，就会造成操作者或质检员的错误判断。因此，精密加工和超精密加工必须有与加工相对应的超净工作环境。

五、超精研抛加工

超精研抛加工是集研磨、抛光和超精加工为一体的复合精密加工方法。它的加工原理如图 10-18 所示，将圆环形研抛头 3 用火漆黏结在研抛头座 4 上形成超精研抛头，它在固定的轴向力 $\boldsymbol{F}$ 的作用下压向工件待加工表面，在含有游离浮动磨料的研抛液 1 中高速旋转；与此同时，由图 10-18 可见，工作台由两个作同向又同步旋转的立式偏心轴(偏心量均等于 e)带动，使连接于工作台上的工件一起作平面运动(或称旋摆运动)。这种超精研抛头和工作台的复合运动使半浮在研抛头与工件表面之间的磨料在工件表面研抛，形成复杂、均匀而又细密的轨迹，从而逐步达到精加工工件表面的目的。

如图 10-19(a)所示，假使仅仅工作台本身作旋摆运动，研抛具就只能在半径为 e 的圆内研磨；若工作台多一个直线送进运动 $\boldsymbol{v}_f$，如图 10-19(b)所示，工作台的合成运动就变成一个拉开的圆环次摆线运动；又如图 10-19(c)所示，倘若再使超精研抛头作高速旋转运动，这时的合成运动是以工作台移动的次摆线为轨迹的牵连运动与超精研抛头相对工件的次摆线运动的合成超精研抛运动，从而得到复杂而匀细的运动轨迹。超精研抛加工具有以下特点。

(1) 超精研抛加工不仅具有高速、高效和复杂轨迹的研磨特性，而且具有低速、轨迹匀密的液中抛光特性，还具有低频游离磨料的液中超精加工特性。

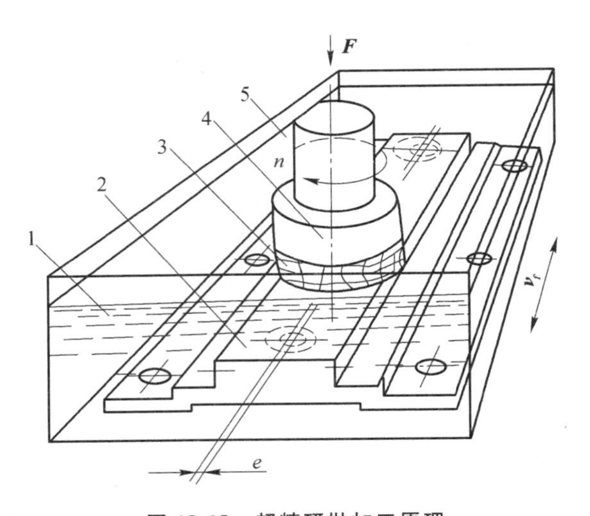

图 10-18　超精研抛加工原理

1—研抛液；2—工件；3—研抛头；4—研抛头座；5—透明盛液缸

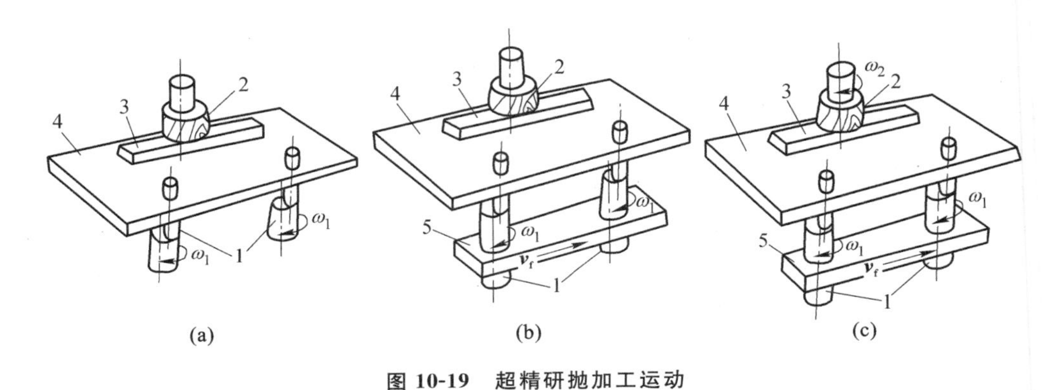

图 10-19　超精研抛加工运动

1—偏心轴；2—研抛头；3—工件；4—旋转工作台；5—移动溜板

(2) 超精研抛加工从运行原理上消除了“中间白带”、划痕、斑点、灼伤和表面粗糙度不均等缺陷，容易直接加工出高质量的镜平面，表面粗糙度值为 $Ra=0.01\sim0.008\ \mu m$。

(3) 机床结构简单，制造容易。

(4) 生产率高，比传统方法提高 10 倍以上。

(5) 从加工黑色金属到加工陶瓷、玻璃、有色金属材料均可，适用性广。

10.4　特种加工技术

一、特种加工的概念

特种加工一般是指直接利用电能、化学能、光能、声能、热能等或其与机械能的组合等形式来去除工件材料的多余部分，使工件达到一定的尺寸精度和表面粗糙度要求的加工方法。特种加工方法的类型很多。根据所采用的能源，特种加工可分为以下几类。

(1) 力学加工：应用机械能来进行加工，如超声波加工、喷射加工、水射流加工等。

(2) 电物理加工:利用将电能转化为热能、机械能或光能等来进行加工,如电火花成形加工、电火花线切割加工、电子束加工、离子束加工等。

(3) 电化学加工:利用将电能转化为化学能来进行加工,如电解加工、电镀、刷镀、镀膜和电铸加工等。

(4) 激光加工:利用将激光光能转化为热能来进行加工。

(5) 化学加工:利用将化学能或光能转换为化学能来进行加工,如化学铣削和化学刻蚀(即光刻加工)等。

(6) 复合加工:将机械加工和特种加工叠加在一起就形成复合加工,如电解磨削、超声电解磨削等,最多有四种加工方法叠加在一起的复合加工,如超声电火花电解磨削。

二、特种加工的特点及应用范围

(1) 特种加工时工件和工具之间无明显的切削力,只有微小的作用力,在机理上与传统加工方法有很大的不同。

(2) 特种加工的内容包括去除加工和结合加工等。去除加工即分离加工,如电火花成形加工等是从工件上去除一部分材料。结合加工又可分为附着加工、注入加工和结合加工。附着加工是使工件被加工表面覆盖一层材料,如镀膜等;注入加工是将某些元素离子注入工件表层,以改变工件表层的材料结构,达到所要求的物理力学性能,如离子注入、化学镀、氧化等;结合加工是使两个工件或两种材料结合在一起,如激光焊接、化学粘接等。因此,特种加工在加工概念的范围上有很大的扩展。

(3) 特种加工中,工具的硬度和强度可以低于工件的硬度和强度,因为它主要不是靠机械力来切削,同时工具的损耗很小,甚至无损耗,如激光加工、电子束加工、离子束加工等。特种加工适于加工脆性材料、高硬材料及精密微细零件、薄壁零件、弹性零件等易变形零件。

(4) 加工中的能量易于转换与控制,工件一次装夹中可实现粗、精加工,有利于保证加工精度,提高生产率。

三、特种加工方法

1. 电火花加工

1) 电火花加工的原理

在一定的介质中,通过工具电极和工件之间脉冲放电产生高温将金属蚀除的作用而加工工件的方法,称为电火花加工,又称电脉冲加工或电蚀加工。

电火花加工的原理如图10-20所示。在充满液体介质的工具电极和工件之间存在着很小的间隙(一般为0.01~0.02 mm),在此间隙两端施加脉冲电压,使两极间的液体介质按脉冲电压的频率不断被电离击穿,产生脉冲放电。由于放电的时间很短(为10^{-6}~10^{-8} s),且发生在放电区的小点上,所以能量高度集中,使放电区的温度高达9 000~12 000 ℃,于是工件上的这一小部分金属材料被迅速熔化和汽化,而且时间极短,故带有爆炸性质。在爆炸力的作用下,熔化的金属微粒被迅速抛出,被液体介质冷却、凝固并从间隙中冲走。每次放电后,在工件表面上形成一个小圆坑,由于放电过程多次重复进行,大量小圆坑重叠在工件上,所以材料被蚀除。随着工具电极的不断进给,工具电极轮廓尺寸就被精确地复印在工件上,达到加工的目的。

由此可见,电火花加工必须利用脉冲放电原理,在每次放电之间的脉冲间隔内,电极之间的液体介质必须来得及恢复绝缘状态,使下一次脉冲能在两极间的另一个相对最靠近点处击穿放电，以免总在同一点放电而形成稳定的电弧，而稳定的电弧放电时间长，金属熔化层较深，只能起焊接或切断作用，不可能使遗留下来的表面准确和光整，也就不可能进行尺寸加工。

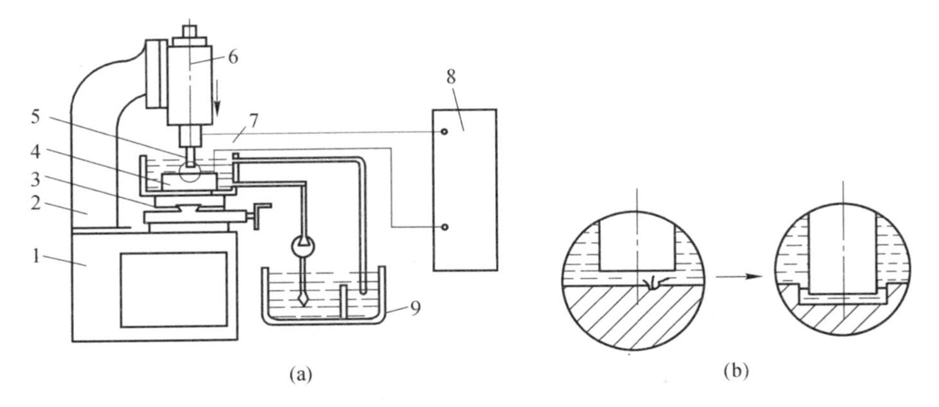

图 10-20　电火花加工原理图

1—床身；2—立柱；3—工作台；4—工件电极；5—工具电极；

6—进给机构及间隙自动调节器；7—工作液；8—脉冲电源；9—工作液箱

在电火花加工过程中，不仅工件被蚀除，工具电极也同样被蚀除。但阳极(指接电源正极)和阴极(指接电源负极)的蚀除速度是不一样的，这种现象叫极性效应。极性效应越显著越好，即工件蚀除越快越好，工具电极蚀除越慢越好。若采用交流脉冲电源，工件与工具电极的极性不断改变，使总的极性效应等于零。因此，电火花加工的电源应选择直流脉冲电源。同时要注意正确选择极性：在一般情况下，当电源为高频时，工件接正极，工具电极接负极。

电火花加工是在液体介质中进行的，常用的液体介质有煤油、锭子油及其混合油，也可用去离子水等水质工作液。液体介质不仅将电蚀产物从间隙中排除，还起绝缘、冷却和提高电蚀能力的作用。

由电火花加工的原理可知，电火花加工机床必须具备以下四个基本组成部分。

(1) 脉冲电源：用来产生加在放电间隙上的脉冲电压，使液体介质不断被周期重复击穿而产生脉冲放电，是电火花加工机床的“心脏”。

(2) 间隙自动调节器：脉冲放电必须在一定的间隙下才能产生，两极间短路或断路(间隙过大)都不可能产生脉冲放电，并且放电间隙的大小相对电蚀效果来说有一最佳值，加工中应将放电间隙控制在最佳间隙附近。但随着电火花加工的进行，工件和工具电极表面不断被蚀除，放电间隙逐渐增大，因此，在加工过程中必须使工具电极不断向工件靠拢；当电极间短路时，工具电极必须迅速离开工件，而后重新调整到合理间隙；当加工条件变化，引起实际放电间隙的变化时，工具电极的进给也应随之做出相应的反应。为此，需采用间隙自动调节器控制安装工具电极的主轴头，以自动调整工具电极的进给，自动维持工具电极与工件之间的合理间隙。

间隙自动调节器常用的传动方式有两种：电机传动方式和液压传动方式。液压传动方式的刚性好，灵敏度高，在电火花成形机床中应用较普遍。

(3) 机床本体：用来实现工件和工具电极的装夹以及调整其相对位置精度等的机械系统，包括床身、工作台、立柱、主轴头等。

(4) 工作液及其循环过滤系统：使电蚀产物从间隙中及时排除，一般采用强迫循环，并经过滤，以保持工作液的清洁，防止因工作液中电蚀产物过多而引起短路和电弧。

电火花穿孔机床的结构示意图如图 10-21 所示。

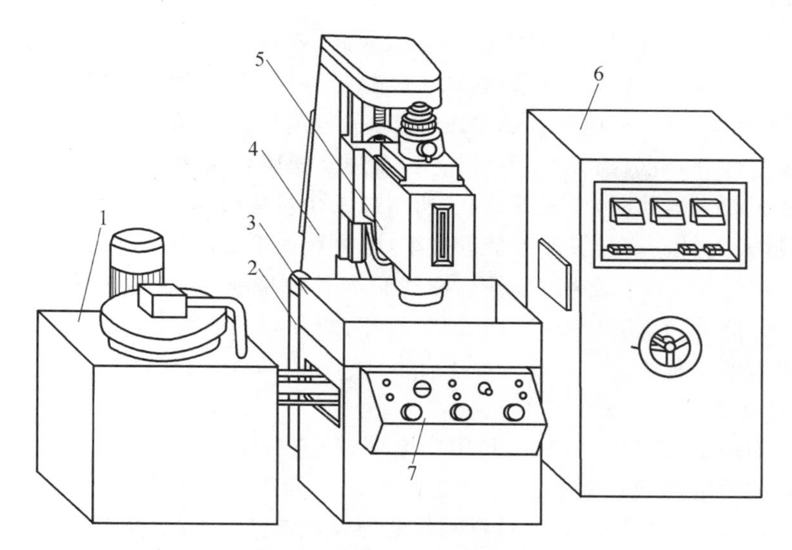

图 10-21 电火花穿孔机床的结构示意图

1—液压泵油箱；2—床身；3—工作液箱；4—立柱；5—主轴头；6—脉冲电源；7—控制板

2）电火花加工的特点、工艺和应用

（1）电火花加工的特点。

①可以加工任何硬、脆、韧、软、高熔点的导电材料。

②加工时无显著切削力，有利于小孔、薄壁、空槽，以及各种复杂截面的型孔、曲线孔、型腔等零件的加工。

③当脉冲宽度（每次脉冲的放电时间）不大时，对整个工件而言，几乎不受热的影响，因此，工件的热影响层很薄，有利于提高表面质量，也适用于加工热敏感性很强的材料。

④电火花加工需要制造精度高的电极，而且电极在加工中有一定的损耗，在一定程度上影响加工精度。

⑤脉冲参数可以任意调节，加工中只要更换工具电极或采用阶梯形工具电极，就可以在同一台机床上通过改变电参数（指脉冲宽度、电流、电压）连续进行粗、半精和精加工。精加工的尺寸精度可达 0.01 mm，表面粗糙度为 $Ra=0.8\ \mu m$。

⑥电火花加工的加工速度、精度、表面粗糙度及工具电极的损耗等与许多因素有关，包括脉冲电源的脉冲宽度、单个脉冲容量、电极的极性、电极的材料、工作液及排屑条件等。另外，降低表面粗糙度值与提高加工速度是相互矛盾的，通常降低一级表面粗糙度（即增大表面粗糙度值），加工速度可以成倍甚至数十倍地提高，尤其是在精加工时更为明显。因此，加工时，要根据被加工零件的材质和工艺要求进行综合考虑，合理选择上述各项参数和加工条件。

（2）电火花加工的工艺参数。

电火花加工分穿孔加工和型腔加工两大类。加工的尺寸精度取决于工具电极的尺寸和放电间隙。电极横截面尺寸应为相应加工尺寸的中间尺寸加（或减）双边放电间隙或单边放电间隙，其公差一般为加工尺寸公差的一半。放电间隙的大小取决于加工中采用的电参数。当单个脉冲容量大（指脉冲峰值电流与电压大）时，被抛出的金属微粒大，放电间隙大；当单个脉冲容量小时，放电间隙小。电火花加工时，为了提高生产率，常用大容量脉冲蚀除大量金属，再用小容量脉冲保证加工质量。为此，可将穿孔电极制成阶梯形，其头部尺寸单边缩小 0.08～0.12 mm，缩小部分长度为型腔长度的 1.2～2 倍，先由头部进行粗加工，而后改变电参数，接着由后部进行精加工。

电火花加工工具电极常用的材料有钢、铸铁、紫铜、黄铜、石墨及铜钨合金、银钨合金等。钢和铸铁的机械加工性能好，价格便宜，但电加工的稳定性差；紫铜和黄铜的电加工稳定性好，但电极损耗大；石墨电极损耗小，电加工的稳定性较好，但电极的磨削加工困难；铜钨合金和银钨合金的电加工稳定性好，电极损耗小，但价格贵，多用于硬质合金穿孔加工及深孔加工等。

用电火花加工较大的孔时，应先开预孔，所留加工余量应合适，一般单边加工余量为0.5～1 mm。加工余量太大，生产率低；加工余量太小，电火花加工时定位困难。

电火花加工广泛用于加工各种细微孔、曲线孔和各种型腔，如各种冲模、拉丝模及叶轮、叶片等零件的型孔。此外，它还可用于表面强化、打印、雕刻等其他场合。电火花线切割加工正是其中应用最为典型的一种。

3）电火花线切割加工方法

电火花线切割加工简称线切割，是利用细金属丝（直径为0.04～0.25 mm的钼丝或黄铜丝）作工具电极，按预定的轨迹进行切割加工的方法。如图10-22所示，脉冲电源的一极接工件，另一极接金属丝（实际是接在导电材料制作的导轮或储丝筒上）。金属丝穿过工件预先加工的小孔，经导轮由储丝筒带动作正、反向往复直线移动。电极丝与工件不接触，始终保持着0.01 mm左右的间隙，其间注入工作液（图中未画出）。一般的电火花线切割机床的工作台在水平面内两个坐标方向上各自作进给移动，合成各种曲线轨迹，把工件切割成形。

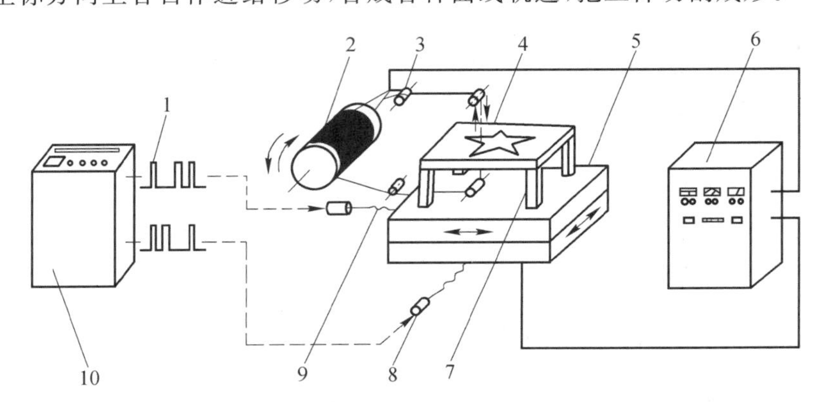

图10-22　微机数控电火花线切割机床工作原理示意图

1—电脉冲信号；2—储丝筒；3—导轮；4—工件；5—切割台；
6—脉冲电源；7—垫铁；8—步进电动机；9—丝杠；10—微机控制柜

常用的电火花线切割机床有微机数控电火花线切割机床、光电跟踪电火花线切割机床。

与电火花成形加工相比，电火花线切割加工不需要专门的工具电极，并且作为工具电极的金属丝在加工中不断移动，损耗极小，因此加工精度较高，尺寸精度可达0.02～0.01 mm，表面粗糙度值为1.6 μm或更小。加工同样的工件，电火花线切割加工的总蚀除量比普通电火花成形加工的总蚀除量要小得多，因此，电火花线切割加工生产率要高得多，而机床的功率可以小得多。

电火花线切割加工广泛用于加工各种硬质合金和淬硬钢的冲模、样板，以及各种形状复杂的板状细小零件、窄缝、栅网等。电火花线切割加工工艺为新产品试制、精密零件和模具的制造开辟了一条新的工艺途径。

2. 激光加工

1）概述

激光加工技术是当前国内外迅速发展的一种制造技术，在机械制造和电子工业中得到日益广泛的应用。近年来，随着应用规模日益扩大，人们对激光加工过程的认识也在不断深入。

激光是一种通过受激辐射而增强的光，具有高亮度、高单色性和高方向性等一系列特点。当高功率的激光束通过透镜聚焦时，可以将光束集中到 1 μm 左右的小光点上。在这样小的面积上，能量高度集中，工件材料将被加热，瞬间温度升至 9000 ℃以上，使部分材料熔化或者蒸发，从而达到加工的目的。

根据产生激光的材料种类的不同，激光可以分为固体激光、气体激光、液体激光和半导体激光四类。目前用于材料加工方面的主要是固体激光和气体激光；而液体激光和半导体激光功率很小，应用不如固体激光和气体激光广泛。

图 10-23 所示是固体激光器的结构示意图。它由工作物质 4、激励能源和由全反射镜与部分反射镜构成的谐振腔等组成。工作物质被激发后，在一定的条件下使光放大，并通过谐振腔的作用产生振荡，由部分反射镜输出激光。由激光器发射的激光束通过透镜聚焦到工件的待加工表面，对工件进行各种加工。

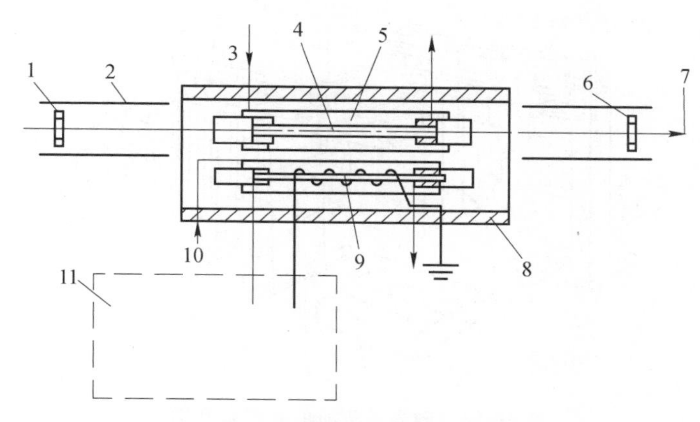

图 10-23　固体激光器的结构示意图

1—全反射镜；2—谐振腔；3、9—冷却水；4—工作物质；5—玻璃套管；
6—部分反射镜；7—激光束；8—聚光器；10—氙灯；11—电源

2）激光加工设备

激光加工设备由激光器、电源、控制系统、光学系统及机械系统等五个部分组成。如上所述，激光器是激光加工设备中的重要组成部分。它将电源提供的电能转换成光能，产生所需要的激光；由光学系统将激光束聚焦，并观察和调整显示焦点位置；最后由控制系统控制机械部件的三坐标移动，实现激光加工的全过程。

激光加工设备的机械系统应能提供实现激光加工过程所要求的光束和工件间的相对运动，保证必需的精度，且具有好的静、动态特性和热稳定性。因而，激光加工设备具有很多不同于普通金属切削机床的特点。

激光加工要求光斑相对工件按一定的轨迹运动，而且在整个加工过程中，激光光轴必须垂直于被加工表面。激光加工过程的进给速度比较高，如激光切割钢板时的最高速度约为 15 m/s，现代激光切割机的进给速度可达 60 m/s 甚至更高。

通用激光加工设备根据结构不同分为龙门式激光加工机床和激光加工机器人两类，如图 10-24 所示。图 10-25 所示为激光切割机的外形示意图。

3）激光加工的特点和应用

（1）激光加工的特点。

①激光加工可以实现很微细的加工。激光聚焦后的焦点直径理论上可小至 0.001 mm 以

下，实际上可以实现 0.01 mm 左右的小孔加工和窄缝切割。

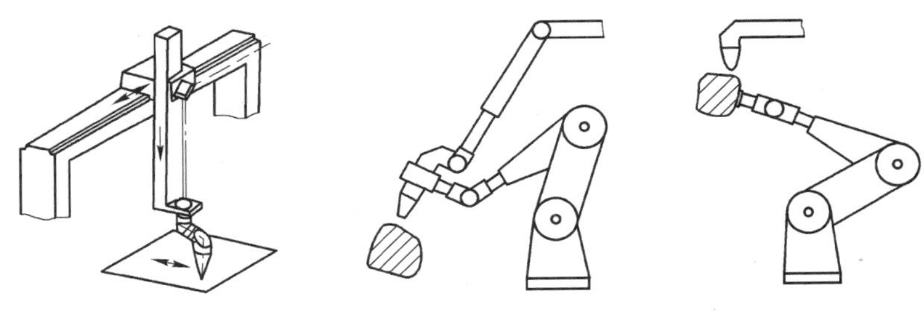

(a) 龙门式激光加工机床　　(b) 激光加工机器人

图 10-24　龙门式激光加工机床和激光加工机器人示意图

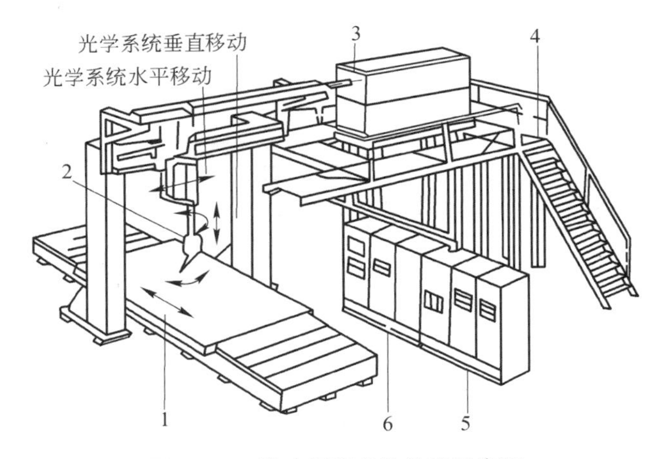

图 10-25　激光切割机的外形示意图

1—移动工作台；2—切割头；3—激光器；4—平台；5—激光电源；6—数控系统

②激光加工的功率密度高达 $10^7 \sim 10^8$ W/cm^2，是各种加工方法中最高的一种，它几乎可以加工任何金属与非金属材料，如高熔点材料、耐热合金及陶瓷、宝石、金刚石等硬脆材料均可加工。

③激光加工是非接触加工，工件无受力变形，加工的污染少，并能透过空气、惰性气体或透明体对工件进行加工，因此，可通过由玻璃等光学材料制成的窗口对被封闭的零件进行加工。

④激光打孔、切割的速度很高，加工部位周围的材料几乎不受热影响，工件热变形很小。

⑤可控性好，易于实现加工自动化。

(2) 激光加工的应用。

①激光打孔。激光打孔已成为激光加工领域应用最广泛的方法之一。激光打孔不仅速度快、效率高，而且可做微细孔加工与超硬材料打孔。目前激光打孔已应用于柴油机喷油嘴加工、化学纤维喷丝头打孔(在 ϕ90 mm 的喷丝头上打 1.2 万个 ϕ0.06 mm 的小孔)、钟表钻石及仪表中的宝石轴承上打孔、金刚石拉丝模打孔等方面。

②激光切割。激光切割与激光打孔的原理基本相同，只是工件与激光束要相对移动，一般都是移动工件。为了提高切削速度，大都采用重复频率较高的脉冲激光器或连续振荡的激光器。

③激光焊接。激光焊接与激光打孔的原理稍有不同，所需能量较低，使被焊工件加工区达到烧熔粘合在一起的温度即可。激光焊接有以下优点。

a. 激光照射时间短,焊接迅速,生产率高,被焊材料不易氧化,热影响小,适用于热敏感强的晶体管元件焊接。

b. 激光焊接既没有焊渣,也不需要去除工件的氧化膜,适用于微型精密仪表中的焊接。

c. 激光不仅能焊接同种材料,而且还可以焊接不同的材料,甚至可焊接金属与非金属材料。

④热处理。用激光对金属工件表面扫描,工件表面仅仅以其扫描速度所决定的极短时间被加热到相变温度,并由于迅速向工件内部传导而冷却,因此工件表层被淬硬。

⑤激光的其他应用。用激光在普通金属表层上熔入其他元素,可使普通金属具有优良合金的性能。此外,激光还可用于雕刻、动平衡、精密测量等方面。

3. 电解加工

1) 加工原理

电解加工是在通电的情况下,用金属阳极在电解液中产生溶解的电化学原理,对金属材料进行加工的一种方法,如图10-26所示。

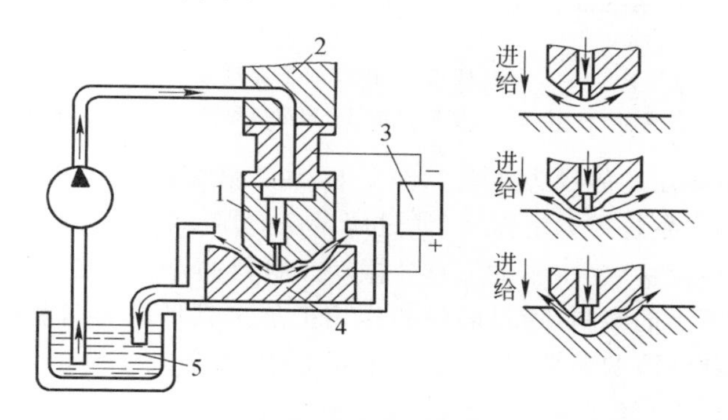

图10-26 电解加工原理

1—工具电极;2—送进结构;3—直流电源;4—工件;5—电解液

电解加工时,以工件为阳极(接直流电源正极),以工具为阴极(接直流电源负极),在两极之间的狭小间隙内,有高速电解液通过。当工具阴极以一定的速度(0.5～3 mm/min)向工件进给时,在相对于阴极的工件表面上,金属材料按阴极型面的形状不断地溶解,电解产物被高速电解液带走,于是工具的形状逐渐复映到工件上,形成所需要的加工形状。

2) 电解加工的特点和应用

电解加工具有以下特点。

(1) 采用低的工作电压(5～25 V)、高的电流密度(一般10～90 A/cm^2)、小的加工间隙(0.1～0.8 mm)和高的电解液流速(5～50 m/s),可加工高硬度、高强度和高韧性等难切削的金属材料(如淬火钢、高温合金、硬质合金、钛合金等)。

(2) 加工中无机械切削力或切削热,因此适用于薄壁零件或其他刚性较差的零件的加工。加工后零件表面无残余应力和毛刺。

(3) 由于影响电解加工的因素较多,因此难以实现高精度的稳定加工。

(4) 电解液(常用 $NaCl$、$NaNO_3$、$NaClO_3$)对机床有腐蚀作用,电解产物的处理和回收困难。

(5) 设备投资较大,耗电量大。

电解加工主要用于加工型孔、型腔、复杂型面,以及去毛刺等场合。

4. 超声波加工

1) 加工原理

超声波加工是加工硬脆材料的一种特殊加工方法。它利用产生超声振动的工具，带动由水和磨料组成的悬浮液，冲击和抛磨工件的被加工部位，使其局部材料破坏而成粉末，以进行穿孔、切割和研磨等。超声波加工原理如图 10-27 所示。

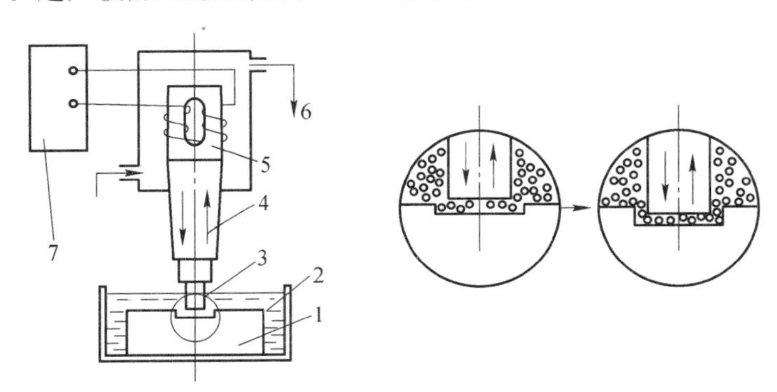

图 10-27 超声加工原理

1—工件；2—悬浮液；3—工具；4—振幅扩大棒；5—超声换能器；6—冷却水；7—超声波发生器

加工时，工具 3 以一定的静压力压在工件 1 上，加工区域被送入悬浮液 2(磨料和水的混合物)。超声波发生器 7 产生超声频电振荡，通过超声换能器 5 将其转变为超声频机械振动，借助于振幅扩大棒 4 把振动位移放大，驱动工具 3 振动。材料的碎除主要靠工具端部的振动直接锤击处在被加工材料表面上的磨料，通过磨料的作用把加工领域的材料粉碎成很细的微粒，从工件上碎除下来。由于悬浮液的循环流动，磨料不断更新，并带走被粉碎下来的材料微粒，工具逐渐伸入材料中，工具形状便复现在工件上。

工具的振动频率通常选为 16～25 kHz，工具端部全振幅一般是 20～80 μm。磨料一般采用碳化硅和碳化硼或金刚石粉，加工液通常采用水，工具材料常为 45 钢。

2) 超声加工的特点和应用

超声加工适用于加工各种不导电的硬脆材料，如玻璃、陶瓷、半导体、宝石、金刚石等；对硬质的金属材料，如淬硬钢、硬质合金等虽可进行加工，但效率低。

超声加工能获得较好的加工质量，一般尺寸精度可达 0.01～0.05 mm，表面粗糙度 Ra 值为 0.4～0.1 μm；能方便地加工出各种复杂的型孔、型腔、成形表面，也能进行套料、切割、雕刻、研磨等加工；由于工具对加工材料的宏观作用力小，切削热少，适用于加工薄片、薄壁零件等。

在加工难切削材料时，常将超声振动与其他加工方法配合进行复合加工，如超声车削、超声磨削、超声电解加工、超声线切割等。复合加工对提高生产率、降低表面粗糙度值都有较好的效果。

5. 电子束加工和离子束加工

1) 电子束加工

按加工原理的不同，电子束加工可分为化学加工和热加工。

(1) 化学加工。功率密度相当低的电子束照射在工件表面上，几乎不会引起温升，但这样的电子束照射高分子材料时，就会由于入射电子与高分子相碰撞而使其分子链切断或重新聚合，从而使高分子材料的分子量和化学性质发生变化，这就是电子束的化学效应。

利用电子束的化学效应可以进行化学加工——电子束光刻。图 10-28 所示是用电子束光刻大规模集成电路芯片的加工过程。在芯片的基片上涂上光刻胶，当用电子束照射后，经过显影，被照射部分的光刻胶就没有了，形成沟槽，这些沟槽就是所需电路的图形。此后可以用两种方法进行处理。一种方法是用离子束溅射去除（又称为离子束刻蚀）。在沟槽底部去掉光刻胶后，在基片上形成电路图形的沟槽，再用沉积或填料进行处理，便可在基片上得到所需电路。另一种方法是进行蒸镀。在沟槽底部镀上一层金属，去除光刻胶后，在基片上就形成凸起的电路图形，即金属线路。由于电子束波长比可见光要短得多，用它进行光刻线宽可达 0.1 μm，定位精度为 0.1 μm，线槽边缘的平面度在 0.05 μm 以上。

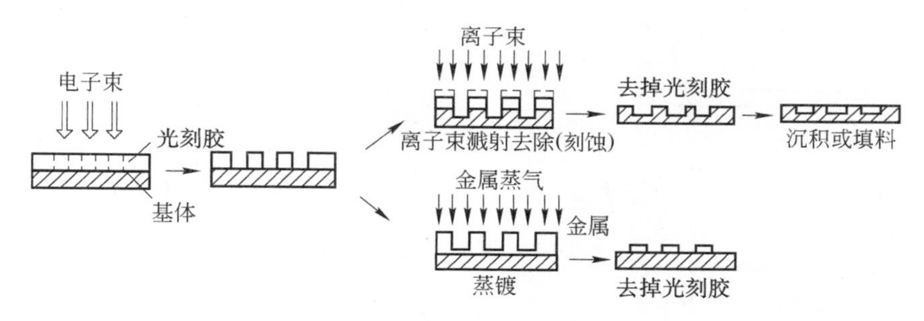

图 10-28 电子束光刻加工过程

（2）热加工。热加工是利用电子束的热效应实现的加工。它的加工原理如图 10-29 所示。在真空条件下，由电子枪射出高速运动的电子束经电磁透镜聚焦后轰击工件表面，在轰击处形成局部高温，使材料瞬时熔化、汽化，得以喷射去除。电磁透镜实质上只是一个通直流电流的多匝线圈，作用与光学玻璃透镜相似，当线圈通电后形成磁场，利用磁场力作用使电子束聚焦。偏转器也是一个多匝线圈，当通不同的交变电流时，产生不同的磁场，可迫使电子束按照加工的需要做相应的偏转。

利用电子束的热效应可加工特硬、难熔的金属与非金属材料，穿孔的孔径可小至几微米。由于热加工在真空下进行，所以可防止被加工零件受到污染和氧化。但由于需要高真空和高电压的条件，且需要防止 X 射线逸出，设备较复杂，因此电子束热加工多用于微细加工和焊接等方面。

2）离子束加工

离子束加工被认为是最有前途的超精密加工和微细加工方法之一。这种加工方法是在真空中利用氩离子或其他带有 10 keV 数量级动能的惰性气体离子，在电场中加速，以其动能轰击工件表面而进行加工。这种加工方法又称为溅射。图 10-30 所示为离子束加工示意图。

离子束加工可以分为溅射去除加工、溅射镀膜加工及溅射注入加工。

（1）离子束溅射去除加工就是将加速的离子聚焦成细束，轰击被加工表面，并从被加工表面分离出原子和分子。

（2）离子束溅射镀膜加工就是将加速的离子从靶材上打出原子或分子，并将它们附着到工件表面上形成镀膜。

（3）离子束溅射注入加工就是用数十万电子伏特的高级离子轰击工件表面，离子便打入工件表层内，其电荷被中和，成为置换原子或晶格间原子而被留于工件中，从而改变工件材料的成分和性质。

离子束加工是一种很有价值的超精密加工方法，它不会像电子束加工那样产生热并引起加工表面的变形。它可以达到 0.01 μm 的机械分辨力。离子束加工是目前最精密的一种微细加工方法，是实现纳米级加工的基础。离子束刻蚀不仅用于空气轴承的沟槽加工，而且大量用于

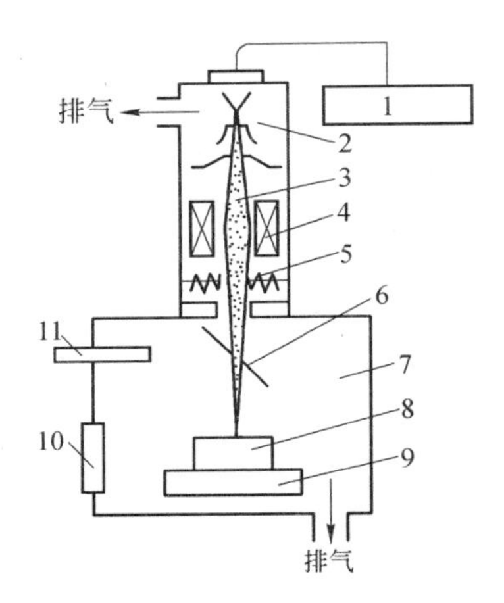

图 10-29　电子束热加工原理示意图

1—高速加压；2—电子枪；3—电子束；
4—电磁透镜；5—偏转器；6—反射镜；
7—加工室；8—工件；9—工作台及驱动系统；
10—窗口；11—观察系统

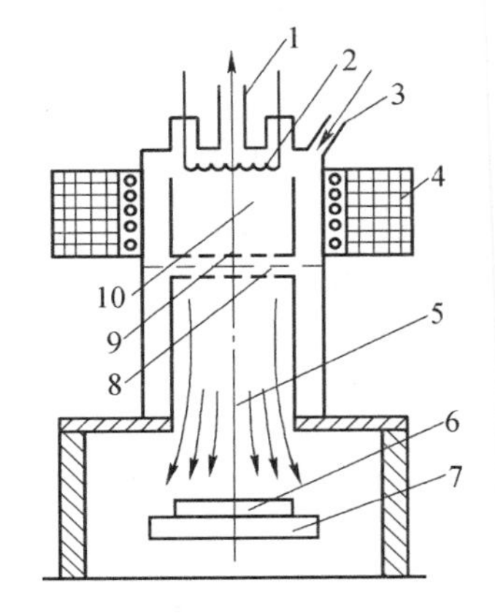

图 10-30　离子束加工示意图

1—真空抽气口；2—灯丝；
3—惰性气体注入口；4—电磁线圈；
5—离子束流；6—工件；7、8—阴极；
9—阳极；10—电离室

集成电路、光电器件和光集成器件制造中亚微米级图形的加工。离子束加工技术难度大，不易掌握。目前，离子束加工尚处于不断发展中，在高级离子发生器，离子束的均匀性、稳定性和微细度等方面都有待进一步研究。

6. 水射流加工

水射流加工是在 20 世纪 70 年代初出现的，开始时只是在大理石、玻璃等非金属材料上用于切割直缝等简单作业中，经过几十年的开发，现已发展成为能够切削复杂三维形状的工艺方法。水射流加工特别适合用于各种软质有机材料的去毛刺和切割等加工，是一种绿色加工方法。

1）水射流加工的基本原理与特点

（1）水射流加工的基本原理。

如图 10-31 所示，水射流加工是利用水或加入添加剂的水液体，经水泵至储液蓄能器使高压液体流动平稳，再经增压器增压，使其压力达到 70～400 MPa，最后由人造蓝宝石喷嘴形成 300～900 m/s 的高速液体射流束，喷射到工件表面，从而达到去除材料的加工目的。高速液体射流束能量密度可达 10^{10} W/mm^2，流量为 7.5 L/min，这种液体的高速冲击具有固体的加工作用。

（2）水射流加工的特点。

①采用水射流加工时，工件材料不会受热变形，切缝很窄（0.075～0.40 mm），材料利用率高，加工精度一般可达 0.075～0.1 mm。

②高压水束永不会变“钝”，各个方向都有切削作用，使用水量不多；加工开始时无需进刀槽、孔，工件上任意一点都能开始和结束切削，可加工小半径的内圆角；与数控系统相结合，可以进行复杂形状的自动加工。

③加工区温度低，切削中不产生热量，无切屑、毛刺、烟尘、渣土等，加工产物混入液体排出，故无灰尘、无污染，适用于木材、纸张、皮革等易燃材料的加工。

2）水射流加工设备

目前，国外已有系列化的数控水射流加工机。它的基本组成主要有液压系统、切割系统、控

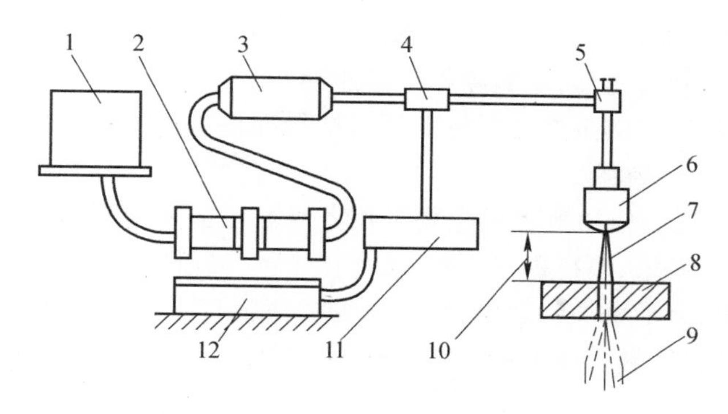

图 10-31 水射流加工示意图

1—带有过滤器的水箱；2—水泵；3—储液蓄能器；4—控制器；5—阀；6—人造蓝宝石喷嘴；
7—射流束；8—工件；9—排水口；10—压射距离；11—液压系统；12—增压器

制系统、过滤设备等。国内一般都是根据具体要求设计制造水射流加工设备。

机床结构一般为工件不动，由切削头带动喷嘴作三个方向的移动。由于喷嘴口与工作表面之间的距离必须保持恒定，才能保证加工质量，故在切削头上装一只传感器，控制喷嘴口与工件表面之间的距离。三根轴的移动由数控系统控制，可加工出复杂的立体形状。

在加工大型工件(如船体、罐体、炉体等)时，不能放在机床上进行，操作者可手持喷枪在工件上移动进行作业，对装有易燃物品的船舱、油罐，用高压水束切割，因为无热量发生，所以可以保证万无一失。手持喷枪可在陆地、岸滩、海上石油平台，甚至海底进行作业。

3）水射流加工的应用

水射流加工的流束直径为 0.05～0.38 mm，除大理石、玻璃外，还可以加工很薄、很软的金属和非金属材料。水射流加工已广泛应用于普通钢、防弹钢板、不锈钢、铝、铅、铜、钛合金板，以至塑料、陶瓷、胶合板、石棉、石墨、混凝土、岩石、地毯、玻璃纤维板、橡胶、棉布、纸、塑料、皮革、软木、纸板、蜂巢结构、复合材料等多种材料的切削。它可加工的最大厚度可达 90 mm。例如，切割厚 19 mm 吸音天花板，水压为 39 MPa，去除速度为 76 m/min；切割玻璃绝缘材料至厚 125 mm，由于缝较窄，可节约材料，降低加工成本；用高压水喷射加工石块、钢、铝、不锈钢，工效明显提高。水射流加工可代替硬质合金切槽刀具，可切厚度为几毫米至几百毫米的材料，且切边质量很好。

对于汽车空调机气缸上的毛刺，由于缸体体积小、精度高、盲孔多，用手工去除需工人 26 名，而用 4 台水喷射机在 2 个工位上去毛刺，每个工位可同时加工 2 个气缸，由 28 只硬质合金喷嘴同时作业，实现了去毛刺自动化，使生产率大幅度提高。

用高压水间歇地向金属表面喷射，可使金属表面产生塑性变形，达到类似喷丸处理的效果。例如，向铝材表面喷射高压水，铝材表面可产生 5 μm 硬化层，材料的屈服极限得以提高。此种表面强化方法具有清洁、液体便宜、噪声低的优点。此外，用高压水还可在经过化学加工的零件保护层表面划线。

10.5 表面处理技术

20 世纪 60 年代末形成的表面科学有力地促进了表面处理技术的发展。现在表面处理技术的应用已经十分广泛。对于固体材料来说，通过表面处理可以提高材料抵御环境作用的能力,赋予材料表面某种功能特性,包括光、电、磁、热、声、吸附、分离等各种物理和化学性能。通过特定的表面加工可以制造构件、零部件和元器件等。

表面处理技术通过以下两条途径来提高材料抵御环境作用的能力和赋予材料表面某种功能特性。

(1) 施加各种覆盖层。施加覆盖层主要采用各种涂层技术,包括电镀、电刷镀、化学镀、涂装、黏结、堆焊、熔结、热喷涂、塑料粉末涂敷、电火花涂敷、热浸镀、搪瓷涂敷、真空蒸镀、溅射镀、离子镀、化学气相沉积、分子束外延制膜、离子束合成薄膜技术等。此外,还有其他形式的覆盖层。例如,各种金属材料经氧化和磷化处理后的膜层,包箔、贴片的整体覆盖层,缓蚀剂的暂时覆盖层等。

(2) 用机械、物理化学等方法,改变材料表面的形貌、化学成分、相组织、微观结构、缺陷状态或应力状态。表面改性技术主要有喷丸强化、表面热处理、化学热处理、等离子扩渗处理、激光表面处理、电子束表面处理、高密度太阳能表面处理、离子注入表面改性等。

一、表面涂层技术

1. 电镀

电镀主要用于提高制件的抗蚀性、耐磨性、装饰性,或者使制件具有一定的功能。它利用电解作用,即把具有导电表面的工件与电解质溶液接触,并作为阴极,通过外电流的作用,在工件表面沉积与基体牢固结合的镀覆层。该镀覆层主要是各种金属和合金。单金属镀层有锌、镉、铜、镍、铬、锡、银、金、钴、铁等数十种,合金镀层有锌铜、镍铁、锌镍铁等一百多种。

2. 堆焊

堆焊是在金属零件表面或边缘,熔焊上耐磨、耐蚀或具有特殊性能的金属层,修复外形不合格的金属零件及产品,提高使用寿命,降低生产成本,或者用它制造双金属零部件的工艺技术。它用于工程构件、零部件、工模具的表面强化与修复。

3. 涂装

涂装是用一定的方法将涂料涂敷于工件表面而形成涂膜的过程。涂料或称漆为有机混合物,可以涂装在各种金属、陶瓷、塑料、木材、水泥、玻璃等制品上。涂装具有保护、装饰或特殊性能(如绝缘、防腐、标志等),用于各种工程构件、机械建筑和日常用品等。

4. 热喷涂

热喷涂是指将金属、合金、金属陶瓷及陶瓷材料加热到熔融或部分熔融,以高的动能使其雾化成微粒并喷至工件表面,形成牢固的镀覆层,提高工件的耐大气腐蚀、耐高温腐蚀、耐化学腐蚀、耐磨性、密封性等。它广泛用于工程构件、机械零部件,也用于修复及特种制造。

5. 电火花涂敷

电火花涂敷是一种直接利用电能的高密度能量对金属表面进行涂敷处理的工艺,即通过电极材料与金属零件表面的火花放电作用,把作为火花放电电极的导电材料(如 WC、TiC)熔渗于工件表层,从而形成含电极材料的合金化涂层,提高工件表层的性能,而工件内部组织和性能不改变。它适用于工模具和大型机械零件的局部处理,以提高表面的耐磨性、耐蚀性、热硬性和高温抗氧化性等,也用于修复受损工件。

6. 陶瓷涂敷

陶瓷涂层是以氧化物、碳化物、硅化物、硼化物、氮化物、金属陶瓷和其他无机物为基体的高温涂层，用于金属表面主要在室温和高温下起耐蚀、耐磨等作用。陶瓷涂层在金属材料等基体上主要作保护涂层，也可作功能涂层。它能用于磨损件的修复。陶瓷涂敷在许多工业部门取得了广泛的应用。

7. 真空蒸镀

真空蒸镀是指将工件放入真空室，并用一定的方法加热，使镀膜材料蒸发或升华，飞至工件表面凝聚成膜。工件材料可以是金属、半导体、绝缘体，乃至塑料、纸张、织物等；而镀膜材料也很广泛，包括金属、合金、化合物、半导体和一些有机聚合物等。镀层主要有装饰性应用和功能性应用两大类。装饰性镀层广泛应用于汽车、器械、五金制品、钟表、玩具、服装珠宝等。功能性镀层用于光学仪器、电子电气元件、食品包装、各种材料和零部件的防护等。

二、表面改性技术

1. 喷丸强化

喷丸强化又称受控喷丸，早在20世纪20年代应用于汽车工业，以后逐步扩大到其他工业，目前已成为机械工程等工业部门的一种重要的表面技术，应用广泛。它是在受喷材料的再结晶温度下进行的一种冷加工方法，加工过程由弹丸在很高速度下撞击受喷工件表面而完成。喷丸可应用于表面清理、光整加工、喷丸成型、喷丸校型、喷丸强化等。其中喷丸强化不同于一般的喷丸工艺，它要求在喷丸过程中严格控制工艺参数，使工件在受喷后具有预期的表面形貌、表层组织结构和残余应力场，从而大幅度地提高疲劳强度和抗应力腐蚀能力。

2. 表面热处理

表面热处理是指仅对工件表层进行热处理，以改变其组织和性能的工艺。表面热处理主要方法有感应加热淬火、火焰加热表面淬火、接触电阻加热淬火、电解液淬火、激光热处理和电子束加热热处理等。表面热处理主要用来提高钢件的强度、硬度、耐磨性、耐腐性和疲劳极限。

3. 化学热处理

化学热处理是将金属或合金工件置于一定温度的活性介质中保温，使一种或几种元素渗入它的表层，以改变其化学成分、组织和性能的热处理工艺。按渗入的元素，化学热处理可分为渗碳、渗氮、碳氮共渗、渗硼、渗金属等。渗入元素介质可以是固体、液体或气体，但都经介质中化学反应、外扩散、相界面化学反应（或表面反应）和工件中扩散四个过程进行处理，具体方法有多种。化学热处理的主要用途是提高钢件的硬度、耐磨性、耐腐性和疲劳极限。

4. 等离子扩散处理(PDT)

等离子扩散处理又称离子轰击热处理，是指在压力低于0.1 MPa的特定气氛中利用工件（阴极）和阳极之间产生的辉光放电进行热处理的工艺。常见的等离子扩散处理有离子渗氮、离子渗碳、离子碳氮共渗等，尤以离子渗氮最普遍。离子渗氮的优点是渗剂简单、无公害，渗层较深、脆性低，工件变形小，对钢铁材料适用面广，工作周期短。

5. 离子注入表面改性

离子注入表面改性是指将所需的气体或固体蒸气在真空系统中离化，引出离子束后，用数千电子伏特至数百电子伏特加速直接注入材料，达一定的深度，从而改变表面的成分和结构，达到改善性能的目的。它的优点是注入元素不受材料固溶度的限制，适用于各种材料，工艺和质量易控制，注入层与基体之间没有不连续界面。它的缺点是注入层不深，对复杂形状的工件注入有困难。它能提高金属材料的力学性能和耐腐蚀性。在微电子工程中，离子注入表面改性用于掺杂、制作绝缘隔离层、形成硅化物等。另外，离子注入表面改性多用于对无机非金属材料和有机高分子材料进行表面改性。

三、其他表面技术

1. 钢铁的氧化、磷化处理

氧化处理是将钢铁制件放入氧化性溶液中，使钢铁表面形成以 Fe_3O_4 为主的氧化物，颜色呈亮蓝色到亮黑色，故又称发蓝或发黑处理。磷化处理是将钢铁制件放入含磷酸盐的氧化液中，使表面形成不溶解的磷酸盐保护膜。

2. 铝和铝合金的阳极氧化或化学氧化

阳极氧化是将具有导电表面的工件放入电解质溶液中，并且作为阳极，在外电流作用下形成氧化膜。化学氧化是将铝制件放入铬酸盐的碱性溶液或铬酸盐、磷酸和氟化物的酸性溶液进行化学反应，使铝或铝合金表面形成氧化物。

思考题与习题

10-1　常用的塑性成型方法有哪些？有何特点？

10-2　工程塑料成型有哪几种？各适用于什么场合？

10-3　快速成型的基本原理是什么？

10-4　试论述精密加工和超精密加工的概念和特点。

10-5　常用的精密加工方法有哪些？各有何特点？

10-6　试论述特种加工的种类、特点和应用范围。

10-7　简述电火花成形加工原理及极性效应。

10-8　使用表面处理技术的目的是什么？表面处理技术一般是通过何种途径提高材料的表面性能的？

附录 A 常见加工问题分析及解决措施

表 A-1　钻孔加工常见问题及改进措施

问题分类	问题形态	改进措施
钻头损伤	工作部分破损	使进给量均匀一致；使用高精度、高刚性夹头（强力夹头）；安装钻头时调好外圆跳动量（0.03 mm 以内）；减小钻头的每转进给量
	柄部擦伤	减小钻头的每转进给量；安装钻头时调好外圆跳动量（0.03 mm 以内）；将工件的切入面加工得平坦一些；消除切削刃之间的差值
切削刃的损伤	横刃破损	减小初始钻削时的进给量；将工件的切入面加工得平坦一些；消除横刃的偏心；钻头的刃磨应对称
	外圆切削刃破损	使用高精度、高刚性夹头；严格控制钻头柄部和夹头之间的间隙（0.02 mm 以内）；减小钻头的悬伸长度；控制钻头安装时的外圆跳动量（0.03 mm 以内）
	崩刃	减小钻头的每转进给量；减小钻头的悬伸长度；牢固装夹好工件；降低切削液的黏度
	刃带鳞状剥落	改变钻头的倒锥量；工件不能有横孔和孔洞；降低切削液的黏度；不得使用变质的切削液
	产生热龟裂	改变钻头的倒锥量；改变刃带的宽度；加大切削液的流量；重磨时避免急冷
	寿命短	降低钻削的速度；改变切削液的黏度；从内部和外部同时供切削液；不得使用变质的切削液
切屑问题	切屑堵塞	降低钻削的速度；减小钻头的每转进给量；加大切削液的流量；加大切削液的压力
	切屑长	加大钻尖夹角；加大刃口钝化宽度（负倒棱宽度）；增加钻头的每转进给量，使进刀均匀一致
	切屑发生变化	使进刀量均匀一致；使用大功率机床；在工件下部不应有孔洞和横孔；消除切屑刃间的差值
孔加工精度	表面粗糙度恶化	提高切削速度；减小钻头的每转进给量；减小初始钻削的进给量；改变切削液的黏度
	孔径扩大、缩小	减小钻尖的夹角；改变刃带的宽度；减小刃口钝化宽度（负倒棱宽度）；将钻头的悬伸长度减到最小
	直线度差、斜孔	改变刃带的宽度；减小初始钻削的进给量；将钻头的悬伸长度减到最小；将工件的切入面加工得平坦一些
切削中的问题	切入部分恶化	加大后角；将钻头的悬伸长度减到最小；安装钻头时调好外圆跳动量（0.03 mm 以内）；将工件的切入面加工得平坦一些
	钻头被卡住	加大钻尖的夹角；改变钻头的倒锥量（加大）；减小刃带的宽度；降低钻削的进给速度
	产生振动	减小刃口钝化宽度（负倒棱宽度）；使进刀量均匀一致；使用高精度、高刚性夹头（刀体）；将钻头的悬伸长度减到最小
	发出异常声音	加大钻头的倒锥量；改变刃带的宽度；降低钻削的速度；减小钻头的悬伸长度

表 A-2　扩孔钻削加工常见问题、可能原因及改进措施

问　　题	可 能 原 因	改 进 措 施
孔表面质量差	切削用量过大	适当降低切削速度
	(1) 切削液供应不足； (2) 扩孔钻过度磨损	加大切削液的流量，使喷嘴正对加工部位
孔位置精度超差	刀具与导向套的配合间隙过大	调整刀具与导向套的配合间隙
	主轴与导向套的同轴度误差大	校正主轴与导向套的位置
	主轴轴承松动	调整主轴轴承间隙
孔径增大	刀具切削刃摆差大	刃磨刀具，修正摆差
	刀具刃口崩裂	及时发现崩刃，换刀
	刀具刃带上有积屑瘤	用油石将刃带上的积屑瘤除去

表 A-3　铰孔加工常见问题、可能原因及改进措施

问题	可 能 原 因	改 进 措 施
孔径尺寸偏大	铰刀外径设计尺寸偏大或刃口有毛刺	适当减小铰刀外径、去除毛刺
	切削速度过高	降低切削速度
	进给量不当或加工余量过大	适当调整进给量或减小加工余量
	铰刀主偏角过大	适当减小铰刀主偏角
	铰刀弯曲	校直或报废铰刀
	刃口上黏附切屑瘤	用油石仔细修整铰刀
	刃磨时铰刀刃口摆差超差	控制铰刀刃口摆差，使其在允许范围内
	切削液选择不当	选择冷却性能较好的切削液
	安装铰刀时锥柄表面油污未擦净或锥面有磕伤	擦净油污或用油石修整磕伤处
	铰刀浮动不灵、与工件不同轴	调整浮动夹头，并调整同轴度
	手铰时用力不均使铰刀左右晃动	注意正确操作
孔径尺寸偏小	铰刀外径设计尺寸偏小	更换铰刀
	切削速度过低	适当提高切削速度
	进给量过大	适当减小进给量
	铰刀主偏角过小	适当增大铰刀主偏角
	切削液选择不当	选择润滑性能好的油性切削液
	刃磨时铰刀磨损部位未磨掉，弹性恢复使孔径缩小	定期更换铰刀，正确刃磨铰刀
	铰钢件时，余量太大或铰刀不锋利	选取合适的加工余量或换铰刀
铰出的孔不圆	铰刀悬伸过长，铰孔时产生振动	提高刀具刚性，避免铰刀振动
	铰刀主偏角过小	增大铰刀主偏角
	铰刀刃带窄	选用合格的铰刀
	内孔表面有缺口、交叉孔、砂眼、气孔等	选用合格的毛坯
	工件薄壁，装夹时有变形	采用适当的夹紧方法，减小夹紧力

续表

问题	可能原因	改进措施
内孔有明显的棱面	铰孔余量过大	减小铰孔余量
	铰刀切削部分后角过大	减小铰刀切削部分后角
	铰刀刃带过宽	修磨铰刀刃带宽度
	工件表面有气孔、砂眼	选用合格的毛坯
	主轴摆差过大	调整机床主轴
铰孔表面粗糙	切削速度过高	降低切削速度
	切削液选择不当	根据加工材料选择切削液
	铰刀主偏角过大,铰刀刃口不在同一圆周上	适当减小铰刀主偏角,正确刃磨铰刀
	铰孔余量过大	适当减小铰孔余量
	铰刀切削部分摆差过大,刃口不锋利,表面粗糙	选用合格的铰刀
	铰刀刃带过宽	修磨铰刀刃带宽度
	铰孔时排屑不畅	减少铰刀齿数,或采用带刃倾角的铰刀
	铰刀过低磨损	定期更换铰刀
	铰刀碰伤或刃口有毛刺、积屑瘤、崩刃	用特细油石修整铰刀或更换铰刀
铰出的位置精度超差	导向套磨损;导向套短、精度低	定期更换导向套,加长导向套,提高导向套与铰刀的配合精度
	主轴精度低,有间隙	及时维修机床,调整主轴轴承间隙
铰刀使用寿命低	铰刀材料不合适	采用性能好的铰刀
	铰刀在刃磨时烧伤	控制刃磨的切削用量,研磨铰刀刃口
	切削液选择不当,未注入切削部位	正确选择切削液,注意机床操作
	铰刀刃磨后表面粗糙	研磨铰刀切削刃口

表 A-4 螺纹车削常见问题、可能原因及改进措施

问题	可能原因	改进措施
螺纹表面质量普遍不良	切削速度太低;刀片位于中心高之上;切屑不受控制	适当提高切削速度;调整中心高;采用改进型侧向进刀方式
振动	工件夹紧不正确,刀具装夹不正确;切削参数不正确;中心高不正确	控制工件偏心量;最小化刀具悬伸长度;提高切削速度,如果无效则大幅度降低切削速度;调整进刀量(从 0.1～0.16 mm 递增);调整中心高
非正常后面磨损/螺纹侧面表面质量差	刀片刃倾角与螺纹的螺旋升角不一致;侧向进刀方式不正确	更换刀垫以获得正确的刃倾角;应采用改进型侧向进刀方式(进刀侧隙角)

续表

问　　题	可 能 原 因	改 进 措 施
排屑差	进刀方式不正确;刀片槽形不正确	使用3°～5°的改进型侧向进刀方式;使用正确的刀片槽形
牙型浅	中心高不正确;刀片破裂;刀具局部过度磨损	调整中心高;换刀
螺纹牙型不正确	螺纹刀具选用、刃磨不当;中心高不正确;刀具安装不正确	正确选用刀具和刃磨;调整中心高;校正刀具安装位置

表 A-5　机用丝锥攻螺纹常见问题、可能原因及改进措施

问　　题	可 能 原 因	改 进 措 施
丝锥折断	螺纹底孔尺寸偏小	尽可能加大底孔直径
	排屑不好,切屑堵塞	刃磨刃倾角或选用螺旋槽丝锥
	攻不通孔螺纹,钻孔深度不够	加大底孔深度
	切削速度太高	适当降低切削速度
	丝锥与底孔不同轴	校正夹具,选用浮动攻丝夹头
	丝锥几何参数选择不合适	增大丝锥前角,缩短切削锥长度
	工件硬度不稳定	控制工件硬度,选用保险夹头
	丝锥过度磨损	及时更换丝锥
丝锥崩齿	丝锥前角选择过大	适当减小丝锥前角
	丝锥每齿切削厚度过大	适当增加切削锥长度
	丝锥硬度过高	适当降低丝锥硬度
	丝锥磨损	及时更换丝锥
丝锥磨损太快	切削速度太高	适当降低切削速度
	丝锥几何参数选择不合适	适当减小丝锥前角,加长切削锥长度
	切削液选择不当	选用润滑性能好的切削液
	工件材料硬度太高	工件进行适当热处理
	丝锥刃磨时烧伤	正确刃磨丝锥
螺纹表面不光滑,有波纹	丝锥几何参数选择不当	适当加大丝锥前角,减小切削锥后角
	工件材料太软	进行热处理,适当提高工件硬度
	丝锥刃磨不良	保证丝锥前面表面粗糙度小
	切削液选择不当	选择润滑性能好的切削液
	切削速度太高	适当降低切削速度
	丝锥磨损	及时更换丝锥

表 A-6 立铣加工常见问题、发生状况及改进措施

问题	发生状况	改进措施
刀具折断(小直径刀具)	切入工件时;刀具脱离工件时	减小进给量;减小刀具的悬伸长度;选择切削刃短的铣刀
	进入稳定切削过程中	减小进给量;及时更换磨损的刀具;更换刀具夹头;减小刀具的悬伸长度;检查刀刃状况;减少刀齿数,如果使用 4 刃立铣刀,更换为 3 刃立铣刀或 2 刃立铣刀,以排除堵屑故障;将干切改为湿切,改变切削液注入方式,保证充分冷却
	改变进给方向时	利用数控机床进行圆弧形补偿或暂停进给;变更进给方向时减小进给量;更换卡盘或夹头
崩刃	转角部分崩损	转角部分用油石倒角;将顺铣改为逆铣
	切深边界崩损	将顺铣改为逆铣;降低铣削速度
	刀刃中央或全范围崩损	实施钝化处理;机床振动时,改变主轴转速;提高铣削速度;切削中发出尖叫声时,加大进给;干切时,改为湿切或空冷;更换卡盘或夹头;降低切削速度
	大崩刃	减小进给量;如果使用 4 刃立铣刀,改为 3 刃立铣刀或 2 刃立铣刀;实施钝化处理;更换卡盘或夹头;降低铣削速度;干切时,改为湿切并注意切削液注入方向;湿切时,改为干切,使用风冷;铣钢件沟槽时,以标准切削条件为基础,选择合理的铣削速度(当铣削速度偏低时,将产生低速崩刃、黏刀脱落损伤;当铣削速度偏高时,在加工深槽中容易产生堵屑、热裂纹)
刀具磨损过快	—	降低切削速度;如果采用的是顺铣,应改为逆铣;加大进给量;采用湿切或空冷;如果采用的是重磨刀具,降低后面粗糙度
已加工表面不良	已加工面光洁,但凸凹度大	减小进给量;如果采用的是 2 刃立铣刀,应改为 4 刃立铣刀
	小切屑黏刀	提高铣削速度;采用湿切或空冷;实施轻度钝化处理;将顺铣改为逆铣;根据具体情况选择加大进给量或加大铣削余量
	加工表面有横向刀痕	实施轻度钝化处理;使用非水溶性切削液;将逆铣改为顺铣
	加工面切痕过深	减小加工余量;提高铣削速度;减小进给量
工件形状精度不良	精加工尺寸偏下限	将顺铣改为逆铣;减小加工余量;更换卡盘或夹头;减小刀具的悬伸长度;提高铣削速度
	直角度差	减小加工余量;更换卡盘或夹头;减小刀具的悬伸长度;提高铣削速度;将 2 刃立铣刀改为 4 刃立铣刀;减小进给量;检查刀具磨损、换新刀
产生切削振动	—	加大进给量(当 $f<0.04$ mm/r 时);改变铣削速度;更换卡盘或夹头;减小刀具的悬伸长度;粗铣时用 2 刃立铣刀,精铣时用 4 刃立铣刀,将逆铣改为顺铣

参考文献 CANKAOWENXIAN

[1] 李华. 机械制造技术[M]. 北京:机械工业出版社,1997.
[2] 黄鹤汀,吴善元. 机械制造技术[M]. 北京:机械工业出版社,1997.
[3] 顾维邦. 金属切削机床概论[M]. 北京:机械工业出版社,1992.
[4] 李积广. 机床与刀具[M]. 南京:江苏科技出版社,1993.
[5] 毕承恩,丁乃建,等. 现代数控机床[M]. 北京:机械工业出版社,1991.
[6] 吴圣庄. 金属切削机床[M]. 北京:机械工业出版社,1980.
[7] 贾亚洲. 金属切削机床概论[M]. 北京:机械工业出版社,1996.
[8] 毕毓杰. 机床数控技术[M]. 北京:机械工业出版社,1996.
[9] 王先逵. 机械制造工艺学[M]. 北京:机械工业出版社,1995.
[10] 陆剑中,孙家宁. 金属切削原理与刀具[M]. 北京:机械工业出版社,1985.
[11] 孔庆华. 特种加工[M]. 上海:同济大学出版社,1997.
[12] 周文玉. 数控加工技术基础[M]. 北京:中国轻工业出版社,1999.
[13] 吴玉华. 金属切削加工技术[M]. 北京:机械工业出版社,1998.
[14] 王先逵. 计算机辅助制造[M]. 北京:清华大学出版社,1999.
[15] 曹宏深,赵仲治. 塑料成型工艺与模具设计[M]. 北京:机械工业出版社,1993.
[16] 周泽华. 金属切削原理[M]. 上海:上海科学技术出版社,1984.
[17] 万胜狄. 金属塑性成形原理[M]. 北京:机械工业出版社,1995.
[18] 吴诗惇. 金属超塑性变形理论[M]. 北京:国防工业出版社,1997.
[19] 谢水生,王祖唐. 金属塑性成形工步的有限元数值模拟[M]. 北京:冶金工业出版社,1997.
[20] 庞怀玉. 机械制造工程学[M]. 北京:机械工业出版社,1998.
[21] 钱苗根. 材料表面技术及其应用手册[M]. 北京:机械工业出版社,1998.
[22] 北京化工大学,华南理工大学. 塑料机械设计[M]. 北京:中国轻工业出版社,1995.
[23] 上海市大专院校机械制造工艺学协作组. 机械制造工艺学[M]. 福州:福建科学技术出版社,1985.
[24] 李旦,王广林,李益民. 机械制造工艺学[M]. 哈尔滨:哈尔滨工业大学出版社,1997.
[25] 张龙勋. 机械制造工艺学[M]. 北京:机械工业出版社,1995.
[26] 吴佳常. 机械制造工艺学[M]. 北京:中国标准出版社,1992.
[27] 郑修本. 机械制造工艺学[M]. 2 版. 北京:机械工业出版社,1998.
[28] 李云. 机械制造工艺学[M]. 北京:机械工业出版社,1994.
[29] 孙光华. 工装设计[M]. 北京:机械工业出版社,1998.
[30] 宾鸿赞,曾庆福. 机械制造工艺学[M]. 北京:机械工业出版社,1990.
[31] 王信义,计志孝,王润田,等. 机械制造工艺学[M]. 北京:北京理工大学出版社,1990.
[32] 柯明扬. 机械制造工艺学[M]. 北京:北京航空航天大学出版社,1996.

[33] 劳动部培训司.机械制造工艺与设备(试用)[M].北京:中国劳动出版社,1990.

[34] 顾崇衔,等.机械制造工艺学[M].西安:陕西科学技术出版社,1981.

[35] 傅杰才.磨削原理与工艺[M].长沙:湖南大学出版社,1986.

[36] 张绪祥,王军.机械制造工艺[M].北京:高等教育出版社,2007.

[37] 张绪祥,李望云.机械制造基础[M].北京:高等教育出版社,2007.

[38] 黄继昌.简明机械工人手册[M].北京:人民邮电出版社,2008.

[39] 陈云,杜齐明,董万福,等.现代金属切削刀具实用技术[M].北京:化学工业出版社,2008.

[40] 朱淑萍.机械加工工艺及装备[M].2版.北京:机械工业出版社,2007.

[41] 陈吉红,胡涛,李民,等.数控机床现代加工工艺[M].武汉:华中科技大学出版社,2009.